职业教育改革与创新系列教材

AutoCAD 2014 机械制图实用教程

（任务驱动式）

主　编　王灵珠
副主编　许启高
参　编　颜　珉　盛　湘
主　审　阳益贵

换一种方式来学习

机械工业出版社

本书共有8个模块，每个模块由若干个任务组成，每个任务以一个典型的机械应用实例为线索将相关AutoCAD命令有机地串联起来，在实际操作过程中贯穿知识点的讲解，同时提炼出各种操作技巧，穿插在学习过程中，帮助读者在牢固掌握AutoCAD的各种常用功能的同时，了解将这些功能运用到实际工作中的有效方法。因此，本书不但解决了“怎么学”的问题，还提供了“怎么用”的方法，强调实际技能的培养和实用方法的学习。本书主要内容包括：AutoCAD2014的基础知识、二维图形的绘制、文字注写、尺寸标注、三视图绘制、块的创建与应用、三维实体的创建、图样的输出打印以及在AutoCAD2014中绘制零件图、装配图、剖视图、由三维实体生成工程图的基本方法和步骤。

本书所选实例内容丰富且紧密联系机械工程实际，具有很强的专业性和实用性。书中作图步骤、命令提示和插图都非常详尽，可操作性强，同时提供了二维码在线操作视频，特别适合职业院校作为教材和读者自学用书，也可作为从事机械设计的工程技术人员的培训和日常参考用书。

图书在版编目（CIP）数据

AutoCAD 2014机械制图实用教程/王灵珠主编. —北京：机械工业出版社，2014.5（2025.1重印）
职业教育改革与创新系列教材
ISBN 978-7-111-46175-3

Ⅰ.①A… Ⅱ.①王… Ⅲ.①机械制图—AutoCAD软件—高等职业教育—教材 Ⅳ.①TH126

中国版本图书馆CIP数据核字（2014）第053282号

机械工业出版社（北京市百万庄大街22号 邮政编码100037）
策划编辑：齐志刚 责任编辑：齐志刚
版式设计：赵颖喆 责任校对：肖 琳
封面设计：张 静 责任印制：刘 媛
涿州市京南印刷厂印刷
2025年1月第1版第24次印刷
184mm×260mm · 19.75印张 · 476千字
标准书号：ISBN 978-7-111-46175-3
定价：55.80元

凡购本书，如有缺页、倒页、脱页，由本社发行部调换

电话服务	网络服务
服务咨询热线：010-88379833	机 工 官 网：www.cmpbook.com
读者购书热线：010-88379649	机 工 官 博：weibo.com/cmp1952
	教育服务网：www.cmpedu.com
封面无防伪标均为盗版	金 书 网：www.golden-book.com

前　　言

AutoCAD 作为一种用户最多、应用最广的计算机辅助设计软件之一，在机械设计、建筑装饰设计、轻工化工等领域发挥着巨大作用。针对目前相关书籍种类繁多，但普遍重知识结构而轻应用的现状，编写组特编写了本书。编写本书有两个目的：一是帮助读者牢固掌握 AutoCAD 的各种常用功能；二是紧密结合应用，让读者了解如何将这些功能运用到实际应用中去。因此，本书不但解决了“怎么学”的问题，还提供了“怎么用”的方法，强调实际技能的培养和实用方法的学习。正因为此，本书的前版《AutoCAD2008 机械制图实用教程》受到市场的热烈欢迎，自 2009 年出版以来销售近 3 万册。本书在保持原有风格的基础上，根据读者的反馈做了进一步改进，内容更详尽，针对性更强。

在实践操作中学习软件的使用，无疑是最直接、最有效的方法。本书的每个模块既是一个知识单元，也是一项具体的工作。根据 AutoCAD 在实际中的应用，本书精心组织了八个模块，各个模块又包含了若干个任务，具体结构如下：

● 学习目标　让读者充分了解每个模块的内容，了解学习每个模块应该要达到的目标，做到目的明确，心中有数。

● 操作实例和操作过程　本书采用“任务驱动法”，精选了 AutoCAD 典型的应用作为操作实例，通过对操作过程的详细介绍，使读者在实际操作中熟练地掌握 AutoCAD 的使用。在操作过程中，既有简洁提示也有关键说明；既有详细指导也有经验忠告。

● 操作技巧和注意事项　对于一些常年使用计算机的人来说，很多技巧已经司空见惯，但对于初学者而言，这些知识却非常宝贵，所以编者根据自己的使用和教学经验设置了“操作技巧”“注意事项”，以使读者掌握要领，少走弯路，尽快上手。

● 知识点“任务驱动法”虽然有针对性强的优点，但系统性相对要差一些，为此本书在操作实例之外还安排了知识点，对相关知识进行系统的介绍。由于有了操作实例作铺垫，这些内容将不再是简单枯燥的叙述，因此可以帮助读者在相关内容上进一步提高。

● 同类练习　作为一种应用软件，很难想象不通过大量的练习就能熟练掌握，因此本书精选了大量的同类练习，由于针对性强，效果不同于一般的练习册，可帮助读者进一步熟悉相关功能的使用，应用所学知识分析和解决具体问题。读者可以根据自己的实际情况，对其中的内容进行有选择的练习。

本书既可以作为初学者的学习教材，无须参照其他书籍即可轻松入门；也可作为有一定基础的 AutoCAD 用户的参考手册，从中了解各项功能的详细应用，从而迈向更高的台阶。由于本书采用了模块式的组织方式，读者在学习时可根据各自专业和学时的不同，进行灵活选择。

本书由衡阳财经工业职业技术学院执教 CAD 课程多年的专业教师编写，由王灵珠任主编，许启高任副主编。参加本书编写的人员及分工如下：许启高编写模块 1 和模块 2，王灵珠编写模块3、模块4、模块6和附录，颜珉编写模块5和模块7，盛湘编写模块8。全书由阳益贵主审，他对本书进行了认真的审阅；同时，编写此书时参考了大量的书籍，在此对相关作者一并表示由衷的谢意。

本书无论是在编写理念、教材结构还是呈现形式上均有较大的创新，最终目的是为了方便读者学习。当然，任何一种新型教材的成功开发，需要中肯的反馈才能不断完善，欢迎广大读者通过二维码在线视频发表评论，您的意见和建议是我们不断进取的最大推力。

编　者

本书说明

一、使用符号的约定

1. “→”表示操作顺序。
2. “↙”表示按回车键。
3. “🔔”表示注意事项。
4. “📖”表示操作技巧。
5. 按机械制图标准，本书中所有尺寸单位均为 mm。

二、操作术语描述

1. “单击”表示单击鼠标的左键。
2. “右击”表示单击鼠标的右键。
3. “移动”表示不按鼠标任何键移动鼠标。
4. “拖动”表示按住鼠标左键移动鼠标。

三、二维码观看视频资源注意事项

1. 本书所有二维码视频资源均免费提供，建议在 Wifi 环境下访问。

2. 本书附带视频文件版权所有，未经允许请勿擅自使用。

3. 由于二维码技术首次在该类教材中使用，不成熟的地方请您谅解。欢迎对本书提出您的宝贵意见和建议。

4. 为便于选择本书作为教材的教师教学，本书免费提供在线教学视频的源文件，订购此书用于教学的教师可联系 QQ（982557826）索取。

目　　录

模块 1　初识 AutoCAD

【学习目标】

1. 了解 AutoCAD 的功能。
2. 熟悉 AutoCAD2014 的用户界面。
3. 掌握 AutoCAD2014 的启动、退出方法。
4. 掌握 AutoCAD2014 中有关启动、响应命令的方法。
5. 掌握图层的概念，能根据绘图需要设置图层、操作图层。

任务 1　了解 AutoCAD

AutoCAD 是在计算机辅助设计（CAD）领域用户最多，使用最广泛的图形软件。它由美国的 Autodesk 公司开发，自 1982 年 12 月推出初始的 R1.0 版本至今，经过三十多年的不断发展和完善，其操作更加方便，功能更加齐全。在机械、建筑、服装、土木、电力、电子和工业设计等行业应用非常普及。目前，其最新的版本为 AutoCAD2014。

AutoCAD2014 软件具有操作简便、易于掌握、修改方便、体系结构开放等特点，其最大的优势就是绘制二维工程图。同时，也可以进行三维建模、图形渲染以及打印输出图形。

本书以 AutoCAD2014 为例进行介绍，绝大部分内容适用于 AutoCAD2000 以后的各个版本，同时兼顾软件的新增功能，将各版本的经典特性与新功能有机地融为一体。

操作实例

本例要求启动 AutoCAD2014，将绘图区背景颜色更改为白色，然后在其各个工作空间切换，最后回到“草图与注释”工作空间，并退出 AutoCAD2014。本例主要涉及 AutoCAD2014 的启动、工作空间的切换、AutoCAD2014 的退出等操作。

操作过程

第 1 步：启动 AutoCAD2014。

双击桌面上 AutoCAD2014 的快捷方式图标，启动 AutoCAD2014，进入其默认工作界面，如图 1-1 所示。

从图 1-1 可以看出，AutoCAD2014 默认绘图区的背景颜色为黑色。

第 2 步：将绘图区背景颜色更改为白色。

（1）单击工作界面左上角“应用程序”按钮→“选项”按钮，弹出“选项”对话框。

（2）选择“显示”选项卡，如图 1-2 所示，单击“颜色(C)...”按钮，打开“图形窗口颜色”对话框，如图 1-3 所示。

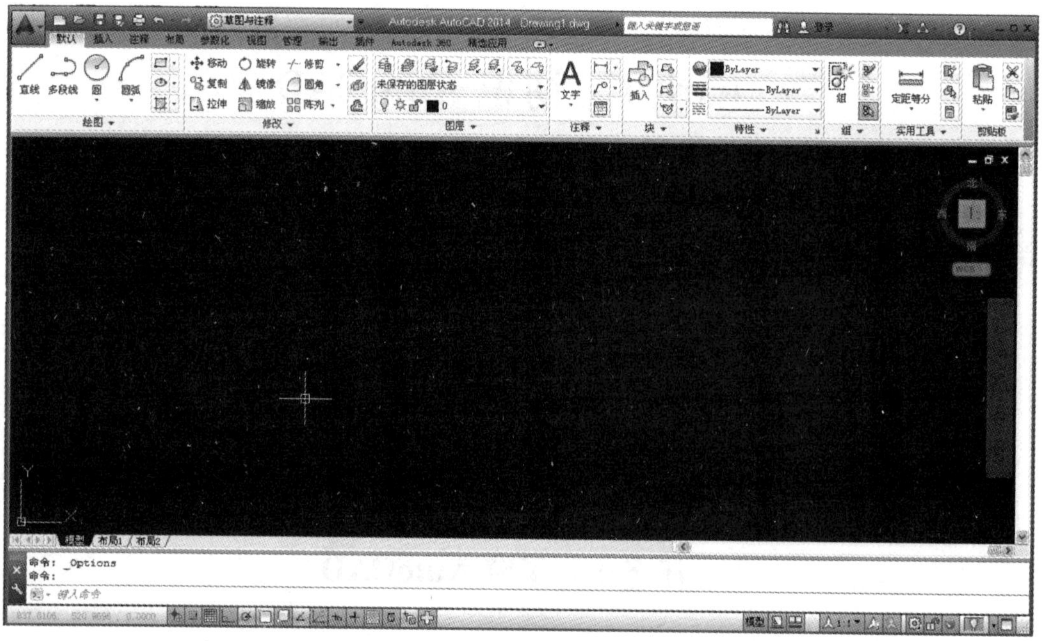

图 1-1　AutoCAD2014 默认工作界面

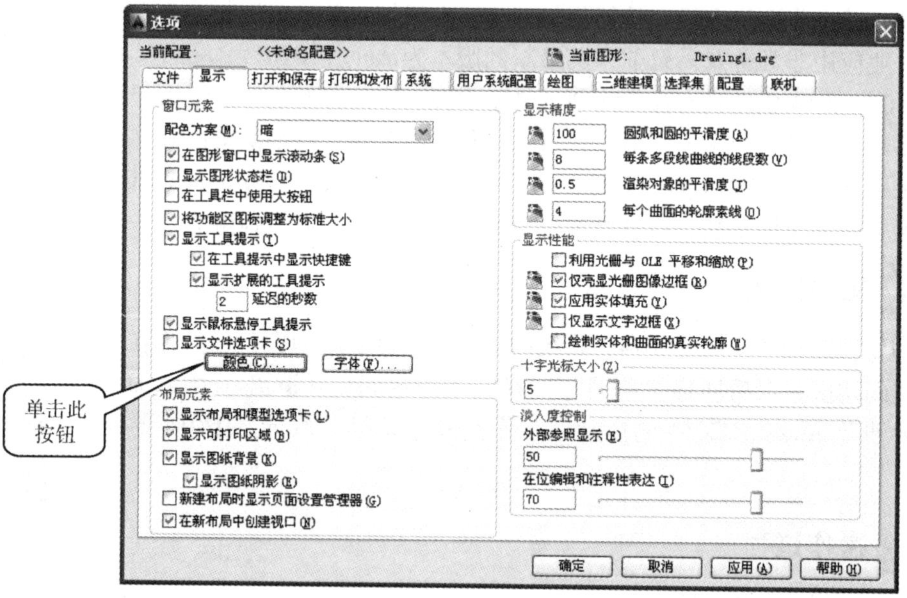

图 1-2　“选项”对话框下的“显示”选项卡

（3）在“上下文”选项区选择“二维模型空间”选项，在“界面元素”列表框中选择“统一背景”选项，在“颜色”下拉列表中选择“白”，如图 1-3 所示。

（4）单击“应用并关闭(A)”按钮，返回“选项”对话框，单击“确定”按钮，完成设置。

完成以上操作后，绘图区的颜色变成了白色。

第 3 步：切换工作空间。

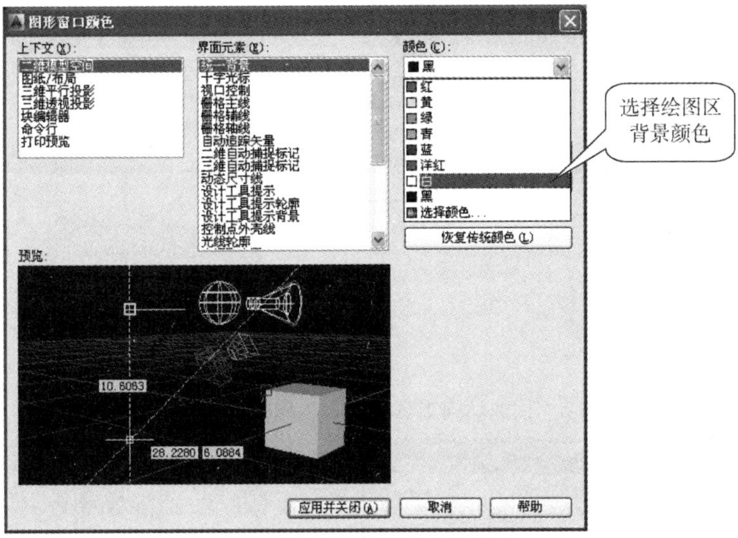

图 1-3　“图形窗口颜色”对话框

AutoCAD2014 有多个工作空间，默认状态下打开“草图与注释”工作空间，如图 1-4 所示。

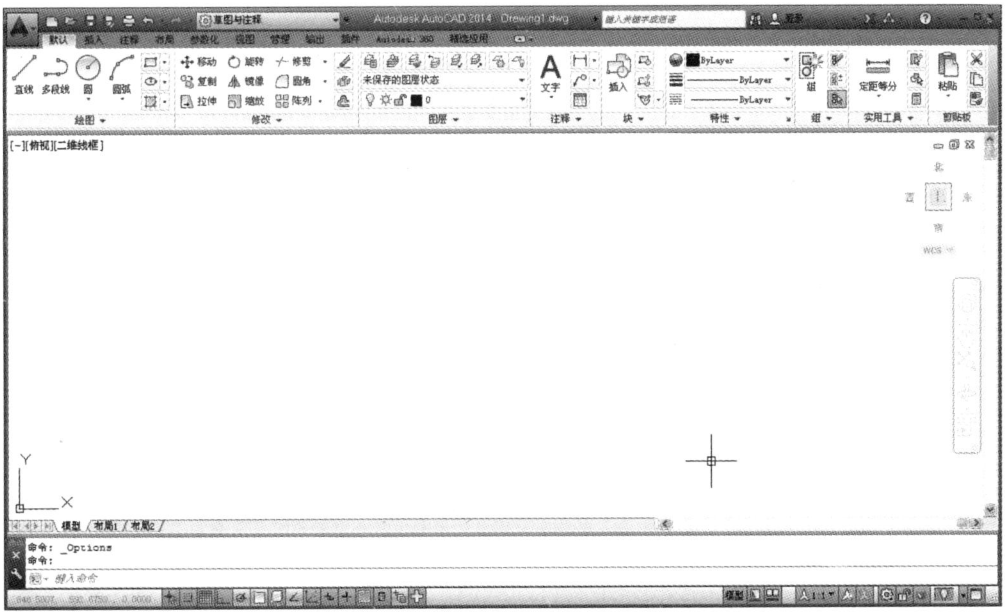

图 1-4　“草图与注释”工作空间

（1）切换到“三维基础”工作空间。在标题栏左侧单击快速访问工具栏“工作空间”右侧的下拉箭头▾，将其展开，如图 1-5 所示，单击“三维基础”选项，切换到“三维基础”工作空间，如图 1-6 所示。

（2）切换到“三维建模”工作空间。采用前述方法进行切换，切换后“三维建模”工作空间，如图 1-7 所示。

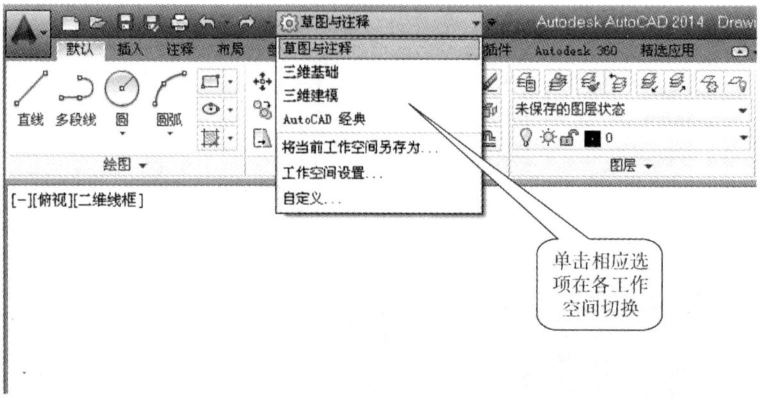

图 1-5　快速访问工具栏上“工作空间”下拉列表

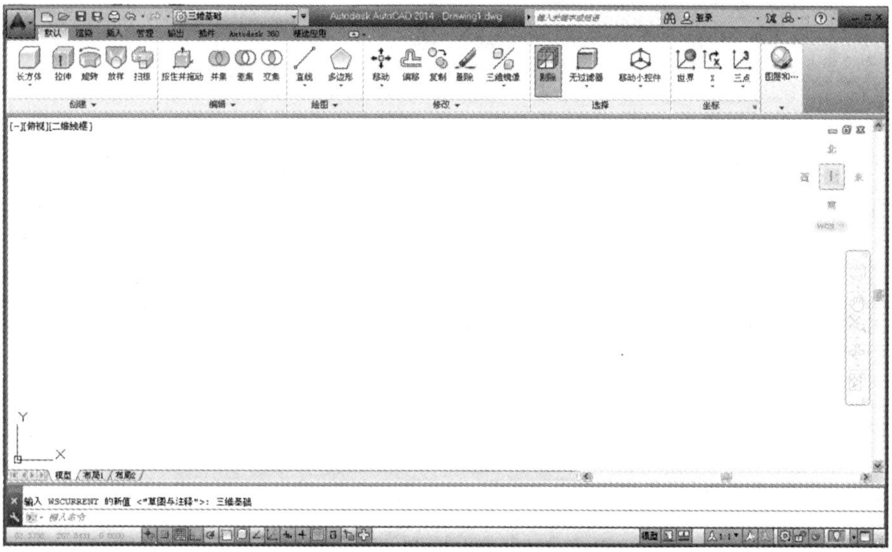

图 1-6　“三维基础”工作空间

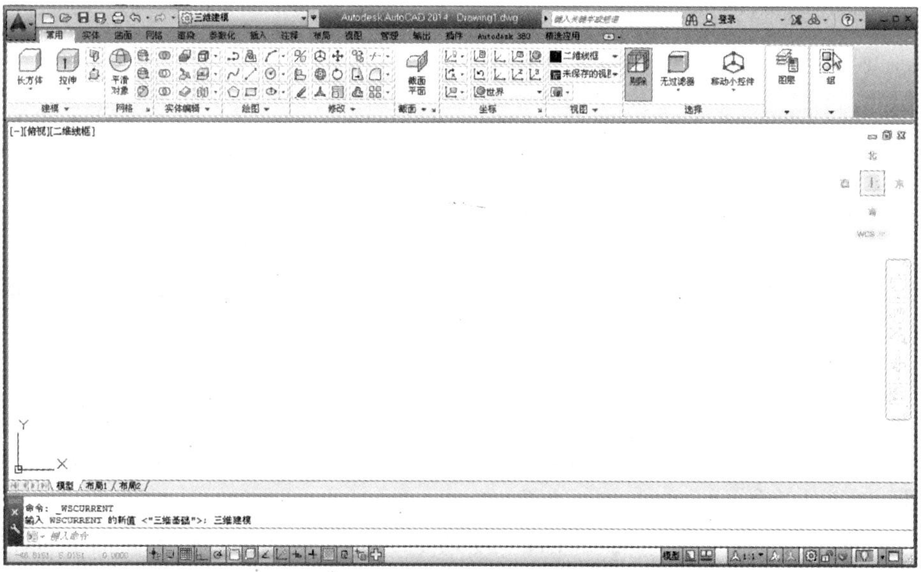

图 1-7　“三维建模”工作空间

（3）切换到“AutoCAD 经典”工作空间。采用前述方法进行切换，切换后“AutoCAD 经典”工作空间，如图 1-8 所示。

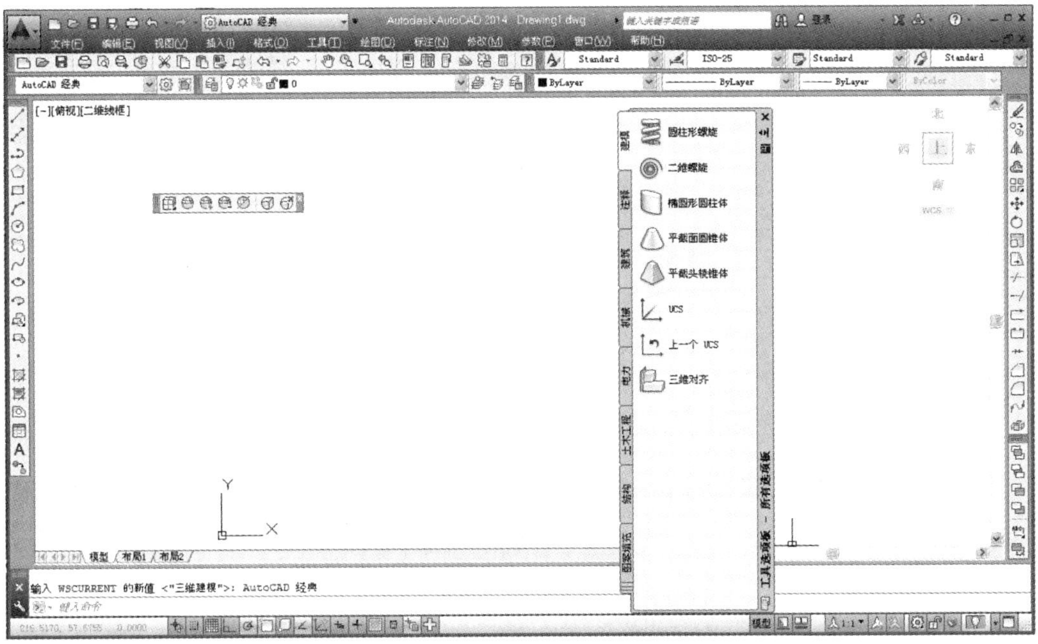

图 1-8　“AutoCAD 经典”工作空间

（4）切换到“草图与注释”工作空间。采用前述方法进行切换，切换后“草图与注释”工作空间，如图 1-4 所示。

第 4 步：退出 AutoCAD2014。

单击标题栏上“”按钮，弹出如图 1-9 所示警告对话框，单击“”按钮，保存修改的设置，在指定保存位置后退出 AutoCAD2014。

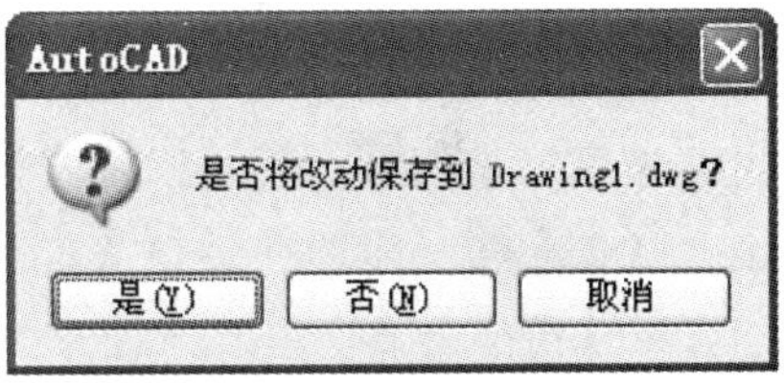

图 1-9　退出 AutoCAD 时弹出的警告对话框

知识点 1　启动 AutoCAD2014 的方法

启动 AutoCAD2014，可以采用以下两种方法：

- 双击桌面上 AutoCAD2014 快捷方式图标。
- 单击 Windows 任务栏上的“开始”→程序→Autodesk→AutoCAD2014 – 简体中文（Simplified Chinese）→AutoCAD2014 – 简体中文（Simplified Chinese）。

知识点 2　AutoCAD2014 界面介绍

启动 AutoCAD2014 后，初始界面如图 1-10 所示。该界面由“应用程序”按钮、标题栏、快速访问工具栏、功能区、绘图区、命令行窗口和状态栏组成。

1.“应用程序”按钮

“应用程序”按钮位于界面的左上角，单击该按钮，将弹出“应用程序”菜单，如图 1-11所示。应用程序菜单上方显示搜索文本框，用户可以在此输入搜索词，用于快速搜索命令；其左方和下方提供了文件操作的常用命令和访问“选项”对话框、退出应用程序的按钮，

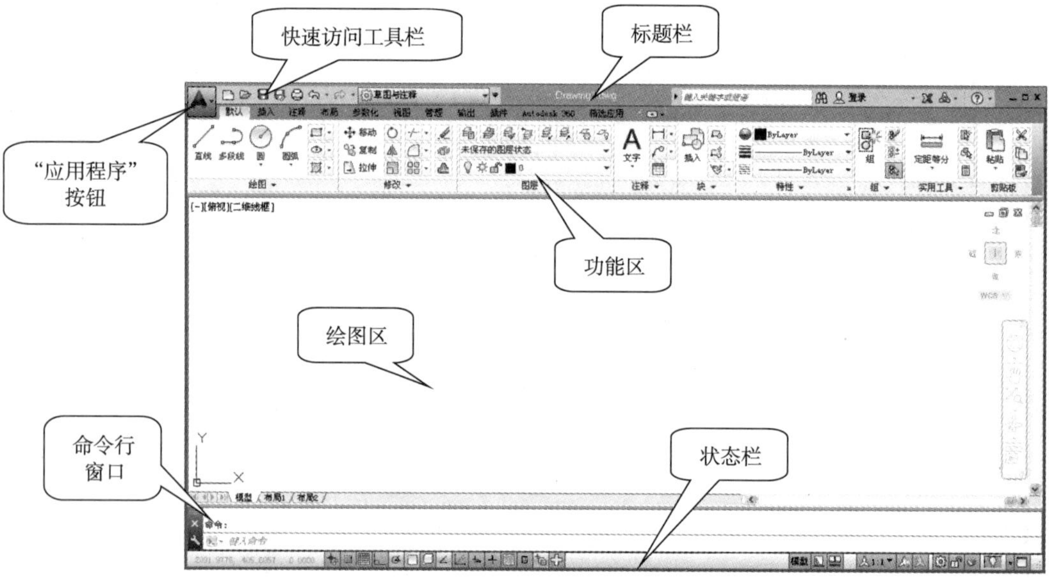

图 1-10　AutoCAD2014 初始工作界面

用户选择命令或单击按钮后，即可执行相应操作。

2. 标题栏

标题栏位于界面的最上方，用于显示当前运行的应用程序名及打开的文件名等信息，如图 1-12 所示，如果是 AutoCAD 默认的图形文件，其文件名为“DrawingX. dwg”（X 是数字）。

在标题栏搜索文本框中输入需要帮助的问题，单击“搜索”按钮，就可以获取相关信息；单击“登录”按钮，能够登录到 Autodesk 360 以访问与桌面软件集成的服务；单击“程序”按钮，可以访问 Autodesk Exchange 应用程序网站；单击“连接”按钮，能够获取软件最新的更新信息；单击“帮助”按钮，可以获取相关帮助信息。

分别单击标题栏右侧的按钮，可以最小化、最大化和关闭应用程序。

图 1-11　“应用程序”菜单

3. “快速访问”工具栏

“快速访问”工具栏如图 1-13 所示，默认情况下

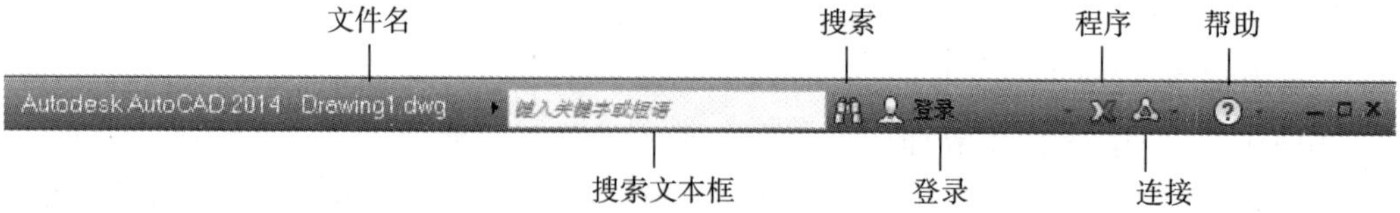

图 1-12　标题栏

其位于功能区上方，并占用标题栏左侧一部分位置。“快速访问”工具栏用于存储经常访问的命令，默认命令按钮有新建、打开、保存、另存为、打印、放弃、重做和工作空间，单击各按钮可快速调用相应命令。

> 单击“快速访问”工具栏上的下三角按钮，弹出快捷菜单，如图 1-14 所示，选择相应选项即可将其添加到“快速访问”工具栏上。
>
> 若选择“显示菜单栏”，则可在标题栏下显示菜单栏。

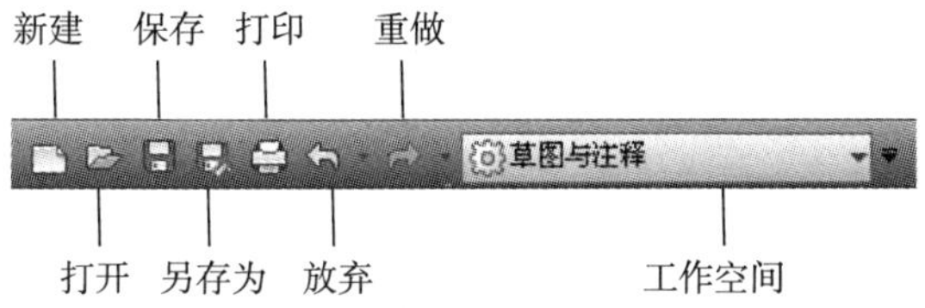

图 1-13　“快速访问”工具栏

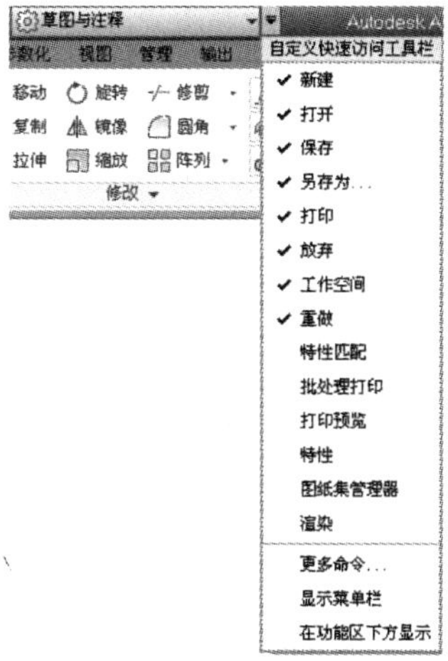

图 1-14　“快速访问”工具栏的快捷菜单

4. 功能区

默认情况下，在创建或打开文件时，AutoCAD 2014 工作界面上会自动显示功能区。功能区位于绘图区的上方，由选项卡和面板组成。在不同的工作空间，功能区内的选项卡和面板不尽相同。

默认状态下，在“草图与注释”工作空间，其功能区有“默认”“插入”“注释”“布局”“参数化”“视图”“管理”“输出”“插件”“Autodesk 360”和“精选应用”11 个选项卡，如图 1-15 所示。每个选项卡包含一组面板，每个面板又包含有许多命令按钮。

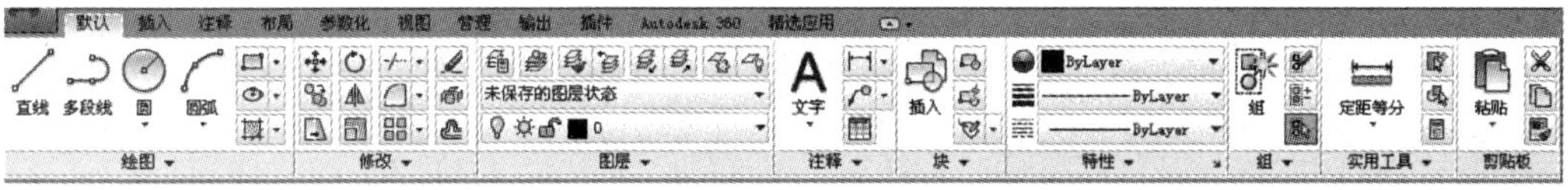

图 1-15　“草图与注释”工作空间的功能区

如果面板中没有足够的空间显示所有的命令按钮，可以单击面板名称右方的三角按钮，将其展开，以显示其他相关的命令按钮。如图 1-16 所示，为展开的“绘图”面板。

如果面板上某个按钮的下方或后面有三角按钮，则表示该按钮下面还有其他的命令按钮，单击三角按钮，弹出下拉列表，显示其他命令按钮。如图 1-17 所示，为“圆”按钮的下拉列表。

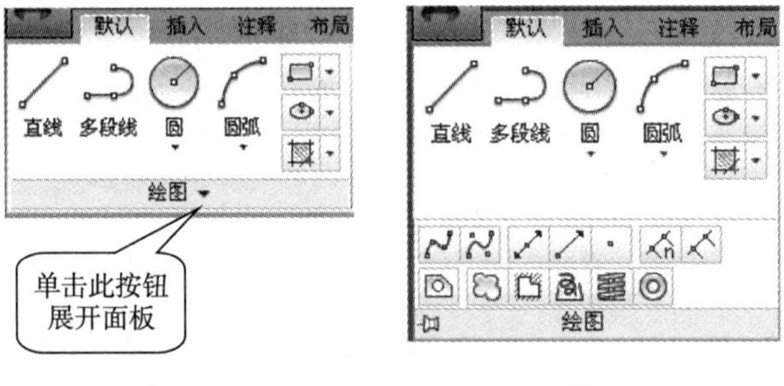

a)　　　　b)

图 1-16　展开“绘图”面板

a）展开前　b）展开后

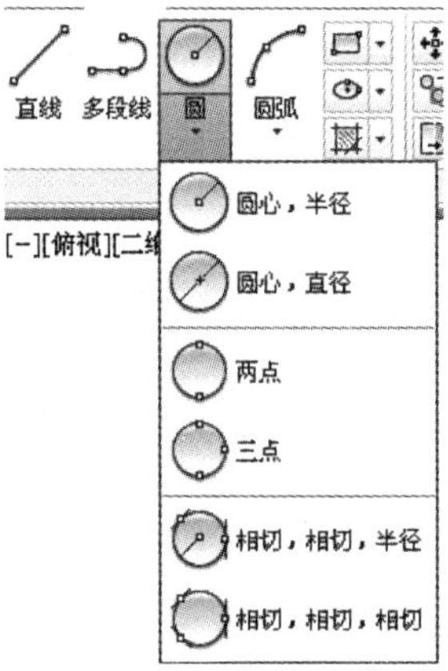

图 1-17　“圆”按钮下拉列表

5. 绘图区

绘图区类似于手工绘图时的图纸，是用户使用 AutoCAD 进行绘图并显示所绘图形的区域，如图 1-18 所示。绘图区实际上是无限大的，用户可以通过缩放、平移等命令来观察绘图区的图形。

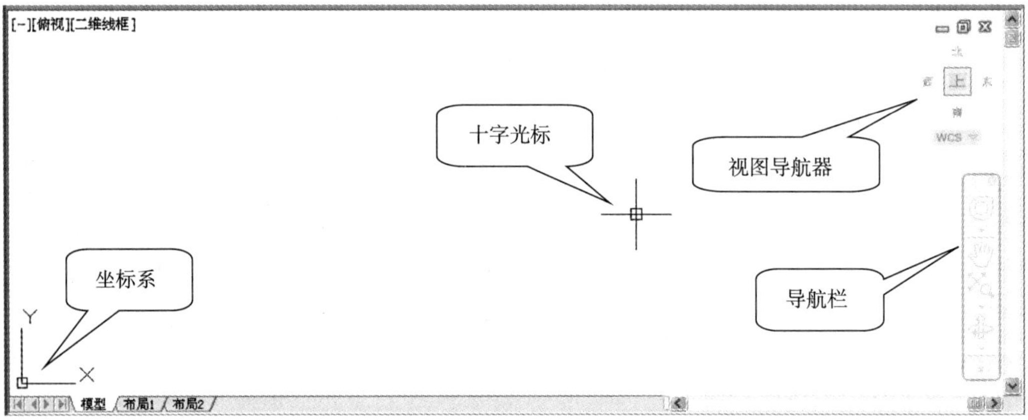

图 1-18　绘图区

绘图区中包括十字光标、坐标系、视图导航器和导航栏。十字光标的交点为当前光标的位置。默认情况下，左下角的坐标系为世界坐标系（WCS）。

单击导航栏上相应按钮，用户可以平移、缩放或动态观察图形。通过视图导航器，用户可以在标准视图和等轴测视图间切换，但对于二维绘图此功能作用不大。

6. 命令行窗口

命令行窗口如图 1-19 所示，其位于绘图区的下方，是 AutoCAD 进行人机交互、输入命令和显示相关信息与提示的区域。用户可以如改变 Windows 窗口那样来改变命令行窗口的大小，也可以拖动到屏幕的其他地方。

单击命令行窗口左侧的“关闭”按钮 ，可以关闭命令行窗口，按〈Ctrl＋9〉可将其重新打开。

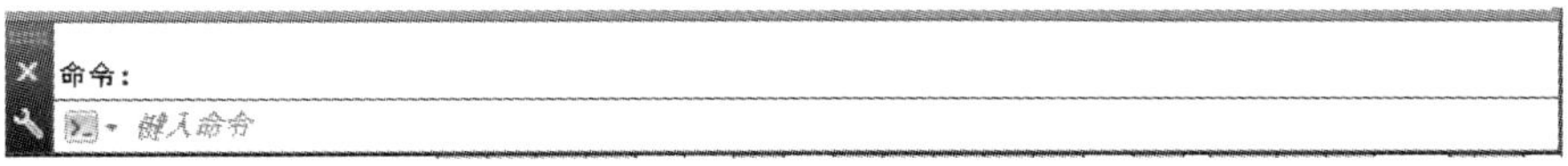

图 1-19　命令行窗口

7. 状态栏

状态栏位于工作界面的最底端，用于显示或设置当前的绘图状态。其左侧显示当前光标在绘图区位置的坐标值，从左往右依次排列着“推断约束”“捕捉”“栅格”“正交”“极轴追踪”“对象捕捉”“三维对象捕捉”“对象追踪”“动态 UCS”“动态输入”和“线宽”等 15 个开关按钮，如图 1-20 所示。用户可以单击对应的按钮使其打开或关闭。有关这些按钮的功能将在后续的模块中介绍。

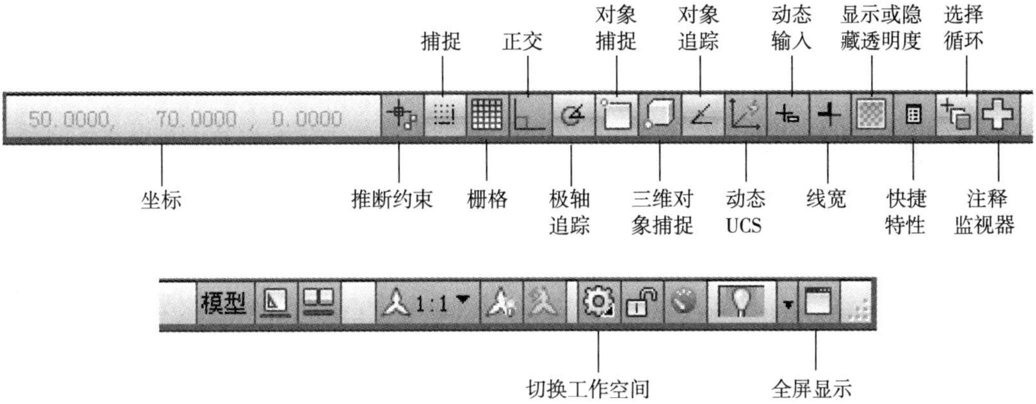

图 1-20　状态栏

单击状态栏上的“全屏显示”按钮，可以将功能区隐藏，仅显示标题栏和命令行窗口，使绘图区大大扩大，以方便编辑图形，如图 1-21 所示。

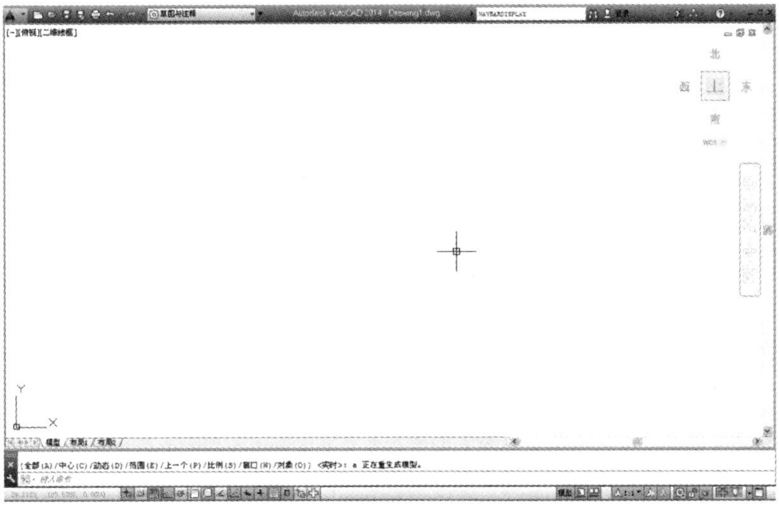

图 1-21　“全屏显示”后的界面

知识点 3　AutoCAD2014 工作空间

工作空间是经过分组和组织的菜单、工具栏、选项卡和面板的集合，用于创建基于任务的绘图环境。AutoCAD2014 提供有“草图与注释”“三维基础”“三维建模”和“AutoCAD 经典”4 种工作空间，以满足用户的不同需要。切换工作空间可以采用以下两种方法：

- 在“快速访问”工具栏上，单击“工作空间”下拉列表，然后选择一个工作空间。本任务操作实例中便采用了此法。
- 在如图 1-20 所示应用程序状态栏上，单击“切换工作空间”按钮，然后选择一个工作空间。

1. “草图与注释”工作空间

启动 AutoCAD2014，在默认状态下打开“草图与注释”工作空间，如图 1-4 所示。该工作空间显示二维绘图特有的工具，用户可以使用“绘图”“修改”“图层”“标注”“文字”和“表格”等面板快捷方便地绘制二维图形。

2. “三维基础”工作空间

“三维基础”工作空间，如图 1-6 所示。该工作空间显示三维建模特有的基础工具。用户可以使用“创建”“编辑”和“修改”等面板创建三维实体或三维网格。

3. “三维建模”工作空间

“三维建模”工作空间，如图 1-7 所示。该工作空间显示三维建模特有的工具，其功能区选项卡中集成了“建模”“实体编辑”“视觉样式”“光源”“材质”和“渲染”等面板，为绘制三维图形、观察图形、设置光源、附加材质、渲染等操作提供了更加便利的环境。

4. “AutoCAD 经典”工作空间

“AutoCAD 经典”工作空间，如图 1-8 所示。该工作空间不带功能区，是为了照顾老用户不习惯新界面而保留的，对于习惯于 AutoCAD 传统界面的用户来说，使用该工作空间可能更得心应手。

知识点 4　退出 AutoCAD2014 的方法

在 AutoCAD2014 中可以采用以下方法退出程序：

- 菜单：在如图 1-11 所示“应用程序”菜单中，单击“退出 Autodesk AutoCAD 2014”按钮。
- 标题栏：单击标题栏上“×”按钮。
- 键盘命令：QUIT。

执行上述操作后，如用户对图形所做的修改尚未保存，则弹出如图 1-9 所示的警告对话框，提示用户保存文件。如果文件已命名，单击“是(Y)”按钮，AutoCAD 将以原名保存文件，然后退出；单击“否(N)”按钮，不保存文件，直接退出；单击“取消”按钮，则取消该操作，重新回到 AutoCAD。如果当前文件没有命名，系统会弹出“图形另存为”对话框（详见本模块任务 3 知识点 3）。

任务 2　AutoCAD 有关命令的操作

操作实例（图 1-22、图 1-23）

本例要求采用 4 种方式启动“直线”命令，绘制任意 4 段直线，如图 1-22 所示；采用 2 种响应命令的方法绘制同一尺寸的矩形，如图 1-23所示。本例主要涉及命令的启动方法、响应方法及命令的重复等操作。

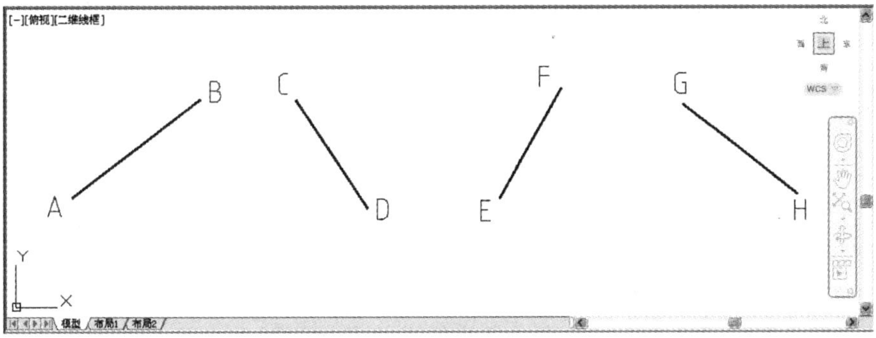

图 1-22　采用 4 种方法启动“直线”命令绘制直线

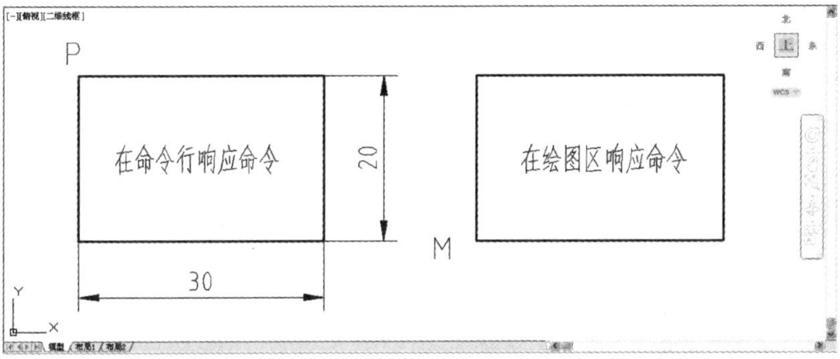

图 1-23　采用两种方法响应“矩形”命令绘制矩形

操作过程

第 1 步：启动 AutoCAD2014，进入其默认的“草图与注释”工作空间。

第 2 步：在功能区启动“直线”命令，绘制任意线段 *AB*。

在功能区“默认”选项卡的“绘图”面板上单击“ ”按钮，启动“直线”命令→在绘图区任意位置单击（如图 1-22 所示点 *A* 处），指定直线第一点→在绘图区任意位置单击（如图 1-22 所示点 *B* 处），指定直线第二点→按回车键，结束命令。

第 3 步：在命令行启动“直线”命令，绘制任意线段 *CD*。

在命令行输入“LINE”，启动“直线”命令→在绘图区任意位置单击（如图 1-22 所示点 *C* 处），指定直线第一点→在绘图区任意位置单击（如图 1-22 所示点 *D* 处），指定直线第二点→按回车键，结束命令。

第 4 步：在菜单栏启动“直线”命令，绘制任意线段 *EF*。

（1）显示菜单栏。

单击“快速访问”工具栏上的下三角按钮，弹出如图 1-14 所示快捷菜单，选择“显示菜单栏”项，在标题栏下方显示菜单栏。

（2）绘制线段 *EF*。

单击“绘图”菜单选择“直线”项，如图 1-24 所示，启动“直线”命令→在绘图区任意位置单击（如图 1-22 所示点 *E* 处），指定直线第一点→在绘图区任意位置单击（如图 1-22 所示点 *F* 处），指定直线第二点→按回车键，结束命令。

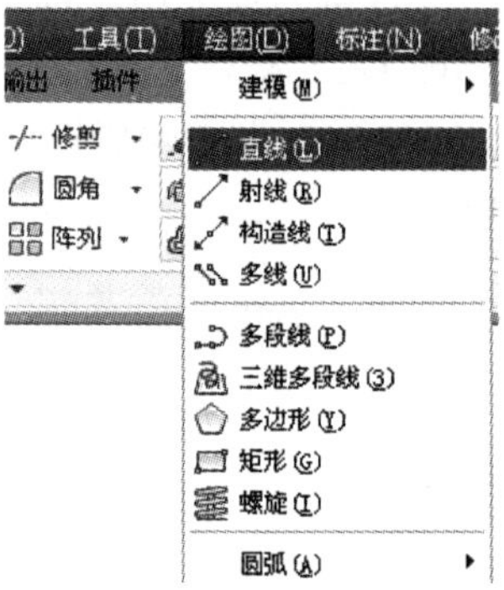

图 1-24 “绘图”菜单

第 5 步：在工具栏启动“直线”命令，绘制任意线段 *GH*。

（1）调用“绘图”工具栏。

单击“工具”菜单→“工具栏”子菜单→“AutoCAD”子菜单项→单击“绘图”项，如图 1-25 所示，在绘图区左侧显示如图 1-26 所示“绘图”工具栏。

（2）绘制任意线段 *GH*。

单击“绘图”工具栏上“![直线按钮]”按钮，启动“直线”命令→在绘图区任意位置单击（如图 1-22 所示点 *G* 处），指定直线第一点→在绘图区任意位置单击（如图 1-22 所示点 *H* 处），指定直线第二点→按回车键，结束命令。

在如图 1-25 所示“AutoCAD”子菜单项单击某项，能调用相应工具栏。

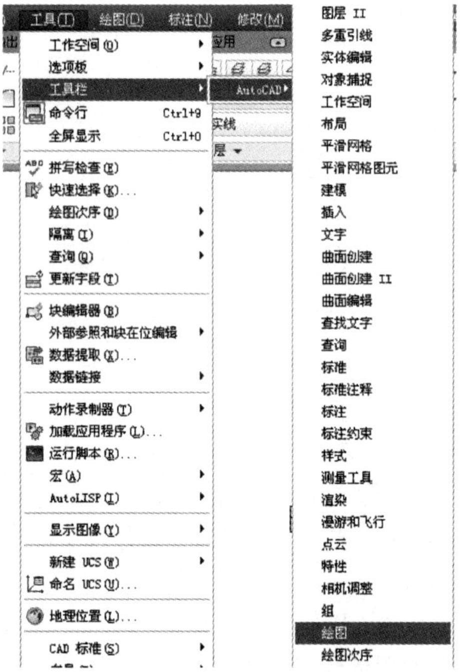

图 1-25 调用“绘图”工具栏

图 1-26 “绘图”工具栏

第 6 步：采用在命令行操作响应命令的方法绘制一个 30×20 的矩形。

（1）在功能区“默认”选项卡的“绘图”面板上单击“![矩形按钮]”按钮，启动“矩形”命令。

（2）在绘图区任意位置单击（如图 1-23 所示点 *P* 处），确定矩形的第一角点。

（3）移动鼠标，当命令行出现“指定另一个角点或［面积(A)/尺寸(D)/旋转(R)］:”时，输入“d”，按回车键，选择“尺寸（D）”选项，确定采用“尺寸”方式绘制矩形。

（4）当命令行出现“指定矩形的长度 <50.0000>：”时，输入“30”，按回车键，确定矩形的长度。

（5）当命令行出现“指定矩形的宽度 <30.0000>：”时，输入“20”，按回车键，确定矩形的宽度。

（6）当命令行出现“指定另一个角点或［面积(A)/尺寸(D)/旋转(R)］:”时，在绘图区适当位置单击（如点 *P* 的右下角），确定矩形的放置位置。绘制完成后如图 1-23 所示。

第 7 步：采用在绘图区操作响应命令（动态输入方式）的方法绘制一个 30×20 的矩形。

（1）在状态栏单击“”按钮，使其凹下，打开“动态输入”功能。

（2）在功能区“默认”选项卡的“绘图”面板上单击“”按钮，启动“矩形”命令。

（3）移动鼠标到绘图区，光标旁出现动态提示，在绘图区任意位置单击（如图 1-23 所示点 *M* 处），确定矩形的第一角点。

（4）移动鼠标，单击键盘上“↓”键，出现动态提示，选择“• 尺寸(D)”项，如图 1-27a 所示，按回车键，确定采用“尺寸”方式绘制矩形。

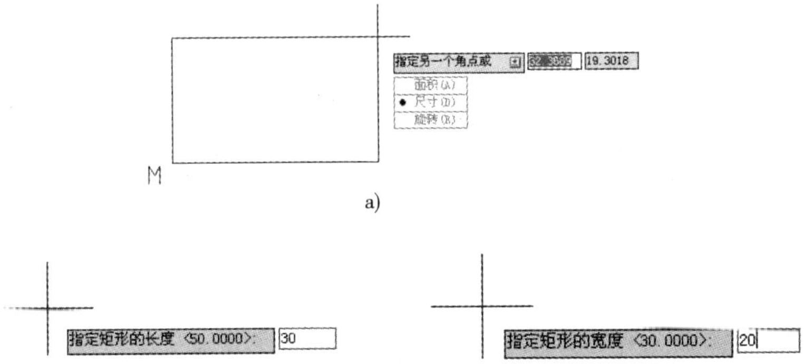

b)　　c)

图 1-27　绘制矩形时的“动态输入”

a）选择“尺寸”选项　b）输入矩形长度　c）输入矩形宽度

（5）绘图区出现“指定矩形的长度 <50.0000>:”提示，在提示框中输入“30”，如图 1-27b 所示，按回车键，确定矩形的长度。

（6）绘图区出现“指定矩形的宽度 <30.0000>:”提示，在提示框中输入“20”，如图 1-27c 所示，按回车键，确定矩形的宽度。

（7）在绘图区适当位置单击（如点 *M* 的右上角），确定矩形的放置位置。绘制完成后如图 1-23 所示。

知识点 1　启动命令的方法

为满足不同用户的需要，使操作更加灵活方便，AutoCAD2014 提供了多种方法来启动同一命令。下面介绍常用的 4 种方法：

1. 功能区启动命令

功能区是选项卡和面板的集合，提供了几乎所有的命令，单击面板上的图标按钮，即可启动相应命令。如图 1-28 所示，单击“绘图”面板上的“”图标按钮，则启动“直线”命令。

2. 菜单栏启动命令

单击某个菜单，在下拉菜单中单击所需的菜单命令，则启动相应命令。如图 1-28 所示，单击“绘图”菜单→“直线”，启动“直线”命令。

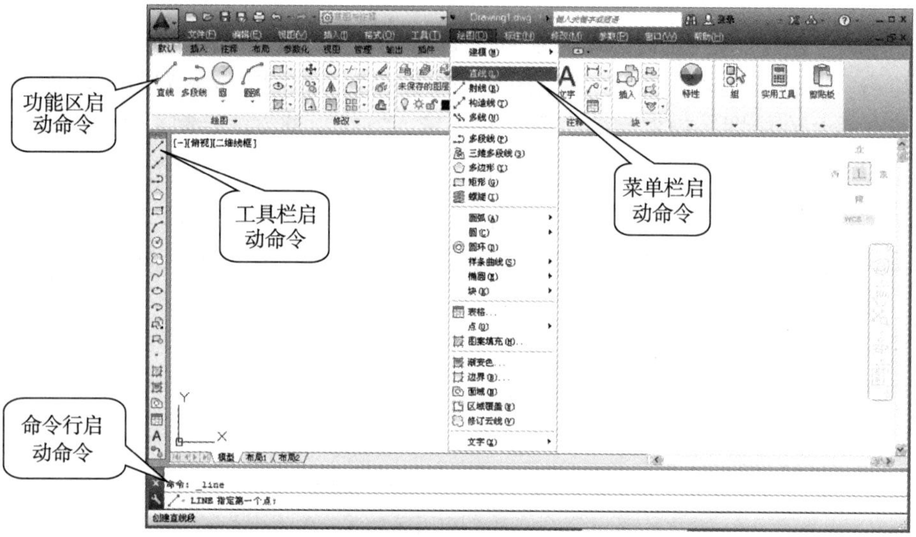

图 1-28　启动命令的 4 种方法

3. 命令行启动命令

在 AutoCAD 命令行命令提示符“命令:”后，输入命令名（或命令别名）并按回车键或空格键，即启动相应命令。如在命令行中输入命令名“LINE”或命令别名“L”，按回车键，即可启动“直线”命令。

AutoCAD2014 命令行具有自动搜索、自动更正及同义词搜索功能。当用户输入某个命令名的首字母后，系统会自动搜索以此字母开头的命令或同义词，并显示在命令行上方，用户可通过键盘上的“↓”或“↑”键选择命令，也可以将光标移到相应命令上直接单击鼠标选择。

4. 工具栏启动命令

在工具栏中单击图标按钮，则启动相应命令。如图 1-28 所示，单击“绘图”工具栏中的“”图标按钮，则启动“直线”命令。

采用菜单栏、工具栏启动命令，需先在用户界面中显示菜单栏、调用相应工具栏，其方法在本任务操作实例中第 4 步、第 5 步已述，在此不再赘述。

知识点 2　响应命令的方法

AutoCAD2014 提供了“在命令行操作”和“在绘图区操作”两种响应命令的方法。

1. 在命令行操作

在启动命令后，用户需要输入点的坐标值、选择对象以及选择相关的选项来响应命令。在 AutoCAD 中，一类命令是通过对话框来执行的，另一类命令则是根据命令行提示来执行的。

在命令行操作是 AutoCAD 最传统的方法。如图 1-29 所示，在启动命令后，根据命令行的提示，用键盘输入坐标值或有关参数后，再按回车键或空格键即可执行相关操作。本任务操作实例中第 6 步即采用了此法。

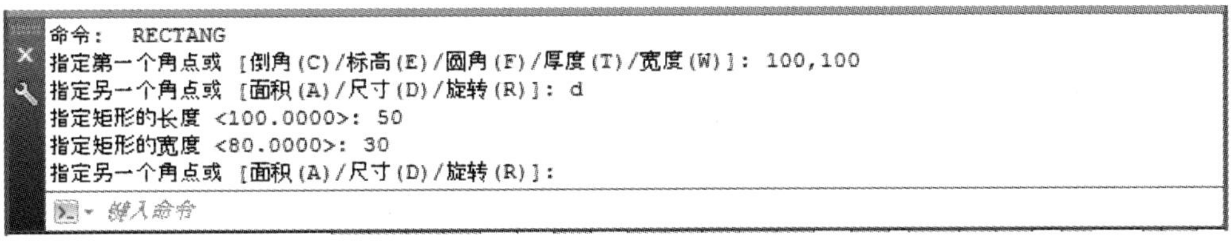

图 1-29　在命令行操作（绘制矩形）

命令行提示中“[ ]”内的选项的表示可选项，“( )”内的为可选项的标识字符，“〈 〉”内的数值为默认值。

2. 在绘图区操作

从 AutoCAD2006 开始新增加了动态输入功能，可以实现在绘图区操作，完全可以取代传统的命令行。在动态输入被激活时，在光标附近将显示动态输入工具栏，如图 1-30 所示。用户可以在提示框中输入坐标，用“Tab”键在几个工具栏中切换，用键盘上的“↓”键，显示和选择各相关的选项响应命令。本任务操作实例中第 7 步即采用了此法。

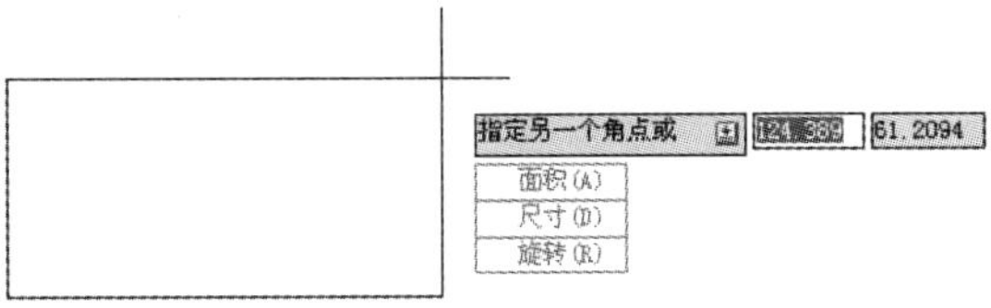

图 1-30　动态输入（绘制矩形）

知识点 3　命令的放弃、重做、中止与重复执行

1. 命令的放弃

“放弃”命令可以实现从最后一个命令开始，逐一取消前面已经执行了的命令。调用命令的方式如下：

- 快速访问工具栏：“放弃”按钮。
- 菜单栏：“编辑”→“放弃”。
- 工具栏：“标准”→“放弃”。
- 键盘命令：UNDO 或 U。
- 快捷键：CTRL + Z。

2. 命令的重做

“重做”命令可以恢复刚执行“放弃”命令所放弃的操作。调用命令的方式如下：

- 快速访问工具栏：“重做”按钮。
- 菜单栏：“编辑”→“重做”。
- 工具栏：“标准”→“重做”。
- 键盘命令：REDO。

3. 命令的中止

“中止”命令即中断正在执行的命令，回到等待命令状态。调用命令的方式如下：

- 快捷操作：按“ESC”键。
- 鼠标操作：右击→取消。

4. 命令的重复执行

“重复执行”命令即将刚执行完的命令再次调用。调用命令的方式如下：

- 键盘操作：按回车键或空格键。
- 鼠标操作：右击→重复×××（×××表示命令）。

任务3　设置图层

操作实例

本例要求新建包含粗实线、细实线、尺寸线等7个图层的图形文件（各图层设置要求见表1-1），并将“粗实线”层置为当前图层，操作完成后以“图层设置”命名保存文件。主要涉及新建文件、图层设置及保存文件等操作。

表1-1　图层设置

层　名	线　型　名	线条样式	颜　色	线　宽	用　途
粗实线	Continuous	粗实线	蓝	0.3mm	可见轮廓线、可见过渡线
点画线	Center	点画线	红	默认	对称中心线、轴线
细实线	Continuous	细实线	黄	默认	波浪线、剖面线等
尺寸线	Continuous	细实线	洋红	默认	尺寸线和尺寸界线
文字	Continuous	细实线	黑	默认	文字
虚线	Hidden	虚线	绿	默认	不可见轮廓线、不可见过渡线
双点画线	Phantom	双点画线	黑	默认	假想线

操作过程

第1步：启动AutoCAD2014，进入其默认的“草图与注释”工作空间。

第2步：新建图形文件。

（1）单击快速访问工具栏上的“新建”按钮，弹出“选择样板”对话框，如图1-31所示。

（2）在文件名称列表框中选择“acadiso. dwt”样板文件，单击“打开(O)”按钮，即新建一个名为“DrawingX. dwg”（X是数字）的图形文件。

第3步：新建“粗实线”图层，并进行相应设置。

（1）在功能区单击“默认”选项卡→“图层”面板→“图层特性”按钮，弹出“图层特性管理器”对话框，如图1-32所示。

（2）单击“新建图层”按钮，在图层列表中出现一个名为“图层1”的新图层，单击该图层名，在“名称”文本框中输入“粗实线”，按回车键，即新建“粗实线”图层，如图1-32所示。

（3）单击“颜色”列的色块图标，打开“选择颜色”对话框，如图1-33所示，在标准颜色区中单击“蓝色”色块，单击“确定”按钮，完成颜色设置。

（4）单击“线宽”列的线宽图标，打开“线宽”对话框，如图1-34所示，在线宽列表中选择“0. 30mm”，单击“确定”按钮，完成线宽设置。

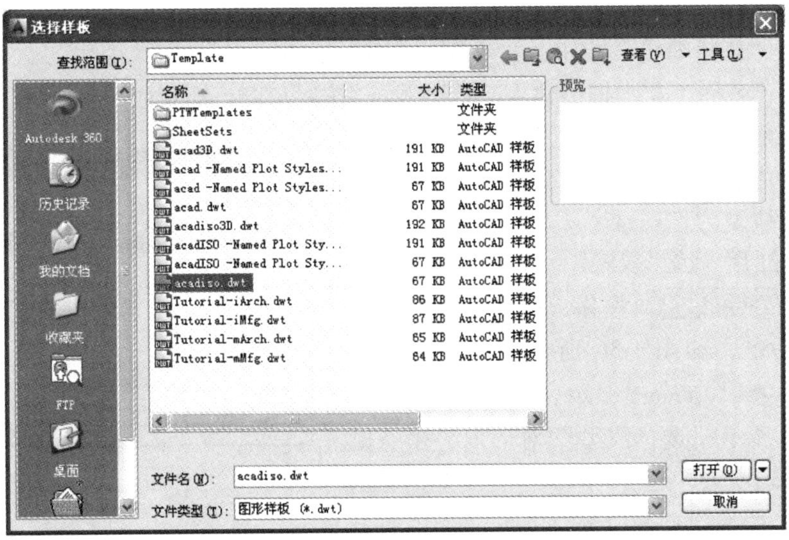

图 1-31　“选择样板”对话框

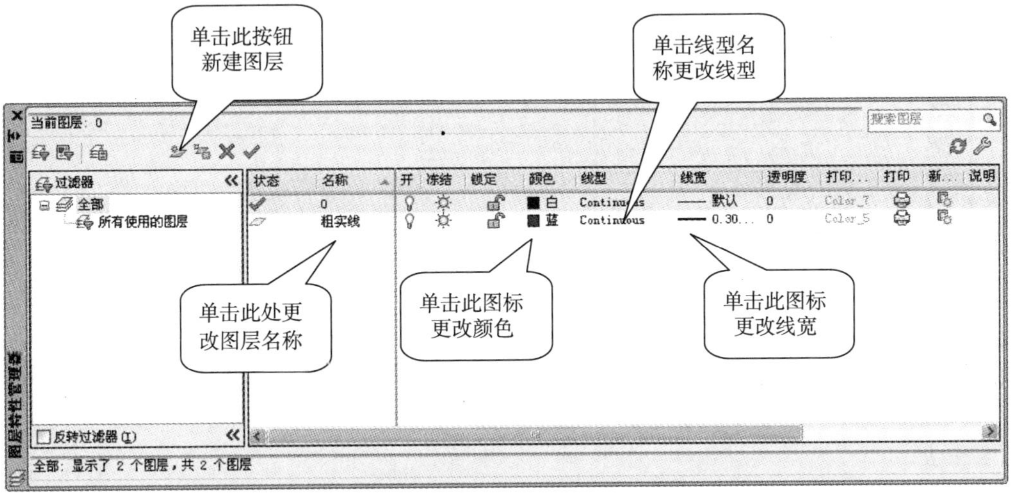

图 1-32　新建“粗实线”图层

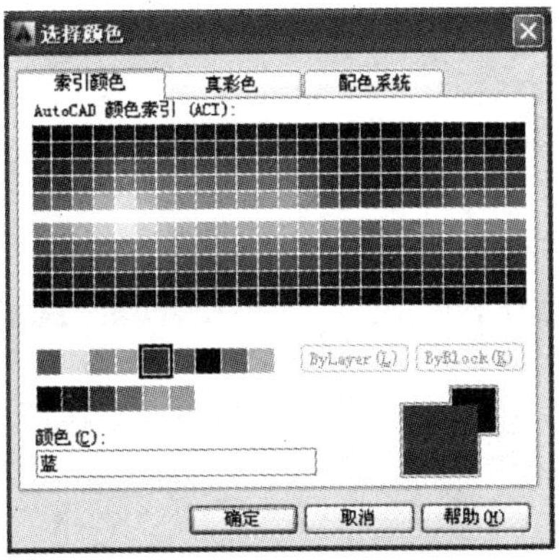

图 1-33　“选择颜色”对话框

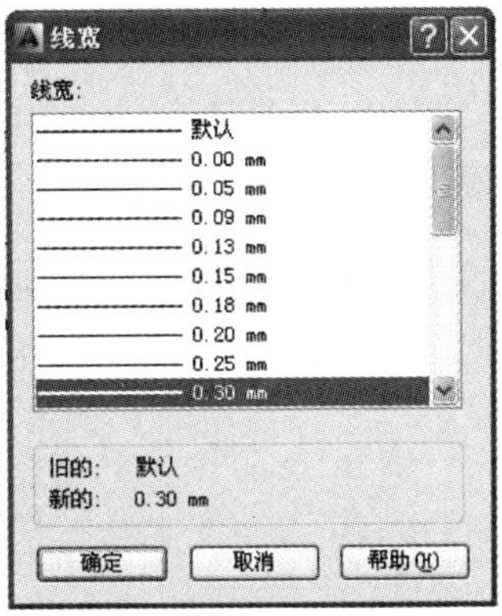

图 1-34　“线宽”对话框

第 4 步：新建“点画线”图层，并进行相应设置。

（1）单击“新建图层”按钮，在图层列表中出现一个名为“图层 1”的新图层，单击该图层名，在“名称”文本框中输入“点画线”，按回车键，即新建“点画线”图层。

（2）采用前述方法设置“点画线”图层的颜色为“红色”，线宽为“默认”。

（3）设置线型为“Center”。单击“线型”列的线型名称，打开“选择线型”对话框，如图1-35所示。单击“加载(L)...”按钮，弹出“加载或重载线型”对话框，如图 1-36 所示。在“可用线型”列表中选择“Center”，单击“确定”，返回如图 1-37 所示“选择线型”对话框。在“已加载的线型”列表中，选择“Center”线型，单击“确定”，完成线型的设置。

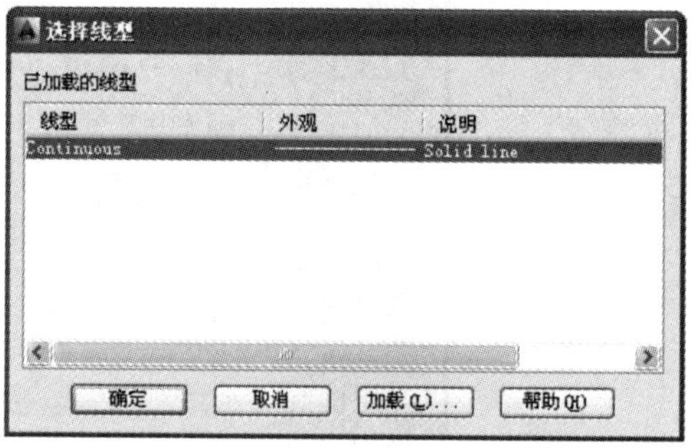

图 1-35　“选择线型”对话框

图 1-36　“加载或重载线型”对话框

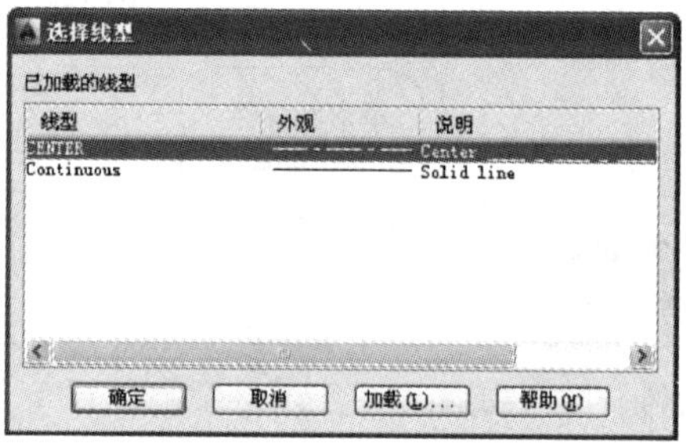

图 1-37　加载并显示“Center”线型

在加载了所需的线型并返回到“选择线型”对话框时，系统不会直接选中刚加载的线型，需用户自行选择后单击“确定”（图 1-37）才能将加载的线型设置到图层中去。

第 5 步：采用前述方法，新建“细实线”“尺寸线”“文字”“虚线”和“双点画线”等 5 个图层，并按表 1-1 进行相应设置，设置完成后如图 1-38 所示。

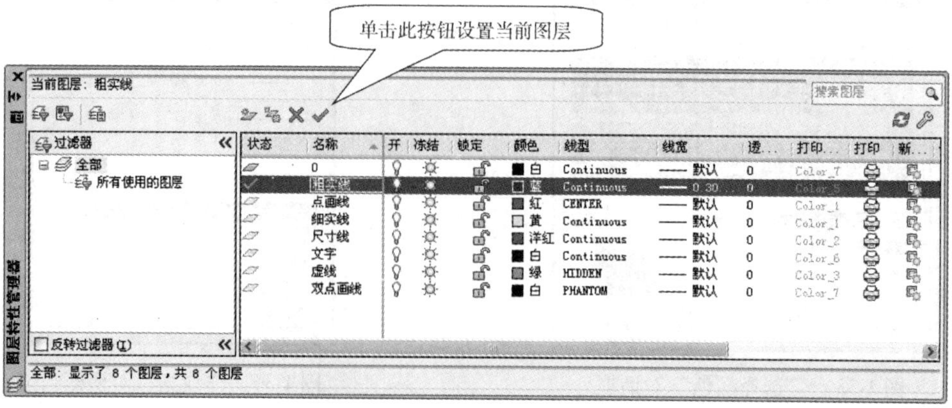

图 1-38　完成的图层设置

第 6 步：将“粗实线”图层设置为当前图层。

(1) 选中“粗实线”图层，使其亮显，单击“置为当前”按钮，使“粗实线”图层前出现，即将该图层置为当前层。

(2) 单击左上角“×”按钮，退出“图层特性管理器”对话框。

第 7 步：将文件命名为“图层设置”并保存。

(1) 单击快速访问工具栏上的“保存”按钮，弹出“图形另存为”对话框，如图 1-39 所示。

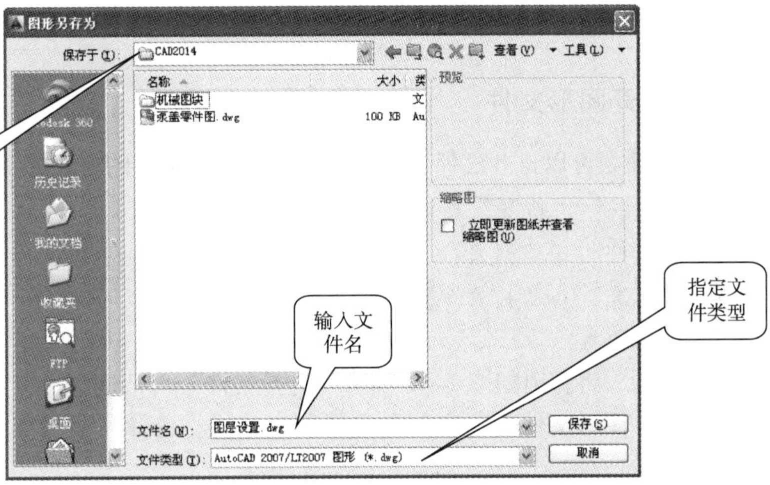

图 1-39　“图形另存为”对话框

(2) 在“保存于”列表框指定保存路径；在“文件类型”下拉列表中选择“AutoCAD 2007/LT2007 图形（*.dwg）”，如图 1-40 所示；在“文件名”文本框中输入“图层设置”。

(3) 单击“保存(S)”按钮，完成保存操作。

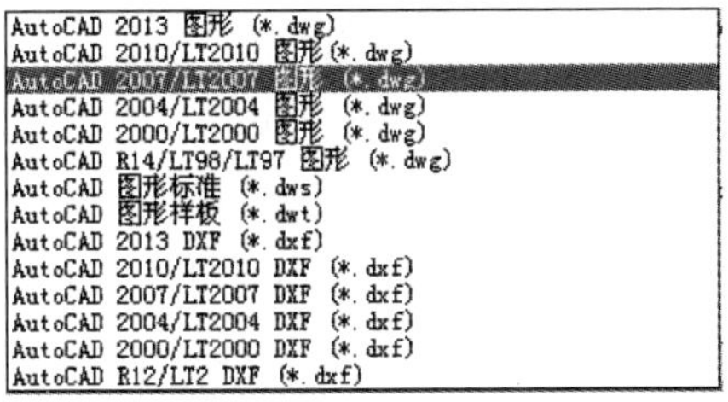

图 1-40　“文件类型”下拉列表

读者可以在各图层任意绘制几条线段，观察效果。如要显示线宽效果，需单击状态栏上“+”按钮，打开“线宽”功能。

保存文件时如在“文件类型”下拉列表中选择“AutoCAD 图形样板（*.dwt）”，则文件将被保存为样板文件，以后选择该样板文件开始新建文件，可直接进行图形的绘制而不必每次重复进行图层的设置。

知识点 1　新建图形文件

利用“新建”命令可以创建新的图形文件，调用命令的方式如下：

- 快速访问工具栏：“新建”按钮。
- 菜单栏：“文件”→“新建”。
- 工具栏：“标准”→“新建”。
- 键盘命令：NEW 或 QNEW。

执行上述操作后，弹出如图 1-31 所示“选择样板”对话框。在 AutoCAD 给出的样板文件名称列表框中，选择某个样板文件后双击或单击“打开(O)”按钮，即可创建新的图形文件。

> 本书中的实例，如无特别说明均选择“acadiso. dwt”样板文件。

知识点 2　打开图形文件

利用“打开”命令可以打开已保存的图形文件，调用命令的方式如下：

- 快速访问工具栏：“打开”按钮。
- 菜单栏：“文件”→“打开”。
- 工具栏：“标准”→“打开”。
- 键盘命令：OPEN。

执行上述操作后，将弹出如图 1-41 所示“选择文件”对话框。

用户可根据已存图形文件的保存位置选择相应路径，选择需要的图形文件后双击或单击“打开(O)”按钮即可打开。

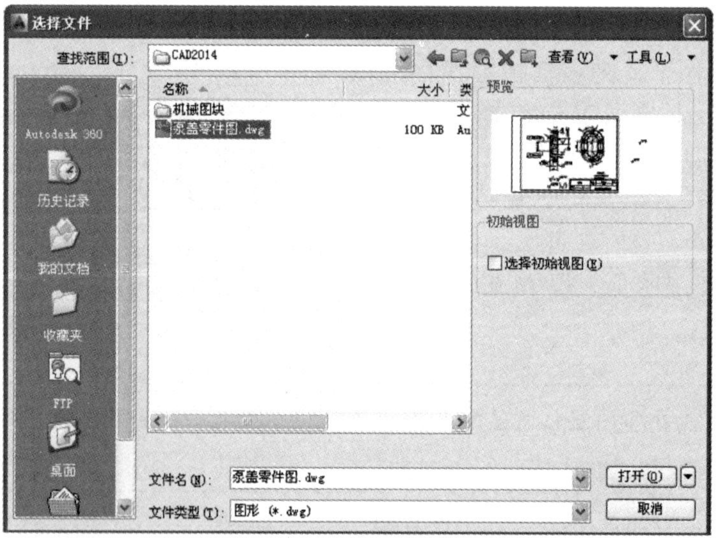

图 1-41　“选择文件”对话框

知识点 3　保存/另存为图形文件

1. 保存图形文件

利用“保存”命令可以保存当前图形文件，调用命令的方式如下：

- 快速访问工具栏：“保存”按钮。

- 菜单栏："文件"→"保存"。
- 工具栏："标准"→"保存"。
- 键盘命令：QSAVE。
- 快捷键：〈Ctrl + S〉。

如果当前图形文件曾经保存过，则系统将直接使用当前图形文件名称保存在原路径下，而不需要再进行其他操作。如果当前图形文件从未保存过，则弹出如图 1-39 所示"图形另存为"对话框。在"保存于"下拉列表框中可以指定文件保存的路径；"文件类型"下拉列表框中选择文件的保存格式或不同版本；在"文件名"文本框中输入文件名。

> 虽然在本书后述的各模块中，只在最后的步骤列出了"保存图形文件"，但用户应养成随时保存的习惯。特别是在绘制大型图形时，应及时保存数据，避免因意外而造成不必要的损失。

2. 另存为图形文件

利用"另存为"命令可以用新文件名保存当前图形，调用命令的方式如下：

- 快速访问工具栏："另存为"按钮。
- 菜单栏："文件"→"另存为"。
- 键盘命令：SAVE AS 或 SAVE。

执行上述操作后，则弹出如图 1-39 所示"图形另存为"对话框，操作方法同上，不再赘述。

知识点 4　图层的设置

1. 图层的概念

AutoCAD 的图层相当于完全重叠在一起的透明纸，一层挨着一层，每层都可有任意的颜色、线型、线宽等属性。用户可以任意选择其中一个图层进行绘制，而不受其他图层的影响。

绘制各种工程图样时，为了便于修改、操作，通常把同一张图样中相同属性的内容放在同一个图层中，不同的内容放在不同的图层中。例如在机械制图中，可以将粗实线、细实线、点画线、中心线、虚线、尺寸线等放在不同的图层中绘制，用不同的颜色来表示。

2. 图层操作

利用"图层特性管理器"对话框，用户可以进行创建新图层、设置当前层、重命名或删除选定图层，设置或更改选定图层的特性（颜色、线型、线宽等）和状态（开/关、锁定/解锁等）等操作。调用命令的方式如下：

- 功能区："默认"选项卡→"图层"面板→"图层特性"按钮。
- 菜单栏："格式"→"图层"。
- 工具栏："图层"→"图层特性"。
- 键盘命令：LAYER 或 LA。

执行上述操作后，将弹出如图 1-42 所示"图层特性管理器"对话框，系统默认创建有"0"层。

（1）创建新图层、重命名图层、设置当前层、删除图层

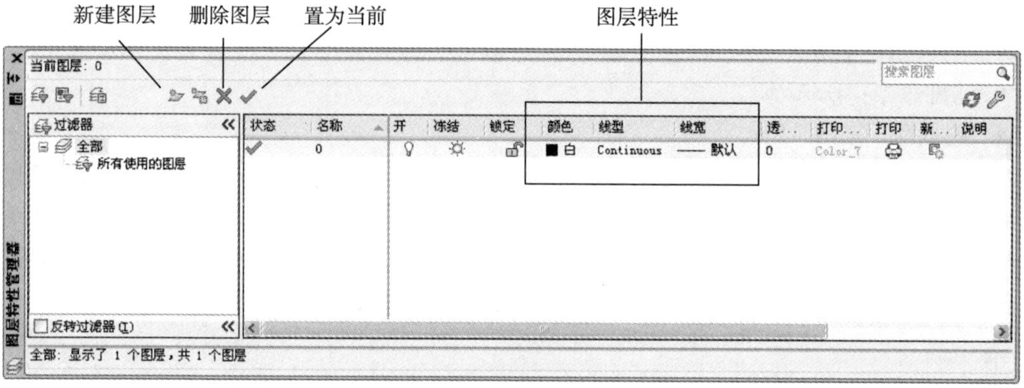

图 1-42　“图层特性管理器”对话框

在“图层特性管理器”对话框中，单击“新建图层”按钮，图层列表中将显示名为“图层 1”的新图层，且处于被选中状态，即已创建一个新图层；单击新图层的名称，在其“名称”文本框中输入图层的名称，即可为新图层重命名。具体操作在本任务操作实例中已述，不再赘述。

在“图层特性管理器”对话框中，选中一个图层后，单击“置为当前”按钮，可将选定图层设置为当前层；单击“删除图层”按钮，即可将选定图层删除。

> 在一个图形文件中，用户可以根据需要创建许多图层，但当前层（即当前作图所使用的图层）只有一个，用户只能在当前层上绘制图形对象。
>
> 系统默认创建的 0 层、包含对象的图层以及当前层均不能删除。

（2）设置图层的特性

图层的特性包括颜色、线型、线宽等，AutoCAD 系统提供了丰富的颜色、线型和线宽。用户可以在如图 1-42 所示“图层特性管理器”对话框中，单击相应图标为选定的图层设置以上特性。其具体操作在本任务操作实例中已述，不再赘述。

（3）图层状态

每个图层都包含有开/关、冻结/解冻、锁定/解锁、打印/不打印等状态。用户可以在如图 1-42 所示“图层特性管理器”对话框中，单击某一图层上状态列表中的相应图标，改变所选图层相应的状态。

◆ 开/关状态：单击“开”列对应的小灯泡图标，可以打开或关闭图层，以控制图层上图形对象的可见性。在开状态下，灯泡的颜色为黄色，图层上的对象可以显示，也可以在输出设备打印。在关状态下，灯泡的颜色为蓝色，此时图层上的对象不能显示，也不能打印输出；图形重新生成时，关闭图层上的图形对象仍参加计算。在关闭当前层时，系统将弹出一个消息对话框，警告正在关闭当前层。

◆ 冻结/解冻状态：单击“冻结”列对应的图标，可以冻结或解冻图层。图层被冻结时显示雪花图标“”，此时图层上的对象不能被显示、打印输出和编辑修改；图形重新生成时，冻结图层上的对象不参加计算。图层被解冻时显示太阳图标“”，此时图层上的对象能被显示、打印输出和编辑修改。

◆ 锁定/解锁状态：单击“锁定”列对应的图标，可以锁定或解锁图层，以控制图层上的图形对象能否被编辑修改。当图层被锁定时显示“ ”图标，此时图层上的图形对象仍能显示，但不能被编辑修改；当图层解锁时显示“ ”图标，此时图层上的对象能被编辑修改。

◆ 打印/不打印状态：单击“打印”列对应的图标 ，可以设置图层是否能够被打印，在保持图形可见性不变的前提下控制图形的打印特性。此打印设置只对打开和解冻的可见图层有效。

3. 图层管理工具

在 AutoCAD2014 中，使用系统在功能区“默认”选项卡下提供的“图层”面板，如图 1-43 所示，可以方便快捷地设置图层状态和管理图层。

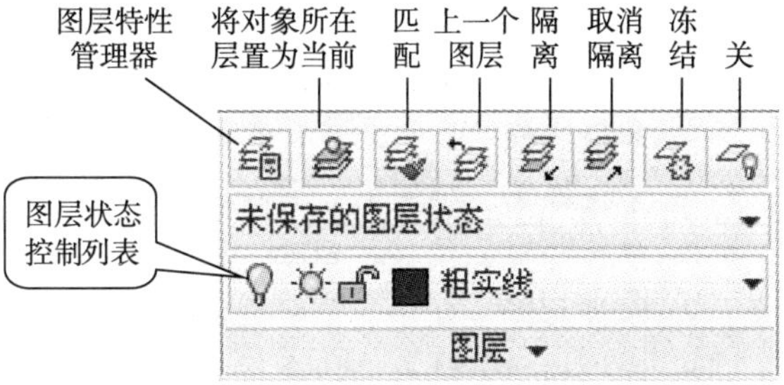

图 1-43　“图层”面板

“图层”面板上各主要按钮功能如下：

◆ 图层状态控制列表：显示了当前图层的状态及特性，如 。单击该下拉列表右侧的“ ”按钮，可显示当前图形文件中的所有图层及其状态。用户可在下拉列表中单击某一图层的状态图标按钮，控制图层状态；单击色块按钮，更改图层的颜色。用户也可以在下拉列表中选择某一图层的层名，将该层设置为当前层。

◆“将对象所在层置为当前”按钮 ：将选定对象所在的图层置为当前层。

◆“匹配”按钮 ：将选定对象更改到目标图层上。

◆“上一个图层”按钮 ：恢复上一个图层为当前层。

◆“隔离”按钮 ：隐藏或锁定除选定对象所在图层外的所有图层。

◆“取消隔离”按钮 ：恢复使用“隔离”命令隐藏或锁定的所有图层。

◆“冻结”按钮 ：冻结选定对象所在的图层。

◆“关”按钮 ：关闭选定对象所在的图层。

同类练习

按表 1-1 要求新建一个含有“粗实线”“细实线”和“点画线”3 个图层的图形文件，并通过在“图层”面板上操作将“粗实线”图层置为当前层，将“细实线”图层冻结，将“点画线”图层关闭，最后以“图层练习”命名，将其保存在“E：\ AutoCAD2014 练习 \ 模块 1 练习”中。

模块 2　简单二维图形的绘制

【学习目标】

1. 掌握图形界限的设置及图形缩放、平移、图层的操作。
2. 掌握点的输入方法，能正确使用各种坐标确定点。
3. 掌握捕捉、栅格、正交、对象捕捉和自动追踪的设置与使用。
4. 掌握直线、圆、正多边形、矩形绘图命令的应用。
5. 掌握椭圆、椭圆弧、圆环绘图命令的应用。
6. 掌握修剪、偏移、删除、圆角编辑命令的应用。
7. 掌握打断、合并、分解编辑命令的应用。
8. 能根据图形特点选择合适的绘图方法，从图形界限、图层开始，绘制出简单的二维图形。

任务 1　规则图形的绘制

操作实例（图 2-1）

本例介绍如图 2-1 所示规则图形的绘制方法和步骤，主要涉及“图形界限”“栅格”“捕捉”“缩放”“正交”和“直线”等命令。

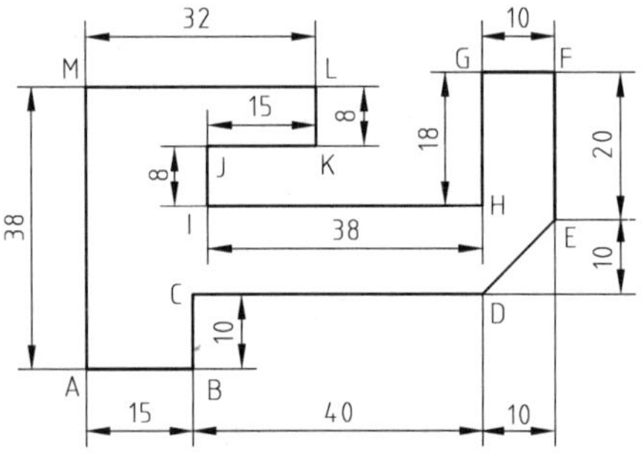

图 2-1　规则图形的绘制（使用捕捉、栅格、正交功能绘图）

操作过程

第 1 步：分析图形，确定绘制方法。

从图 2-1 可以看出，该图形非常简单，由水平线、垂直线和一段斜线组成，各段线段长度或位置均已知，且从点 *A* 沿逆时针至点 *G* 之间各线段长度或确定位置的尺寸都是“5”的倍数，可使用“直线”命令结合“捕捉”和“栅格”功能进行绘图；从点 *G* 沿逆时针至点 *A* 之间都是水平线或垂直线，且长度没有规律性，可使用“直线”命令结合“正交”功能进行绘制。

> 绘制图形前，应先对图形进行分析，了解各部分之间的关系，确定各部分的绘制方法与步骤，是非常必要的。

第 2 步：设置图形界限。

在命令行输入“LIMITS”，(或单击“格式”菜单→“图形界限”)，按回车键，操作步骤如下：

```
命令：LIMITS                                                  //启动“图形界限”命令
重新设置模型空间界限：                                          //系统提示
指定左下角点或［开(ON)/关(OFF)］ <0.0000,0.0000>：↙           //按回车键,确定默认的左下角点坐标
指定右上角点 <420.0000,297.0000>：100,80 ↙                     //指定右上角点坐标
```

> 利用 AutoCAD 绘制图形时，一般需根据图形的大小设置图形界限（相当于选择合适大小的图纸），控制绘图的范围。图 2-1 所示图形总长为 65 (15 + 40 + 10)，总宽为 38，此处设置的图形界限左下角点坐标为“0，0”，右上角点坐标为“100，80”，即所设置的绘图范围是一个 100 × 80 的矩形区域。

第 3 步：打开栅格显示，观察图形界限。

单击状态栏上“栅格”按钮（或按功能键“F7”），使其呈下凹状态，则打开了栅格，屏幕显示如图 2-2 所示，图中方格部分即为所设置的图形界限。

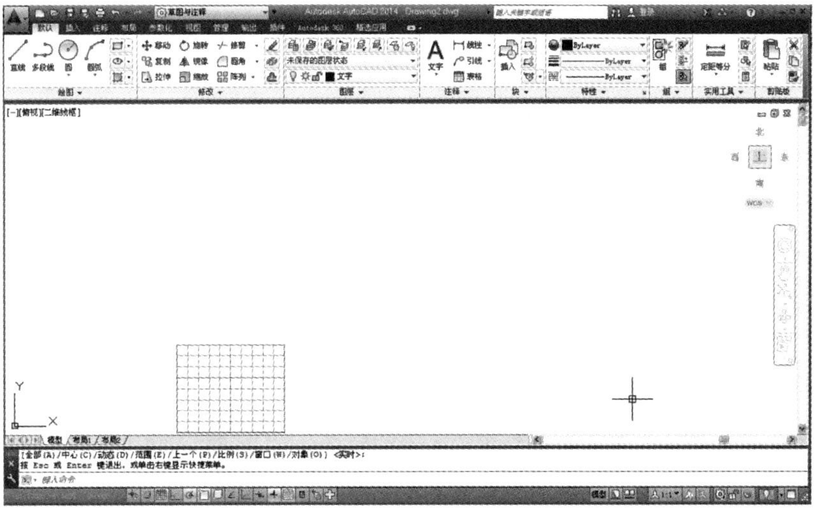

图 2-2　打开栅格，观察图形界限

第 4 步：执行“全部缩放”命令，使图形界限充满显示区。

在命令行键入“ZOOM”，按回车键，操作如下：

命令：ZOOM　　//启动“缩放”命令
指定窗口的角点，输入比例因子（nX 或 nXP），或者
[全部(A)/中心(C)/动态(D)/范围(E)/上一个(P)/
比例(S)/窗口(W)/对象(O)]＜实时＞：a↙　　//选择“全部”选项，使图形界限充满显示区

操作完成后，屏幕显示如图 2-3 所示。

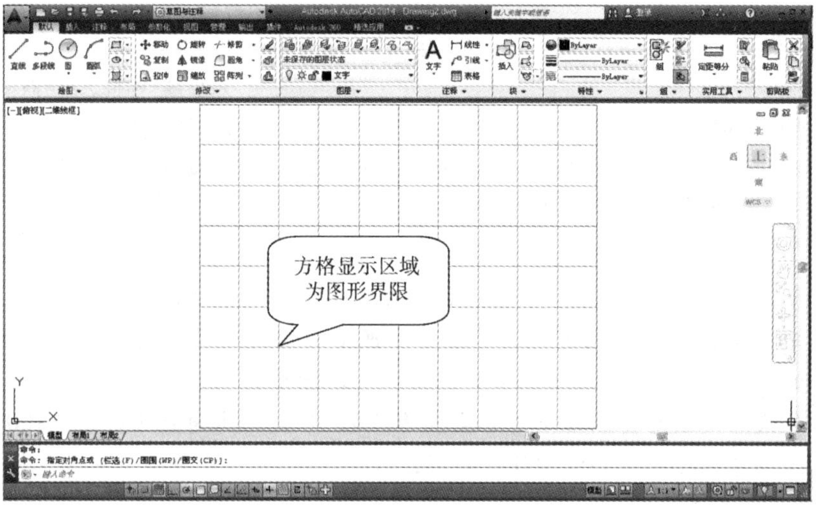

图 2-3　执行“全部缩放”命令后

> AutoCAD 的绘图区是无限大的，利用“ZOOM”命令的“全部（A）”选项，可使屏幕上显示的绘图区域与所设置的图形界限相适应。

第 5 步：设置捕捉间距、栅格间距，并启用“捕捉”功能。

（1）在状态栏的“捕捉”按钮上右击，弹出快捷菜单，选择“设置”项，打开如图 2-4 所示“草图设置”对话框“捕捉和栅格”选项卡，在“捕捉间距”“栅格间距”选项组下设置 X 轴、Y 轴间距均为“5”，单击“确定”按钮，返回绘图区。

（2）单击状态行“捕捉”按钮（或按功能键“F9”），使其呈下凹状态，打开“捕捉”功能。

完成上述操作后，读者会发现屏幕上栅格线多了，这是因为系统默认的栅格间距为“10”，在上述操作中栅格间距设置为“5”，间距减小一半，栅格线则增加一倍。同时还会发现光标的移动变成了跳跃式的，这是由于打开的“捕捉”功能，控制光标只能沿捕捉间距设定的值进行移动。

第 6 步：利用“直线”命令，结合“捕捉”“栅格”功能，绘制线段 *AB*、*BC*、*CD*、*DE*、*EF*、*FG*。

在功能区单击“默认”选项卡→“绘图”面板→“直线”按钮，操作步骤如下：

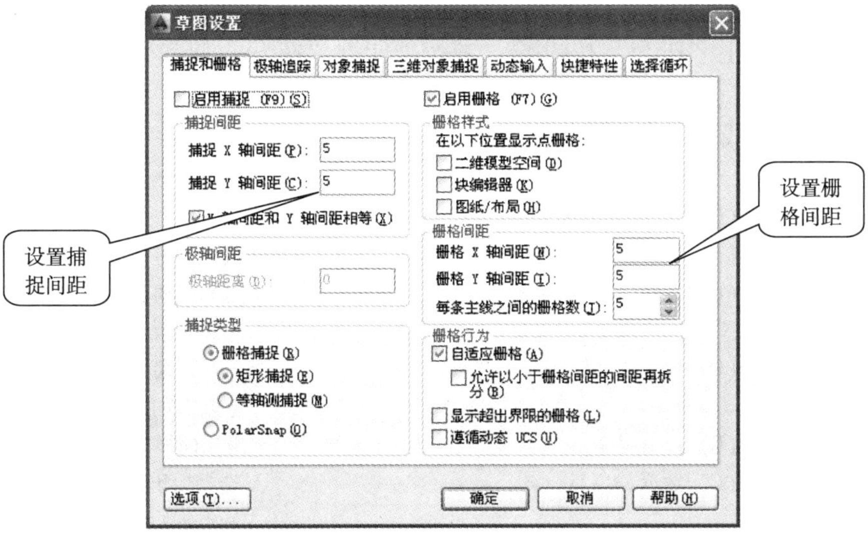

图 2-4　在“捕捉和栅格”选项卡中设置捕捉间距、栅格间距

命令：_ line	//启动“直线”命令
指定第一个点：	//利用栅格捕捉，拾取某一栅格点，确定起点 A，如图 2-5a 所示
指定下一点或［放弃(U)］：	//移动光标向右 3 个栅格点，单击，确定点 B，如图 2-5a 所示
指定下一点或［放弃(U)］：	//移动光标向上 2 个栅格点，单击，确定点 C，如图 2-5a 所示
指定下一点或［闭合(C)/放弃(U)］：	//采用同样方法，依次确定各点 D、E、F、G，如图 2-5b 所示

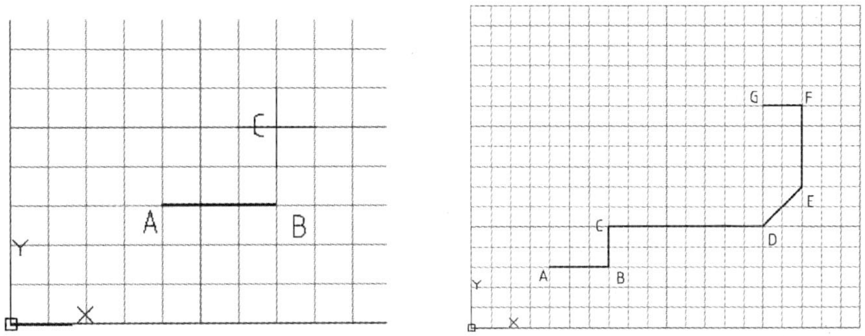

a)　　　　b)

图 2-5　利用“栅格”“捕捉”功能绘图

a）绘线段 AB、BC　b）各线段绘制完成后

第 7 步：利用“正交”功能，绘制线段 GH、HI、IJ、JK、KL、LM、MA。

（1）单击状态栏上“捕捉”　“栅格”按钮，使其呈弹起状态，关闭“捕捉”　“栅格”

功能。

（2）单击状态栏上“正交”按钮 （或按功能键“F8”），使其呈下凹状态，打开“正交”模式。

继续上一步“直线”命令，操作步骤如下：

指定下一点或［闭合(C)/放弃(U)]：	
<捕捉 关>　<栅格 关>　<正交 开>	//执行上述(1)、(2)操作后，系统提示
指定下一点或［闭合(C)/放弃(U)]：18 ↙	//向下移动光标，输入 18，按回车键，确定点 *H*，如图 2-6a 所示
指定下一点或［闭合(C)/放弃(U)]：38 ↙	//向左移动光标，输入 38，按回车键，确定点 *I*，如图 2-6b 所示
指定下一点或［闭合(C)/放弃(U)]：	//采用同样方法，依次确定点 *J*、*K*、*L*、*M*
指定下一点或［闭合(C)/放弃(U)]：c ↙	//选择“闭合”选项，按回车键，使点 *M* 和点 *A* 自动相连

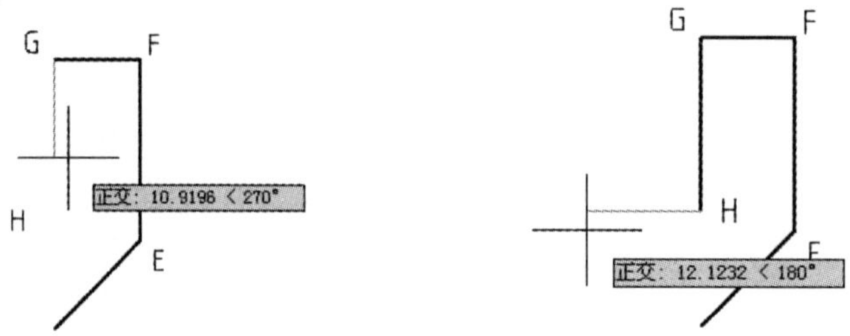

a)　　　　b)

图 2-6　利用“正交”功能绘图

a）绘垂直线段 *GH*　b）绘水平线段 *HI*

第 8 步：保存图形文件。

> AutoCAD 不能识别全角的字母、数字和符号，在通过键盘输入命令和参数时，需使用英文输入状态或将输入法设置为半角方式。

知识点 1　图形界限的设置

图形界限，也称图限，相当于图纸的大小。设置图形界限就是在绘图区域中设置图形边界，相当于选择合适大小的图纸。调用命令的方式如下：

- 菜单栏：“格式”→“图形界限”。
- 键盘命令：LIMITS。

执行上述命令后，系统将提示用户指定左下角点和右上角点以确定图形边界。该图形边界是以所指定的两点为对角点所限定的矩形区域，系统默认的图形界限为 420×297，即 A3 图纸的大小。

执行上述命令，当命令行出现“指定左下角点或［开（ON）/关（OFF)]”时，输入“ON”或“OFF”，可打开或关闭图限检查。如打开图限检查，则无法输入图形界限以外的点，系统在命令行出现“＊　＊超出图形界限”的提示。

知识点2　捕捉和栅格

“捕捉”用来控制光标移动的最小步距，以便精确定点；“栅格”相当于坐标纸上的方格，可以直观地显示对象之间的距离，便于用户定位对象。“捕捉”和“栅格”两者通常配合使用，以便快速、精确地绘制图形。

1. 捕捉和栅格功能的打开或关闭

在绘图过程中，可以随时打开或关闭“捕捉”功能和“栅格”显示，常用方法如下：

- 状态栏：单击状态栏上“捕捉”按钮和“栅格”按钮。
- 功能键：F7（栅格）、F9（捕捉）。
- 对话框：右击状态栏上的“捕捉”按钮或“栅格”按钮，在弹出的快捷菜单中选择“设置”项，打开如图2-4所示“草图设置”对话框的“捕捉和栅格”选项卡，选择“启用捕捉”复选框和“启用栅格”复选框。

2. 捕捉和栅格间距的设置

在图2-4所示对话框中的“捕捉间距”和“栅格间距”选项组中可以设置捕捉和栅格的间距。其余各选项说明如下：

◆“捕捉类型”选项组：“矩形捕捉”是指捕捉方向与当前用户坐标系的*X*、*Y*方向平行，为默认选项，用于画一般的平面图形。“等轴测捕捉”是等轴测方向捕捉，用于画等轴测图。“○PolarSnap(Q)”（即极轴捕捉）单选框用于设置沿“极轴追踪”方向的捕捉间距，并沿极轴方向捕捉。

◆“栅格行为”选项组：用于设置“视觉样式”下栅格线的显示样式。系统默认选择“显示超出屏幕的栅格”，即栅格显示范围可以超出图形界限范围；当不选择该项时，栅格显示范围即为“LIMITS”命令指定的图形界限范围。本任务操作实例中，便采用了不选择“显示超出屏幕的栅格”。

知识点3　正交

当打开正交模式后，系统将控制光标只沿当前坐标系的*X*、*Y*轴平行方向上移动，以便于在水平或垂直方向上绘制和编辑图形。在绘图和编辑过程中，可以随时打开或关闭“正交”，常用方法如下：

- 状态栏：单击状态栏上“正交”按钮。
- 功能键：F8。

知识点4　图形的缩放

使用AutoCAD绘图时，用户看到的图形均处于视窗中，利用“缩放”命令可以增大或减小图形对象在视窗中的显示比例，从而满足用户既能观察局部细节，又能观看图形全貌的需求。该命令就像照相机的镜头一样，可以放大或缩小观察的区域，但不会改变图形中对象的位置或大小。调用命令的方式如下：

- 功能区：“视图”选项卡→“二维导航”面板→选择相应按钮，如图2-7所示。
- 菜单栏：“视图”→“缩放”→在子菜单中选择相应命令，如图2-8所示。

- 工具栏："标准"→选择相应按钮，或"缩放"→选择相应按钮，如图 2-9 所示。
- 键盘命令：ZOOM 或 Z。

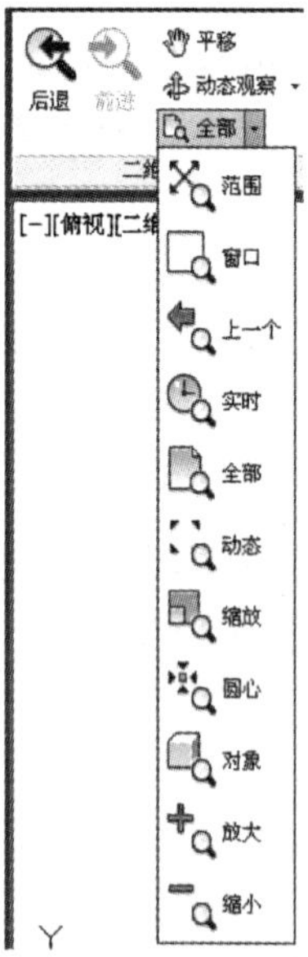

图 2-7 "二维导航"面板

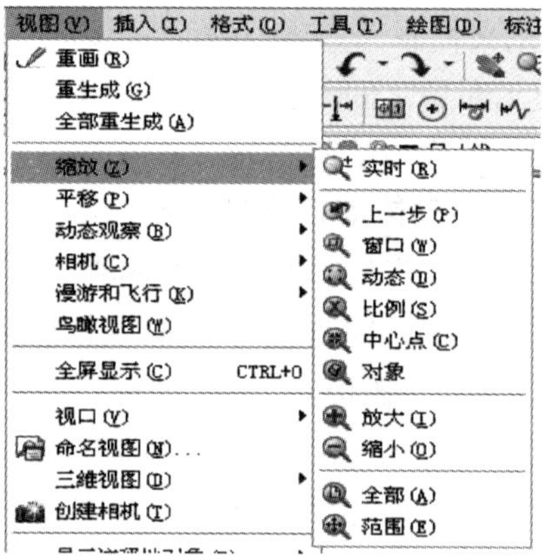

图 2-8 "缩放"子菜单

图 2-9 "缩放"工具栏

"缩放"图形有多种方式，分别介绍如下：

1. 全部缩放

该方式根据由"LIMITS"命令设定的图形界限或图形所占实际范围，在绘图区域显示全部图形。选择该方式时，用户看到的图形范围由图形界限和图形所占实际范围尺寸较大者决定，即图形文件中如有图形处在图形界限以外，则图形范围由图形所占实际范围尺寸决定。

2. 范围缩放

该方式将所绘全部图形尽可能大的显示在视口中。

3. 实时缩放

选择该方式光标将变为带有加号（+）和减号（-）的放大镜，按住鼠标左键向上，放大图形显示；向下，则缩小图形显示。

> 滚动鼠标中间的滚轮也可以实现"实时缩放"。向上，放大图形显示；向下，则缩小图形显示。

4. 窗口缩放

该方式通过定义两个对角点来确定一个矩形窗口，把窗口内的图形放大到整个视口范围。

5. 对象缩放

该方式将选定的一个或多个对象尽可能大的显示在视口中，并使其位于视口的中心。

6. 比例缩放

该方式通过输入缩放比例系数对图形进行缩放。系统提供了两种比例系数输入方式：一种是在数字后加字母X，表示相对当前视图的缩放；一种是在数字后加字母XP，表示相对图纸空间的缩放。

7. 中心缩放

该方式需用户指定一点作为新视图的中心点，通过输入比例值或视图高度缩放图形。如输入的数值后加上字母“X”，表示放大系数；如果未加“X”，则表示新视图的高度。

8. 动态缩放

选择该方式系统将临时显示整个图形，同时自动创建一个矩形视窗，通过移动视窗和调整视窗大小控制图形的缩放位置和大小。

9. 放大或缩小

选择一次“放大”，将以2倍比例放大图形；选择一次“缩小”，将以0.5倍比例缩小图形。

10. 上一个

该方式缩放显示上一个视图，最多可恢复此前的10个视图。

知识点5　图形的平移

利用“平移”命令可以在绘图窗口中移动图形（类似于在桌面上移动图纸），而不改变图形的显示大小。调用命令的方式如下：

- 功能区：“视图”选项卡→“二维导航”面板→“平移”按钮，如图2-7所示。
- 菜单栏：“视图”→“平移”。
- 工具栏：“标准”→“实时平移”。
- 键盘命令：PAN。

执行上述命令后，光标转化为小手形状，按住鼠标左键，拖动鼠标，即可平移图形。按“ESC”键或回车键，可退出平移模式。

按住鼠标中间的滚动轮并移动鼠标也可以实现“平移”。
“实时缩放”和“实时平移”两个命令经常结合起来用，观察图形非常方便。

知识点6　直线的绘制

利用“直线”命令可以绘制出任意多条首尾相连的直线段，调用命令的方式如下：

- 功能区：“默认”选项卡→“绘图”面板→“直线”。
- 菜单栏：“绘图”→“直线”。
- 工具栏：“绘图”→“直线”。
- 键盘命令：LINE或L。

执行上述命令后，用鼠标在屏幕上直接单击或从键盘输入点的坐标确定各点，即可绘制直线。

绘制直线过程中，当命令行提示为“指定下一点或［闭合(C)/放弃(U)］:”时，选择“U”选项，可以删除绘制过程最后一条直线；选择“C”选项，能将首点和末点自动连接起来，从而使图形闭合。

任务 2　简单直线图形的绘制

操作实例（图 2-10）

本例介绍如图 2-10 所示图形的绘制方法和步骤，主要涉及“点的输入”“对象捕捉”和“修剪”等命令。

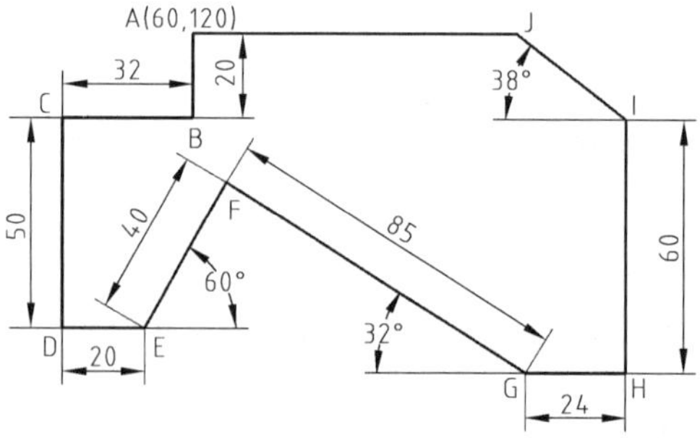

图 2-10　简单直线图形的绘制（输入点坐标绘图）

操作过程

第 1 步：分析图形，确定绘图方法及关键点。

通过对图 2-10 的分析可将左上角的 *A* 点定为关键点，且该点坐标为（60，120）。确定点 *A* 后，可沿逆时针方向依次输入各点坐标来绘制图形中各直线。

第 2 步：设置图形界限并缩放。

根据图形尺寸，将图形界限的两个角点分别设为（0，0）和（200，150）。键入“ZOOM”命令，选择“全部（A）”选项，使图形界限充满显示区。

第 3 步：打开“对象捕捉”功能。

（1）设置“端点”捕捉方式。在状态行右击“对象捕捉”按钮，弹出“对象捕捉”快捷菜单，单击“端点”选项使其呈下凹状态，如图 2-11 所示。

（2）打开“对象捕捉”功能。在状态行单击“对象捕捉”按钮，使其呈下凹状态即可。

第 4 步：使用绝对直角坐标绘制直线 *AB*。

单击“直线”按钮，在命令行输入绝对坐标值“60，120”，按回车键，确定点 *A*→输入“60，100”，按回车键，确定点 *B*（因点 *B* 在点 *A* 的正下方“20”，不难计算得出点 *B* 的坐标为“60，100”）。

第 5 步：打开“正交”模式，绘制直线 *BC*、*CD*、*DE*。

单击状态栏上的“正交”按钮，打开“正交”→向左移动鼠标，输入“32”，按回车键，确定点 *C*→向下移动鼠标，输入“50”，按回车键，确定点*D*→向右移动鼠标，输入“20”，按回车键，确定点 *E*。

第 6 步：采用相对极坐标方式绘制直线 *EF*、*FG*。

单击状态栏上的“正交”按钮，关闭“正交”→输入“@ 40 < 60”，按回车键，确定点 *F*→输入“@ 85 < －32”，按回车键，确定点 *G*。

图 2-11　设置“端点”捕捉

相对极坐标“@40<60”，表示待确定的点（本例中的点 *F*）相对上一点（本例中的点 *E*）的距离为40，待确定点与上一点的连线与 *X* 轴正方向间的夹角为60°。

第7步：采用相对直角坐标方式绘制直线 *GH*、*HI*。

输入“@24，0”，按回车键，确定点 *H*→输入“@0，60”，按回车键，确定点 *I*。

相对直角坐标“@24，0”，表示待确定的点（本例中的点 *H*）相对上一点（本例中的点 *G*）的 *X* 坐标增量为24，*Y* 坐标增量为0。

细心的读者可以发现，直线 *GH*、*HI* 采用打开“正交”模式绘制更快，此处采用了相对“麻烦”的方法，目的是让读者通过实例掌握多种不同绘制方法，这种情况在后续任务中也有出现，不再一一说明。

第8步：采用相对极坐标方式绘制倾斜直线 *IP*。

直线 *IJ* 与 *X* 轴正方向夹角为142°（180°－38°），但长度未知，不过从图中可以看出，点 *J* 是过点 *A* 的水平线与过点 *I* 且与 *X* 轴正方向成142°的倾斜线的交点。

输入“<142”，按回车键，移动光标到适当位置单击，确定点 *P*，得到直线 *IP*，如图2-12所示。

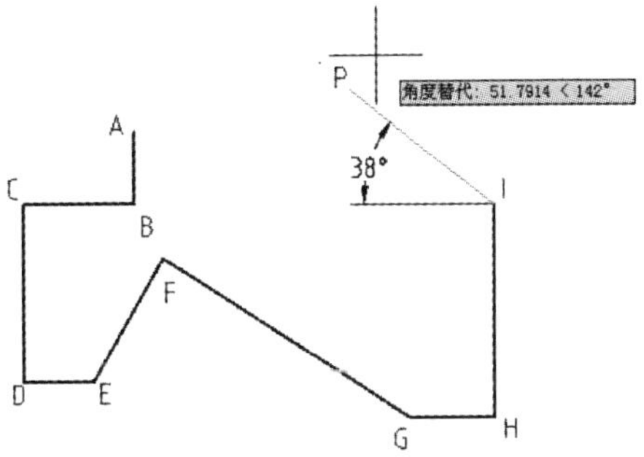

图2-12　绘倾斜直线 *IP*

相对极坐标“<142”，表示待确定点（本例中的点 *P*）与上一点的连线与 *X* 轴正方向间的夹角为142°，待确定点相对上一点的距离需在绘图区通过移动鼠标指定。

第9步：绘制水平直线 *AL*。

单击状态栏上的“正交”按钮，打开“正交”模式→单击“直线”按钮→移动光标至点 *A* 附近，在出现一个矩形框（称为拾取框）后，单击，捕捉点 *A*，如图2-13所示→向右移动光标到适当位置单击，确定点 *L*，得到直线 *AL*，如图2-14所示。

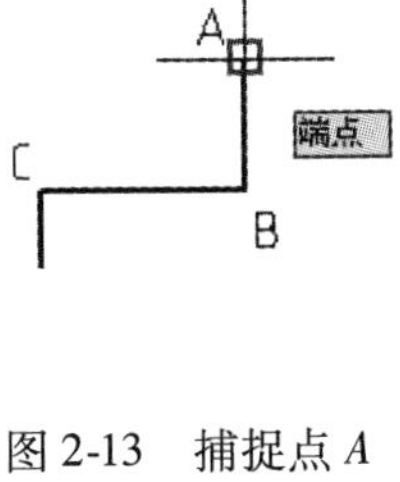

图2-13　捕捉点 *A*

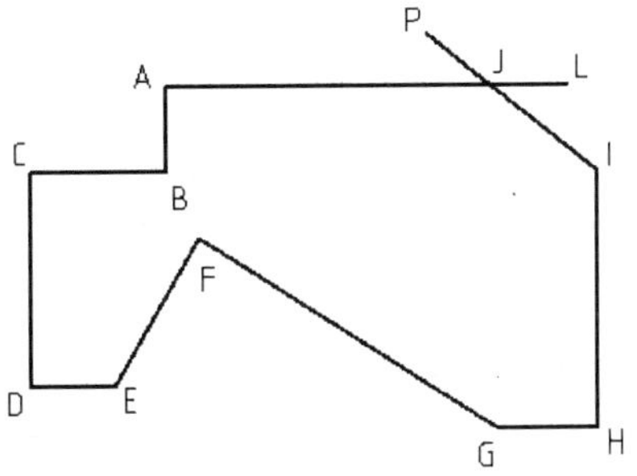

图2-14　绘水平线 *AL*

第 10 步：修剪直线 *IP*、*AL* 多余部分。

在功能区单击“默认”选项卡→“修改”面板→“修剪”按钮，操作步骤如下：

```
命令：_trim                                                //启动“修剪”命令
当前设置：投影 = UCS，边 = 无
选择剪切边...                                              //系统提示
选择对象或 <全部选择>：  ↙                                 //按回车键，选择默认选项，进入互剪方式
选择要修剪的对象，或按住 Shift 键选择要延伸的对象，或
[栏选(F)/窗交(C)/投影(P)/边(E)/删除(R)/放弃(U)]：         //单击直线 IP、AL 多余部分，进行修剪
选择要修剪的对象，或按住 Shift 键选择要延伸的对象，或
[栏选(F)/窗交(C)/投影(P)/边(E)/删除(R)/放弃(U)]：  ↙      //按回车键，结束命令
```

第 11 步：保存图形文件。

知识点 1　点的输入方法

在 AutoCAD 中，点的输入可使用鼠标拾取，也可通过键盘输入。

1. 鼠标直接拾取点

此种方法通过移动鼠标在屏幕上直接单击拾取点。这种定点方法非常方便快捷，但不能用来精确定点。在实际绘图过程中一般通过借助“对象捕捉”功能来拾取特殊点（如本任务操作实例中的第 10 步即是用此种方法捕捉到直线的端点）。

2. 键盘输入点坐标

用键盘输入点的坐标可以精确定点，有绝对直角坐标、相对直角坐标、绝对极坐标、相对极坐标 4 种。

（1）绝对直角坐标

就是相对于当前坐标原点的坐标，表达方式为“*X*，*Y*，*Z*”，即通过直接输入 *X*，*Y*，*Z* 坐标值来表示（如果是绘制平面图形，*Z* 坐标默认为 0，可以不输入）。如图 2-15 所示，点 *A* 的坐标为（15，10），点 *B* 的坐标为（32，30）。

（2）相对直角坐标

用相对于上一已知点之间的绝对直角坐标值的增量来确定输入点的位置，表达方式为“@*X*，*Y*”。如图 2-15 所示，点 *B* 相对于点 *A* 的相对直角坐标为“@17，20”；点 *A* 相对于点 *B* 的相对直角坐标为“@ -17，-20”。

（3）绝对极坐标

使用“长度 < 角度”的方式表示输入点的位置。长度是指该点与坐标原点之间的距离；角度是指该点与坐标原点的连线与 *X* 轴正方向之间的夹角，逆时针方向为正，顺时针方向为负。如图 2-16 所示，点 *C* 的绝对极坐标为“35 < 30”。

（4）相对极坐标

用相对于上一已知点之间的距离和与上一已知点的连线与 *X* 轴正方向之间的夹角来确定输入点的位置，表达方式为“@长度 < 角度”。如图 2-16 所示，点 *D* 相对于点 *C* 的相对极坐标为“@25 < 60”，点 *C* 相对于点 *D* 的相对极坐标为“@25 < 240”。

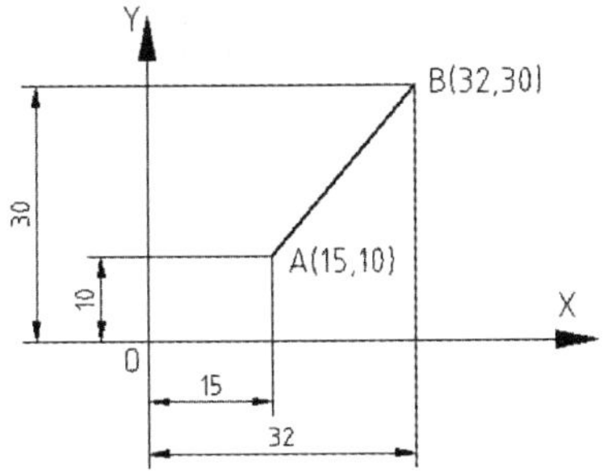

图 2-15　直角坐标

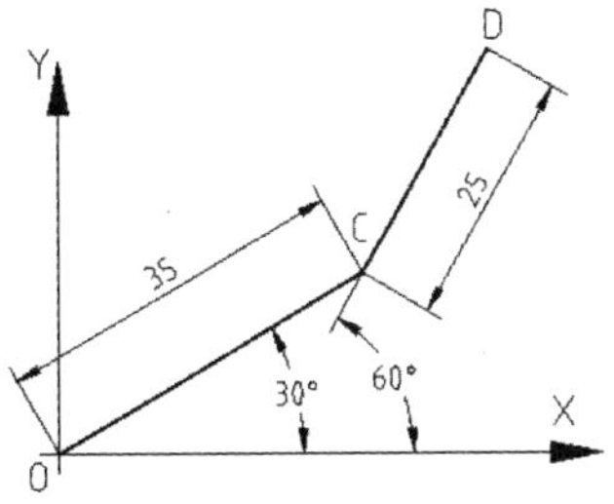

图 2-16　极坐标

知识点 2　对象捕捉

在绘图过程中，经常要指定图形中已存在的特殊点，如直线的中点、圆或圆弧的圆心、交点等。如果用户只凭目测来拾取，无论怎样小心，都不可能精确地找到这些点。因此，AutoCAD 提供了对象捕捉功能，帮助用户迅速、准确地捕捉到某些特殊点，从而能够精确绘图。

在 AutoCAD 中，用户可以通过自动对象捕捉或临时对象捕捉来捕捉对象的特殊点。

1. 自动对象捕捉

所谓自动对象捕捉，是指当用户把光标移动到某一对象附近时，系统自动捕捉到该对象上符合条件的特征点，并显示出相应标记。如果将光标放在捕捉点稍作停留，系统将显示该捕捉点的名称提示。

进行对象捕捉前要设置对象捕捉方式（即设置系统可以捕捉哪些点），常用方法有 3 种：

- 状态行：在状态行右击“对象捕捉”按钮，弹出快捷菜单，单击快捷菜单上相应选项，如图 2-17 所示。本任务操作实例中便采用了此法。

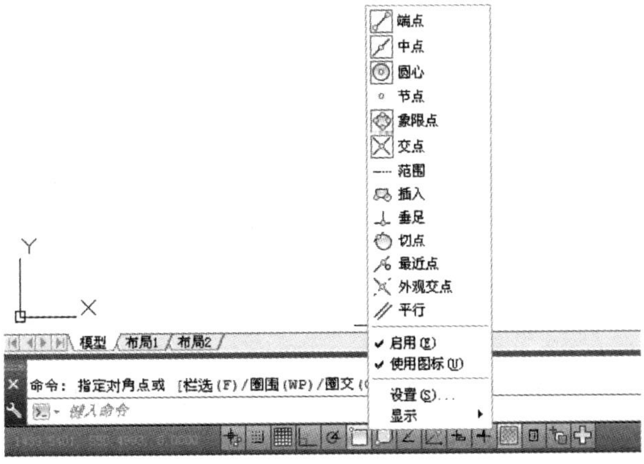

图 2-17　右击“对象捕捉”按钮弹出的快捷菜单

- 菜单栏：“工具”→“绘图设置”，弹出“草图设置”对话框，在“对象捕捉”选项卡中的“对象捕捉模式”选项组下选择相应选项，如图 2-18 所示。

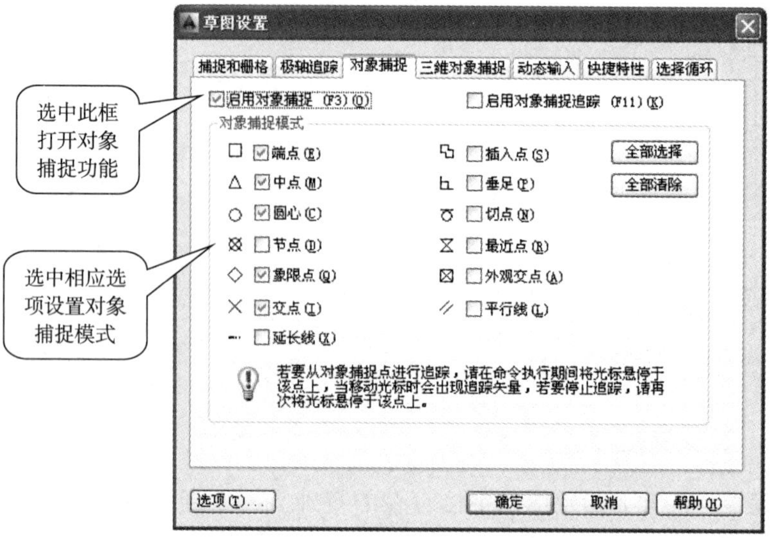

图 2-18　“草图设置”对话框中的“对象捕捉”选项卡

- 键盘命令：输入“OSNAP”，按回车键，打开如图 2-18 所示“草图设置”对话框，在“对象捕捉”选项卡中的“对象捕捉模式”选项组下选择相应选项。

> 在状态行右击“对象捕捉”按钮，弹出“对象捕捉”快捷菜单，选择“设置”项，能快速打开“草图设置”对话框。

设置完成后，打开对象捕捉功能，即能进行自动对象捕捉。对象捕捉功能可以随时打开或关闭，常用方法如下：

- 状态行：单击状态行“对象捕捉”按钮。
- 功能键：F3。
- 对话框：在如图 2-18 所示“对象捕捉”选项卡中，选择或不选择“启用对象捕捉”复选框。

> 自动捕捉对象模式不宜选择太多，以避免互相干扰，一般只选中端点、中点、圆心、象限点、交点几个常用的捕捉方式。一些不常用的对象捕捉方式可以使用临时对象捕捉。

2. 临时对象捕捉

用户在绘制和编辑图形时，除了要应用自动对象捕捉外，对于一些不常用对象捕捉方式，可以临时进行指定，常用方法如下：

- 单击如图 2-19 所示“对象捕捉”工具栏中相应按钮。
- 在命令要求输入点时，按〈Shift + 右键〉或〈Ctrl + 右键〉，弹出如图 2-20 所示“对象捕捉”快捷菜单，单击相应选项。

图 2-19　“对象捕捉”工具栏

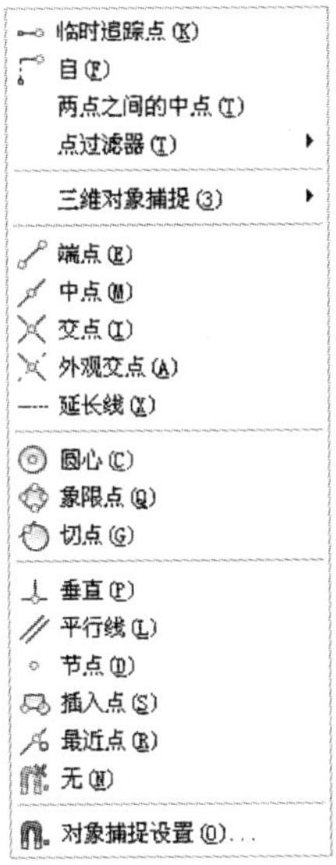

图 2-20　“对象捕捉”快捷菜单

自动对象捕捉一旦设置后长期有效，直到用户重新设置对象捕捉方式；临时对象捕捉只对当前点有效，但具有优先权。

知识点 3　修剪

利用“修剪”命令能以选定的对象为边界来删除指定对象的一部分。调用命令的方式如下：

- 功能区：“默认”选项卡→“修改”面板→“修剪”按钮 -/-- 修剪 。
- 菜单栏：“修改”→“修剪”。
- 工具栏：“修改”→“修剪” -/-- 。
- 键盘命令：TRIM 或 TR。

执行修剪命令有普通方式、延伸方式及互剪方式 3 种模式。

1. 普通方式修剪对象

普通方式修剪对象，必须先选择剪切边界，再选择被修剪的对象，且两者必须相交。

例 2-1　采用普通方式修剪对象，将如图 2-21a 所示图形修剪完成后如图 2-21c 所示。

在功能区单击“修改”面板→“修剪”按钮 -/-- 修剪 ，操作步骤如下：

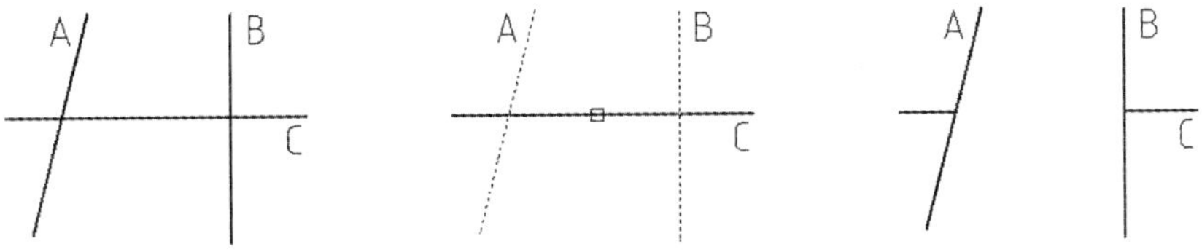

a)　b)　c)

图 2-21　普通方式修剪对象

a）原图　b）选择修剪边、修剪对象　c）修剪后

```
命令: TRIM                                              //启动"修剪"命令
当前设置:投影 = UCS,边 = 无                               //系统提示,为普通方式
选择剪切边...
选择对象或 <全部选择>: 找到 1 个                           //拾取直线 A
选择对象:找到 1 个,总计 2 个                               //拾取直线 B
选择对象: ↙                                              //按回车键,结束对象选择
选择要修剪的对象,或按住 Shift 键选择要延伸的对象,或[栏
选(F)/窗交(C)/投影(P)/边(E)/删除(R)/放弃(U)]:              //点选直线 C 中间段,如图 2-21b 所示
选择要修剪的对象,或按住 Shift 键选择要延伸的对象,或[栏
选(F)/窗交(C)/投影(P)/边(E)/删除(R)/放弃(U)]: ↙            //按回车键,结束命令
```

2. 延伸方式修剪对象

如果剪切边界与被修剪的对象实际不相交，但剪切边界延长之后与被修剪对象有交点，则可以采用延伸方式修剪对象到隐含交点。

例 2-2 采用延伸方式修剪对象，将如图 2-22a 所示图形修剪完成后如图 2-22c 所示。

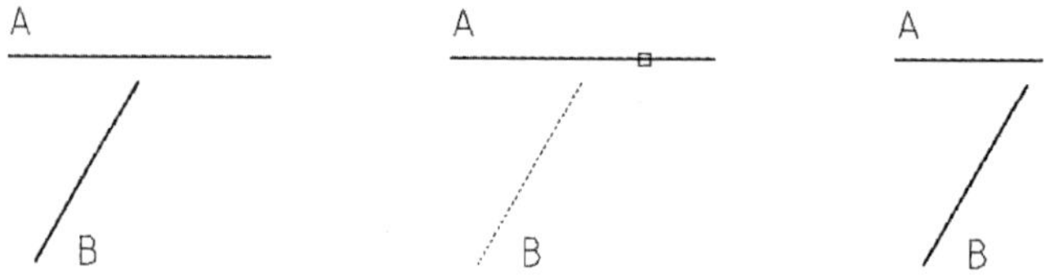

a) b) c)

图 2-22 延伸方式修剪对象

a) 原图 b) 选择修剪边、修剪对象 c) 修剪后

在功能区单击“修改”面板→“修剪”按钮 修剪，操作步骤如下：

```
命令: _trim                                             //启动"修剪"命令
当前设置:投影 = UCS,边 = 无                               //系统提示,为普通方式
选择剪切边...
选择对象或 <全部选择>: 找到 1 个                           //拾取直线 B
选择对象: ↙                                              //按回车键,结束对象选择
选择要修剪的对象,或按住 Shift 键选择要延伸的对象,或[栏
选(F)/窗交(C)/投影(P)/边(E)/删除(R)/放弃(U)]: e↙           //选择"边"选项
输入隐含边延伸模式 [延伸(E)/不延伸(N)] <不延伸>: e↙        //选择"延伸"选项,进入延伸模式
选择要修剪的对象,或按住 Shift 键选择要延伸的对象,或[栏
选(F)/窗交(C)/投影(P)/边(E)/删除(R)/放弃(U)]:              //点选直线 A 右段,如图 2-22b 所示
选择要修剪的对象,或按住 Shift 键选择要延伸的对象,或[栏
选(F)/窗交(C)/投影(P)/边(E)/删除(R)/放弃(U)]: ↙            //按回车键,结束命令
```

3. 互剪方式修剪对象

剪切边同时又作为被修剪对象，两者可以相互剪切，称为互剪。启动“修剪”命令后，

当命令行提示“选择对象或 <全部选择>:”时，拾取全部对象或直接按回车键，便进入互剪模式，此时用户直接点选需修剪的部分即可进行修剪。本任务操作实例中便采用了此种方式。

任务3　复杂直线图形的绘制

操作实例（图2-23）

本例介绍如图2-23所示图形的绘制方法和步骤，主要涉及“极轴追踪”“对象捕捉追踪”及“捕捉自”。

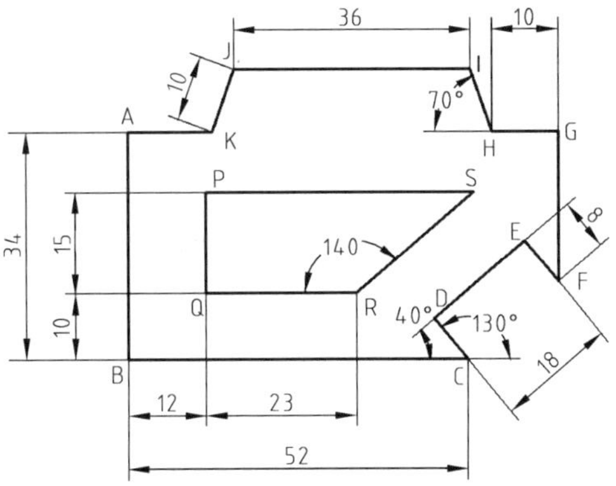

图2-23　复杂直线图形的绘制（极轴追踪、对象捕捉追踪绘图）

操作过程

第1步：分析图形，确定绘图方法及关键点。

通过对图2-23的分析，外轮廓可将左上角的 *A* 点定为关键点，内轮廓可将左上角的 *P* 点定为关键点，图中各倾斜直线与 *X* 轴间的夹角均为“10”的倍数。确定关键点后，可打开“极轴追踪”“对象捕捉追踪”功能，使用“直线”命令沿逆时针方向绘制各段直线。

第2步：设置图形界限并缩放。

根据图形尺寸，将图形界限的两个角点分别设为（0，0）和（120，100）。键入“ZOOM”命令，选择“全部（A）”选项，使图形界限充满显示区。

第3步：设置极轴追踪方向，打开“极轴追踪”功能。

（1）在状态行的“极轴追踪”按钮上右击，弹出快捷菜单，选择“设置”项，打开如图2-24所示“草图设置”对话框“极轴追踪”选项卡，在“增量角”下拉列表选择“10”。

> 极轴追踪增量角设为“10”，系统将沿“10”及其整数倍角度方向进行追踪。

（2）选中“启用极轴追踪”复选框（或按功能键“F10”），打开“极轴追踪”功能。

第4步：设置对象捕捉追踪方向，打开“对象捕捉追踪”功能。

（1）在图2-24所示“极轴追踪”选项中选择“对象捕捉追踪设置”选项组的“仅正交追踪”，单击“确定”按钮，返回绘图区。

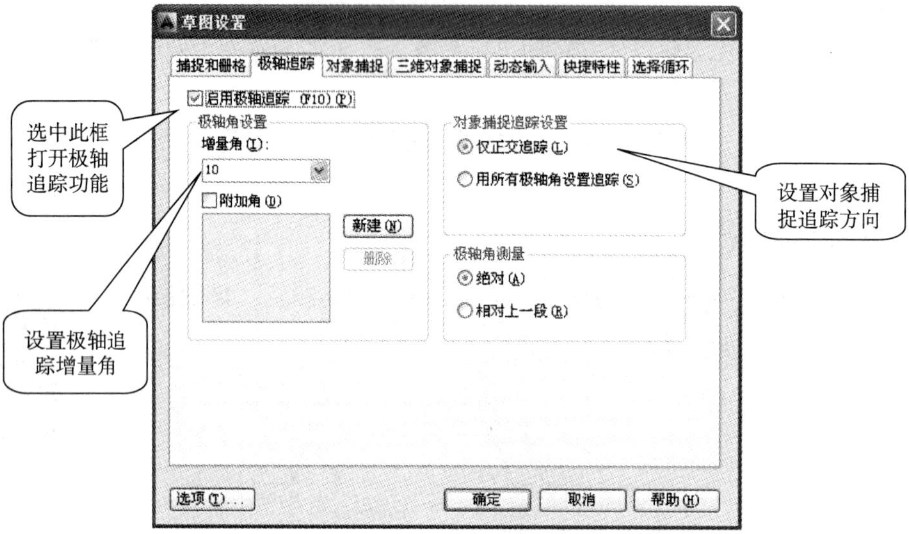

图 2-24 在“极轴追踪”选项卡中设置极轴角、对象捕捉追踪方向

（2）单击状态栏上“对象捕捉追踪”按钮（或按功能键“F11”），打开“对象捕捉追踪”功能。

第 5 步：绘制外轮廓各线段。

在功能区单击“绘图”面板→“直线”按钮，操作步骤如下：

命令：_ line	//启动“直线”命令
指定第一个点：	//在屏幕适当位置单击，指定起点 *A*
指定下一点或［放弃(U)］：34 ↙	//向下移动光标，显示 270°追踪辅助线，如图 2-25a 所示，输入 34，按回车键，确定点 *B*
指定下一点或［放弃(U)］：52 ↙	//向右移动光标，显示水平追踪辅助线，输入 52，按回车键，确定点 *C*
指定下一点或［闭合(C)/放弃(U)］：8 ↙	//移动光标，显示 130°追踪辅助线，如图 2-25b 所示，输入 8，按回车键，确定点 *D*
指定下一点或［闭合(C)/放弃(U)］：18 ↙	//移动光标，显示 40°追踪辅助线，输入 18，按回车键，确定点 *E*
指定下一点或［闭合(C)/放弃(U)］：8 ↙	//移动光标，显示 310°追踪辅助线，输入 8，按回车键，确定点 *F*
指定下一点或［闭合(C)/放弃(U)］：	//移动光标至点 *A* 附近，出现端点标记及提示，向右移动光标，出现水平和垂直追踪辅助线及相应提示，如图2-26所示，单击，确定点 *G*
指定下一点或［闭合(C)/放弃(U)］：	//采用同样方法，依次确定点 *H*、*I*、*J*、*K*
指定下一点或［闭合(C)/放弃(U)］：	//捕捉端点 *A*
指定下一点或［闭合(C)/放弃(U)］： ↙	//按回车键，结束“直线”命令

第 6 步：利用“捕捉自”方式，确定点 *P*，绘制内轮廓各线段。

单击“直线”按钮，在绘图区按〈Shift + 右键〉，弹出快捷菜单，单击“捕捉自”按钮 自(F)，操作步骤如下：

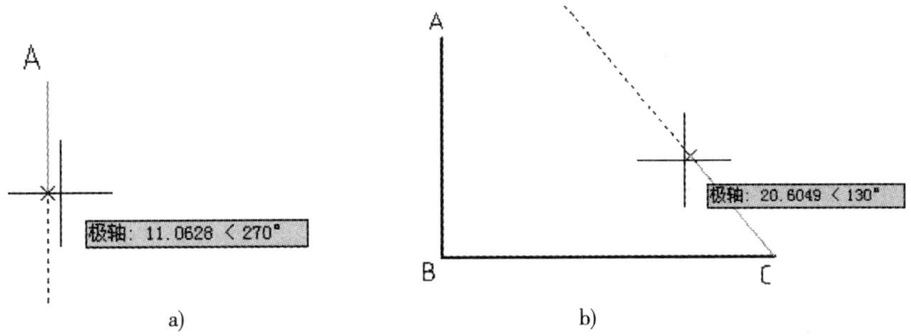

图 2-25　极轴追踪定点

a）确定点 *B*　b）确定点 *D*

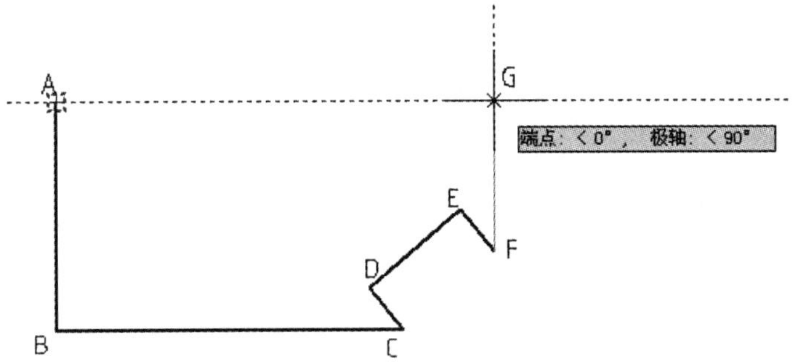

图 2-26　对象捕捉追踪确定点 *G*

命令: _ line	//启动“直线”命令
指定第一个点: _ from 基点: <偏移>: @ 12,25 ↙	//拾取点 *B* 作为参考点,输入点 *P* 相对点 *B* 的偏移量,确定点 *P*
指定下一点或［放弃(U)］: 15 ↙	//垂直向下移动光标,输入 15,按回车键,确定点 *Q*
指定下一点或［放弃(U)］: 23 ↙	//水平向右移动光标,输入 23,按回车键,确定点 *R*
指定下一点或［闭合(C)/放弃(U)］:	//移动光标至点 *P* 附近,出现端点标记及提示,向右移动光标,出现水平和 40°追踪辅助线及相应提示,如图 2-27 所示,单击,确定点 *S*
指定下一点或［闭合(C)/放弃(U)］:	//捕捉端点 *P*
指定下一点或［闭合(C)/放弃(U)］:	//按回车键,结束“直线”命令

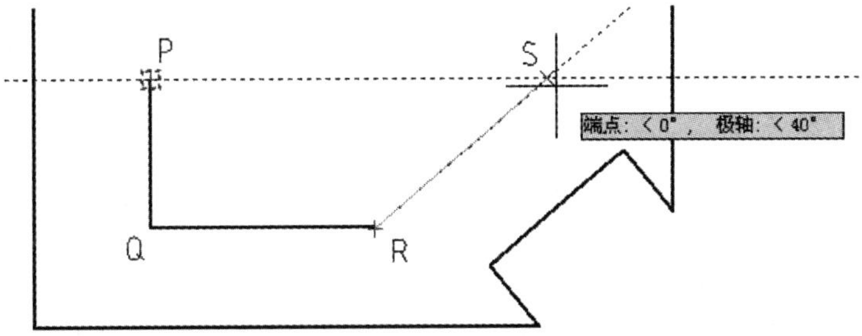

图 2-27　对象捕捉追踪确定点 *S*

知识点 1　极轴追踪

利用“极轴追踪”功能可以沿预先指定的角度增量方向追踪定点，是精确绘图非常有效的辅助工具。

1. 极轴追踪功能的打开或关闭

在绘图过程中，可以随时打开或关闭“极轴追踪”功能，常用方法如下：

- 状态栏：单击状态栏上“极轴追踪”按钮。
- 功能键：F10。
- 对话框：右击状态栏上的“极轴追踪”按钮，在弹出快捷菜单中选择“设置”项，打开如图 2-24 所示“草图设置”对话框，在“极轴追踪”选项卡中，选中“启用极轴追踪”复选框。

> “极轴追踪”与“正交”不能同时打开，打开其中一个，系统会自动关闭另一个。

2. 极轴追踪方向的设置

使用“极轴追踪”功能前，应预先设置极轴追踪方向。可在如图 2-24 所示“极轴追踪”选项卡中，通过设置极轴角度增量和极轴角测量方式来确定。

（1）极轴角度增量的设置

“极轴角设置”选项区用于设置极轴角度。可在“增量角”下拉列表中选择预设角度，如列表中的角度不能满足要求，可选中“附加角”复选框，单击“新建”按钮，增加新的角度。

（2）极轴角测量方式的设置

“极轴角测量”选项区用于设置极轴追踪角度的测量基准。选中“绝对”单选按钮，极轴追踪增量是相对于当前用户坐标系（UCS）*X* 方向的绝对极轴；选中“相对上一段”单选按钮，极轴追踪增量是相对于最后绘制线段的相对极轴。

知识点 2　对象捕捉追踪

使用“对象捕捉追踪”可以相对于对象捕捉点沿指定的方向追踪定点，也是非常有效的绘图辅助工具。

1. 对象捕捉追踪功能的打开或关闭

在绘图过程中，可以随时打开或关闭“对象捕捉追踪”功能，常用方法如下：

- 状态栏：单击状态栏上“对象捕捉追踪”按钮。
- 功能键：F11。
- 对话框：在图 2-18 所示“对象捕捉”选项卡中，选中“启用对象捕捉追踪”复选框。

> 使用“对象捕捉追踪”功能必须同时启用“对象捕捉”功能。

2. 对象捕捉追踪方向的设置

使用“对象捕捉追踪”功能前，应预先设置对象捕捉追踪方向，同样在图 2-24 所示“极轴追踪”选项卡中设置。选中“仅正交追踪”单选按钮，系统将沿 *X* 和 *Y* 方向进行追踪；选中“用所有极轴角设置追踪”，系统将沿极轴追踪所设置的极轴角及其整数倍角度方向进行追踪。

> 极轴追踪和对象捕捉追踪常配合使用。当知道要追踪的方向（角度）时，使用极轴追踪；如不知道具体追踪方向（角度），但知道与其他对象的某种关系（如等高、相交等），则使用对象捕捉追踪（如本任务操作实例中点 *G*、点 *S* 的确定）。

知识点3　参考点捕捉追踪

参考点捕捉追踪是根据已知点，捕捉到一个（或一个以上）参考点，再追踪到所需要的点。有“临时追踪点”和“捕捉自”两种方式，可在图 2-19 所示“对象捕捉”工具栏或图 2-20“对象捕捉”快捷菜单中选择。

1. “临时追踪点”

该方式可以在一次操作中创建一条（或多条）通过一个（或多个）临时参考点的追踪线，并根据这些追踪线确定要定位的点。

2. “捕捉自”

该方式需指定一基点作为临时参考点，通过输入要定位的点与基点间的相对坐标来确定点。如本任务操作实例中点 *P* 的定位便采用了此法。

例 2-3　利用“参考点捕捉追踪”方式绘制如图 2-28 所示图形。

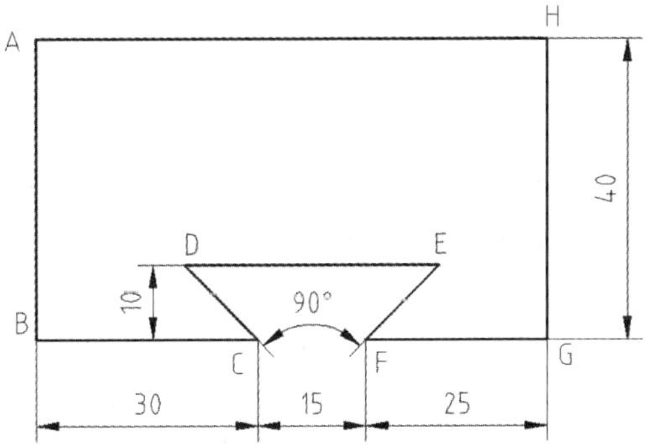

图 2-28　采用参考点捕捉追踪绘图

第 1 步：绘图环境设置。

（1）设置自动对象捕捉模式为“端点”“交点”，并设置极轴增量角为 45°。

（2）启用极轴追踪、对象捕捉和对象捕捉追踪功能。

第 2 步：利用自动追踪功能绘图。

（1）单击“直线”按钮，在屏幕适当位置单击，指定起点 *A*→向下移动光标，显示 270°追踪辅线，输入 40，按回车键，确定点 *B*→向右移动光标，显示水平追踪辅助线，输入 30，按回车键，确定点 *C*。

（2）在绘图区按〈Shift + 右键〉，弹出快捷菜单，单击“临时追踪点”，向上移动光标，显示垂直追踪辅助线及相应提示，如图 2-29a 所示，输入“10”，按回车键，确定临时追

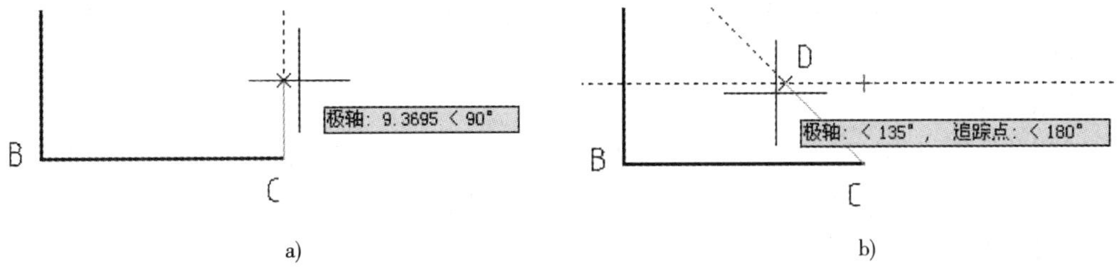

图 2-29　利用“临时追踪点”功能定点

a）确定点 *D* 的临时追踪点　b）确定点 *D*

踪点（“+”标记处即为临时追踪点）→向左移动光标，显示水平追踪辅助线和 135°追踪辅助线及相应提示时，如图 2-29b 所示，单击，确定点 *D*。

（3）在绘图区按〈Shift + 右键〉，弹出快捷菜单，单击“捕捉自”按钮 自(F)，移动光标至点 *C* 附近，出现端点标记，向右移动光标，显示水平追踪辅助线及相应提示，如图 2-30a 所示，输入“15”，按回车键，确定临时参考点→向右上方移动光标，显示水平追踪辅助线和 45°追踪辅助线及相应提示时，如图 2-30b 所示，单击，确定点 *E*。

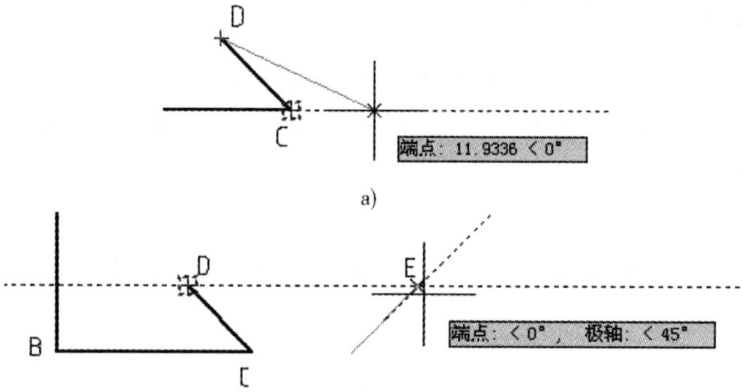

b)

图 2-30　利用捕捉“自”功能定点

a）确定点 *E* 的临时追踪点　b）确定点 *E*

（4）移动光标至点 *C* 附近，出现端点标记，向右移动光标，显示水平追踪辅助线和 225°追踪辅助线及相应提示时，如图 2-31 所示，单击，确定点 *F*。

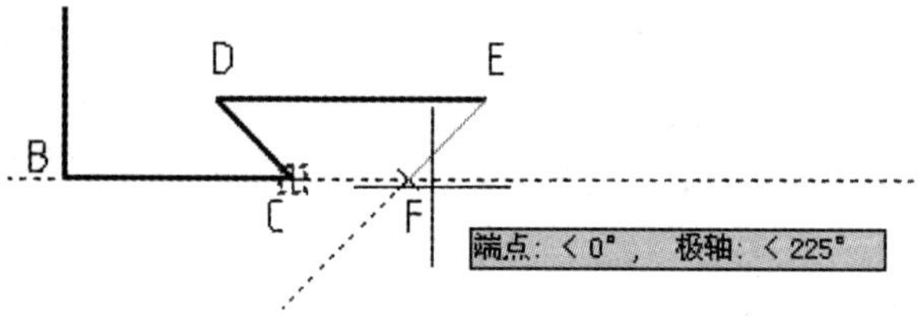

图 2-31　利用“对象捕捉追踪”功能确定点 *F*

（5）采用极轴追踪功能，确定点 *G*、*H*→最后捕捉端点 *A*，按回车键，完成绘制。

知识点 4　对象的选择

在编辑图形时，需要选择被编辑的对象。当命令提示为“选择对象:”时，光标变成正方形拾取框，即可进行对象的选择。系统提供了多种选择对象的方法，用户可以在不同的场合灵活使用这些方法。

1. 点选方式

直接移动拾取框到被选对象上单击，可逐个地拾取所需的对象，而被选择的对象将亮显，按回车键可结束对象的选择。这是系统默认选择对象的方法。

2. 窗口方式

该方式通过指定两个角点确定一矩形窗口，完全包含在窗口内的所有对象将被选中，与窗口相交的对象不在选中之列，如图 2-32 所示。操作时应先拾取左上（或左下）角点，后拾取右下（或右上）角点，即应从左往右构建窗口。

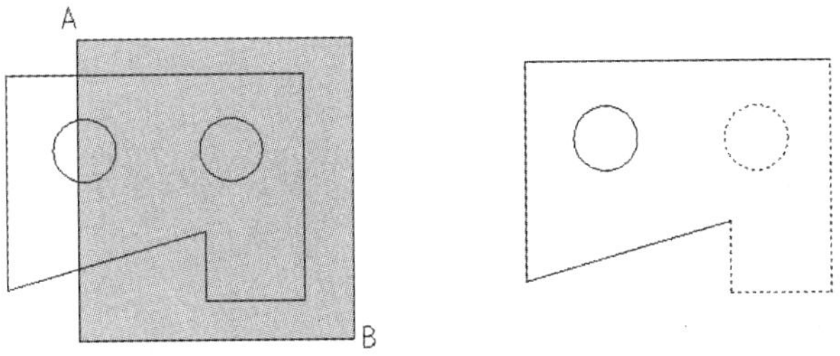

a)　　　　b)

图 2-32　窗口方式选择对象

a）构建窗口（从左往右）　b）选择后

3. 窗交方式

操作方式类似于窗口方式。不同之处是在窗交方式下，与窗口相交的对象和窗口内的所有对象都在选中之列，如图 2-33 所示。操作时应先拾取右下（或右上）角点，后拾取左上（或左下）角点，即应从右往左构建窗口。

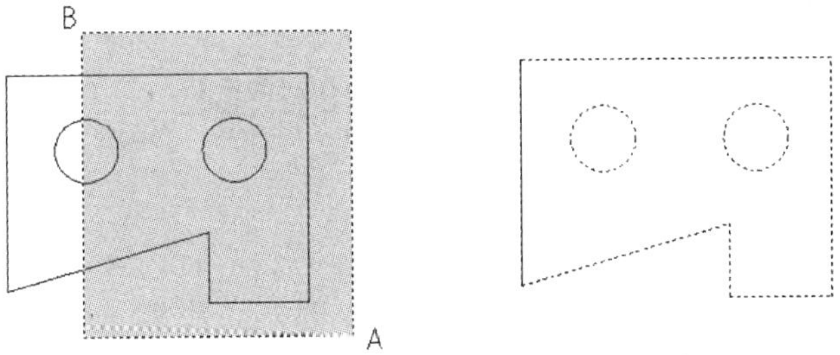

a)　　　　b)

图 2-33　窗交方式选择对象

a）构建窗口（从右往左）　b）选择后

4. 栏选方式

该方式通过绘制一条穿过被选对象的折线（称为栅栏）来选择对象，凡与该折线相交的对象均被选中，如图 2-34 所示。

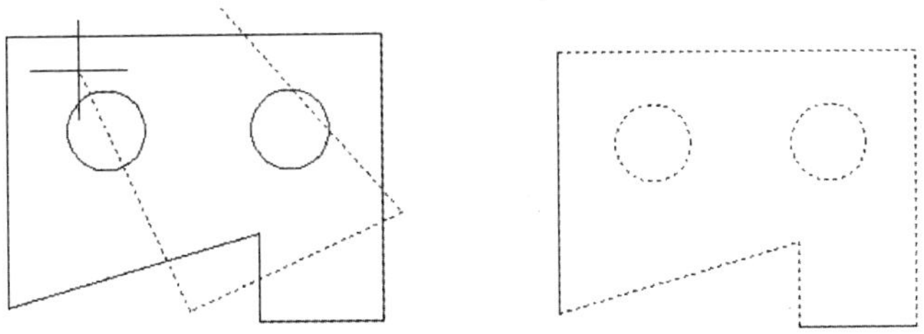

a)　　　　b)

图 2-34　栏选方式选择对象

a）构建栅栏　b）选择后

当命令行提示为“选择对象”时，输入“F”，按回车键，根据提示用鼠标拾取点创建折线。可以拾取多个点，直至按回车键结束。

5. 全部方式

该方式可以将图形中除冻结、锁定层上以外的所有对象选中。当命令行提示为“选择对象”时，输入“ALL”，按回车键即可。

6. 上一个方式

该方式可以将图形窗口内可见的元素中最后一个创建的对象选中。当命令行提示为“选择对象”时，输入“L”，按回车键即可。

知识点 5　对象的删除

在绘图过程中，经常需要对绘制错误的或多余的对象删除，调用命令的方式如下：

- 功能区：“默认”选项卡→“修改”面板→“删除”按钮。
- 菜单栏：“编辑”→“删除”或“修改”→“删除”。
- 工具栏：“修改”→“删除”。
- 键盘命令：ERASE。
- 快捷键：DELETE。

在删除对象时，既可以先执行命令再选择对象，也可以先选择对象再执行命令。

任务 4　吊钩的绘制

操作实例（图 2-35）

本例介绍如图 2-35 所示吊钩的绘制方法和步骤，主要涉及“圆”“偏移”“圆角”“打断”等命令。

操作过程

第 1 步：绘图环境设置。

（1）设置图形界限并缩放。根据图形尺寸，将图形界限的两个角点分别为（0，0）、（80，70），键入“ZOOM”命令，选择“全部（A）”选项，使图形界限充满显示区。

（2）新建“粗实线”和“点画线”两个图层，并将“点画线”图层置为当前层。

（3）设置对象捕捉模式。在状态行右击“对象捕捉”按钮，弹出“对象捕捉”快捷菜单，单击快捷菜单上“圆心”“端点”“交点”和“切点”选项。

（4）单击状态栏“极轴追踪”“对象捕捉”按钮，启用相应功能。

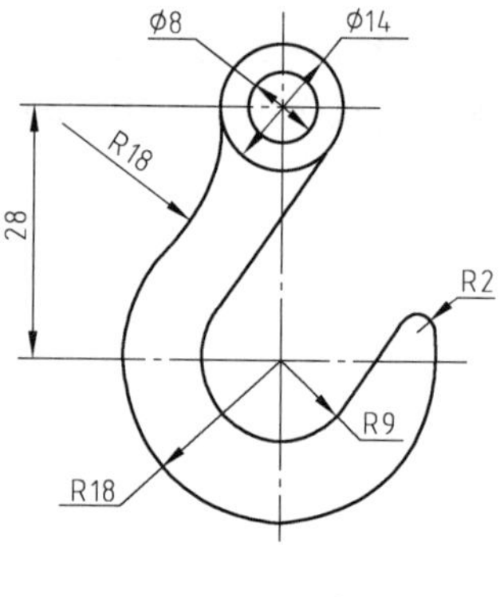

图 2-35　吊钩

第 2 步：绘制中心线。

（1）调用“直线”命令，绘制如图 2-36a 所示水平和垂直中心线。

（2）偏移中心线。

在功能区单击“默认”选项卡→“修改”面板→“偏移”按钮，操作步骤如下：

```
命令: _ offset                                              //启动"偏移"命令
当前设置: 删除源 = 否   图层 = 源   OFFSETGAPTYPE = 0              //系统提示
指定偏移距离或[通过(T)/删除(E)/图层(L)] <通过>: 28 ↙                //输入偏移距离
选择要偏移的对象,或[退出(E)/放弃(U)] <退出>:                          //选择水平中心线
指定要偏移的那一侧上的点,或[退出(E)/多个(M)/放弃(U)] <退出>:            //在水平中心线下方单击
选择要偏移的对象,或[退出(E)/放弃(U)] <退出>:↙                        //按回车键,结束命令
```

操作完成后如图 2-36b 所示。

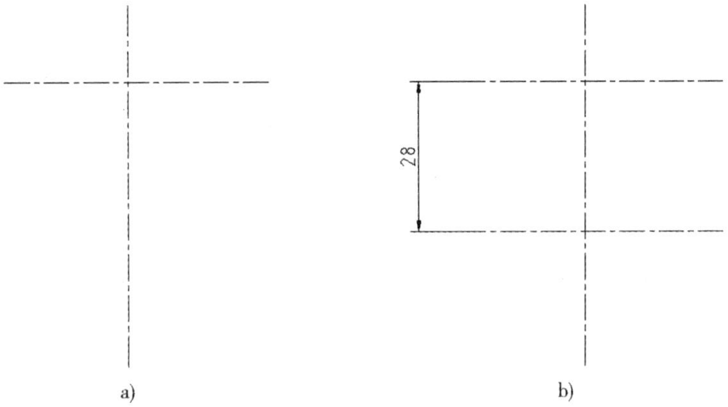

图 2-36　绘制中心线

a）绘水平和垂直中心线　b）偏移中心线

第 3 步：在“粗实线”图层绘制 $\phi8$、$\phi14$、$R9$ 和 $R18$ 四个圆。

（1）将“粗实线”图层设置为当前图层。在功能区单击“默认”选项卡→“图层”面板→图层下拉列表，单击“粗实线”图层，如图 2-37 所示。

（2）利用“圆”命令绘制 4 个圆，如图 2-38 所示。

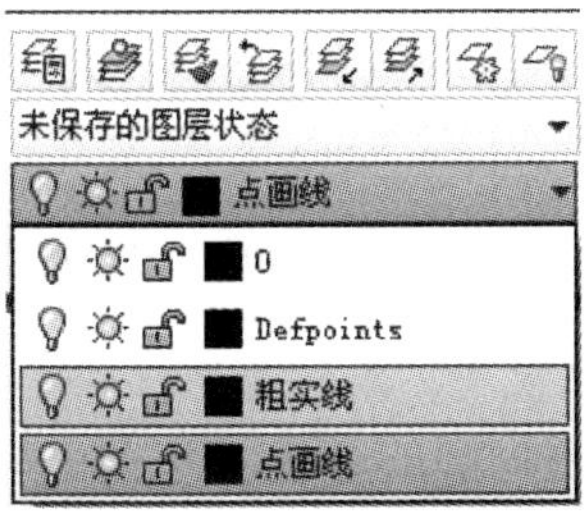

图 2-37　更改当前图层

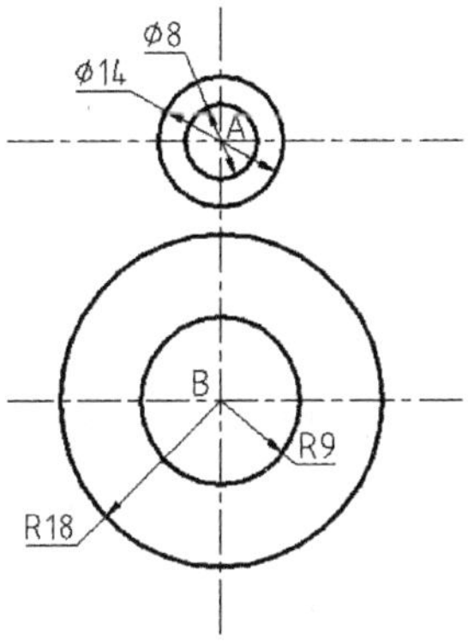

图 2-38　绘制 4 个圆

在功能区单击“默认”选项卡→“绘图”面板→“圆”按钮，操作步骤如下：

命令：_circle	//启动“圆”命令
指定圆的圆心或［三点(3P)/两点(2P)/切点、切点、半径(T)］：	//捕捉交点 *A*，如图 2-38 所示
指定圆的半径或［直径(D)］：4 ↙	//输入半径“4”，按回车键确定
命令：　CIRCLE	//按回车键，重复调用“圆”命令
指定圆的圆心或［三点(3P)/两点(2P)/切点、切点、半径(T)］：	//捕捉交点 *A*
指定圆的半径或［直径(D)］<4.0000>：7 ↙	//输入半径“7”，按回车键确定
命令：　CIRCLE	//按回车键，重复调用“圆”命令
指定圆的圆心或［三点(3P)/两点(2P)/切点、切点、半径(T)］：	//捕捉交点 *B*，如图 2-38 所示
指定圆的半径或［直径(D)］<7.0000>：9 ↙	//输入半径“9”，按回车键确定
命令：　CIRCLE	//按回车键，重复调用“圆”命令
指定圆的圆心或［三点(3P)/两点(2P)/切点、切点、半径(T)］：	//捕捉交点 *B*
指定圆的半径或［直径(D)］<9.0000>：18 ↙	//输入半径“18”，按回车键确定

第 4 步：绘制 ϕ14 圆与 *R*9 圆的公切线。

单击“直线”按钮，移动光标至 ϕ14 圆右下角圆弧处，出现切点标记及相应提示，如图 2-39a 所示，单击，确定第一个切点；移动光标至 *R*9 圆左上角圆弧处，当出现切点标记及相应提示时，单击，确定第二个切点。绘制完成后如图 2-39b 所示。

> 因“圆心”捕捉模式对“切点”捕捉模式有干扰，可将“圆心”捕捉模式暂时取消。

第 5 步：偏移公切线，如图 2-40 所示。

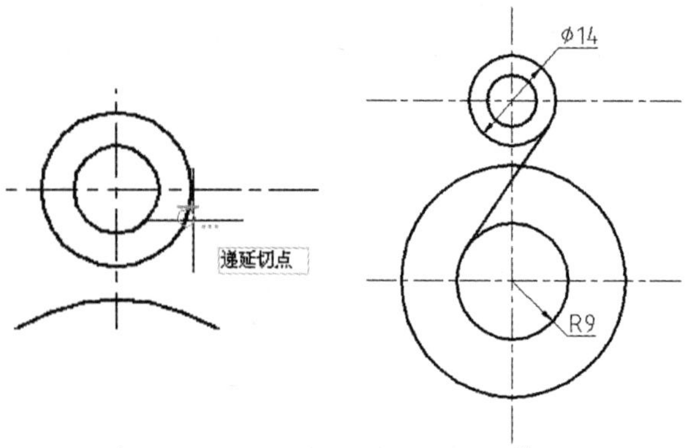

a)　　b)

图 2-39　绘制公切线

a）捕捉切点　b）绘制完成后

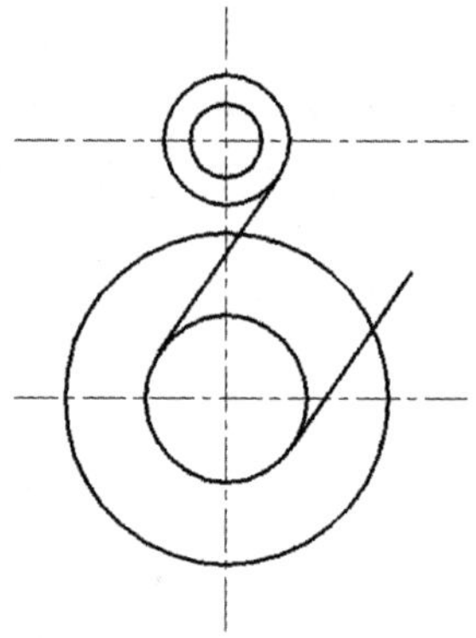

图 2-40　偏移公切线

采用“偏移”命令偏移复制刚绘制的公切线，偏移距离为圆的直径“18”。其操作方法与第 2 步中“偏移中心线”方法相同，不再赘述。

第 6 步：绘制左上角 *R*18 的圆，如图 2-41 所示。

在功能区单击“默认”选项卡→“绘图”面板→“圆”下拉列表中“相切、相切、半径”按钮，操作步骤如下：

命令：_circle　　//启动“圆”命令
指定圆的圆心或[三点(3P)/两点(2P)/切点、切点、半径(T)]：_ttr　　//系统提示
指定对象与圆的第一个切点：　　//在 ϕ14 圆弧上单击，指定切点
指定对象与圆的第二个切点：　　//在 *R*18 圆弧上单击，指定切点
指定圆的半径：18 ↙　　//输入相切圆的半径为“18”

第7步：采用“圆角”命令绘制右方 *R*2 的圆，如图2-41所示。
在功能区单击“默认”选项卡→“修改”面板→“圆角”按钮，操作步骤如下：

命令：_fillet　　//启动“圆角”命令
当前设置：模式 = 修剪，半径 = 0.0000　　//系统提示
选择第一个对象或[放弃(U)/多段线(P)/半径(R)/修剪(T)/多个(M)]：r ↙　　//选择“半径”选项
指定圆角半径 <0.0000>：2 ↙　　//输入圆角半径为2
选择第一个对象或[放弃(U)/多段线(P)/半径(R)/修剪(T)/多个(M)]：　　//点选直线
选择第二个对象，或按住 Shift 键选择对象以应用角点或[半径(R)]：　　//点选 *R*18 的圆

第8步：修剪多余线段，完成后如图2-42所示。
第9步：利用“打断”命令裁剪中心线。
在功能区单击“默认”选项卡→“修改”面板→“打断”按钮，操作步骤如下：

命令：_break　　//启动“打断”命令
选择对象：　　//在中心线上需要裁剪的各个位置单击，如图2-43所示点 *C* 处
指定第二个打断点 或[第一点(F)]：　　//捕捉各中心线上相应端点，如图2-43所示点 *D*

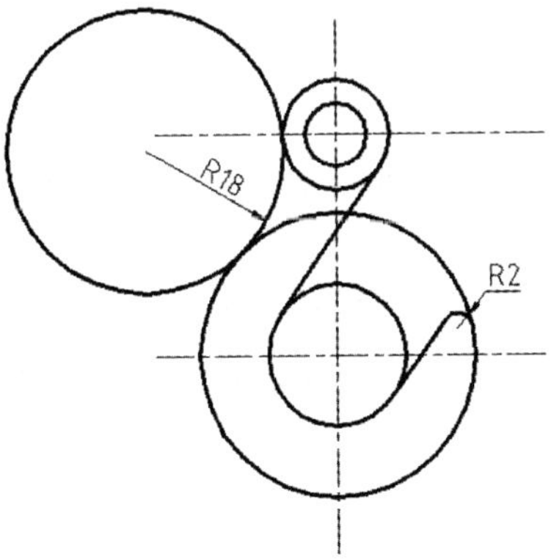

图2-41　绘 *R*18、*R*2 的圆

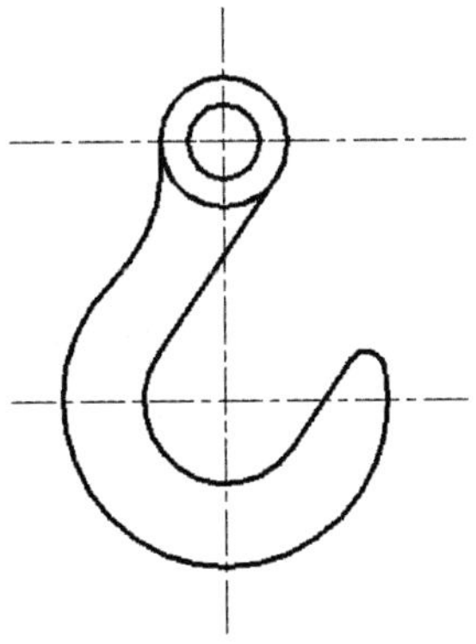
图2-42　修剪多余线段后

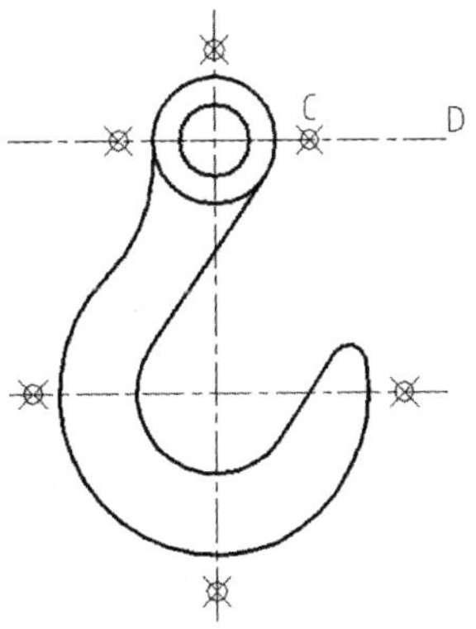

图2-43　中心线上各打断点的位置

各中心线裁剪完成后如图2-35所示。
第10步：保存图形文件。

知识点1　圆的绘制

AutoCAD 中提供了6种绘制圆的方法，调用命令的方式如下：

- 功能区：“默认”选项卡→“绘图”面板→“圆”按钮的下拉列表，选择圆绘制方式，如图2-44a 所示。
- 菜单栏：“绘图”→“圆”子菜单下选择选择圆绘制方式，如图2-44b 所示。
- 工具栏：“绘图”→“圆”。
- 键盘命令：ARC 或 A。

1. “圆心、半径”方式画圆

通过指定圆心位置和圆的半径绘制圆。本任务操作实例中 $\phi8$、$\phi14$、$R9$ 和 $R18$ 四个圆的绘制便采用了此法。

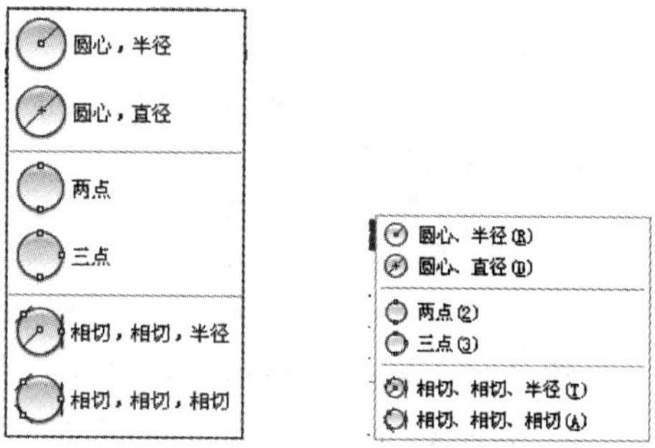

a)　　b)

图 2-44　“圆”命令的调用方式

a）“绘图”面板圆下拉列表

b）绘图菜单下“圆”子菜单

2. “圆心、直径”方式画圆

通过指定圆心位置和圆的直径绘制圆。绘制方法与“圆心、半径”方式相似，不同之处在于输入的数字为圆的直径。

3. “两点”方式画圆

通过指定圆周上的两点绘制圆，所指定两点间距离即为该圆的直径，如图 2-45 所示。

4. “三点”方式画圆

通过指定圆周上任意三点绘制圆，如图 2-46 所示。

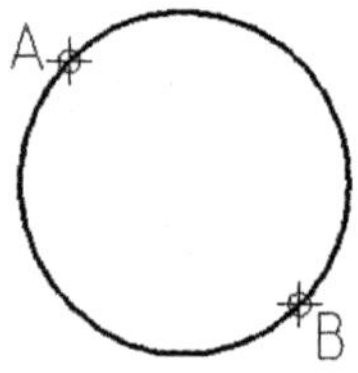

图 2-45　“两点”方式绘圆

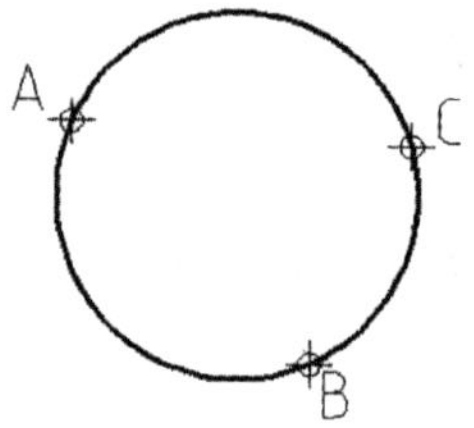

图 2-46　“三点”方式绘圆

5. “相切、相切、半径”方式画圆

通过指定两相切对象及圆的半径绘制圆，如图 2-47 所示。本任务操作实例中第 6 步即采用了此法。

由于相同对象、相同半径下有多个相切圆，系统会根据所指定切点的位置来判断做哪个相切圆，因此采用此法绘制圆时要特别注意切点的捕捉位置。如图 2-47 所示，在圆 A、圆 B 不

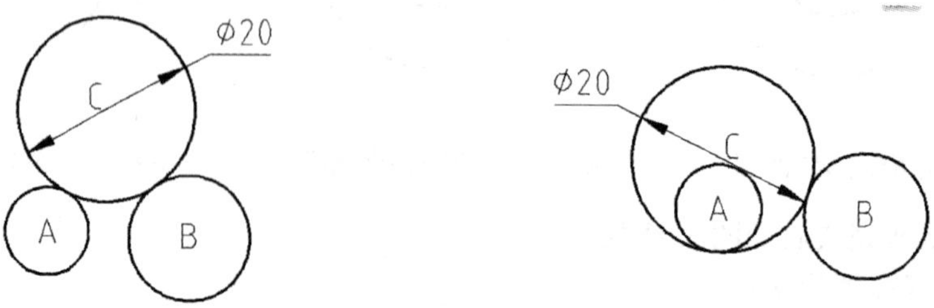

a)　　b)

图 2-47　“相切、相切、半径”方式绘圆

a）结果 1　b）结果 2

同位置捕捉切点，使用相同半径绘制相切圆，得到了两种不同结果。当然，如在其他位置捕捉切点，还可以得到别的相切圆。

6. “相切、相切、相切”方式画圆

通过指定与圆相切的三个对象绘制圆，如图2-48所示，圆 *D* 与圆 *A*、圆 *B* 及直线 *C* 三个对象相切。

> 使用切点捕捉功能可以方便绘制已知长度和倾角并与圆相切的直线，如图2-49所示，用切点捕捉功能在圆上拾取指定直线的第一点，输入“@25 <42”指定直线的第二点，即可完成绘制。

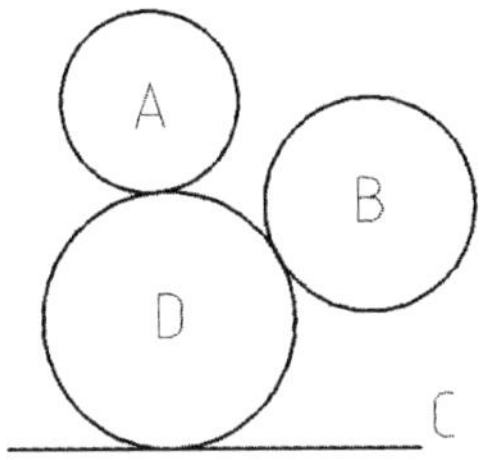

图2-48　“相切、相切、相切”方式绘圆

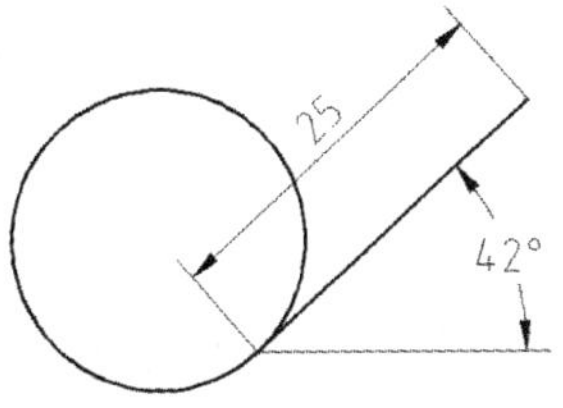

图2-49　已知长度和倾角绘制圆的切线

知识点2　对象的偏移

利用“偏移”命令可以将一个图形对象在其一侧作等距离复制。调用命令的方式如下：

- 功能区：“默认”选项卡→“修改”面板→“偏移”。
- 菜单栏：“修改”→“偏移”。
- 工具栏：“修改”→“偏移”。
- 键盘命令：OFFSET或O。

对象的偏移有两种方式，一种是“指定距离”方式，一种是“指定通过点”方式。

1. 指定距离偏移对象

该方式通过输入偏移距离复制对象，如图2-50所示。调用“偏移”命令后，直接输入偏移的距离，选择要偏移的对象，再拾取一点确定偏移对象的位置，即可完成偏移操作。本任务操作实例中便采用了此法。

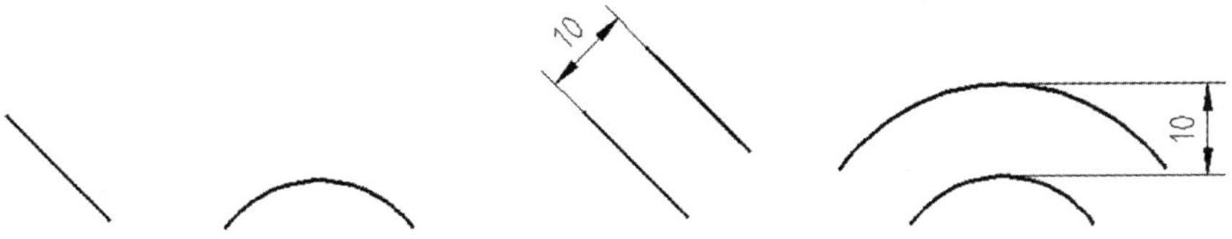

a)　　　　b)

图2-50　指定距离偏移对象

a）偏移前　b）偏移后

2. 指定通过点偏移对象

如不知道具体的偏移距离，但知道偏移对象通过的点，可以采用指定通过点方式来偏移对象。调用“偏移”命令后，选择“通过（T）”选项，再选择要偏移的对象，拾取一点确定偏移对象的位置，即可完成偏移操作。

例 2-4 将图 2-51a 所示的直线偏移复制如图 2-51b 所示。

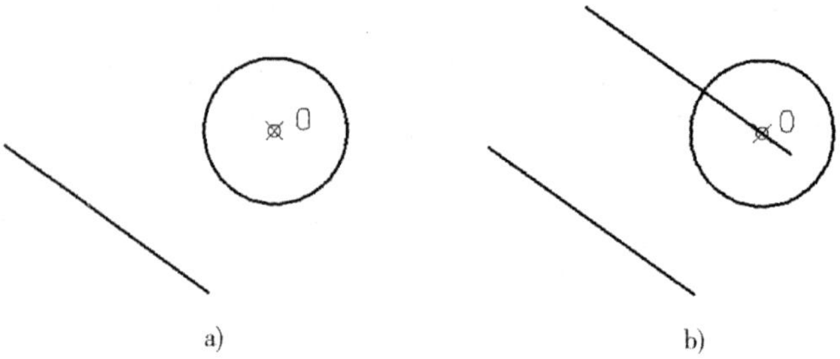

图 2-51 指定通过点偏移对象

a）偏移前 b）偏移后

在功能区单击“修改”面板→“偏移”按钮，操作步骤如下：

```
命令：_offset                                                        //启动“偏移”命令
当前设置：删除源 = 否  图层 = 源  OFFSETGAPTYPE = 0                   //系统提示
指定偏移距离或［通过(T)/删除(E)/图层(L)］<通过>：t↙                  //选择“通过”选项
选择要偏移的对象,或［退出(E)/放弃(U)］<退出>：                         //选择直线
指定通过点或［退出(E)/多个(M)/放弃(U)］<退出>：                        //拾取圆心点 O
选择要偏移的对象,或［退出(E)/放弃(U)］<退出>：↙                       //按回车键,结束命令
```

知识点 3 圆角

利用“圆角”命令可以用指定半径的圆弧将两对象光滑连接起来。调用命令的方式如下：

- 功能区：“默认”选项卡→“修改”面板→“圆角”。
- 菜单栏：“修改”→“圆角”。
- 工具栏：“修改”→“圆角”。
- 键盘命令：FILLET 或 F。

“圆角”命令有“修剪”与“不修剪”两种方式。

1. 修剪方式倒圆角

采用该方式倒圆角时，除了在两对象间增加圆弧外，原对象还将作自动修剪或延伸，如图 2-52b 所示。本任务操作实例中 *R*2 圆弧的绘制便采用了此法。

2. 不修剪方式倒圆角

采用该方式倒圆角时，仅在两对象间增加圆弧，原对象将保持不变，如图 2-52c 所示。

> 倒圆角时采用“修剪”或“不修剪”方式可由选项“修剪（T）”进行设置。

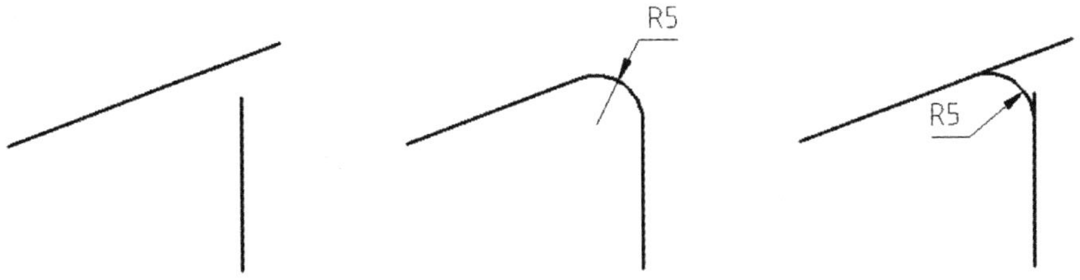

a)　　b)　　c)

图 2-52　倒圆角

a）原图　b）修剪方式倒圆角　c）不修剪方式倒圆角

“圆角”命令在绘图过程中应用较多，常用于两圆（或圆弧）间或圆与直线间的圆弧连接，如图 2-53、图 2-54 所示。

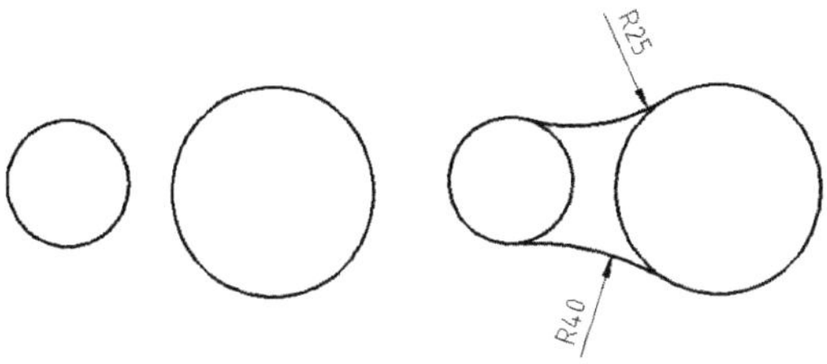

a)　　b)

图 2-53　两个圆间倒圆角

a）原图　b）倒圆角后

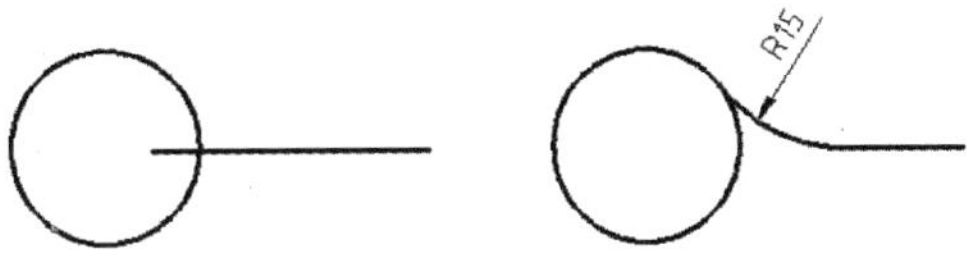

a)　　b)

图 2-54　圆与直线间倒圆角

a）原图　b）倒圆角后

在对两条不平行直线倒圆角时，如在选择直线时同时按下“Shift”键，可创建 0 半径圆角（即系统将自动延伸或修剪两直线，使两者相交），如图 2-55 所示。

在对两平行直线倒圆角时，圆角半径由系统自动计算设置为平行直线距离的一半，如图 2-56 所示。

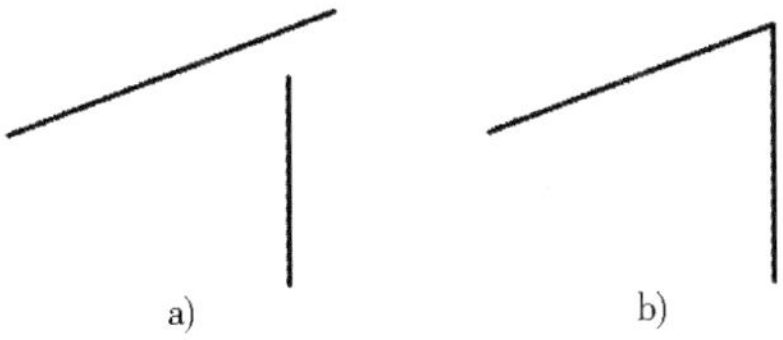

a)　　b)

图 2-55　创建 0 半径圆角

a）原图　b）圆角半径为 0

a)　　b)

图 2-56　两平行直线间倒圆角

a）原图　b）系统自动计算圆角半径

知识点 4　打断对象

利用“打断”命令可以将选定对象在两点之间打断，也可以在一点处打断。调用命令的方式如下：

- 功能区：“默认”选项卡→“修改”面板→“打断”、“打断于点”。
- 菜单栏：“修改”→“打断”。

- 工具栏：“修改” → “打断”、“打断于点”。
- 键盘命令：BREAK 或 BR。

1. 指定两点打断对象

该方式将选定对象两打断点间的部分删除。如图 2-57 所示，采用该方式可将中心线在 *A*、*B* 两点间打断。

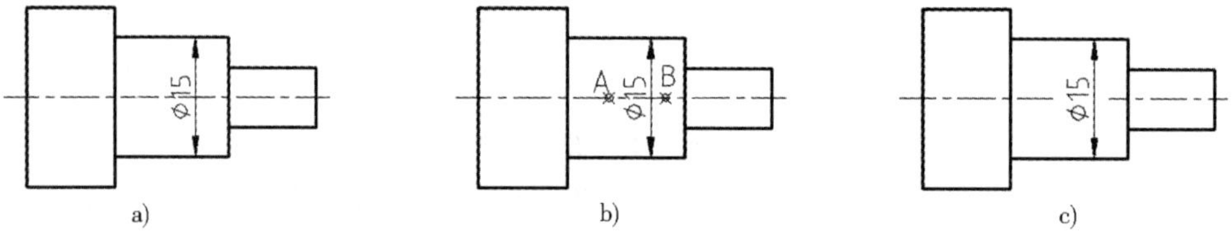

图 2-57　指定两点打断对象

a）原图　b）指定打断点 *A*、点 *B*　c）打断后

2. 指定一点打断对象（打断于点）

该方式将选定对象在指定点处切断为两个对象，如图 2-58 所示。

图 2-58　指定一点打断对象

a）直线原图　b）直线打断后　c）圆弧原图　d）圆弧打断后

例 2-5　利用“打断”命令将如图 2-58a 所示直线在点 *A* 处打断后如图 2-58b 所示。

在功能区单击“修改”面板→“打断于点”按钮，操作步骤如下：

```
命令：_ break                                  //启动“打断”命令
选择对象：                                     //选择直线
指定第二个打断点 或［第一点(F)］：_ f           //系统提示
指定第一个打断点：                             //在点 A 处单击
指定第二个打断点：@                            //系统提示
```

打断圆弧的操作与上述操作相同，在此不再赘述。

> 打断于点不能用于将圆在某点处打断。

知识点 5　合并对象

利用“合并”命令可以将多个选定对象连接成一个完整的对象，也可以将某段圆弧闭合成整圆，如图 2-59 所示。调用命令的方式如下：

- 功能区：“默认”选项卡→“修改”面板→“合并”。

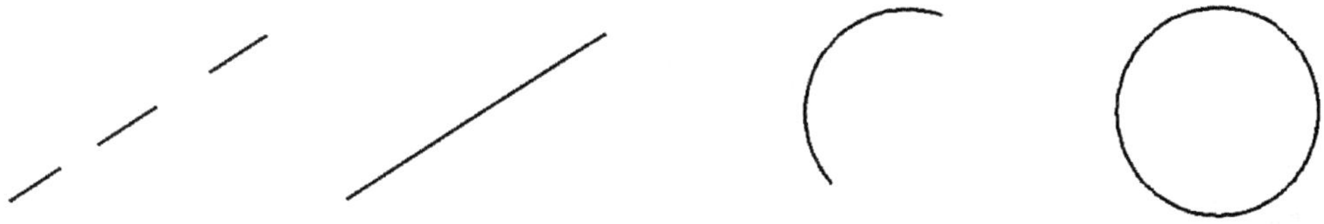

a)　　b)　　c)　　d)

图 2-59　合并对象

a）直线原图　b）直线合并后　c）圆弧原图　d）圆弧闭合后

- 菜单栏：“修改”→“合并”。
- 工具栏：“修改”→“合并” 。
- 键盘命令：JOIN 或 J。

该命令能合并直线、圆弧、椭圆弧、多段线和样条曲线。

例 2-6　利用“合并”命令将图 2-59a 所示直线合并后如图 2-59b 所示。

在功能区单击“修改”面板→“合并”按钮，操作步骤如下：

```
命令：_join                                      //启动“合并”命令
选择源对象或要一次合并的多个对象：找到 1 个        //拾取第一段直线
选择要合并的对象：找到 1 个,总计 2 个              //拾取第二段直线
选择要合并的对象：找到 1 个,总计 3 个              //拾取第三段直线
选择要合并的对象：↙                              //按回车键,结束选择
3 条直线已合并为 1 条直线                         //系统提示
```

合并圆弧时，系统将所选圆弧沿逆时针方向连接起来。如图 2-60a 所示两段圆弧，如先选择圆弧 A、再选择圆弧 B，其合并结果如图 2-60b 所示；如先选择圆弧 B、再选择圆弧 A，其合并结果如图 2-60c 所示。

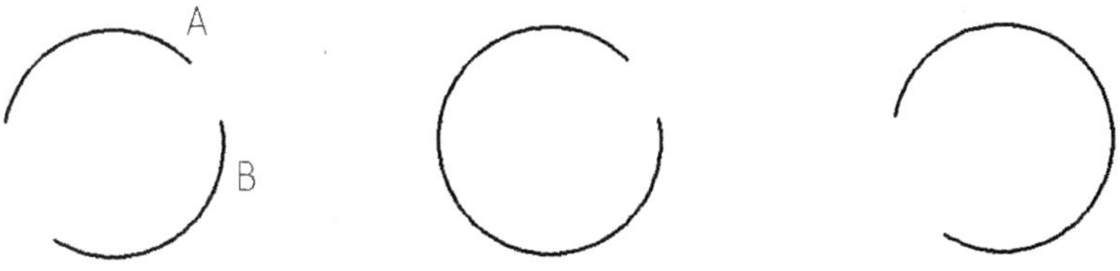

a)　　b)　　c)

图 2-60　合并圆弧

a）圆弧原图　b）合并结果 1　c）合并结果 2

如要将某段圆弧闭合成整圆（如图 2-59c、2-59d 所示），可在选择圆弧后，按回车键，选择“闭合（L）”选项，按回车键即可。

对于源对象和要合并的对象，如果是直线，则必须共线；是圆弧，则必须位于同一假想的圆上；是椭圆弧，则必须位于同一椭圆上，且两对象之间可以有间隙也可以没有间隙。

任务5　扳手的绘制

操作实例（图2-61）

本例介绍如图2-61所示简易扳手的绘制方法和步骤，主要涉及“正多边形”“分解”等命令。

操作过程

第1步：设置绘图环境。

（1）设置图形界限并缩放。

根据图形尺寸，将图形界限的两个角点分别为（0，0）、（300，150），输入“ZOOM”命令，选择“全部（A）”选项，使图形界限充满显示区。

（2）新建“粗实线”和“点画线”两个图层，并将“点画线”图层置为当前层。

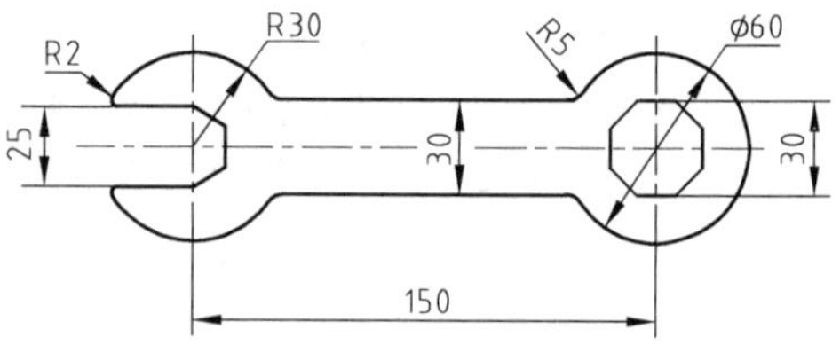

图2-61　扳手

（3）设置对象捕捉模式。设置捕捉“圆心”“端点”“交点”。

（4）单击任务栏“极轴追踪”“对象捕捉”按钮，启用相应功能。

第2步：绘制中心线，如图2-62所示。

第3步：在“粗实线”图层绘制扳手的外轮廓并修剪，如图2-63所示。

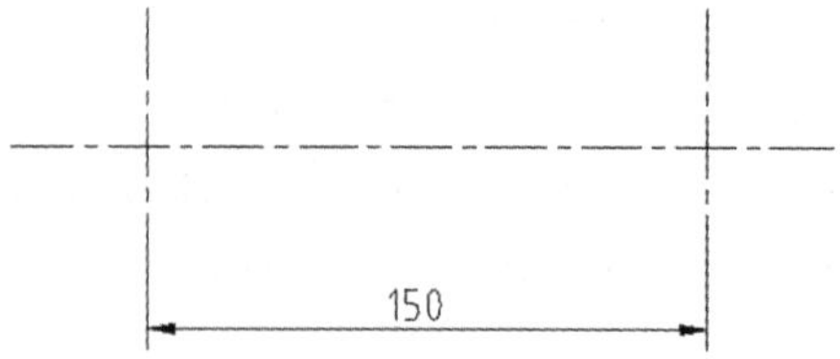

图2-62　绘中心线

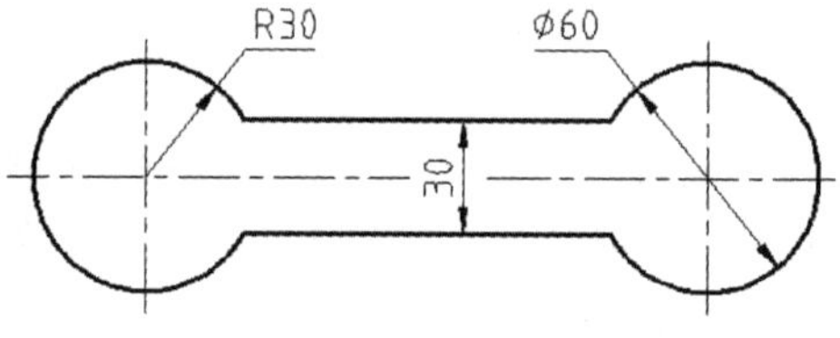

图2-63　绘扳手的外轮廓

第4步：绘正六边形和正八边形。

由2-61可知，左侧正六边形的对角距为“25”，即正六边形内接于一个 ϕ25 的圆；右侧正八边形的对边距为“30”，即正八边形外切于一个 ϕ30 的圆。

在功能区单击“默认”选项卡→“绘图”面板→“多边形”按钮，操作步骤如下：

```
命令：_polygon 输入侧面数 <4>：6↙                      //输入多边形的边数为6
指定正多边形的中心点或[边(E)]：                         //捕捉交点A,如图2-64所示
输入选项[内接于圆(I)/外切于圆(C)] <I>：↙               //按回车键,接受默认的“内接于圆”选项
指定圆的半径：@12.5<90↙                               //指定正六边形外接圆半径为12.5,方向为90°
命令：↙                                               //按回车键,重复调用命令
POLYGON 输入侧面数 <6>：8↙                            //输入多边形的边数为8
指定正多边形的中心点或[边(E)]：                         //捕捉交点B,如图2-64所示
输入选项[内接于圆(I)/外切于圆(C)] <I>：c↙              //选择“外切于圆”选项
指定圆的半径：15↙                                     //指定正八边形内切圆半径为15
```

绘制完成后，如图2-64所示。

第5步：分解正六边形，删除多余的边并绘直线，如图2-65所示。

(1) 分解正六边形。

在功能区单击“默认”选项卡→“修改”面板→“分解”按钮，操作步骤如下：

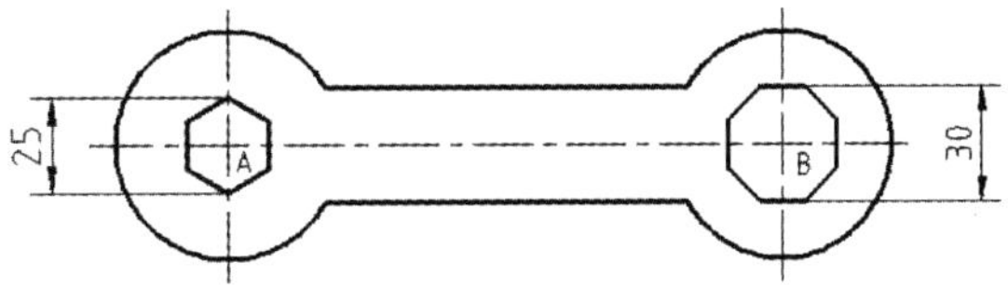

图2-64　绘正多边形

```
命令：_ explode                    //启动“分解”命令
选择对象：找到 1 个                 //拾取正六边形
选择对象：↙                        //按回车键，结束对象选择
```

执行上述操作后，正六边形由原来的1个对象分解成6个对象（6条直线）。

(2) 删除多余的3条边，绘制两条直线，如图2-65所示。

第6步：对相应部分倒圆角，修剪多余图线，完成后如图2-66所示。

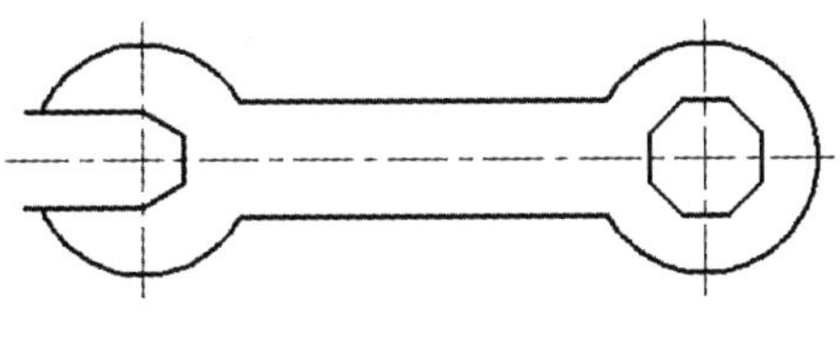
图2-65　分解正六边形并绘直线

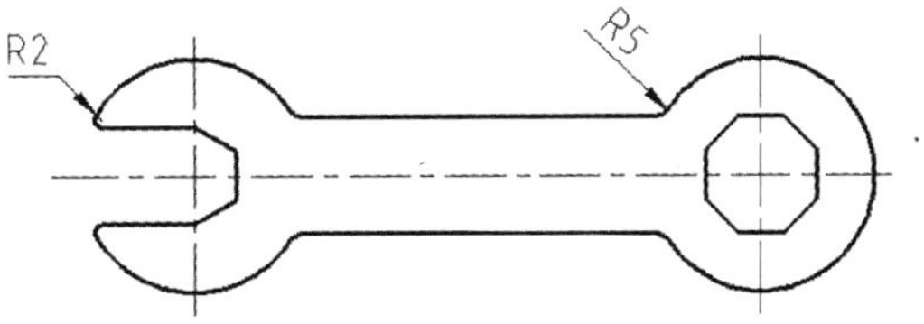

图2-66　倒圆角，修剪多余图线

第7步：保存图形文件。

知识点1　正多边形的绘制

利用“多边形”命令可以绘制边数最少为3，最多为1024的正多边形。使用该命令绘制的正多边形，系统会将其作为1个对象来处理。调用命令的方式如下：

- 功能区：“默认”选项卡→“绘图”面板→“多边形”。
- 菜单栏：“绘图”→“多边形”。
- 工具栏：“绘图”→“多边形”。

键盘命令：POLYGON或POL。

AutoCAD中提供了“内接于圆”“外切于圆”及“边长”3种方式绘制正多边形，如图2-67所示。

1. 内接于圆方式

若已知正多边形的边数、其外接圆的圆心位置和半径，可采用该方式绘制正多边形，如图2-67a所示。采用此方式绘制的正多边形将内接于假想的圆。本任务操作实例中正六边形的绘制便采用了此方式。

2. 外切于圆方式

若已知正多边形的边数、其内切圆的圆心位置和半径，可采用该方式绘制正多边形，如图2-67b所示。采用此方式绘制的正多边形将外切于假想的圆。本任务操作实例中正八边形的绘制便采用了此方式。

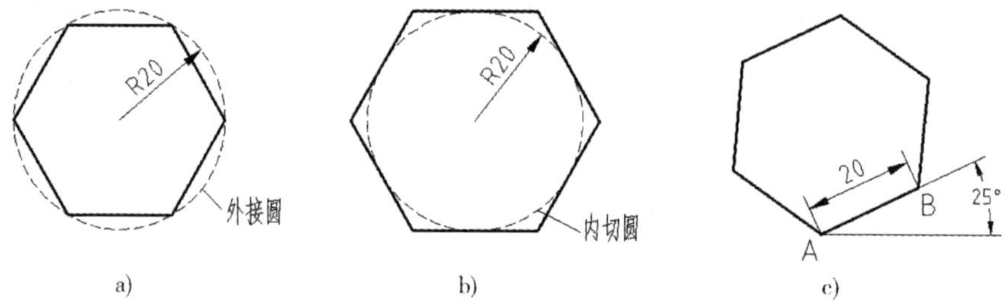

图 2-67 正多边形的三种绘制方式
a）内接于圆方式 b）外切于圆方式 c）边长方式

3. 边长方式

若已知正多边形的边长，可采用该方式绘制正多边形。系统将在用户指定正多边形一条边的两个端点后沿逆时针方向创建多边形，如图 2-67c 所示。

正多边形的 3 种绘制方式，可通过选项“内接于圆（I）”“外切于圆（C）”“边（E）”来设置。

例 2-7 以“边长”方式绘制如图 2-67c 所示的正六边形。

单击“绘图”面板→“多边形”按钮，操作步骤如下：

```
命令：_ polygon 输入侧面数 <5>：6↙            //输入多边形的边数为 6
指定正多边形的中心点或［边(E)］：e↙          //选择“边长”方式
指定边的第一个端点：                          //在适当位置单击,指定边长的第一个端点 A
指定边的第二个端点：@20<25↙                   //指定边长的第二个端点 B
```

由图 2-67c 可以看出，*AB* 的长度决定了正多边形的边长，点 *A*、点 *B* 的相对方向决定了正多边形的放置角度。

采用“内接于圆（I）”和“外切于圆（C）”两种方式绘制的正多边形，默认情况下是将底边沿水平方向放置，如图 2-67a、图 2-67b 所示。

对于不按默认位置放置的正多边形，如图 2-68 所示，其放置位置可在系统提示“指定圆的半径：”时，输入“@半径<角度”来确定。其中的“角度”决定了正多边形的放置角度。

如绘制图 2-68a 所示正多边形应输入“@20<132”，绘制图 2-68b 所示正多边形应输入“@20<142”。当然，用户也可以先按默认位置绘制正多边形，然后再用模块 3 中介绍的“旋转”命令进行旋转。

a)　　b)

图2-68　正多边形非默认放置位置

a）内接于圆方式（半径：@20 <132）　b）外切于圆方式（半径：@20 <142）

知识点2　分解对象

利用“分解”命令可以将组合对象（如正多边形、尺寸、填充对象等）分解为单个元素，如图2-69所示。调用命令的方式如下：

- 功能区：“默认”选项卡→“修改”面板→“分解” 。
- 菜单栏：“修改”→“分解”。
- 工具栏：“修改”→“分解” 。
- 键盘命令：EXPLODE。

执行上述命令后，选择需要分解的对象，按回车键，即可完成分解。

a)　　b)

图2-69　分解正五边形

a）分解前为1对象　b）分解后为5对象

任务6　组合图形的绘制

操作实例（图2-70）

本例介绍如图2-70所示组合图形的绘制方法和步骤，主要涉及“矩形”“椭圆”“圆环”等命令。

操作过程

第1步：设置绘图环境，具体要求及操作过程参见本模块任务4或任务5，在此不再赘述。

第2步：绘中心线，如图2-71所示。

第3步：绘制圆角矩形。

在功能区单击“默认”选项卡→“绘图”面板→“矩形”按钮，操作步骤如下：

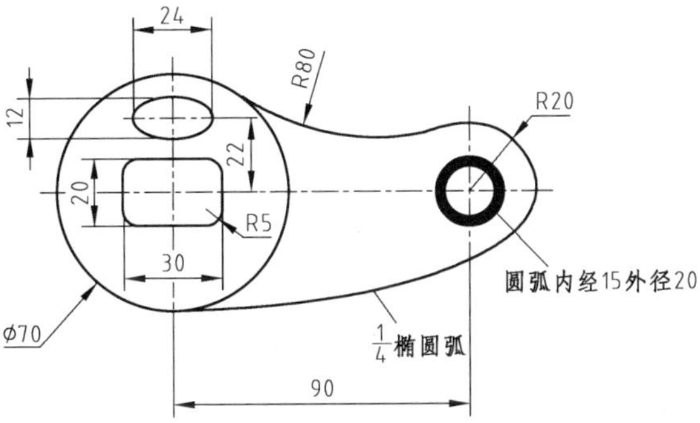

图2-70　组合图形的绘制

命令：_ rectang　　//启动"矩形"命令
指定第一个角点或［倒角(C)/标高(E)/圆角(F)/
厚度(T)/宽度(W)］：f ↙　　//选择"圆角"选项
指定矩形的圆角半径 <0.0000>：5 ↙　　//指定圆角半径
指定第一个角点或［倒角(C)/标高(E)/圆角(F)/厚度(T)/
宽度(W)］：_ from 基点：<偏移>：@ －15，－10 ↙　　//按"Shift + 右键"，选择捕捉"自"选项，拾取图 2-72 所示交点 *A* 作为基点，输入左下角点 *M* 相对于点 *A* 的坐标
指定另一个角点或［面积(A)/尺寸(D)/旋转(R)］：@30,20 ↙　　//确定矩形的右上角点 *N*

绘制完成后如图 2-72 所示。

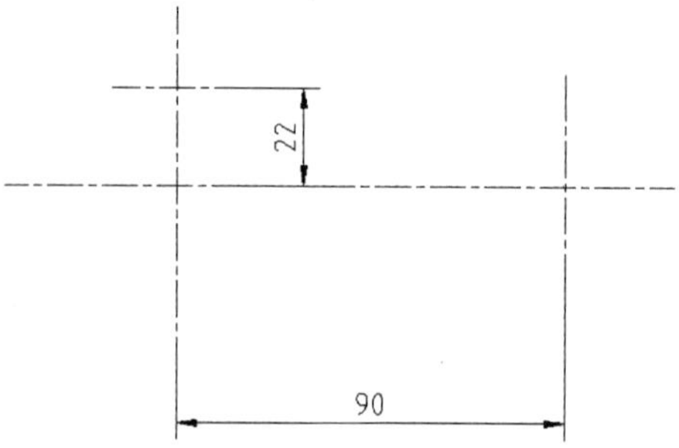

图 2-71　绘中心线

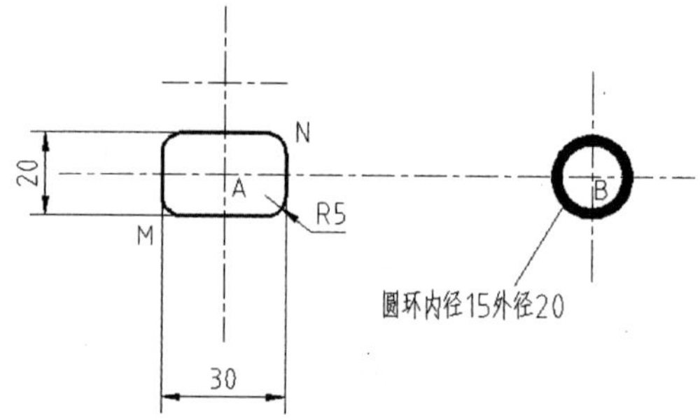

图 2-72　绘矩形和圆环

第 4 步：绘制圆环。

在功能区单击"默认"选项卡→"绘图"面板→"圆环"按钮，操作步骤如下：

命令：_ donut　　//启动"圆环"命令
指定圆环的内径 <0.5000>：15 ↙　　//输入圆环内径
指定圆环的外径 <1.0000>：20 ↙　　//输入圆环外径
指定圆环的中心点或 <退出>：　　//拾取图 2-72 所示交点 *B*
指定圆环的中心点或 <退出>：↙　　//按回车键，结束命令

绘制完成后如图 2-72 所示。

第 5 步：绘制 $\phi70$、$R20$ 两个圆，如图 2-73 所示。

第 6 步：绘制椭圆及椭圆弧。

（1）绘制椭圆。

在功能区单击"默认"选项卡→"绘图"面板→"椭圆"列表下"圆心"方式按钮，操作步骤如下：

命令：_ ellipse　　//启动"椭圆"命令
指定椭圆的轴端点或［圆弧(A)/中心点(C)］：_ c　　//系统提示
指定椭圆的中心点：　　//拾取图 2-74 所示交点 *C*
指定轴的端点：12 ↙　　//水平向右追踪，输入长半轴长度 12
指定另一条半轴长度或［旋转(R)］：6 ↙　　//垂直向上追踪，输入短半轴长度 6

绘制完成后如图 2-74 所示。

（2）绘制椭圆弧。

在功能区单击“默认”选项卡→“绘图”面板→“椭圆弧”按钮，操作步骤如下：

```
命令：_ ellipse                                      //启动“椭圆”命令
指定椭圆的轴端点或［圆弧(A)/中心点(C)］：_ a          //系统提示
指定椭圆弧的轴端点或［中心点(C)］：c ↙                //选择“中心点”选项
指定椭圆弧的中心点：                                  //拾取图 2-74 所示交点 A
指定轴的端点：                                        //拾取图 2-74 所示象限点 D
指定另一条半轴长度或［旋转(R)］：                     //拾取图 2-74 所示象限点 E
指定起点角度或［参数(P)］:270 ↙                       //输入起始角度
指定端点角度或［参数(P)/包含角度(I)］:360 ↙           //输入终止角度
```

绘制完成后如图 2-74 所示。

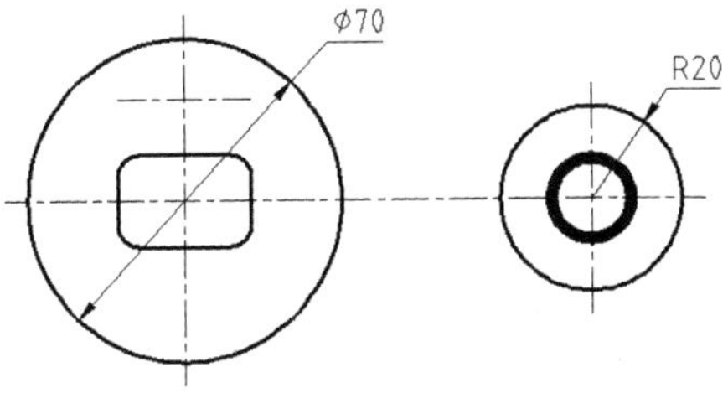

图 2-73　绘制 ϕ70、R20 两个圆

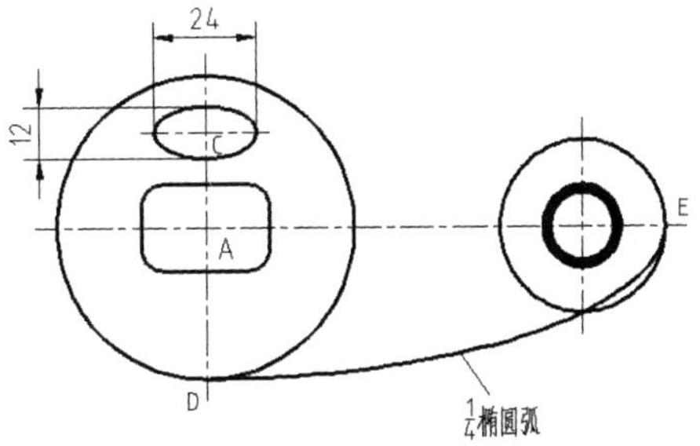

图 2-74　绘椭圆和椭圆弧

第 7 步：采用“圆角”命令绘制圆弧 R80，修剪多余图线，如图 2-75 所示。

第 8 步：保存图形文件。

知识点 1　矩形的绘制

利用“矩形”命令，可以绘制不同形式的矩形。使用该命令绘制的矩形，系统会将其作为 1 个对象来处理。调用命令的方式如下：

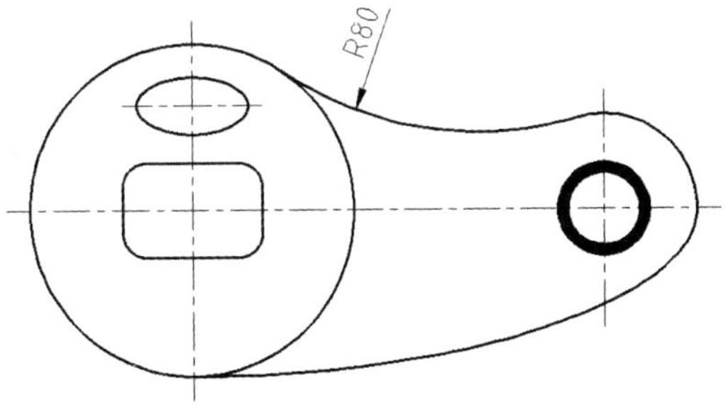

图 2-75　绘 R80 圆弧，修剪多余图线

- 功能区：“默认”选项卡→“绘图”面板→“矩形”。
- 菜单栏：“绘图”→“矩形”。
- 工具栏：“绘图”→“矩形”。
- 键盘命令：RECTANG 或 REC。

执行上述命令后，系统提示“指定第一个角点或［倒角(C)/标高(E)/圆角(F)/厚度(T)/宽度(W)］:”,各选项作用说明如下：

◆ 指定第一个角点：这是默认绘制矩形的方法，通过指定两个对角点来确定矩形的大小的位置，如图 2-76a 所示。在指定第一角点后，系统会提示指定另一角点。

◆ 倒角（C）：用于指定两个倒角距离，绘制带倒角的矩形，如图 2-76b 所示。

◆ 标高（E）：用于指定矩形所在平面的高度（即 *Z* 坐标），默认情况下，矩形在 *XY* 平面上（*Z* 坐标为 0），该选项一般用于三维绘图。

◆ 圆角（F）：用于指定圆角半径，绘制带圆角的矩形，如图 2-76c 所示。本任务操作实例中绘制的矩形即为圆角矩形。

◆ 厚度（T）：用于绘制带厚度的矩形，如图 2-76d 所示，该选项一般用于三维绘图。

◆ 宽度（W）：用于绘制指定线宽的矩形，如图 2-76e 所示。

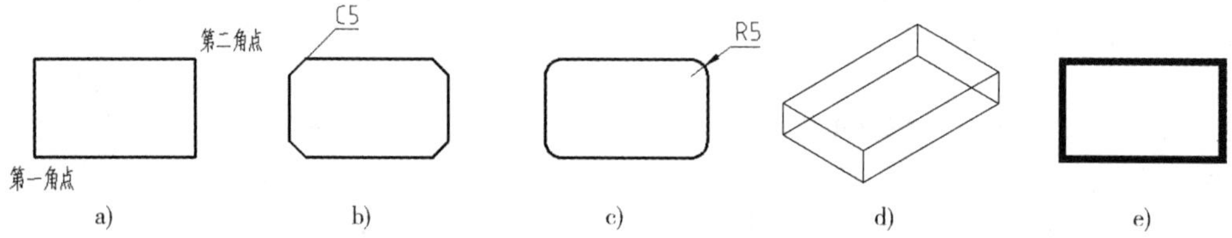

图 2-76　矩形的不同形式

a）两个对角点　b）倒角矩形　c）圆角矩形　d）有厚度的矩形　e）有线宽的矩形

调用“矩形”命令，在指定第一角点后，系统提示“指定另一个角点或［面积(A)/尺寸(D)/旋转(R)］:”,各选项作用说明如下：

◆ 面积（A）：用于绘制指定面积的矩形。在给定了矩形面积后，系统将根据矩形的长度或宽度计算出另一条边的长度，并将指定面积的矩形绘制出来。如图 2-77 所示，给定了矩形面积 1200 和长度 50，宽度 24 由系统自动计算得出。

◆ 尺寸（D）：用于绘制指定长度、宽度的矩形，根据系统提示操作即可。

◆ 旋转（R）：用于绘制按指定角度旋转的矩形，如图 2-78 所示。在选择该选项后，系统提示“指定旋转角度或［拾取点(P)］ <0>:”,此时可以直接输入旋转角度，也可以选择选项“拾取点（P）”，根据拾取的两个点来指定矩形的旋转角度。如图 2-78a 所示，为直接输入“25”旋转矩形；如图 2-78b 所示，为根据点 *A*、点 *B*（即直线 *AB*）旋转矩形。

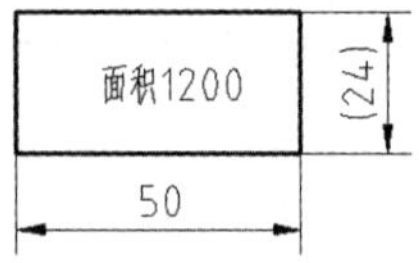

图 2-77　根据面积绘制矩形

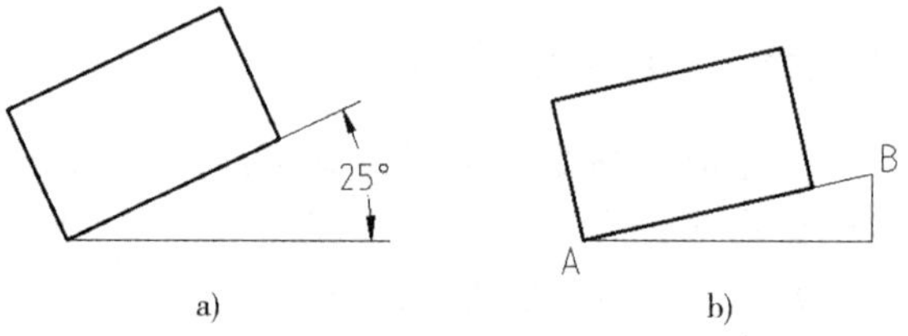

图 2-78　旋转矩形

a）指定角度旋转　b）根据已有直线旋转

知识点 2　椭圆和椭圆弧的绘制

利用椭圆命令可以绘制椭圆和椭圆弧。调用命令的方式如下：

- 功能区：“默认”选项卡→“绘图”面板→“椭圆”按钮下拉列表，如图 2-79a 所示。
- 菜单栏：“绘图”→“椭圆”子菜单，如图 2-79b 所示。
- 工具栏：“绘图”→“椭圆”、“椭圆弧”。
- 键盘命令：ELLIPSE 或 EL。

系统提供了 3 种绘制“椭圆”的方法（如图 2-80 所示），1 种绘制“椭圆弧”的方法。

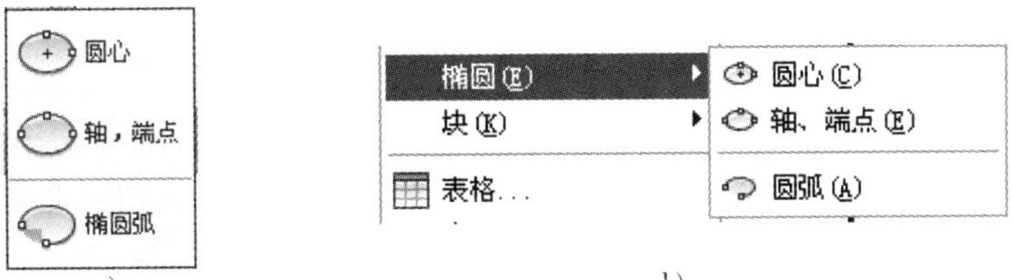

a)　　　　b)

图2-79　“椭圆”命令的调用方式

a）“绘图”面板椭圆下拉列表　b）“椭圆”子菜单

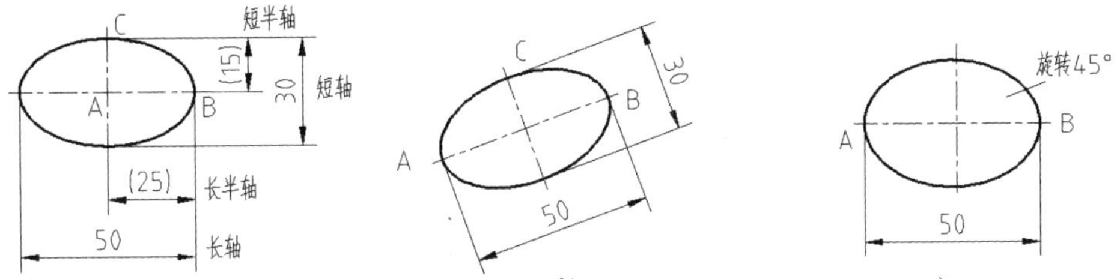

a)　　　　b)　　　　c)

图2-80　绘制“椭圆”的3种方式

a）指定中心点和半轴长　b）指定两端点和半轴长　c）指定两端点和旋转角度

1. 指定椭圆中心、端点和半轴长度绘制椭圆

如采用该方式绘制图2-80a所示椭圆，可单击“绘图”面板→“椭圆”下拉列表中“圆心”按钮，操作步骤如下：

命令：_ellipse	//启动“椭圆”命令
指定椭圆的轴端点或[圆弧(A)/中心点(C)]：_c	//系统提示
指定椭圆的中心点：	//拾取一点作为椭圆的中心点 *A*
指定轴的端点：25 ↙	//水平向右追踪，输入25，确定端点 *B*
指定另一条半轴长度或[旋转(R)]：15 ↙	//输入椭圆另一条半轴长度为15

2. 指定两端点和另一半轴长度绘制椭圆

如采用该方式绘制图2-80b所示椭圆，可单击“绘图”面板→“椭圆”下拉列表中“轴，端点”按钮，操作步骤如下：

命令：_ellipse	//启动“椭圆”命令
指定椭圆的轴端点或[圆弧(A)/中心点(C)]：	// 拾取一点，指定椭圆轴的一个端点 *A*
指定轴的另一个端点：@50<20 ↙	//输入另一端点 *B* 的相对坐标
指定另一条半轴长度或[旋转(R)]：15 ↙	///输入椭圆另一条半轴长度为15

3. 指定两端点和旋转角绘制椭圆

如采用该方式绘制图2-80b所示椭圆，可在命令行提示“指定另一条半轴长度或[旋转(R)]：”时，选择“旋转（R）”选项，输入旋转角度“45”，按系统提示操作即可。

该方式绘制椭圆，相当于是将一个圆在三维空间绕其直径旋转指定角度后投影至二维平面上，旋转角度范围为 0° ~ 89.4°。

4. 绘制椭圆弧

椭圆弧是椭圆上的一部分，在功能区单击“绘图”面板→“椭圆弧”按钮，可直接调用“椭圆弧”命令，其绘制方法与绘制椭圆类似，只是在最后需要指定椭圆弧的起始角度与终止角度。其具体操作步骤在本任务操作实例中已述，在此不再赘述。

知识点 3　圆环的绘制

利用“圆环”命令可绘制圆环或实心圆，如图 2-81 所示。调用命令的方式如下：

- 功能区：“默认”选项卡→“绘图”面板→“圆环”。
- 菜单栏：“绘图”→“圆环”。
- 工具栏：“绘图”→“圆环”。
- 键盘命令：DONUT 或 DO。

执行上述命令后，按系统提示输入圆环内径、外径的大小，指定圆环放置位置，即可完成绘制。其具体操作步骤在本任务操作实例中已述，在此不再赘述。

图 2-81　圆环

a）内径 = 15，外径 = 20　b）内径 = 0，外径 = 20

同 类 练 习

1. 绘制图 2-82 至图 2-85 所示图形。

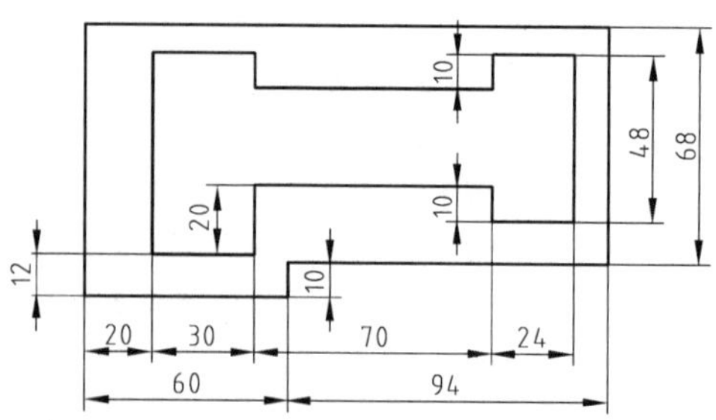

图 2-82　练习图 2-1

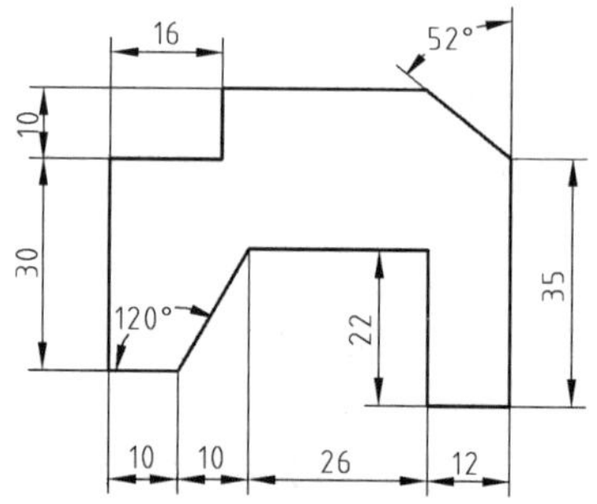

图 2-83　练习图 2-2

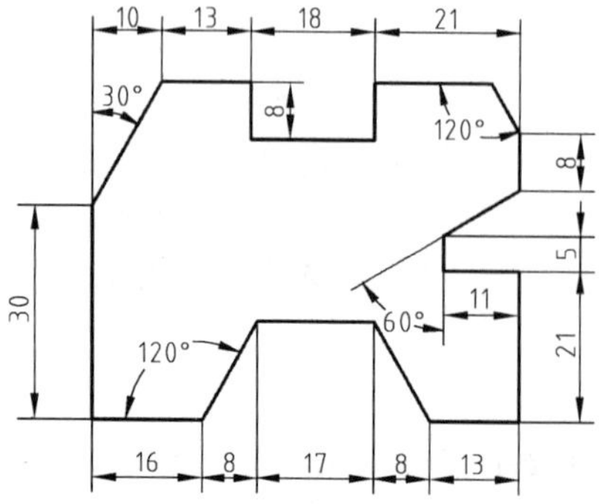

图 2-84　练习图 2-3

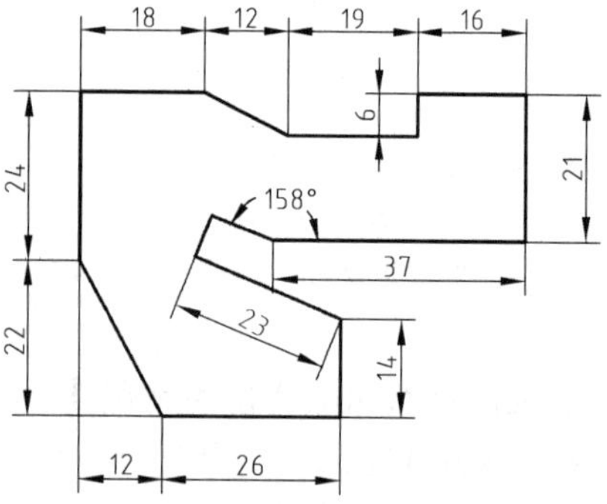

图 2-85　练习图 2-4

2. 绘制图2-86至图2-98所示图形。

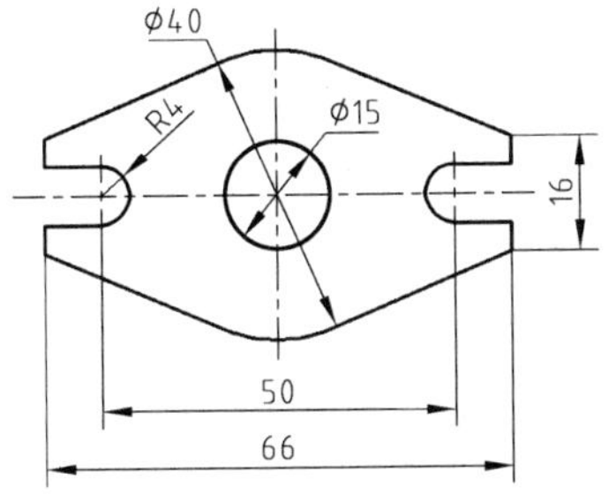

图2-86　练习图2-5

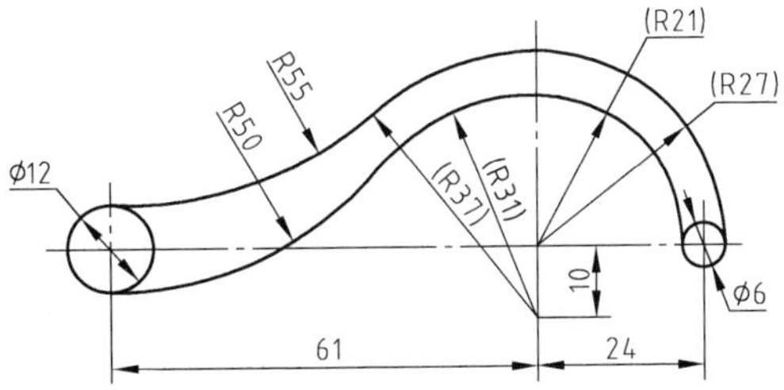

图2-87　练习图2-6

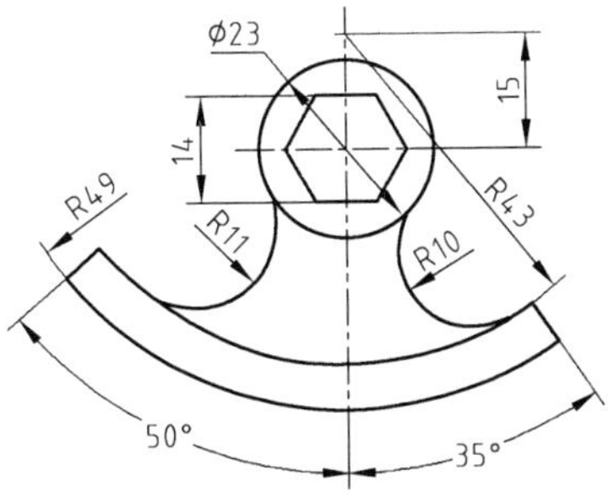

图2-88　练习图2-7

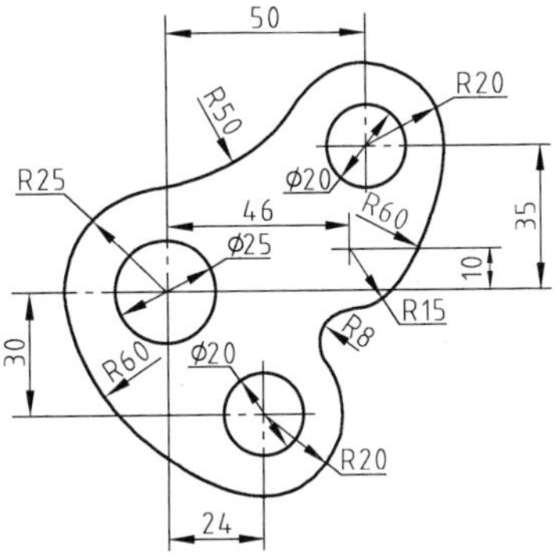

图2-89　练习图2-8

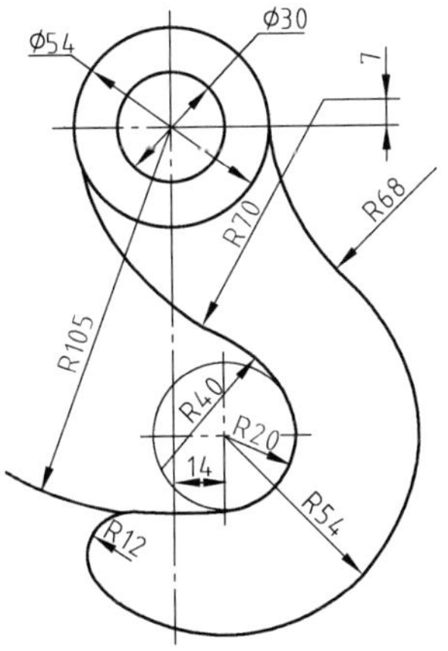

图2-90　练习图2-9

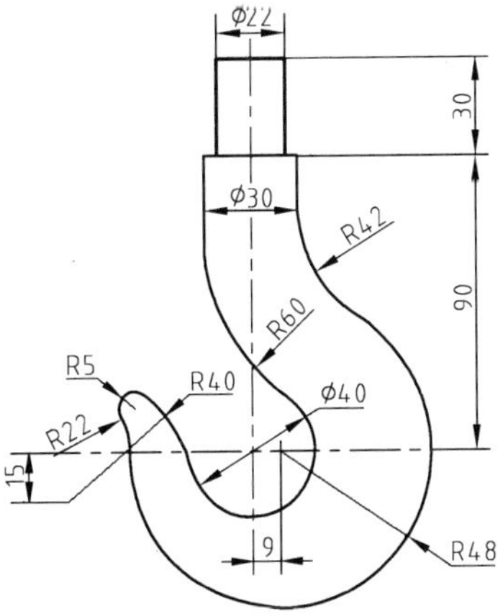

图2-91　练习图2-10

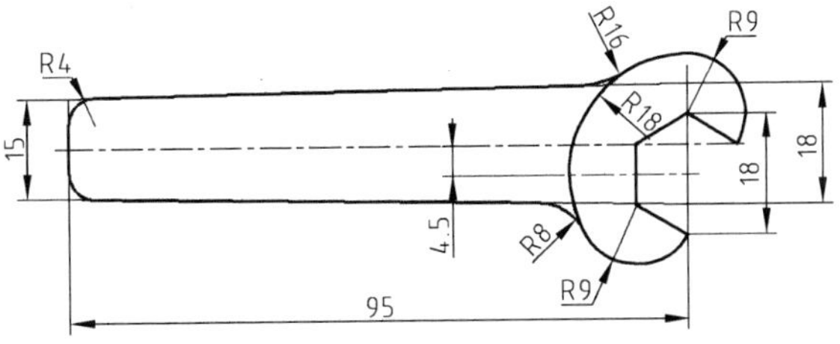

图2-92　练习图2-11

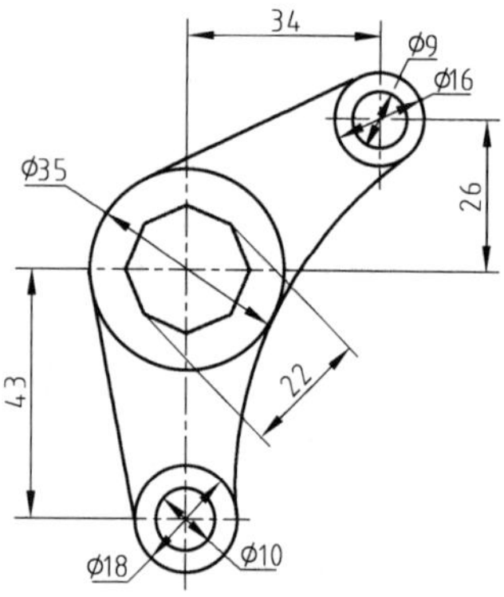

图 2-93　练习图 2-12

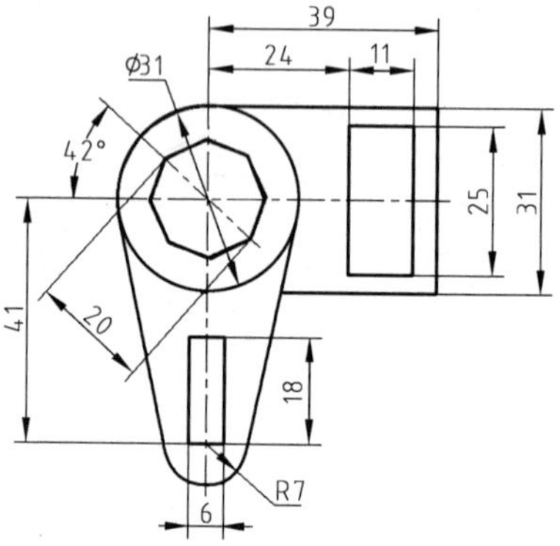

图 2-94　练习图 2-13

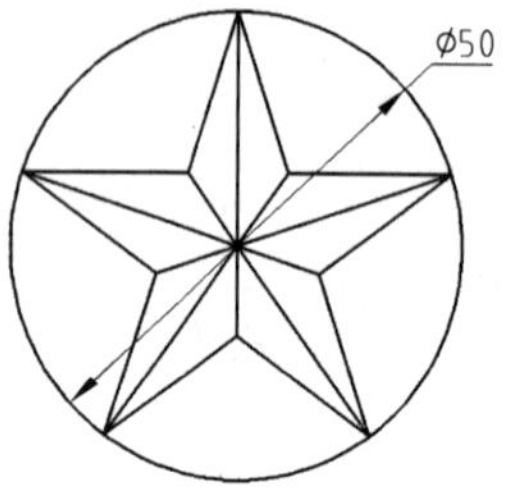

图 2-95　练习图 2-14

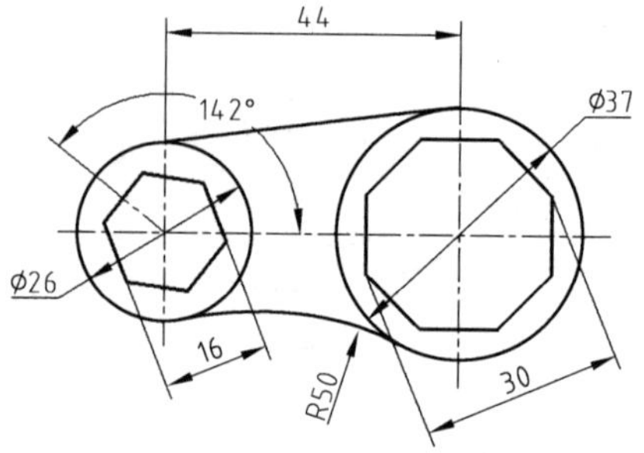

图 2-96　练习图 2-15

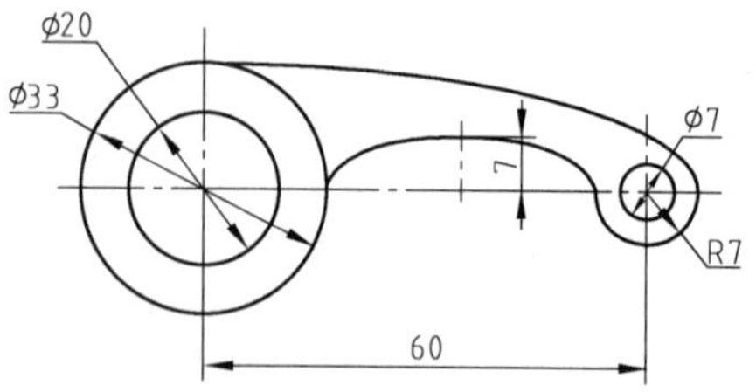

图 2-97　练习图 2-16

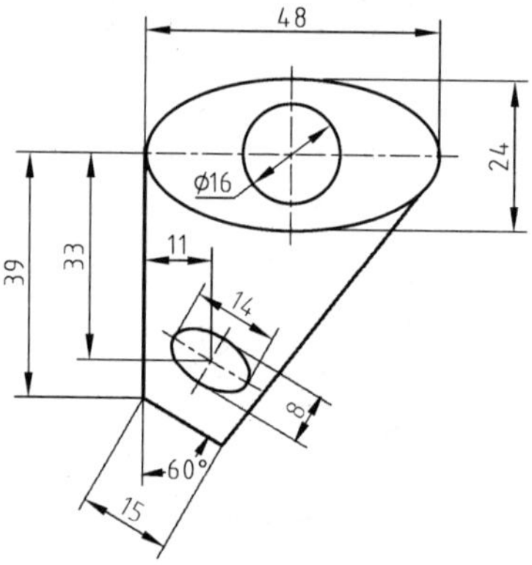

图 2-98　练习图 2-17

模块 3　复杂二维图形的绘制

【学习目标】

1. 掌握绘制圆弧的方法。
2. 掌握创建定数等分点、定距等分点及修改点样式的方法。
3. 掌握阵列、复制、比例缩放等编辑命令的应用。
4. 掌握移动、延伸、镜像、倒角、拉长等编辑命令的应用。
5. 掌握旋转、对齐、拉伸等编辑命令的应用。
6. 掌握夹点的编辑操作。
7. 掌握创建面域的方法并能对面域进行布尔运算。
8. 能使用各种绘图和编辑命令绘制较复杂的二维图形。
9. 能根据图形特点灵活应用各种方法快速高效地绘制图形。

任务 1　圆弧图形的绘制

操作实例（图 3-1）

本例介绍如图 3-1 所示图形的绘制方法和步骤，主要涉及“点”和“圆弧”命令。

操作过程

第 1 步：设置绘图环境，操作过程略。

第 2 步：绘直线 *AD*，并定数等分。

（1）用“直线”命令绘制水平线 *AD*，长度 77。

（2）采用“点”命令，定数等分直线，等分数量为 3，如图 3-2 所示。

在功能区中单击“默认”选项卡→“绘图”面板→“定数等分”按钮，操作步骤如下：

```
命令：_ divide                          //启动“定数等分”命令
选择要定数等分的对象：                    //选择直线 AD
输入线段数目或［块(B)］：3 ↙             //输入等分数目
```

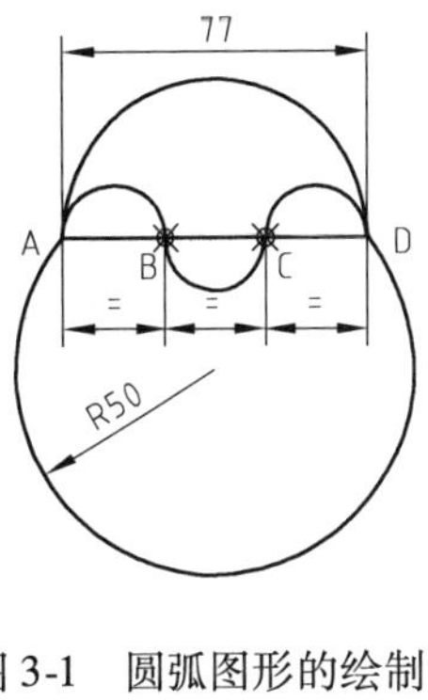

图 3-1　圆弧图形的绘制

> 系统默认的点的显示方式为“·”，当其位于直线上时用户是看不到的，此时可单击“实用工具”面板→“点样式”按钮，在打开的“点样式”对话框（图 3-8）中选择一种点样式即可更改点的显示方式，图 3-2 中选择了“⊠”。

第 3 步：绘圆弧 *AB*。

采用“圆弧”命令中的“起点、端点、方向”方式绘制圆弧，起点为 *A*，端点为 *B*，圆弧的起点切线方向为 90°，如图 3-3 所示。

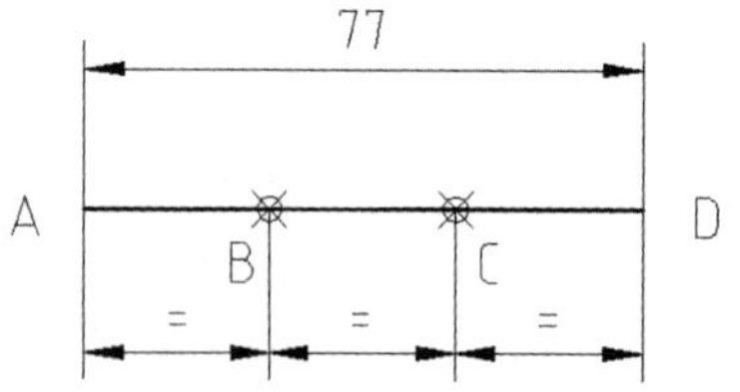

图 3-2　绘直线 *AB*，并定数等分

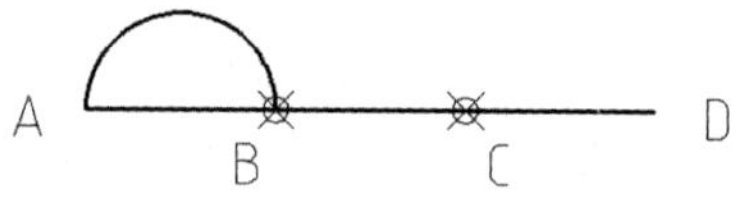

图 3-3　“起点、端点、方向”方式绘圆弧 *AB*

在功能区中单击“默认”选项卡→“绘图”面板→“圆弧”下拉列表中“起点、端点、方向”按钮，操作步骤如下：

```
命令：_arc
圆弧创建方向：逆时针(按住 Ctrl 键可切换方向)            //系统提示
指定圆弧的起点或［圆心(C)］：                          //捕捉 A 点
指定圆弧的第二个点或［圆心(C)/端点(E)］：_e            //系统提示
指定圆弧的端点：                                      //捕捉 B 点
指定圆弧的圆心或［角度(A)/方向(D)/半径(R)］：_d
指定圆弧的起点切向：90 ↙                              //指定圆弧的起点切线方向为 90°
```

> 为能捕捉到等分点 *B* 需在“对象捕捉”中将“对象捕捉模式”下的“节点”（即孤立点）选中。

第 4 步：圆弧 *BC*。

采用“圆弧”命令中的“起点、圆心、端点”方式绘圆弧，起点为 *B*，圆心为直线 *AD* 的中点，端点为 *C*，如图 3-4 所示。

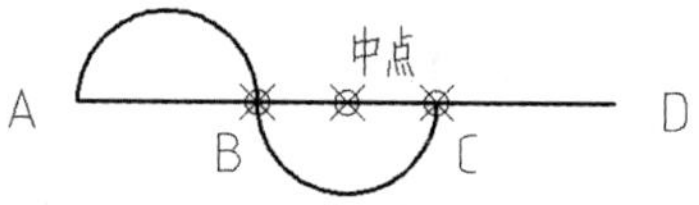

图 3-4　“起点、圆心、端点”方式绘圆弧 *BC*

在功能区中单击“默认”选项卡→“绘图”面板→“圆弧”下拉列表“起点、圆心、端点”按钮，操作步骤如下：

```
命令：_arc
圆弧创建方向：逆时针(按住 Ctrl 键可切换方向)            //系统提示
指定圆弧的起点或［圆心(C)］：                          //捕捉 B 点
指定圆弧的第二个点或［圆心(C)/端点(E)］：_c
指定圆弧的圆心：                                      //捕捉直线 AD 的中点
指定圆弧的端点或［角度(A)/弦长(L)］：                  //捕捉 C 点
```

第5步：绘圆弧 *CD*。

采用“圆弧”命令中的“起点、端点、角度”方式绘圆弧，起点为 *D*，端点为 *C*，圆弧包含的角度为180°，如图3-5所示。

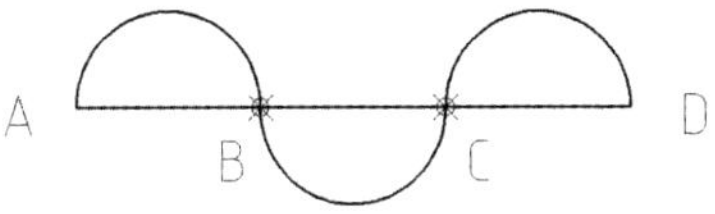

图3-5　“起点、端点、角度”方式绘圆弧 *CD*

在功能区中单击“默认”选项卡→“绘图”面板→“圆弧”下拉列表“起点、端点、角度”按钮，操作步骤如下：

```
命令：_arc
圆弧创建方向：逆时针（按住 Ctrl 键可切换方向）                //系统提示
指定圆弧的起点或［圆心(C)］：                                  //捕捉 D 点
指定圆弧的第二个点或［圆心(C)/端点(E)］：_e
指定圆弧的端点：                                               //捕捉 C 点
指定圆弧的端点或［角度(A)/方向(D)/半径(R)］：_a
指定包含角：180↙                                               //指定圆弧包含角度为180°
```

第6步：绘半圆弧 *AD*。

采用“圆弧”命令中的“起点、圆心、长度”方式绘圆弧，起点为 *D*，圆心为直线 *AD* 的中点，圆弧弦长为77，如图3-6所示。

在功能区中单击“默认”选项卡→“绘图”面板→“圆弧”下拉列表“起点、圆心、长度”按钮，操作步骤如下：

```
命令：_arc
圆弧创建方向：逆时针（按住 Ctrl 键可切换方向）                //系统提示
指定圆弧的起点或［圆心(C)］：                                  //捕捉 D 点
指定圆弧的第二个点或［圆心(C)/端点(E)］：_c
指定圆弧的圆心：                                               //捕捉直线 AD 的中点
指定圆弧的端点或［角度(A)/ /弦长(L)］：_l 指定弦长：77↙        //指定圆弧的弦长为77
```

第7步：绘优弧 *AD*。

采用“圆弧”命令中的“起点、端点、半径”方式绘圆弧，起点为 *A*，端点为 *D*，半径为－50（画优弧），如图3-7所示。

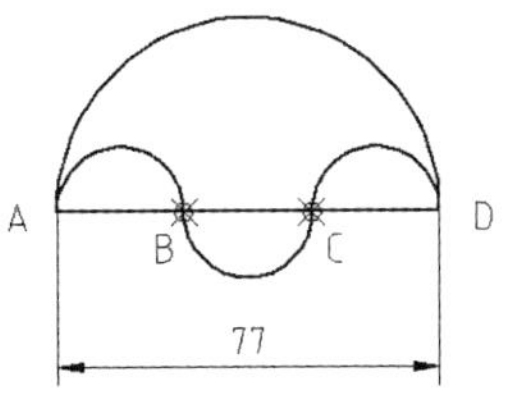

图3-6　“起点、圆心、长度”方式绘半圆弧 *AD*

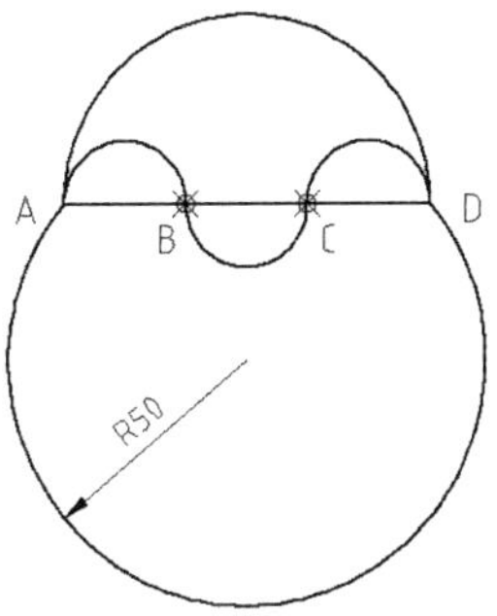

图3-7　“起点、端点、半径”方式绘优弧 *AD*

在功能区中单击“默认”选项卡→“绘图”面板→“圆弧”下拉列表“起点、端点、半径”按钮，操作步骤如下：

```
命令：_ arc
圆弧创建方向：逆时针（按住 Ctrl 键可切换方向）                //系统提示
指定圆弧的起点或［圆心（C）］：                              //捕捉 A 点
指定圆弧的第二个点或［圆心（C）/端点（E）］：_ e              //系统提示
指定圆弧的端点：                                            //捕捉 D 点
指定圆弧的圆心或［角度（A）/方向（D）/半径（R）］：_ r
指定圆弧的半径：-50 ↙                                       //输入半径，半径为负绘优弧
```

> 采用“起点、端点、半径”方式绘制圆弧时，如半径为正，则绘制劣弧（小于半圆的弧）；如半径为负，则绘制优弧（大于半圆的弧）。

第 8 步：保存图形文件。

知识点 1　点的绘制

1. 设置点样式

在 AutoCAD 中可根据需要设置点的形状和大小，即设置点样式。调用命令的方式如下：

- 功能区：“默认”选项卡→“实用工具”面板→“点样式”按钮。
- 菜单栏：“格式”→“点样式”。
- 键盘命令：DDPTYPE。

启动命令后，弹出如图 3-8 所示的点样式对话框。在该对话框中，共有 20 种不同类型的点样式，用户可根据需要选择点的类型，设定点的大小。

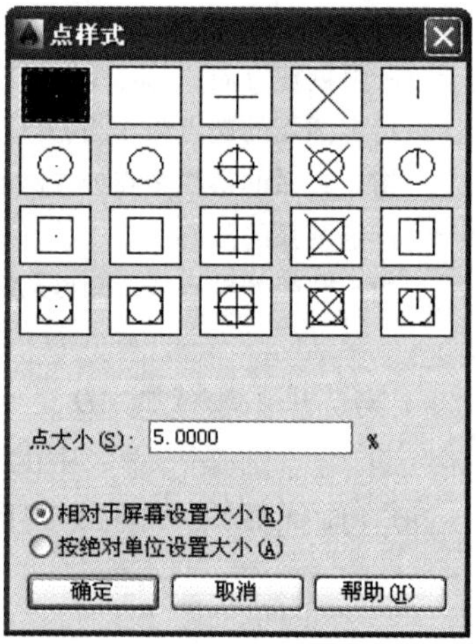

图 3-8　“点样式”对话框

2. 画点

利用画点命令可以在指定位置绘制一个或多个点。调用命令的方式如下：

- 功能区：“默认”选项卡→“绘图”面板→“多点”按钮。
- 菜单栏：“绘图”→“点”→“单点”或“多点”。
- 工具栏：“绘图”→“点”。
- 键盘命令：POINT 或 PO。

3. 定数等分对象（绘制等分点）

“定数等分”命令可用于将选定的对象等分成指定的段数。

调用命令的方式如下：

- 功能区：“默认”选项卡→“绘图”面板→“定数等分”按钮。
- 菜单栏：“绘图”→“点”→“定数等分”。
- 键盘命令：DIVIDE 或 DIV。

在本任务操作实例中便采用此方法将直线 *AD* 等分为 3 段。

4. 定距等分对象（绘制等距点）

“定距等分”命令可用于将选定的对象按指定距离进行等分，直到余下部分不足一个间距为止。调用命令的方式如下：

- 功能区：“默认”选项卡→“绘图”面板→“定距等分”按钮。
- 菜单栏：“绘图”→“点”→“定距等分”。
- 键盘命令：MEASURE 或 ME。

例 3-1　在已知直线上每 20 设置一个点，如图 3-9 所示。

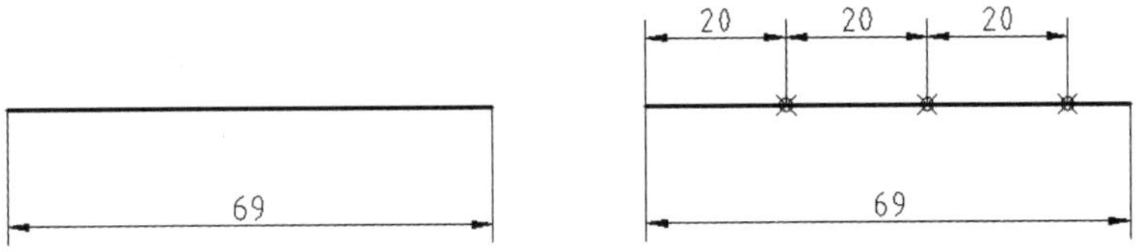

a)　　b)

图 3-9　定距等分直线

a）原图　b）等分后

在功能区单击“默认”选项卡→“绘图”面板→“定距等分”按钮，操作步骤如下：

```
命令：_measure                          //启动“定距等分”命令
选择要定距等分的对象：                   //选择直线
指定线段长度或[块(B)]:20 ↙              //输入等分距离
```

知识点 2　圆弧的绘制

利用“圆弧”命令可以绘制圆弧，系统提供了 5 种类型共 11 种不同的绘制方法。调用命令的方式如下：

- 功能区：“默认”选项卡→“绘图”面板→“圆弧”按钮的下拉箭头，选择圆弧绘制方式，如图 3-10a 所示。
- 菜单栏：“绘图”→“圆弧”子菜单下选择选择圆弧绘制方式，如图 3-10b 所示。
- 工具栏：“绘图”→“圆弧”。
- 键盘命令：ARC 或 A。

1. 指定三点方式画弧

该方式通过指定圆弧的起点、圆弧上的一点、端点（即终点）绘制圆弧。如图 3-11 所示，首先指定起点，接着指定圆弧上的第二点，最后指定终点。

2. 指定起点、圆心方式画弧

此种绘制方法下有“起点、圆心、端点”“起点、圆心、角度”和“起点、圆心、长度”3 种方式。

（1）“起点、圆心、端点”方式：已知圆弧的起点、圆心、端点绘制圆弧，如图 3-12 所示。

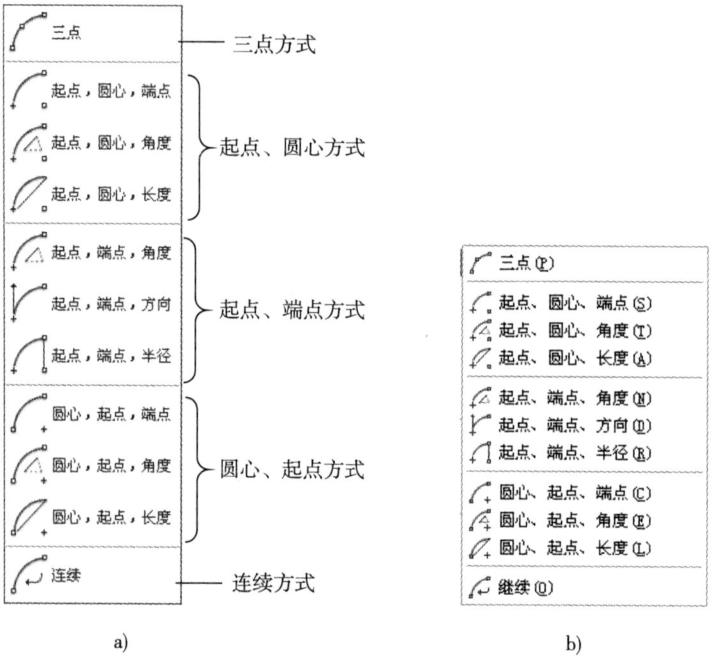

图 3-10　“圆弧”命令的调用方式

a）“绘图”面板上各圆弧按钮　b）绘图菜单下“圆弧”子菜单

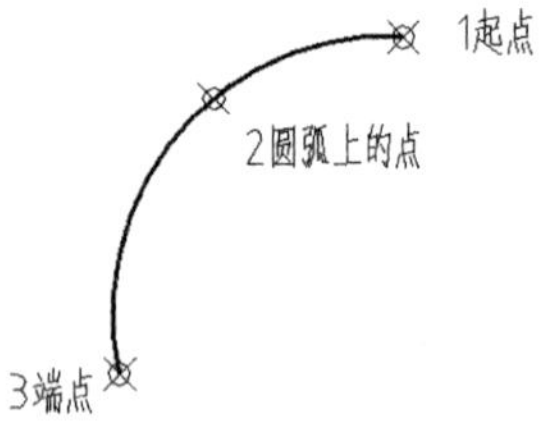

图 3-11　三点方式画弧

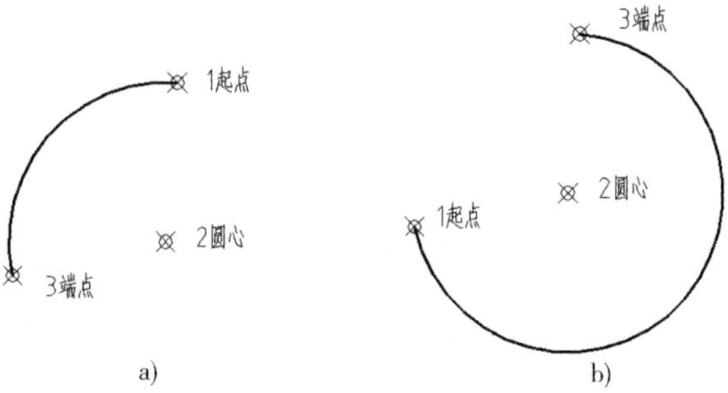

图 3-12　起点、圆心、端点方式画弧

a）起点在端点的右方　b）起点在端点的左方

在 AutoCAD 中绘制圆弧时，是从起点开始，沿着逆时针方向创建圆弧，直到端点结束。起点、端点的不同位置，决定了圆弧的不同形状。如图 3-12 所示，两段圆弧经过同样的三个点，但起点、端点位置不同，得到的两段圆弧形状不同。

本任务操作实例中圆弧 *BC* 便是采用该方式绘制的。

（2）“起点、圆心、角度”方式：已知圆弧的起点、圆心和圆弧所包含的圆心角绘制圆弧，如图 3-13 所示。

采用此方式绘制圆弧时，如角度为正，从起点开始沿逆时针创建圆弧，如图 3-13b 所示；如角度为负，则从起点开始沿顺时针创建圆弧，如图 3-13c 所示。

（3）“起点、圆心、长度”方式：已知圆弧的起点、圆心和圆弧的弦长绘制圆弧，如图 3-14所示。

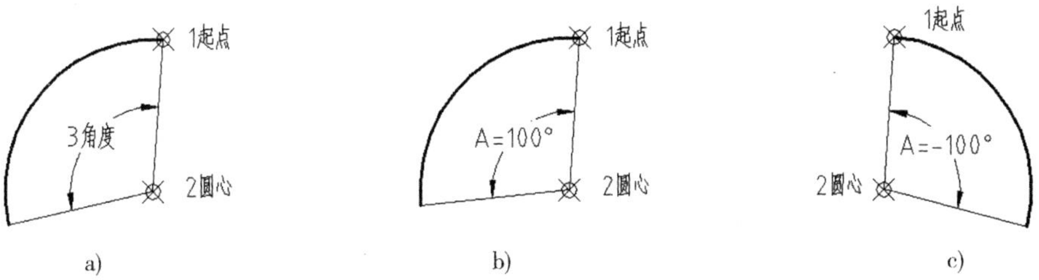

图 3-13　起点、圆心、角度方式画弧

a）指定起点、圆心、角度　b）角度为正，逆时针画圆弧　c）角度为负，顺时针画圆弧

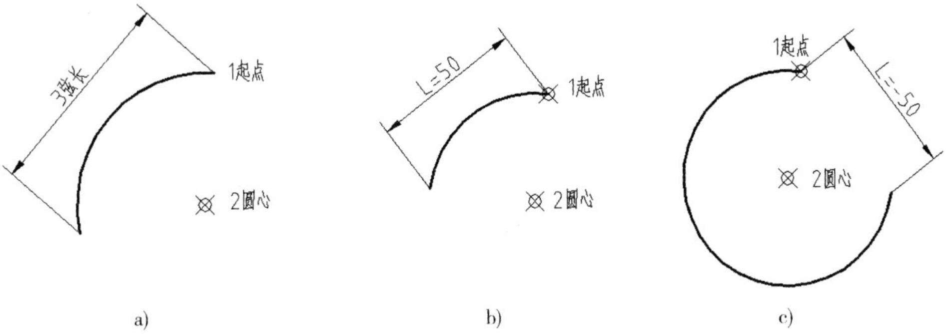

图 3-14　起点、圆心、长度方式画弧

a）指定起点、圆心、长度　b）弦长为正画劣弧　c）弦长为负画优弧

采用此方式绘制圆弧时，如弦长为正，绘制劣弧（小于半圆），如图 3-14b 所示；如弦长为负，则绘制优弧（大于半圆），如图 3-14c 所示。

本任务操作实例中半圆弧 *AD* 的绘制便采用了此方法。

3. 指定起点、端点方式画弧

此种绘制方法下有“起点、端点、角度”“起点、端点、方向”和“起点、端点、半径”3 种方式。

（1）“起点、端点、角度”方式：已知圆弧的起点、终点和圆弧所包含的圆心角绘制圆弧，如图 3-15a 所示。

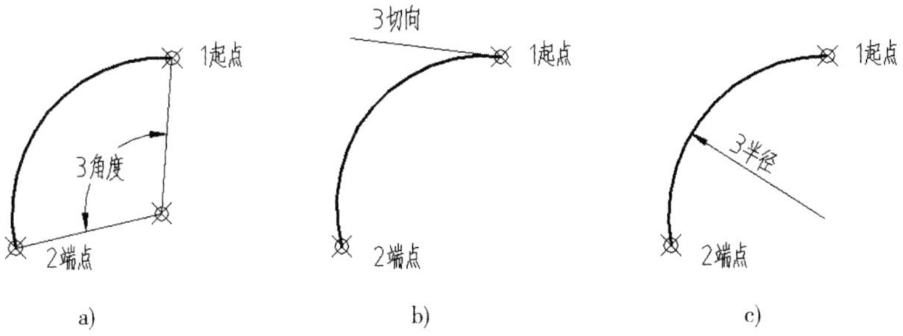

图 3-15　起点、端点方式画弧

a）角度　b）起点切向　c）半径

本任务操作实例中圆弧 *CD* 的绘制便采用了此方法。

（2）“起点、端点、方向”方式：已知圆弧的起点、终点和圆弧起点的切线方向绘制圆弧，如图 3-15b 所示。

本任务操作实例中圆弧 *AB* 的绘制便采用了此方法。

（3）“起点、端点、半径”方式：已知圆弧的起点、终点和圆弧的半径绘制圆弧，如图 3-15c所示。

采用此法绘制圆弧时，如半径为正，绘制劣弧，如图 3-16a 所示；如半径为负，则绘制优弧，如图 3-16b 所示。本任务操作实例中的优弧 *AD* 便是采用该方式绘制的。

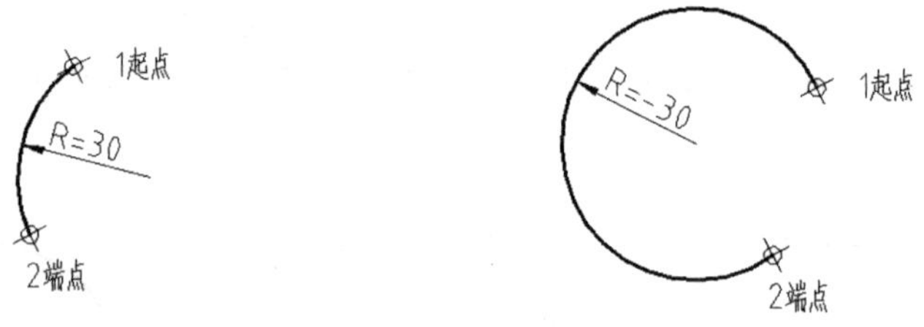

a)　　　　b)

图 3-16　起点、端点、半径方式画弧中优弧、劣弧的控制

a）半径为正绘劣弧　b）半径为负绘优弧

4. 指定圆心、起点方式画弧

此种绘制方法下有“圆心、起点、端点”“圆心、起点、角度”和“圆心、起点、长度”3 种方式，如图 3-17 所示。

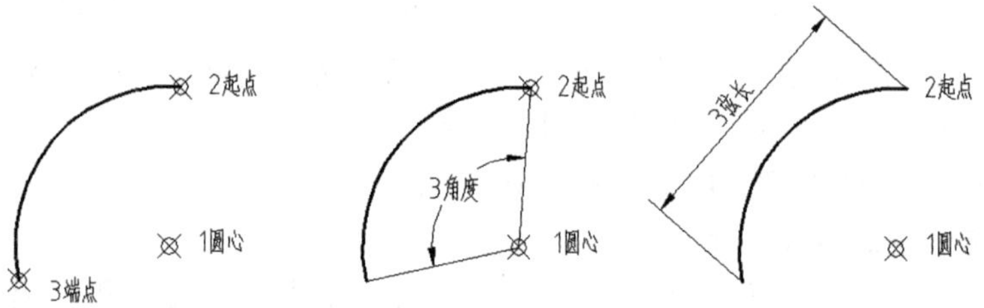

a)　　　　b)　　　　c)

图 3-17　圆心、起点方式绘弧

a）端点　b）角度　c）长度

指定圆心、起点方式画弧与前述画弧方法大致相同，在此不再赘述。

5. 连续方式画弧

该方式以刚画完的直线或圆弧的终点为起点绘制与该直线或圆弧相切的圆弧，如图 3-18

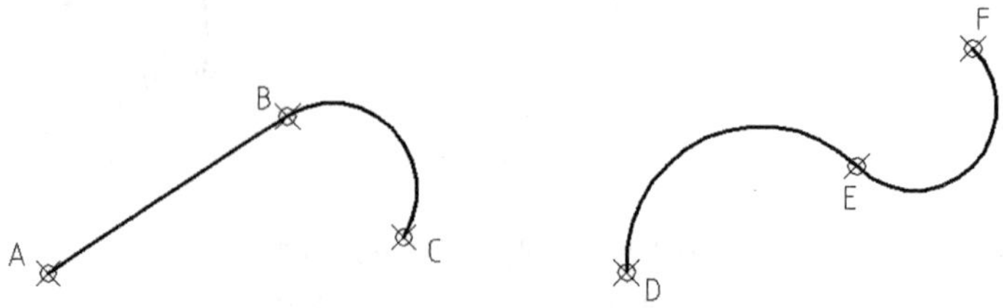

a)　　　　b)

图 3-18　“连续”方式画弧

a）绘制完直线 *AB* 后绘圆弧 *BC*　b）绘制完圆弧 *DE* 后绘圆弧 *EF*

所示。

例 3-2　采用简化画法绘制图 3-19a 所示两正交圆柱的相贯线。

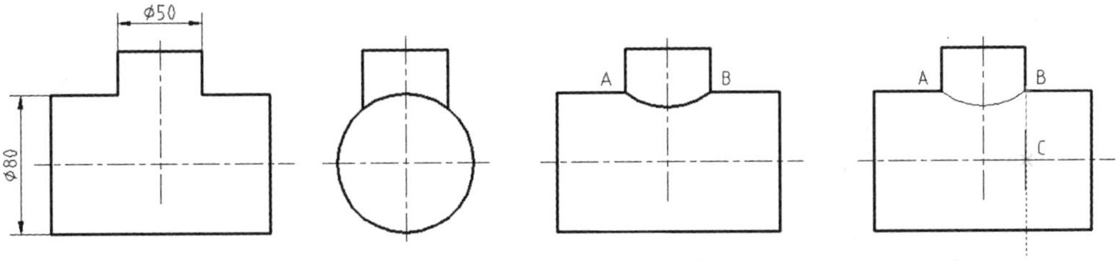

a)　　　　b)　　　　c)

图 3-19　采用简化画法绘制两正交圆柱的相贯线

a）原图　b）直接输入半径　c）极轴追踪方式指定半径

在功能区中单击“默认”选项卡→“绘图”面板→“圆弧”下拉列表“起点、端点、半径”按钮，操作步骤如下：

```
命令:_ arc
圆弧创建方向: 逆时针(按住 Ctrl 键可切换方向)        //系统提示
指定圆弧的起点或［圆心(C)］:                        //捕捉 A 点
指定圆弧的第二个点或［圆心(C)/端点(E)］: _ e        //系统提示
指定圆弧的端点:                                     //捕捉 B 点
指定圆弧的圆心或［角度(A)/方向(D)/半径(R)］: _ r    //系统提示
指定圆弧的半径: 40 ↙                                //输入半径
```

绘制图 3-19 中的相贯线时，在选择了点 *A*、点 *B* 后，利用“极轴追踪”和“对象捕捉”功能，用点选方式选择点 *C*（即以“极轴追踪”方式指定半径）能提高绘图速度，如图 3-19c 所示。

任务 2　底板的绘制

操作实例（图 3-20）

本例介绍如图 3-20 所示底板的绘制方法和步骤，主要涉及“复制”“缩放”和“阵列”命令。

操作过程

第 1 步：设置绘图环境，操作过程略。

第 2 步：在“点画线”图层绘制中心线及 60 × 40 的矩形和 *R*20 的圆，修剪后如图 3-21 所示。

第 3 步：分别向两个方向偏移矩形和圆弧，偏移距离 10，如图 3-22 所示。

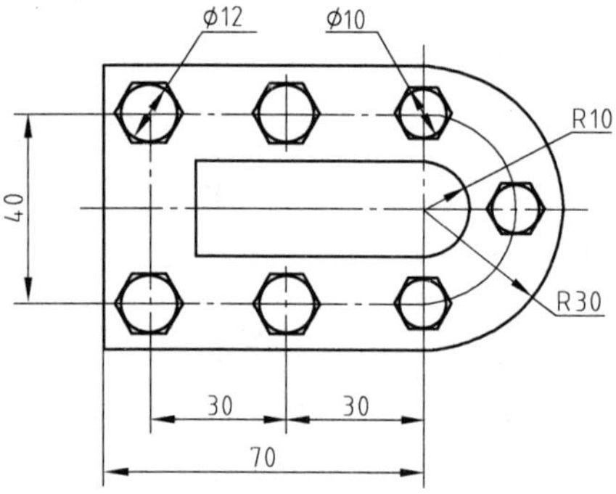

图 3-20　底板

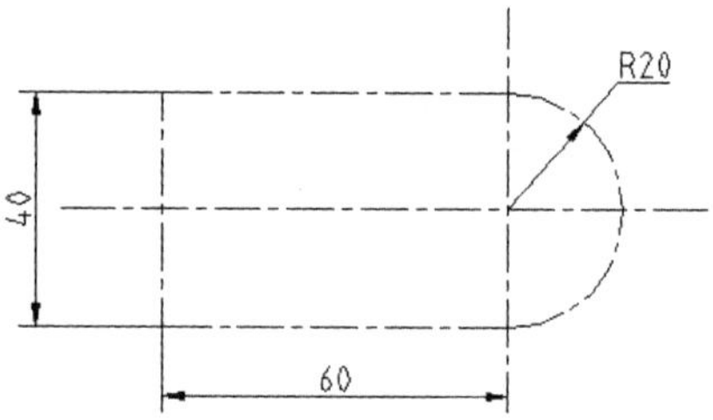

图 3-21　绘矩形和 R20 的圆，并修剪

第 4 步：采用变换图层的方法将偏移后的图线修改为粗实线，如图 3-23 所示。选中偏移后的图线，单击“图层”面板中的图层下拉列表，再点选要变换的图层“粗实线”即可，如图 3-24 所示。

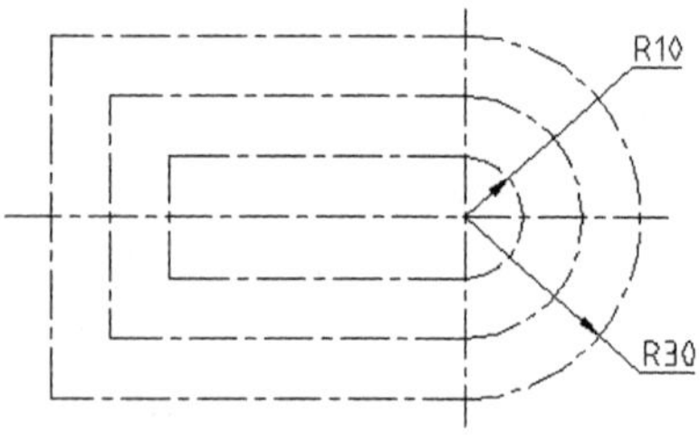

图 3-22　偏移矩形和圆弧

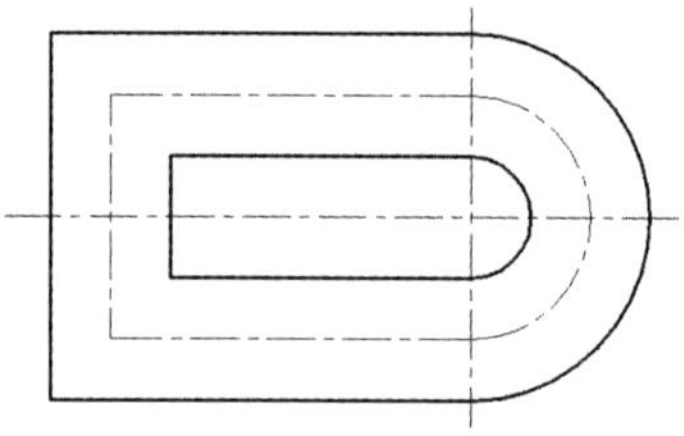

图 3-23　将偏移后的图线修改为粗实线

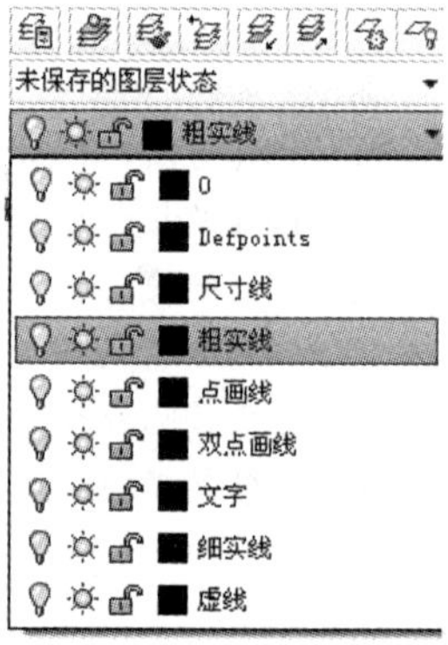

图 3-24　图层下拉列表

第 5 步：绘制内接圆为 $\phi 10$ 正六边形，如图 3-25 所示。

第 6 步：用“复制”命令向左复制一个正六边形，如图 3-26 所示。

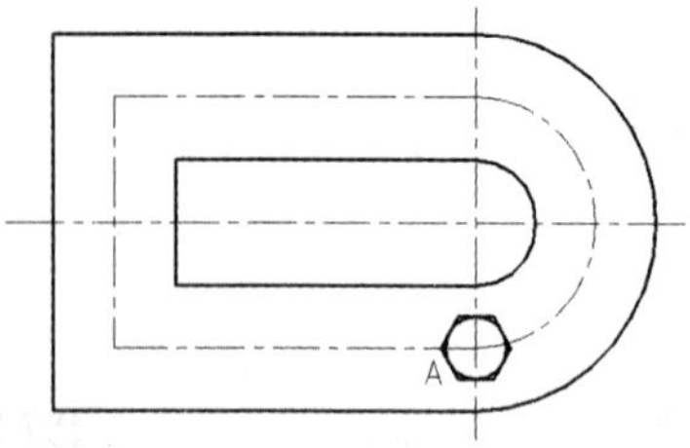

图 3-25　绘内接圆为 $\phi 10$ 正六边形

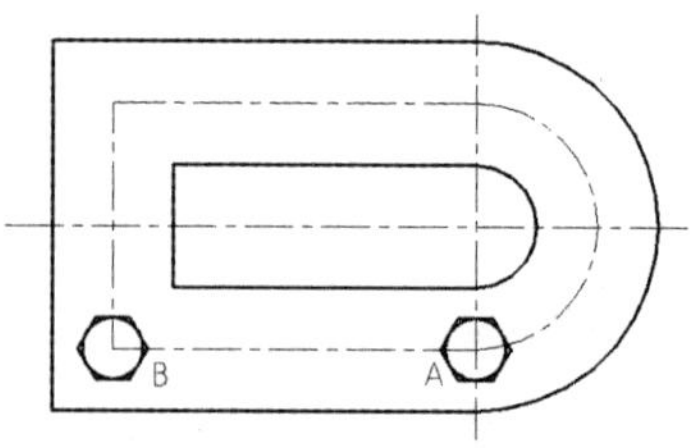

图 3-26　复制正六边形

在功能区单击“默认”选项卡→“修改”面板→“复制” 

按钮，操作步骤如下：

```
命令：_ copy                                  //启动“复制”命令
选择对象：指定对角点：找到 2 个                //选择正六边形
选择对象：↙                                    //按回车键，结束选择
当前设置：  复制模式 = 多个                     //系统提示
```

指定基点或[位移(D)/模式(O)] <位移>:　　　　//捕捉正六边形的中心 A
指定第二个点或[阵列(A)] <使用第一个点作为位移>:　　　　//捕捉点 B
指定第二个点或[阵列(A)/退出(E)/放弃(U)] <退出>: ↙　　　　//结束命令

第7步：用“缩放”命令放大复制的正六边形，缩放比例1.2（即由原 $\phi10$ 放大到 $\phi12$），如图3-27、图3-28所示。

在功能区单击“默认”选项卡→“修改”面板→“缩放” 缩放 按钮，操作步骤如下：

命令: _ scale　　　　//启动“缩放”命令
选择对象: 找到2个　　　　//选择右下角 $\phi10$ 的正六边形
选择对象: ↙　　　　//按回车键,结束对象选择
指定基点:　　　　//捕捉 B 点作为缩放中心
指定比例因子或[复制(C)/参照(R)] <0.5000>:　1.2 ↙　　　　//输入比例因子

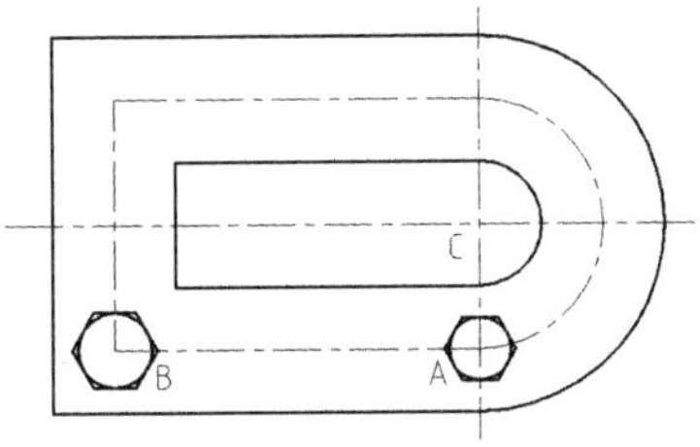

图3-27　缩放正六边形

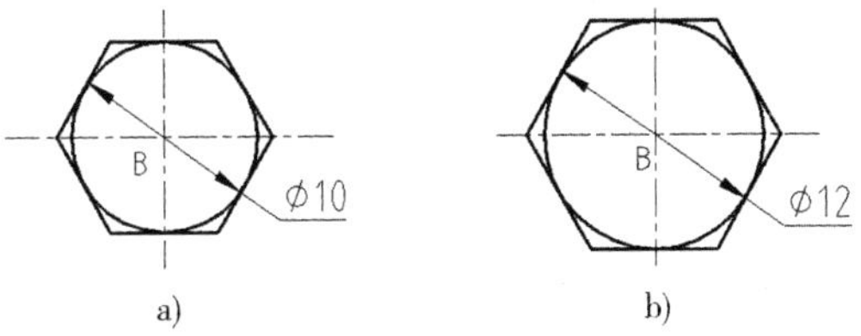

图3-28　缩放操作（点 B 为缩放中心）
a）缩放前　b）缩放1.2倍后

第8步：环形阵列内接圆为 $\phi10$ 正六边形，如图3-29所示。

环形阵列的中心点为 $R30$ 圆的圆心点 C，数量3个，沿逆时针方向填充，填充角度为180°。

在功能区单击“默认”选项卡→“修改”面板→“环形阵列” 阵列 按钮，操作步骤如下：

（1）命令行提示选择对象，此时选择内接圆为 $\phi10$ 的正六边形，按回车键。

（2）命令行提示指定阵列的中心点，此时拾取 $R30$ 圆的圆心点 C 为阵列中心点，功能区即显示“阵列创建”选项卡及其面板，如图3-30所示。

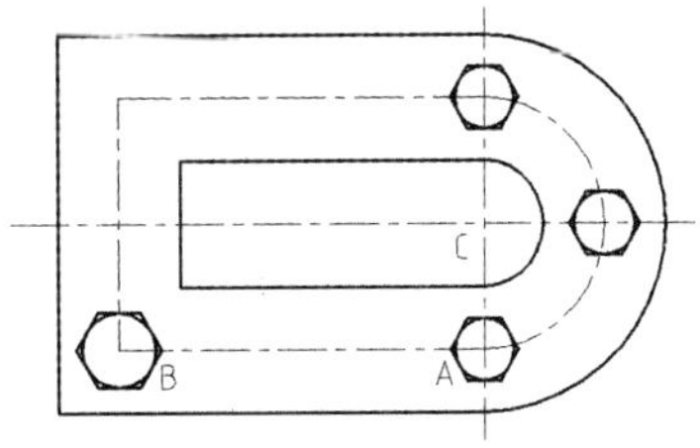

图3-29　环形阵列 $\phi10$ 的正六边形

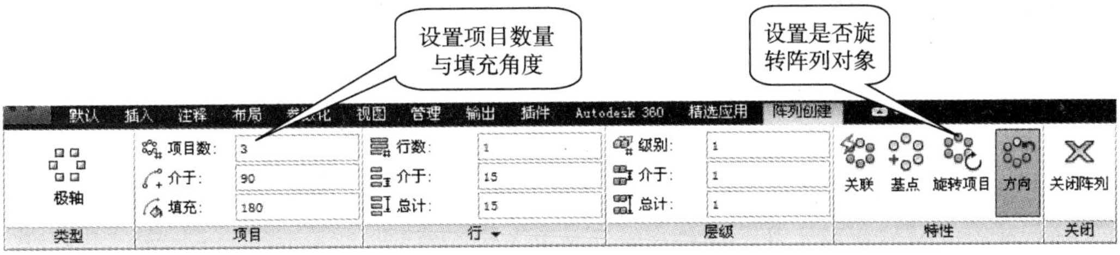

图3-30　环形阵列参数设置

（3）在“项目”面板“项目数”后输入“3”，“填充”后输入“180”，如图 3-30 所示。

（4）单击“特性”面板上“旋转项目”按钮，使其处于弹起状态，以指定阵列时不旋转正六边形。

（5）单击“关闭”面板上“关闭阵列”按钮，完成阵列操作。

第 9 步：矩形阵列内接圆为 ϕ12 正六边形，如图 3-31 所示。

矩形阵列为 2 行 2 列，行间距为 40，列间距为 30。

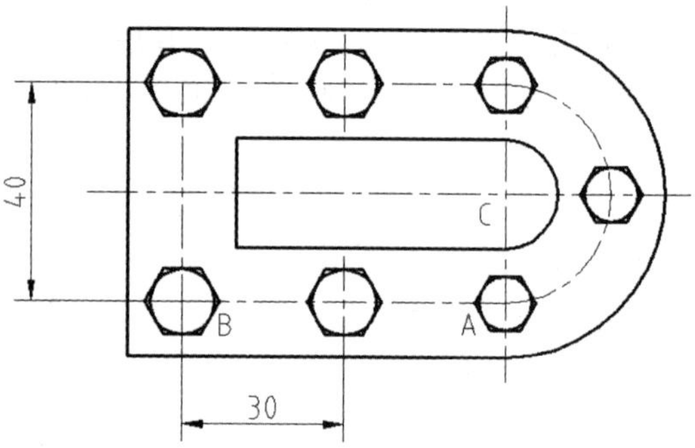

图 3-31　矩形阵列 ϕ12 的正六边形

在功能区单击“默认”选项卡→“修改”面板→“矩形阵列”按钮，操作步骤如下：

（1）命令行提示选择对象，此时选择内接圆为 ϕ12 正六边形，按回车键，功能区即显示“阵列创建”选项卡及其面板，如图 3-32 所示。

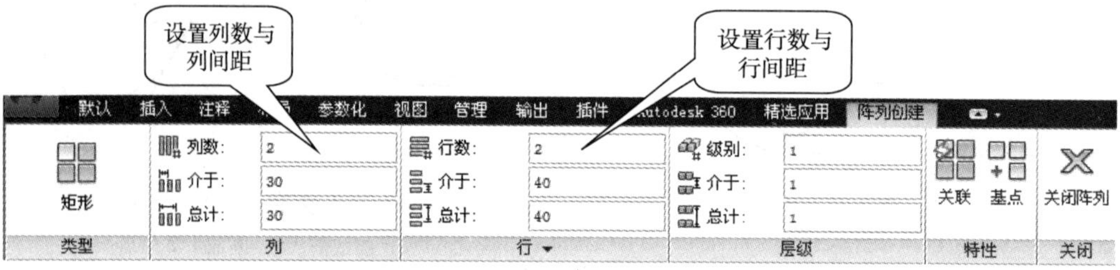

图 3-32　矩形阵列参数设置

（2）在“列”面板“列数”后输入“2”，“介于”后输入“30”，如图 3-32 所示。

（3）在“行”面板“行数”后输入“2”，“介于”后输入“40”，如图 3-32 所示。

（4）单击“关闭”面板上“关闭阵列”按钮，完成阵列操作。

第 10 步：保存图形文件。

知识点 1　复制对象

“复制”命令可以将选中的对象复制一个或多个到指定的位置，并能采用“阵列”方式指定在路径阵列中复制的数量。调用命令的方式如下：

- 功能区：“默认”选项卡→“修改”面板→“复制”按钮。
- 菜单栏：“修改”→“复制”。
- 工具栏：“修改”→“复制”。
- 键盘命令：COPY、CO 或 CP。

复制对象有两种方式，一种是指定两点方式，一种是指定位移方式。

1. 指定两点复制对象

该种方式是先指定基点，随后指定第二点，即以输入的两个点来确定复制的方向和距离。本任务操作实例中便采用了此法。

2. 指定位移复制对象

该种方式是直接输入被复制对象的位移（即相对距离）。此时输入的坐标值可直接使用绝对坐标的形式，无需像通常情况下那样包含“@”标记，因为系统在此情况下默认为相对坐标形式。

例 3-3　如图 3-33a 所示图形，要求利用“复制”命令的指定两点方式将孔从点 *A* 复制到点 *D*、点 *F*；采用线性“阵列”方式将孔从点 *A* 复制到点 *B*、点 *C*；用指定位移方式将孔从点 *A* 复制到点 *E*，最终结果如图 3-33d 所示。

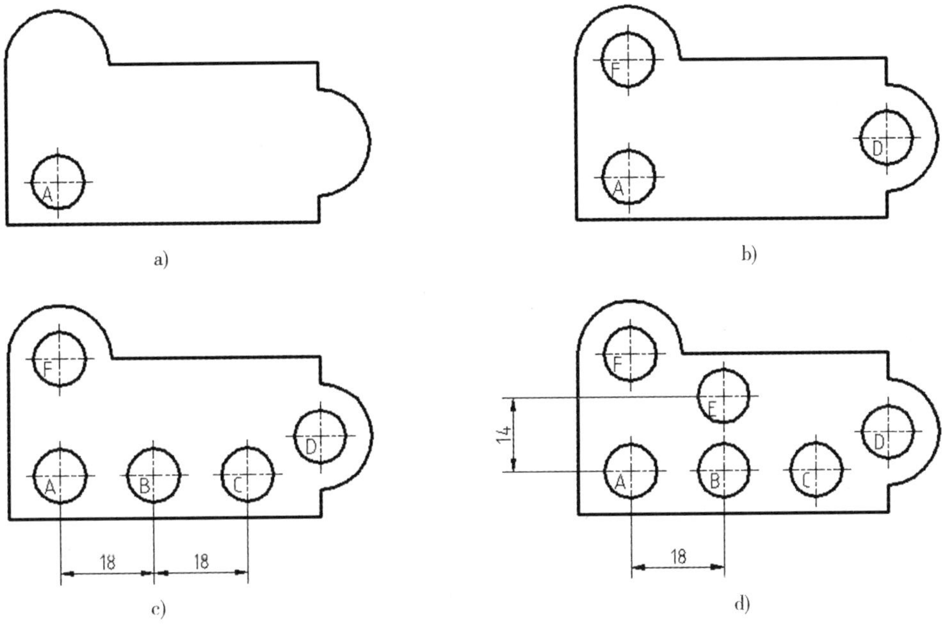

图 3-33　复制孔

a）原图　b）指定两点方式复制后　c）采用阵列选项复制后　d）指定位移方式复制后

在功能区单击“默认”选项卡→“修改”面板→“复制”按钮 复制，操作步骤如下：

命令：_ copy	//启动“复制”命令
选择对象：找到 3 个	//选择粗实线圆 *A* 及其中心线
选择对象：↙	//按回车键，结束对象选择
当前设置：　复制模式 = 单个	//系统提示
指定基点或［位移(D)/模式(O)/多个(M)］<位移>：o ↙	//更改复制模式
输入复制模式选项［单个(S)/多个(M)］<单个>：m ↙	//选择一次复制多个模式
指定基点或［位移(D)/模式(O)］<位移>：	//捕捉交点 *A*
指定第二个点或［阵列(A)］<使用第一个点作为位移>：	//捕捉圆心点 *D*
指定第二个点或［阵列(A)/退出(E)/放弃(U)］<退出>：	//捕捉圆心点 *F*，结果如图 3-33b 所示
指定第二个点或［阵列(A)/退出(E)/放弃(U)］<退出>：a ↙	//选择线性“阵列”方式
输入要进行阵列的项目数：3 ↙	//输入复制的数量（包含源对象在内）
指定第二个点或［布满(F)］：18 ↙	//沿水平方向向右追踪，输入距离 18，结果如图 3-33c 所示
指定第二个点或［阵列(A)/退出(E)/放弃(U)］<退出>：↙	//按回车键，结束命令

```
命令: ↙                                                  //按回车键,重复调用"复制"命令
COPY                                                     //系统提示
选择对象: 找到 3 个                                        //选择粗实线圆 A 及其中心线
选择对象: ↙                                               //按回车键,结束对象选择
当前设置:  复制模式 = 多个                                   //系统提示
指定基点或 [位移(D)/模式(O)] <位移>:  ↙                      //按回车键,选择默认的"位移"方式
指定位移 <0.0000, 0.0000, 0.0000>: 18,14 ↙                 //输入位移距离,结果如图 3-33d 所示
```

执行"复制"命令时一次复制一个对象还是多个对象，可由"模式（O）"选项进行设置。

知识点 2　比例缩放对象

该命令可以将选定的对象以指定的基点为中心按指定的比例放大或缩小。调用命令的方式如下：

- 功能区："默认"选项卡→"修改"面板→"缩放"按钮 缩放。
- 菜单栏："修改"→"缩放"。
- 工具栏："修改"→"缩放"。
- 键盘命令：SCALE 或 SC。

该命令有两种缩放方式，即"指定比例因子"和"参照"方式缩放。

1. 指定比例因子缩放对象

该方式通过直接输入比例因子缩放对象，比例因子大于 1，放大对象；比例因子小于 1，缩小对象。如图 3-34 所示耳板的缩放，其比例因子为 2，缩放基点为 *B* 点（当然也可以是其他点）。

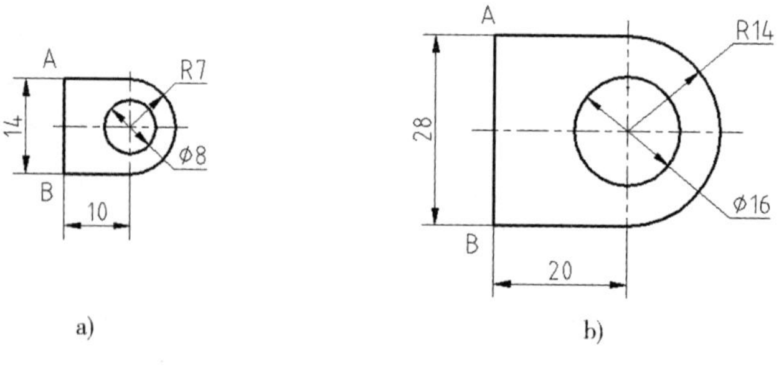

图 3-34　缩放图形

a）原图　b）缩放后（比例因子为 2）

ZOOM 和 SCALE 命令都可对图形进行缩小或放大，但两者有本质的区别，用 ZOOM 放大图形就像拿放大镜看图一样，图形的实际大小并没有改变；而 SCALE 命令则是使图形真正放大或缩小，图形的实际尺寸发生了变化。

2. 参照方式缩放对象

该方式由系统自动计算指定的新长度与参照长度的比值作为比例因子缩放所选对象。

例 3-4　绘制图 3-35 所示图形，采用“参照”方式缩放对象，达到尺寸要求。

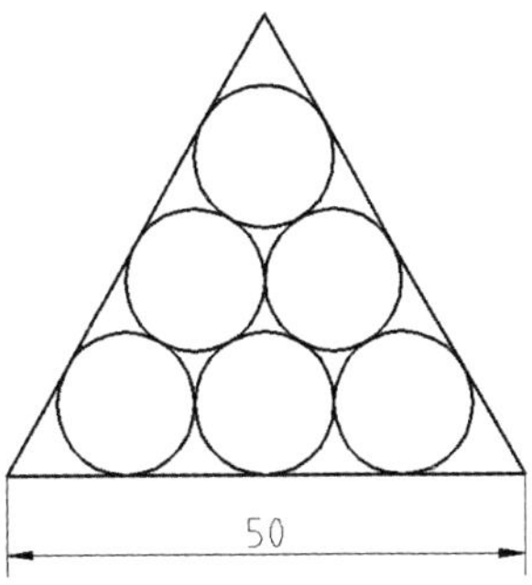

图 3-35　趣味图形

图形分析：该图形由呈金字塔形排列的 6 个相切、等直径的圆及其外切三角形组成，整个图形只有一个尺寸。绘制时可先以任意尺寸画出图形的形状，再采用参照方式缩放对象，保证尺寸 50。

绘制过程如下：

第 1 步：绘制一个圆（直径可任意，为便于计算，本例取 10）并复制两个，如图 3-36a 所示。

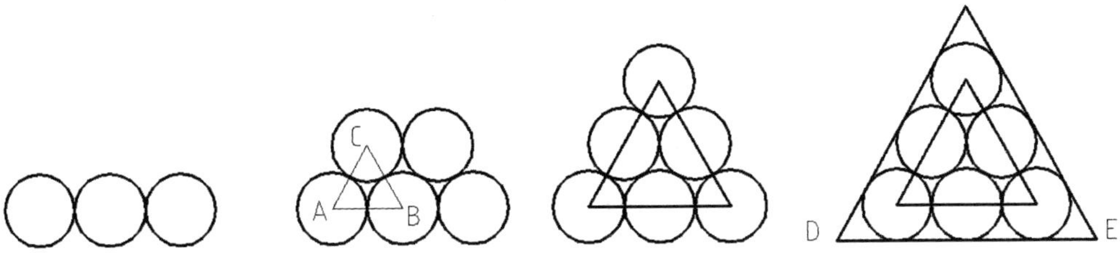

图 3-36　趣味图形的绘制

a）绘圆并复制　b）复制 *A*、*B* 两圆　c）绘制三角形　d）偏移三角形

第 2 步：复制 *A*、*B* 两圆。

选择 *A*、*B* 两圆，以圆 *A* 的圆心为基点，圆 *C* 的圆心为位移点，输入“@10 <60”进行复制，如图 3-36b 所示。

第 3 步：采用同样方法复制得到最上面的圆。

第 4 步：以相应圆的圆心为顶点绘制三角形（提示：可采用“正多边形”命令“边长”方式绘制，以便于其后的偏移操作），如图 3-36c 所示。

第 5 步：偏移三角形，偏移距离为圆的半径，如图 3-36d 所示。

第 6 步：采用参照方式缩放对象，保证尺寸 50。

在功能区单击“默认”选项卡→“修改”面板→“缩放”按钮［缩放］，操作步骤如下：

命令：_ scale	//启动“缩放”命令
选择对象：找到 8 个	//选择整个图形
选择对象：↙	//按回车键，结束对象选择
指定基点：	//捕捉 *D* 点
指定比例因子或［复制(C)/参照(R)］<1>：R↙	//选择“参照”方式
指定参照长度 <1.0000>：	//捕捉 *D* 点
指定第二点：	//捕捉 *E* 点
指定新的长度或［点(P)］<1.0000>：50↙	//输入新长度为 50，即指定 *DE* 缩放后的长度为 50

删除小三角形后，如图 3-35 所示。

> 缩放对象时，若要保留源对象，可选择其“复制（C）”选项。

知识点 3　阵列对象

利用“阵列”命令可以将指定对象以矩形、环形或沿线性排列方式进行复制，对于呈矩形、环形或沿线性排列规律分布的相同结构采用该命令绘制可以大大提高绘图的效率。

阵列对象有“环形阵列”“矩形阵列”和“路径阵列”3 种方式。

1. 环形阵列对象

环形阵列能将选定的对象绕一个中心点或旋转轴作圆形或扇形排列复制，阵列项目可以是二维对象，也可是三维对象，如图 3-37、图 3-38 所示。调用命令的方式如下：

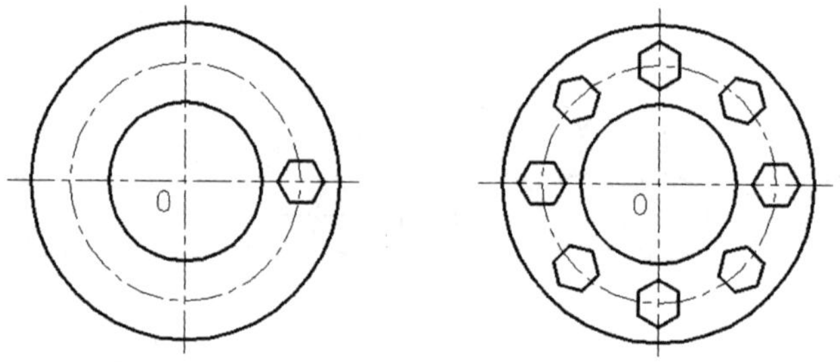

a)　　b)

图 3-37　环形阵列二维对象（点 *O* 为阵列中心点）

a）阵列前　b）阵列后

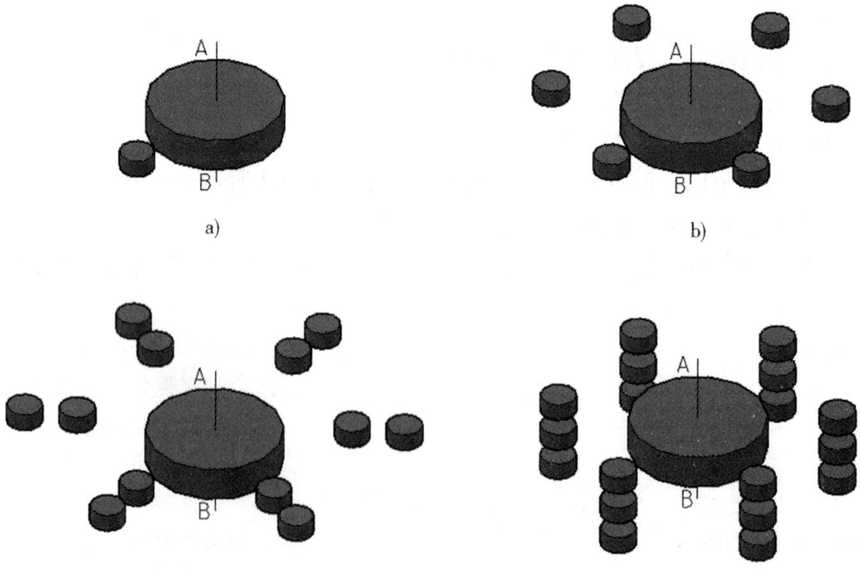

a)　　b)　　c)　　d)

图 3-38　环形阵列三维对象（直线 *AB* 为阵列旋转轴）

a）阵列前　b）阵列后（1 行 1 层）　c）阵列后（2 行 1 层）　d）阵列后（1 行 3 层）

- 功能区："默认"选项卡→"修改"面板→"环形阵列"按钮。
- 菜单栏："修改"→"阵列"→"环形阵列"。
- 工具栏："修改"→"环形阵列"。
- 键盘命令：ARRAYPOLAR。

在调用命令，按系统提示选择阵列对象、指定阵列中心点或阵列旋转轴后，功能区将显示"阵列创建"选项卡及其面板，如图 3-39 所示。

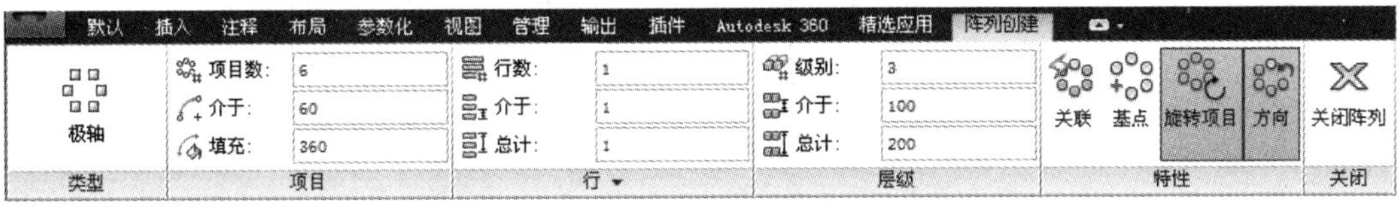

图 3-39　"阵列创建"选项卡（环形阵列）

各面板作用说明如下：

◆"类型"面板：用于提示阵列类型。

◆"项目"面板：用于设置阵列对象的个数、对象间的夹角及第一个对象与最后一个对象之间的角度。如图 3-37 所示正六边形的阵列"项目数"为"8"，"介于"（即对象间的夹角）为"45"，"填充"角度为"360"。

◆"行"面板：用于设置阵列对象的行数量、行间距，常用于三维对象的阵列中，如图 3-38b、图 3-38c 所示。

◆"层级"面板：用于设置阵列对象的层数量、层间距，常用于三维对象的阵列中，如图 3-38d 所示。

◆"特性"面板："关联"按钮用于设置阵列对象间是否关联。如不关联，则各阵列项目为独立对象，更改一个项目不影响其他项目；如关联，则各阵列项目为一个整体，可以通过编辑特性和源对象在整个阵列中快速传递更改。

"基点"按钮：用于指定在阵列中放置对象的对齐点，通常不需指定。

"旋转项目"按钮：用于设置阵列时是否旋转阵列对象，如图 3-40 所示。

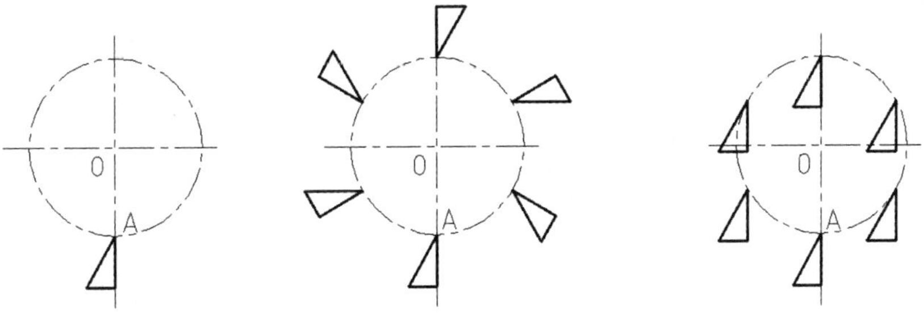

a)　　b)　　c)

图 3-40　阵列时是否旋转项目的比较（点 O 为阵列中心，点 A 为基点）

a）原图　b）阵列时旋转　c）阵列时不旋转

"方向"按钮：用于设置阵列对象沿逆时针或顺时针方向填充。

◆"关闭"面板：用于退出阵列命令。

2. 矩形阵列对象

矩形阵列能将选定的对象按指定的行数和行间距、列数和列间距作矩形排列复制，阵列项目可以是二维对象，也可是三维对象，如图 3-41、图 3-42 所示。调用命令的方式如下：

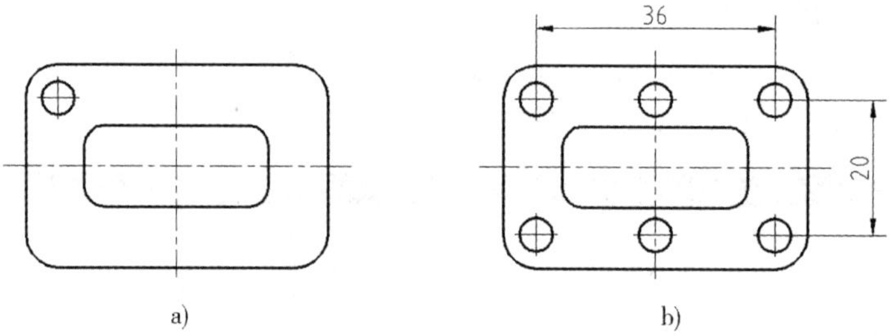

图 3-41　矩形阵列二维对象

a）阵列前　b）阵列后

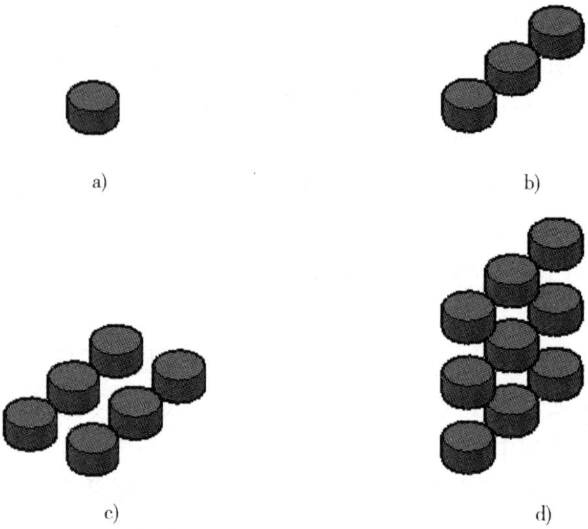

图 3-42　矩形阵列三维对象

a）阵列前　b）阵列后（1 行 3 列 1 层）　c）阵列后（2 行 3 列 1 层）　d）阵列后（1 行 3 列 3 层）

- 功能区：“默认” 选项卡→ “修改” 面板→ “矩形阵列” 按钮。
- 菜单栏：“修改” → “阵列” → “矩形阵列”。
- 工具栏：“” 修改→ “矩形阵列”。
- 键盘命令：ARRAYRECT。

在调用命令，按系统提示选择阵列对象后，功能区将显示 “阵列创建” 选项卡及其面板，如图 3-43 所示。

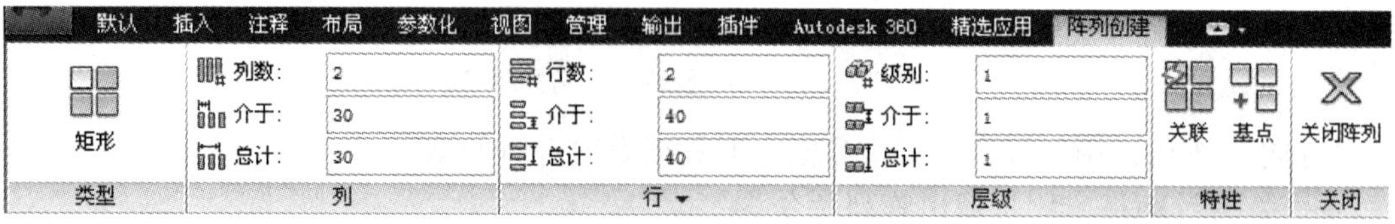

图 3-43　“阵列创建” 选项卡（矩形阵列）

各面板作用说明如下：

◆“类型”面板：用于提示阵列类型。

◆“列”面板：用于设置阵列对象的列数量、列间距。如图3-41所示圆的阵列中，列数为“3”，列间距为“18”。

◆“行”面板：用于设置阵列对象的行数量、行间距。如图3-41所示圆的阵列中，行数为2，行间距为“-20”。

◆“层级”面板：用于设置阵列对象的层数量、层间距，常用于三维对象的阵列中，如图3-42所示。

◆“特性”面板：“关联”按钮用于设置阵列对象间是否关联。如不关联，则各阵列项目为独立对象，更改一个项目不影响其他项目；如关联，则各阵列项目为一个整体，可以通过编辑特性和源对象在整个阵列中快速传递更改。

“基点”按钮：用于指定在阵列中放置对象的对齐点，通常不需指定。

◆“关闭”面板：用于退出阵列命令。

通过设置行间距、列间距值的正负可控制阵列复制对象的排列方向，如图3-44所示。如行、列间距值为正数，则阵列复制对象向上、向右排列，如图3-44a所示；如行、列间距值为负数，则阵列复制对象向下、向左排列，如图3-44d所示（图中带 *O* 的图形为源对象）。

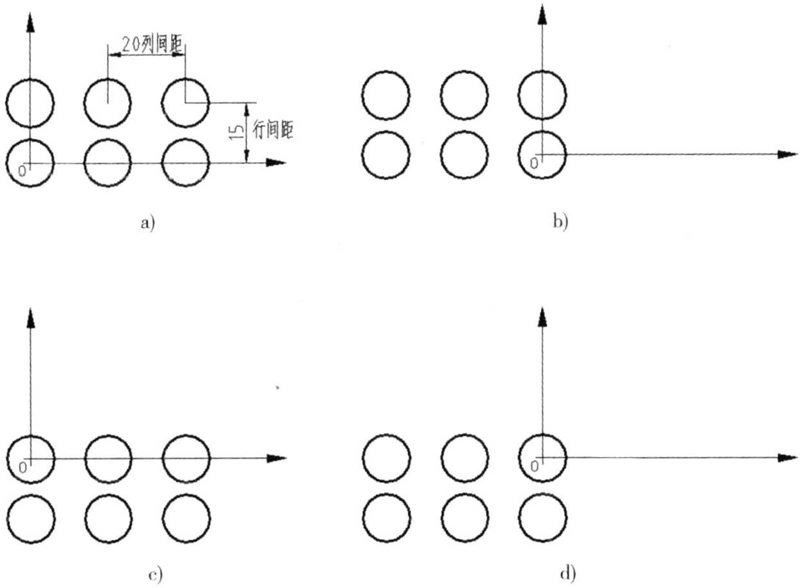

图3-44　行间距、列间距的设置

a）行正（15）、列正（20）　b）行正（15）、列负（-20）

c）行负（-15）、列正（20）　d）行负（-15）、列负（-20）

3. 路径阵列对象

路径阵列能将阵列对象以定数等分或定距等分的方法沿路径或部分路径均匀分布复制，如图3-45所示。调用命令的方式如下：

- 功能区：“默认”选项卡→“修改”面板→“路径阵列”按钮阵列。
- 菜单栏：“修改”→“阵列”→“路径阵列”。

- 工具栏：“修改”→“路径阵列” 。
- 键盘命令：ARRAYPATH。

a) b) c)

图 3-45 路径阵列

a）阵列前 b）阵列后（定数等分方式） c）阵列后（定距等分方式）

阵列对象可以是二维对象，也可是三维对象，路径可以是直线、多段线、三维多段线、样条曲线、螺旋、圆弧、圆或椭圆，如图 3-45 所示阵列路径为样条曲线（样条曲线在模块 5 任务 2 中介绍）。

在调用命令，按系统提示选择阵列对象、路径后，功能区将显示“阵列创建”选项卡及其面板，如图 3-46 所示。

图 3-46 “阵列创建”选项卡（路径阵列）

各面板作用说明如下：

◆“类型”面板：用于提示阵列类型。

◆“项目”面板：当阵列方法为“定数等分”时，用于设置阵列对象的总数量；当阵列方法为“定距等分”时，用于设置阵列对象的间距。

◆“行”面板：用于设置阵列对象的行数量、行间距。如图 3-47 所示的阵列中，行数为 2。

a) b)

图 3-47 路径阵列（多行）

a）阵列前 b）阵列后（2 行）

◆“层级”面板：用于设置阵列对象的层数量、层间距，常用于三维对象的阵列中。

◆“特性”面板：“关联”按钮用于设置阵列对象间是否关联。如不关联，则各阵列项目为独立对象，更改一个项目不影响其他项目；如关联，则各阵列项目为一个整体，可以通过编辑特性和源对象在整个阵列中快速传递更改。

“基点”按钮：用于指定在阵列中放置对象的对齐点，通常不需指定。

“切线方向”按钮：用于指定阵列中的项目相对于路径的切线的方向。如图 3-48 所示，当指定点 *A*、*B* 方向为切向后，阵列复制的每个对象的 *AB* 边都与路径相切。

“定距等分”或“定数等分”按钮：用于设置路径阵列的方法，如图 3-45 所示。

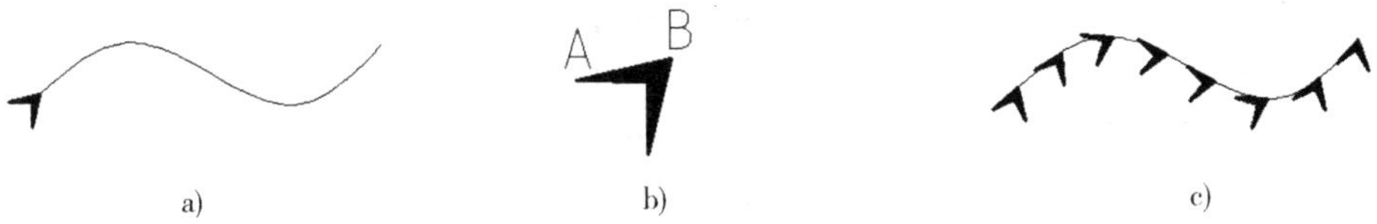

图3-48　路径阵列（指定切向）

a）阵列前　b）指定点*A*、*B*方向为切向　c）阵列后

“对齐项目”按钮：用于指定是否自动旋转每个阵列对象以与路径的方向对齐，如图3-49所示。

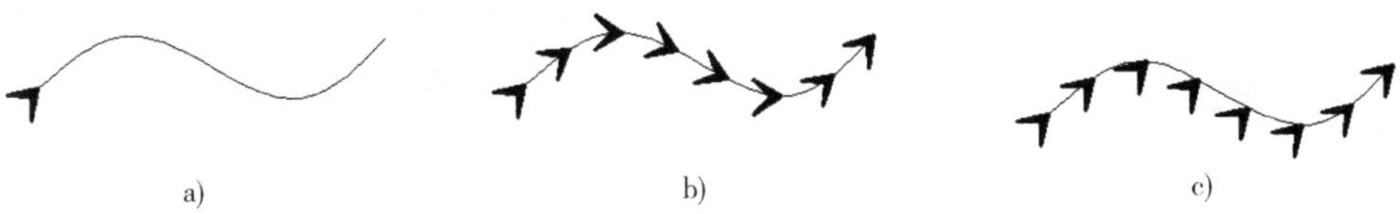

图3-49　路径阵列（对齐）

a）阵列前　b）阵列后（已对齐）　c）阵列后（未对齐）

“Z方向”按钮：控制是否保持阵列对象的原始*Z*方向或沿三维路径自然倾斜项目。

◆“关闭”面板：用于退出阵列命令。

任务3　手柄的绘制

操作实例（图3-50）

本例介绍如图3-50所示手柄的绘制方法和步骤，主要涉及“移动”“延伸”“镜像”“倒角”和“拉长”命令。

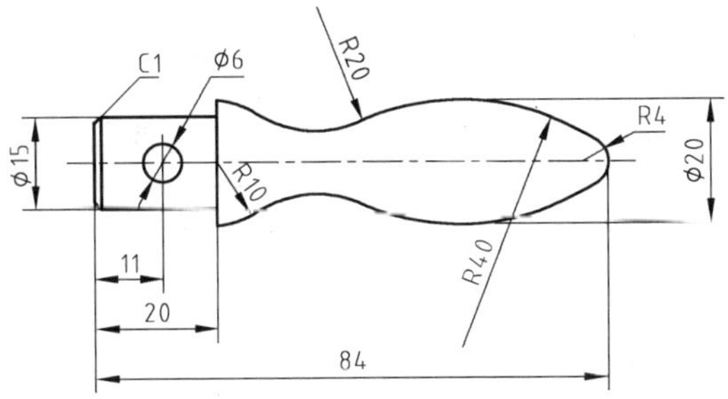

图3-50　手柄

操作过程

第1步：设置绘图环境，操作过程略。

第2步：绘制20×15矩形，并将其分解，如图3-51所示。

第3步：在矩形左侧边的中点处绘制水平中心线，长度84。向上偏移该直线，偏移距离为10，如图3-52所示。

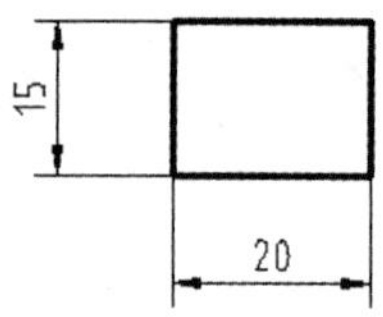

图 3-51 绘矩形并分解

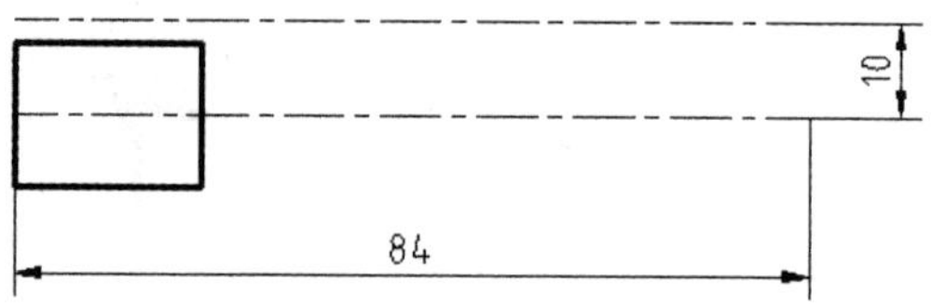

图 3-52 绘中心线并偏移

第 4 步：以矩形右侧边的中点为圆心绘制 *R*10 和 *R*4 的两个同心圆，如图 3-53 所示。

第 5 步：用“移动”命令平移 *R*4 的圆，移动距离 60，如图 3-54 所示。

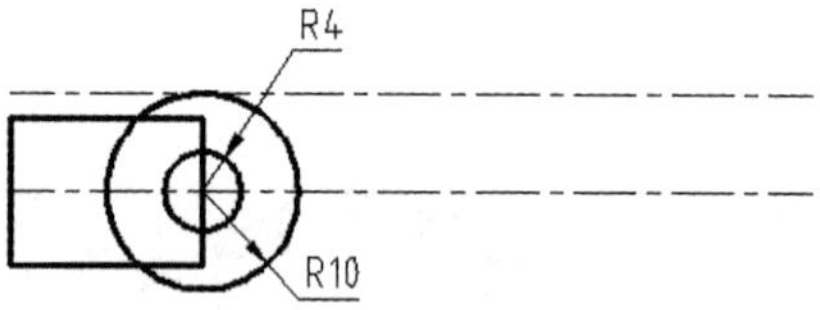

图 3-53 绘 *R*4、*R*10 的两个同心圆

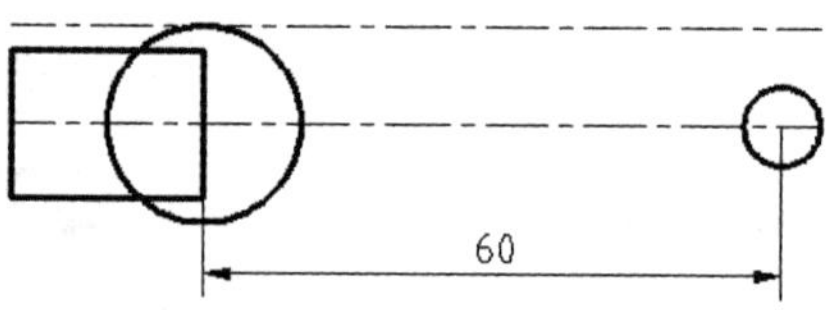

图 3-54 移动 *R*4 的圆

在功能区单击“默认”选项卡→“修改”面板→“移动”按钮 移动 ，操作步骤如下：

命令：_ move	//启动“移动”命令
选择对象：找到 1 个	//选择 *R*4 的圆
选择对象：↙	//按回车键，结束对象选择
指定基点或［位移(D)］<位移>： ↙	//按回车键，选择默认的“位移”方式
指定位移 <0.0000，0.0000，0.0000>：60，0 ↙	//输入移动的距离

第 6 步：用“延伸”命令以 *R*10 的圆为边界延伸矩形的右侧边 *AB*，如图 3-55 所示。

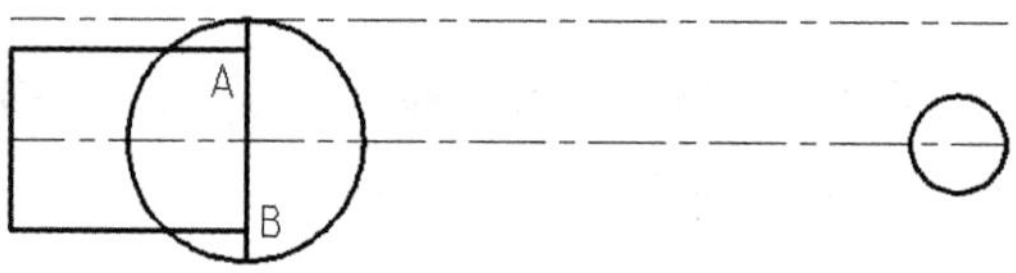

图 3-55 延伸直线 *AB*

在功能区单击“默认”选项卡→“修改”面板→“延伸”按钮 延伸 ，操作步骤如下：

命令：_ extend	//启动“延伸”命令
当前设置：投影＝UCS，边＝无	
选择边界的边...	//系统提示
选择对象或 <全部选择>：	//选择 *R*10 的圆
找到 1 个	//系统提示
选择对象：↙	//结束对象选择
选择要延伸的对象，或按住 Shift 键选择要修剪的对象，或［栏选(F)/窗交(C)/投影(P)/边(E)/放弃(U)］：	//靠近 *A* 点处选择直线 *AB*
选择要延伸的对象，或按住 Shift 键选择要修剪的对象，或［栏选(F)/窗交(C)/投影(P)/边(E)/放弃(U)］：↙	//靠近 *B* 点处选择直线 *AB*
选择要延伸的对象，或按住 Shift 键选择要修剪的对象，或［栏选(F)/窗交(C)/投影(P)/边(E)/放弃(U)］：↙	//按回车键结束“延伸”操作

第7步：用“相切、相切、半径（T）”方式绘制 $R40$ 的圆；用圆角命令绘 $R20$ 的圆弧，如图3-56所示。

第8步：修剪并删除多余线条，如图3-57所示。

第9步：用“镜像”命令镜像复制另一半图形，如图3-58所示。

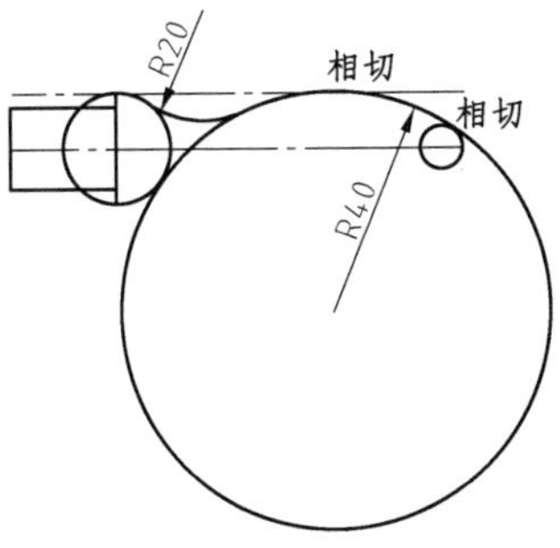

图3-56　绘 $R40$ 的圆和 $R20$ 的圆弧

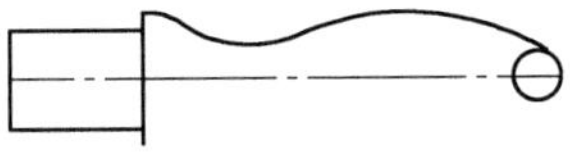

图3-57　修剪、删除多余图线

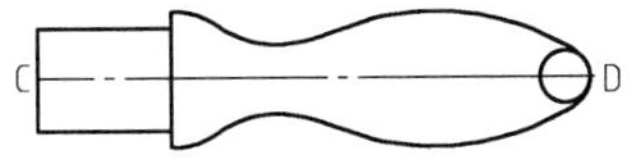

图3-58　镜像得到另一半图形

在功能区单击“默认”选项卡→“修改”面板→“镜像”按钮[镜像]，操作步骤如下：

```
命令:_ mirror                                   //启动“镜像”命令
选择对象: 指定对角点:找到3个                     //用“窗口”方式选择R10、R20、R40的圆弧
选择对象:↙                                      //按回车键,结束对象选择
指定镜像线的第一点:                              //捕捉端点C
指定镜像线的第二点:                              //捕捉端点D
要删除源对象吗? [是(Y)/否(N)] <N>:↙              //选择”否”选项,保留源对象
```

第10步：绘 $\phi6$ 的圆及其中心线，如图3-59所示。

第11步：用“倒角”绘制 $C1$ 倒角，并绘制垂直线，如图3-60所示。

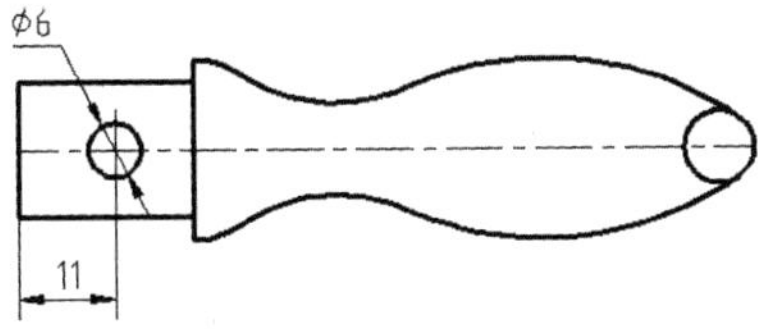

图3-59　绘 $\phi6$ 的圆及其中心线

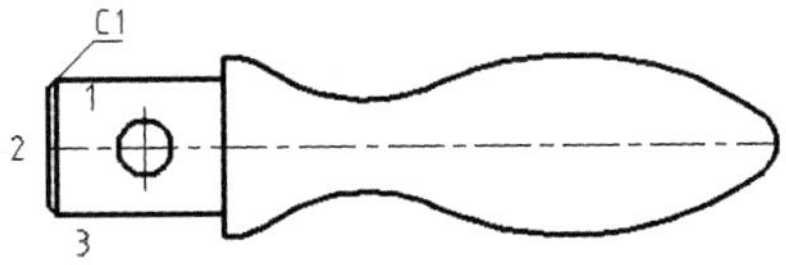

图3-60　绘 $C1$ 倒角

在功能区单击“默认”选项卡→“修改”面板→“倒角”按钮[倒角]，操作步骤如下：

```
命令: _ chamfer                                              //启动“倒角”命令
(“修剪”模式) 当前倒角距离1 =0.0000,距离2 =0.0000              //系统提示
选择第一条直线或[放弃(U)/多段线(P)/距离(D)/角度(A)/
修剪(T)/方式(E)/多个(M)]:  d↙                                  //选择“距离”选项
指定第一个倒角距离 <0.0000>:1↙                                 //设置第一倒角距离为1
指定第二个倒角距离 <1.0000>:↙                                  //按回车键,接受默认第二倒角距离
选择第一条直线或[放弃(U)/多段线(P)/距离(D)/角度(A)/
修剪(T)/方式(E)/多个(M)]:                                       //选择直线1
选择第二条直线,或按住 Shift 键选择要应用角点的直线:              //选择直线2
```

采用同样方法绘制直线 2 与直线 3 之间的倒角，并绘制倒角处的垂直线。

第 12 步：删除多余线，用“拉长”命令动态调整中心线的长度完成全图，如图 3-61 所示。

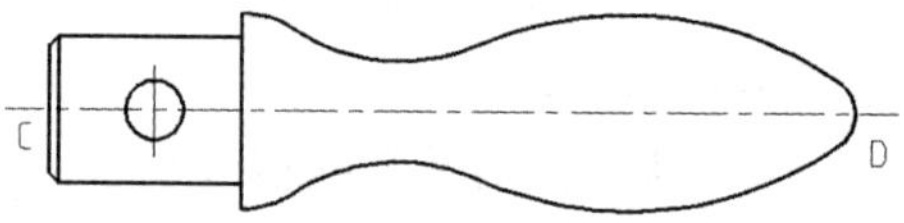

图 3-61　拉长中心线

在功能区单击“默认”选项卡→“修改”面板→“拉长”按钮，操作步骤如下：

```
命令:_ lengthen                                   //启动“拉长”命令
选择对象或[增量(DE)/百分数(P)/
全部(T)/动态(DY)]:dy ↙                            //选择“动态”选项
选择要修改的对象或[放弃(U)]:                      //在点 C 处拾取中心线
指定新端点                                        //沿水平方向往左拉中心线至适当位置后单击
选择要修改的对象或[放弃(U)]:                      //在点 D 处拾取中心线
指定新端点:                                       //沿水平方向往右拉中心线至适当位置后单击
选择要修改的对象或[放弃(U)]: ↙                    //按回车键,结束“拉长”命令
```

第 13 步：保存图形文件。

知识点 1　移动对象

“移动”命令可以将选中的对象移到指定的位置。调用命令的方式如下：

- 功能区：“默认”选项卡→“修改”面板→“移动”。
- 菜单栏：“修改”→“移动”。
- 工具栏：“修改”→“移动”。
- 键盘命令：MOVE 或 M。

移动对象有两种方式，一种是“指定两点”方式，一种是“指定位移”方式。

1. 指定两点移动对象

该种方式是先指定基点，随后指定第二点，以输入的两个点来确定移动的方向和距离。

例 3-5　利用“移动”命令的“指定两点”方式将孔从点 A 移动到点 B，如图 3-62b 所示。

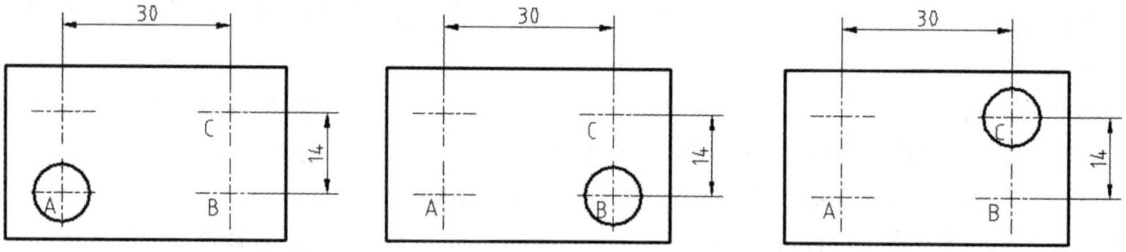

a)　　b)　　c)

图 3-62　对孔的移动操作

a）原图　b）指定两点方式　c）指定位移方式

在功能区单击“默认”选项卡→“修改”面板→“移动”按钮，操作步骤如下：

```
命令：_ move                                       //启动"移动"命令
选择对象：找到 1 个                                //选择点 A 处粗实线圆
选择对象：↙                                        //按回车键,结束对象选择
指定基点或[位移(D)] <位移>：                       //捕捉交点 A
指定位移的第二点或 <用第一点作位移>：↙             //捕捉交点 B,按回车键
```

2. 指定位移移动对象

该种方式是直接输入被移动对象的位移（即相对距离）。此时输入的坐标值可直接使用绝对坐标的形式，无需像通常情况下那样包含“@”标记，因为在此情况下系统默认为相对坐标形式。

例 3-6　利用“移动”命令的指定位移方式将孔从点 A 移动到点 C，如图 3-62c 所示。

在功能区单击“默认”选项卡→“修改”面板→“移动”[移动]按钮，操作步骤如下：

```
命令：_ move                                       //启动"移动"命令
选择对象：找到 1 个                                //选择粗实线圆 A
选择对象：↙                                        //按回车键,结束对象选择
指定基点或［位移(D)］ <位移>：  ↙                  //按回车键,选择默认的位移方式
指定位移 <0.0000，0.0000，0.0000>：30,14 ↙         //输入移动的距离
```

“移动”命令和“复制”命令的操作非常类似，区别只是在原位置源对象是否保留。

知识点 2　延伸对象

“延伸”命令可以将指定的对象延伸到选定的边界。调用命令的方式如下：

- 功能区：“默认”选项卡→“修改”面板→“延伸”[延伸]。
- 菜单栏：“修改”　›“延伸”。
- 工具栏：“修改”→“延伸”[延伸图标]。
- 键盘命令：EXTEND 或 EX。

延伸对象有两种方式，一种是普通方式延伸，一种是延伸模式延伸对象。

1. 普通方式延伸对象

当边界与被延伸对象实际是相交的，可以采用普通方式延伸对象。如图 3-63 所示，以圆弧为边界，采用普通方式延伸水平直线。

2. 延伸模式延伸对象

如果边界与被延伸对象不相交，则可以采用延伸模式延伸对象。如图 3-64 所示，即以直线为边界，延伸圆弧。

例 3-7　如图 3-64a 所示，要求以“延伸”方式延伸圆弧，使其如图 3-64b 所示。

在功能区单击“默认”选项卡→“修改”面板→“延伸”[延伸]，操作步骤如下：

a) b)

图 3-63 普通方式延伸对象

a）原图 b）延伸后

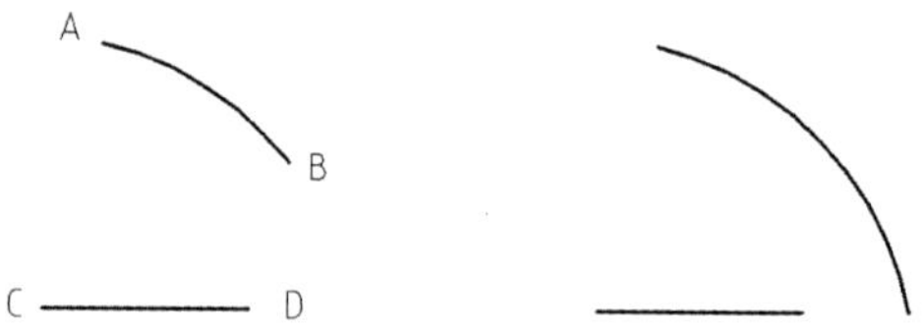

a) b)

图 3-64 延伸模式延伸对象

a）原图 b）延伸后

命令：_ extend	//启动命令
当前设置:投影 = UCS,边 = 无	
选择边界的边...	//系统提示,“边 = 无”表示当前为普通延伸方式
选择对象或 <全部选择>：找到 1 个	//选择直线 *CD*
选择对象：↙	//结束对象选择
选择要延伸的对象,或按住 Shift 键选择要修剪的对象,或[栏选(F)/窗交(C)/投影(P)/边(E)/放弃(U)]：e↙	//选择“边”选项
输入隐含边延伸模式 [延伸(E)/不延伸(N)] <不延伸>：e↙	//选择“延伸”选项,即采用延伸模式延伸对象
选择要延伸的对象,或按住 Shift 键选择要修剪的对象,或[栏选(F)/窗交(C)/投影(P)/边(E)/放弃(U)]：	//靠近圆弧下端点 *B* 选择圆弧
选择要延伸的对象,或按住 Shift 键选择要修剪的对象,或[栏选(F)/窗交(C)/投影(P)/边(E)/放弃(U)]：↙	//结束被延伸对象的选择

延伸对象时是否采用“延伸”模式进行延伸可由选项“边 (E)”进行设置。

“延伸”命令具有修剪功能，只需按住“SHIFT”键并选择要修剪的对象就可以实现修剪。

知识点 3 镜像对象

“镜像”命令可以将选中的对象沿一条指定的直线进行对称复制，源对象可删除也可以不删除，如图 3-65 所示。调用命令的方式如下：

- 功能区：“默认”选项卡→“修改”面板→“镜像” 镜像。
- 菜单栏：“修改”→“镜像”。
- 工具栏：“修改”→“镜像”。
- 键盘命令：MIRROR 或 MI。

例 3-8 利用“镜像”命令以直线 *AB* 为镜像轴复制如图 3-65a 所示图形，使其如图 3-65b 所示。

在功能区单击“默认”选项卡→“修改”面板→“镜像” 镜像，操作如下：

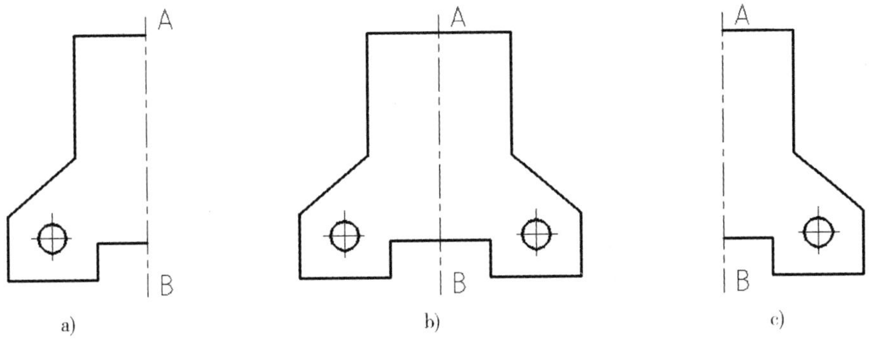

图 3-65　镜像复制对象

a）原图　b）镜像后（不删除源对象）　c）镜像后（删除源对象）

命令：_ mirror	//启动"镜像"命令
选择对象：指定对角点：找到 10 个	//用"窗口"方式选择左半图形
选择对象：↙	//按回车键，结束对象选择
指定镜像线的第一点：	//利用对象捕捉功能捕捉端点 *A*
指定镜像线的第二点：	//利用对象捕捉功能捕捉端点 *B*
要删除源对象吗？［是(Y)/否(N)］ <N>：↙	//选择"否"选项，保留源对象

创建对称的图形对象时，采用先绘制图形的一半，然后将其镜像的方法，能大大提高绘图速度。

文字也能镜像，要防止镜像文字被反转或倒置，应设置系统变量 MIRRTEXT 为 0，如图 3-66所示。

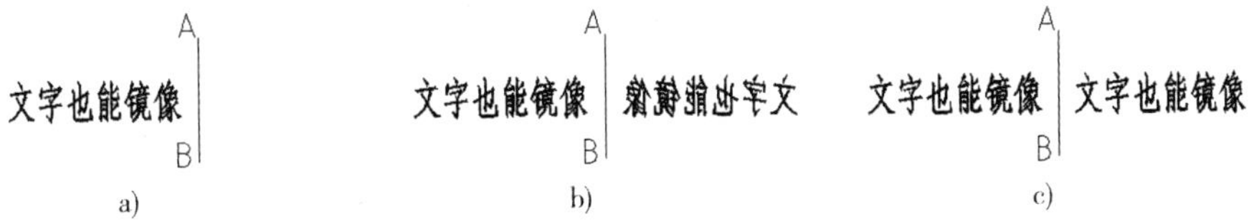

图 3-66　镜像文字（*AB* 为镜像轴）

a）原图　b）镜像后（MIRRTEXT = 1）　c）镜像后（MIRRTEXT = 0）

知识点 4　倒角

利用"倒角"命令可以用一条斜线连接两条不平行的直线对象。调用命令的方式如下：

- 功能区："默认"选项卡→"修改"面板→"倒角" 倒角。
- 菜单栏："修改"→"倒角"。
- 工具栏："修改"→"倒角"。
- 键盘命令：CHAMFER 或 CHA。

倒角有两种方式，一种是指定两边距离倒角，一种是指定距离和角度倒角。

1. 指定两边距离倒角

此方式是分别设置两条直线的倒角距离进行倒角处理，如图 3-67b 所示。

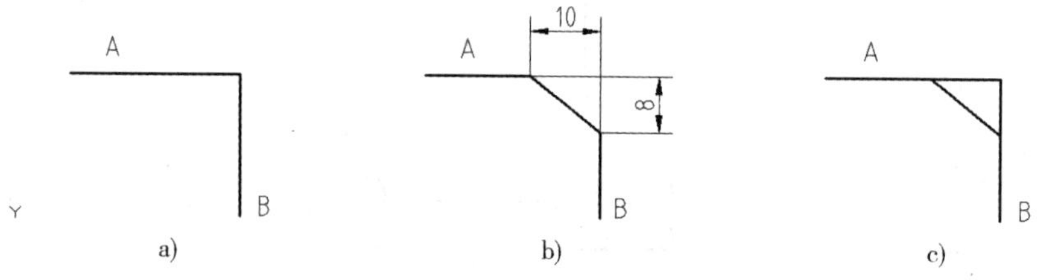

图 3-67　指定两边距离倒角

a）原图　b）倒角后（修剪模式）　c）倒角后（不修剪模式）

> 指定两边距离倒角时，在拾取的第一条直线上所截取的距离为所设置的第一个倒角距离，拾取的第二条直线上所截取的距离为所设置的第二个倒角距离。

2. 指定距离和角度倒角

此方式是分别设置第一条直线的倒角距离和倒角角度进行倒角处理，如图 3-68 所示。

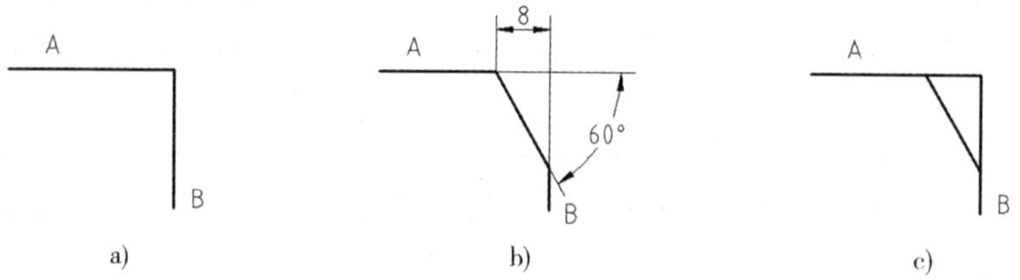

图 3-68　指定距离和角度倒角

a）原图　b）倒角后（修剪模式）　c）倒角后（不修剪模式）

例 3-9　利用“倒角”命令中的“指定距离和角度倒角”方式对如图 3-68a 所示两直线进行倒角，结果如图 3-68b 所示。

在功能区单击“默认”选项卡→“修改”面板→“倒角” [倒角]，操作步骤如下：

```
命令：_ chamfer                                              //启动“倒角”命令
（“修剪”模式）当前倒角距离 1 =0.0000，距离 2 =0.0000          //系统提示，当前为“修剪”模式
选择第一条直线或［放弃(U)/多段线(P)/距离(D)/角度(A)/
修剪(T)/方式(E)/多个(M)］：  A ↙                              //选择“角度”选项
指定第一条直线的倒角长度  <0.0000>：8 ↙                        //设置第一倒角距离为 8
指定第一条直线的倒角角度  <0>：60 ↙                            //设置倒角角度为 60°
选择第一条直线或［放弃(U)/多段线(P)/距离(D)/角度(A)/
修剪(T)/方式(E)/多个(M)］：                                   //选择直线 A
选择第二条直线，或按住 Shift 键选择要应用角点的直线：            //选择直线 B
```

“倒角”命令有修剪和不修剪两种模式，可选择选项“修剪（T）”来设置，如选择不修剪模式，则倒角时将保留原线段，如图 3-67c、图 3-68c 所示。

> 在对两条不平行直线作倒角操作时，如果将两个倒角距离设为0，在“修剪”模式下，将自动延伸或修剪这两个对象至交点，如图3-69所示。

a)　　b)　　c)　　d)

图3-69　对两直线倒角（倒角距离为0）

a）原图1　b）倒角后（自动延伸）　c）原图2　d）倒角后（自动修剪）

知识点5　拉长对象

“拉长”命令可以拉长或缩短直线、圆弧的长度。调用命令的方式如下：

- 功能区：“默认”选项卡→“修改”面板→“拉长”。
- 菜单栏：“修改”→“拉长”。
- 工具栏：“修改”→“拉长”（默认情况下“修改”工具栏中没有此图标，用户可自己增加）。
- 键盘命令：LENGTHEN 或 LEN。

拉长对象有增量、百分数、全部、动态4种方式。

1. 指定增量拉长或缩短对象

此方式通过输入长度增量拉长或缩短对象。也可以通过输入角度增量拉长或缩短圆弧。输入正值为拉长，输入负值则为缩短。

例3-10　利用“拉长”命令以指定增量方式拉长如图3-70a所示圆的中心线，长度为3，结果如图3-70b所示。

a)　　b)

图3-70　拉长圆的中心线

a）原图　b）拉长后

在功能区单击“默认”选项卡→“修改”面板→“拉长”，操作步骤如下：

```
命令：_lengthen                                              //启动“拉长”命令
选择对象或[增量(DE)/百分数(P)/全部(T)/动态(DY)]:de ↙         //选择“增量”选项
输入长度增量或[角度(A)] <0.0000>: 3 ↙                        //输入长度增量为3
选择要修改的对象或[放弃(U)]:                                  //拾取中心线的某一端
…                                                            //拾取两条中心线的其他三端
选择要修改的对象或[放弃(U)]: ↙                                //按回车键,结束“拉长”命令
```

> 拉长（或缩短）直线、圆弧时，以中心点为界，拾取点所在的一侧就是改变长度的一侧。

2. 指定百分数拉长或缩短对象

此方式通过指定对象总长度的百分数改变对象长度。输入的值大于 100，拉长所选对象；输入的值小于 100，则缩短所选对象。

3. 全部拉长或缩短对象

此方式通过指定对象的总长度来改变选定对象的长度，也可以按照指定的总角度改变选定圆弧的包含角。

4. 动态拉长或缩短对象

此方式通过拖动选定对象的端点来改变其长度。本任务操作实例中的手柄中心线的拉长就是采用这种方式。

任务 4　斜板的绘制

操作实例（图 3-71）

本例介绍如图 3-71 所示斜板的绘制方法和步骤，主要涉及“旋转”“对齐”命令。

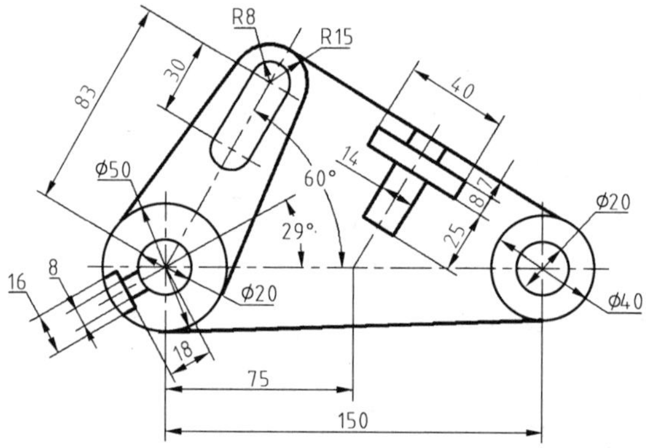

图 3-71　斜板的绘制

操作过程

第 1 步：设置绘图环境，操作过程略。

第 2 步：绘中心线、圆及切线，如图 3-72 所示。

第 3 步：绘制定位线 C_1D_1，如图 3-73 所示。

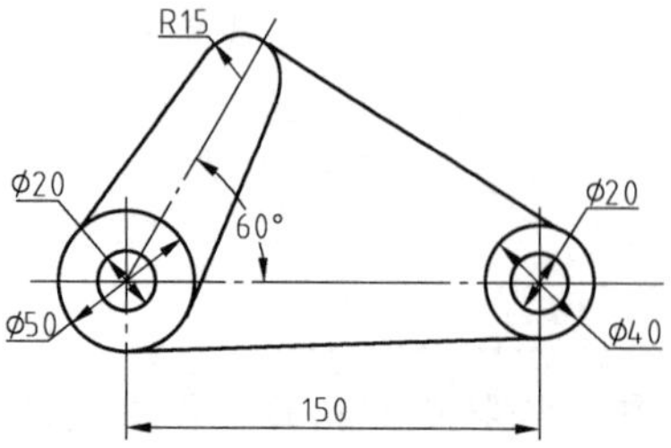

图 3-72　绘中心线、圆及切线

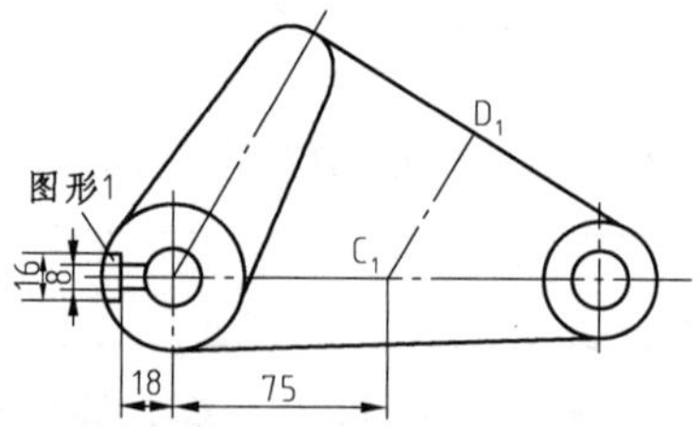

图 3-73　绘定位线 C_1D_1 及倾斜部分图形 1

第4步：用“直线”命令配合“极轴”“对象追踪”在ϕ20的圆的正左方绘制倾斜部分图形1，如图3-73所示。

第5步：用“旋转”命令，将图形1旋转29°，如图3-74所示。

在功能区单击“默认”选项卡→“修改”面板→“旋转” 旋转 按钮，操作步骤如下：

命令:_ rotate	//启动“旋转”命令
UCS 当前的正角方向：ANGDIR = 逆时针　ANGBASE = 0	//系统提示
选择对象：指定对角点：找到 5 个	//用“窗口”方式选择图形1
选择对象:↙	//按回车键,结束对象选择
指定基点：	//捕捉ϕ50圆的圆心A_1
指定旋转角度,或[复制(C)/参照(R)] <70>：29↙	//指定旋转角度,按回车键,结束命令

在AutoCAD中，默认状态下逆时针旋转角度为正值，顺时针旋转角度为负值。

第6步：在图形外水平位置绘制倾斜部分图形2、图形3，如图3-75所示。

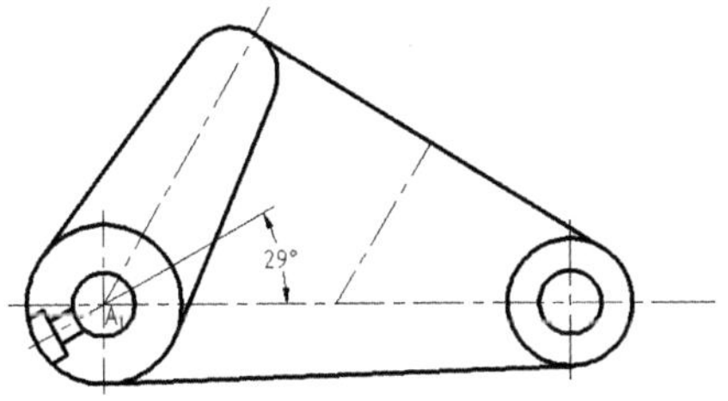

图3-74　旋转图形1

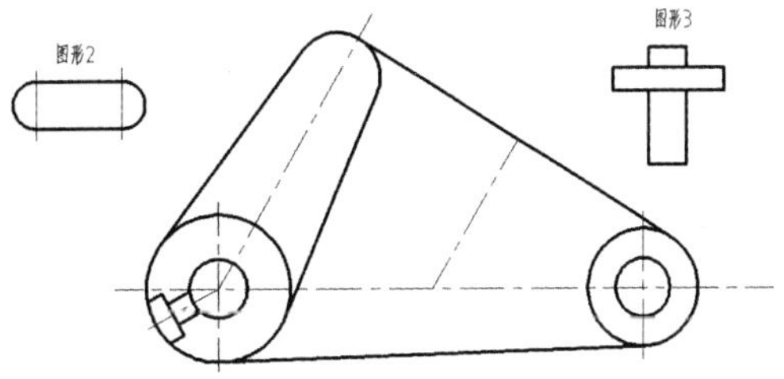

图3-75　水平位置绘制图形2、3

第7步：利用“对齐”命令将倾斜部分图形2对齐到图形中，如图3-76所示。

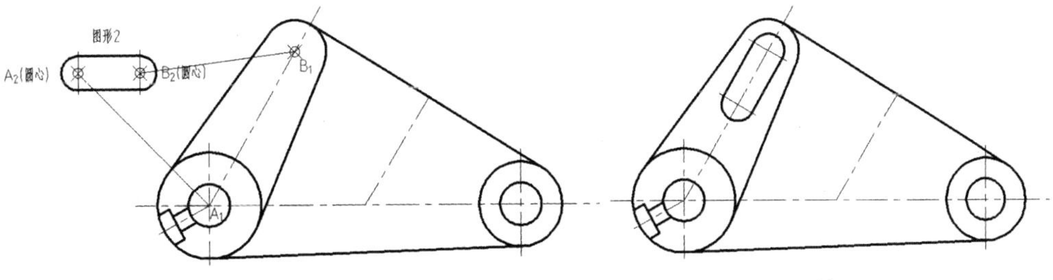

a)　　b)

图3-76　对齐倾斜部分图形2

a）指定对齐点　b）对齐后

在功能区单击“默认”选项卡→“修改”面板→“对齐” 按钮，操作步骤如下：

命令:_ align	//启动“对齐”命令
选择对象: 找到 6 个	//选择图形 2
选择对象: ↙	//按回车键,结束对象选择
指定第一个源点:	//捕捉圆心 B_2,如图 3-76a 所示
指定第一个目标点:	//捕捉圆心 B_1,如图 3-76a 所示
指定第二个源点:	//捕捉圆心 A_2,如图 3-76a 所示
指定第二个目标点:	//捕捉圆心 A_1,如图 3-76a 所示
指定第三个源点或 <继续>: ↙	//按回车键,结束指定点
是否基于对齐点缩放对象? [是(Y)/否(N)] <否>: ↙	//按回车键,选择默认不缩放图形,结束命令

第 8 步：利用“对齐”命令将倾斜部分图形 3 对齐到图形中，如图 3-77 所示。

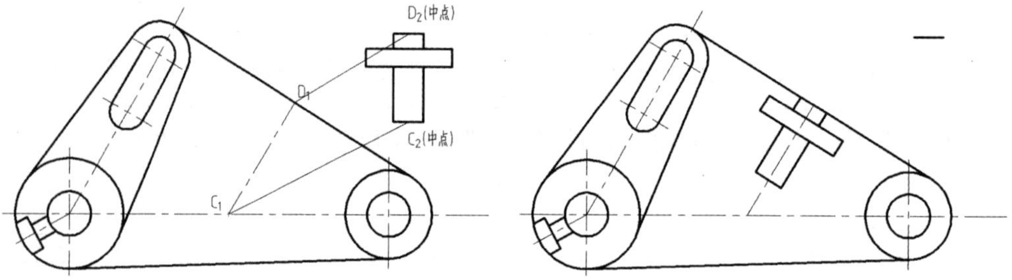

a)　　b)

图 3-77　对齐倾斜部分图形 3

a）指定对齐点　b）对齐后

操作过程与步骤 7 相同，但选择对象时图形 3 最上的直线不选；第一源点为图形 3 中最上直线的中点 D_2，第一目标点为 D_1；第二源点为图形 3 中最下直线的中点 C_2，第二目标点为 C_1，不缩放对象。操作完成后如图 3-77b 所示。

第 9 步：修剪并删除多余图线，用“拉长”命令修改倾斜部分图形 3 的中心线及水平中心线，完成全图如图 3-71 所示。

第 10 步：保存图形文件。

知识点 1　旋转对象

利用“旋转”命令能将选定对象绕指定中心点旋转。调用命令的方式如下：

- 功能区：“默认”选项卡→“修改”面板→“旋转” 旋转。
- 菜单栏：“修改”→“旋转”。
- 工具栏：“修改”→“旋转”。
- 键盘命令：ROTATE 或 RO。

该命令有指定角度旋转对象、旋转并复制对象、参照方式旋转对象 3 种方式。

1. 指定角度旋转对象

该方式在选择基点（即旋转中心），输入旋转角度后，将选定的对象绕指定的基点旋转指定的角度，如图 3-78 所示耳板。

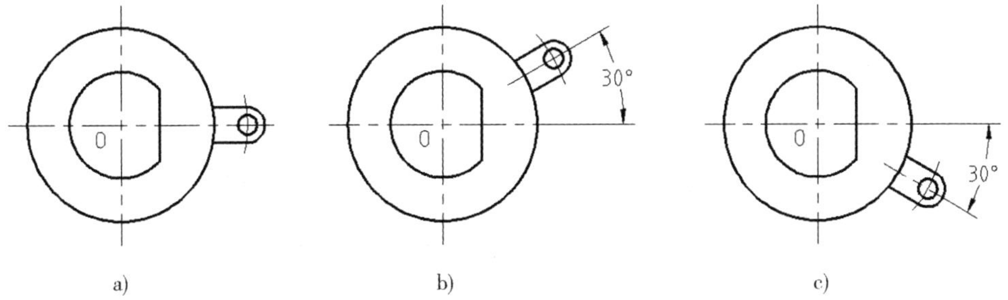

图 3-78　指定角度旋转对象

a）旋转前　b）绕点 O 旋转 30°后　c）绕点 O 旋转 -30°后

2. 旋转并复制对象

使用“旋转”命令的“复制（C）”选项，在旋转对象的同时还能保留源对象。

例 3-11　将如图 3-79a 所示的耳板旋转复制至如图 3-79b 所示位置。

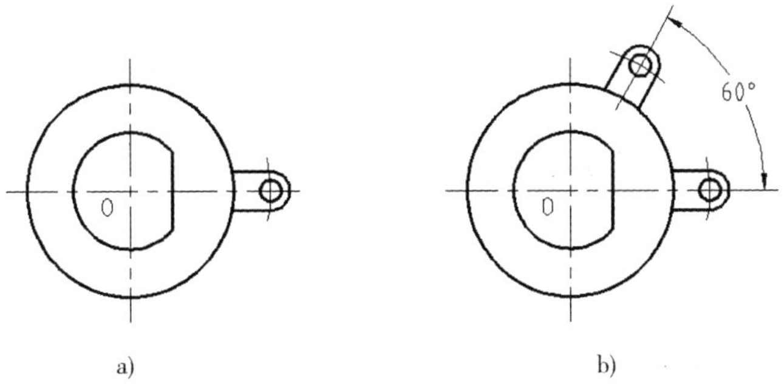

图 3-79　旋转并复制对象

a）旋转复制前　b）旋转复制后

在功能区单击“默认”选项卡→“修改”面板→“旋转”按钮［旋转］，操作步骤如下：

```
命令:_ rotate                                          //启动“旋转”命令
UCS 当前的正角方向:ANGDIR = 逆时针   ANGBASE = 0       //系统提示
选择对象: 指定对角点: 找到 6 个                        //选择耳板
选择对象:↙                                             //按回车键,结束对象选择
指定基点:                                              //点选圆心点 O
指定旋转角度,或［复制(C)/参照(R)］ <0>   c↙             //选择复制方式
旋转一组选定对象                                       //系统提示
指定旋转角度,或［复制(C)/参照(R)］ <0>:  60↙            //指定旋转角度为 60°,结束命令
```

3. 参照方式旋转对象

采用参照方式旋转对象，可通过指定参照角度和新角度将对象从指定的角度旋转到新的绝对角度。

例 3-12　将如图 3-80a 所示的三角形旋转至如图 3-80b 所示位置。

在功能区单击“默认”选项卡→“修改”面板→“旋转”按钮［旋转］，操作步骤如下：

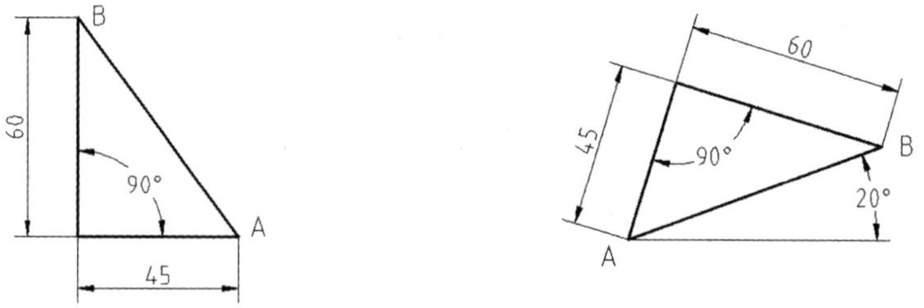

a)　　b)

图 3-80　参照方式旋转图形

a）旋转前　b）旋转后

命令：_ rotate	//启动“旋转”命令
UCS 当前的正角方向：ANGDIR = 逆时针 ANGBASE = 0	//系统提示
选择对象：指定对角点：找到 6 个	//选择整个图形
选择对象：↙	//按回车键，结束对象选择
指定基点：	//点选点 *A*
指定旋转角度，或［复制（C）/参照（R）］： r↙	//选择参照方式
指定参照角 <0>：	//捕捉点 *A*
指定第二点：	//捕捉点 *B*
指定新角度或［点（P）］ <0>： 20↙	//指定参照后的角度，即直线 *AB* 与 *X* 轴正方向的夹角为 20°

> 在旋转对象过程中，如明确知道旋转角度，可采用指定角度方式旋转对象；如不能确定旋转的准确角度，可采用参照方式旋转对象；如在旋转的同时还要保留源对象，可采用旋转复制方式旋转对象。

知识点 2　对齐对象

“对齐”命令可以将选定对象移动、旋转或倾斜，使之与另一个对象对齐。调用命令的方式如下：

- 功能区：“默认”选项卡→“修改”面板→“对齐”按钮。
- 菜单栏：“修改”→“三维操作”→“对齐”。
- 键盘命令：ALIGN 或 AL。

该命令有用一对点对齐、两对点对齐、三对点对齐 3 种方式。

1. 用一对点对齐两对象

用一对点对齐两对象能将选定对象从源位置移动到目标位置，此时“对齐”命令的作用与“移动”命令的作用相同，如图 3-81 所示。

图 3-81 中第一源点为 1，第一目标点为 1′。

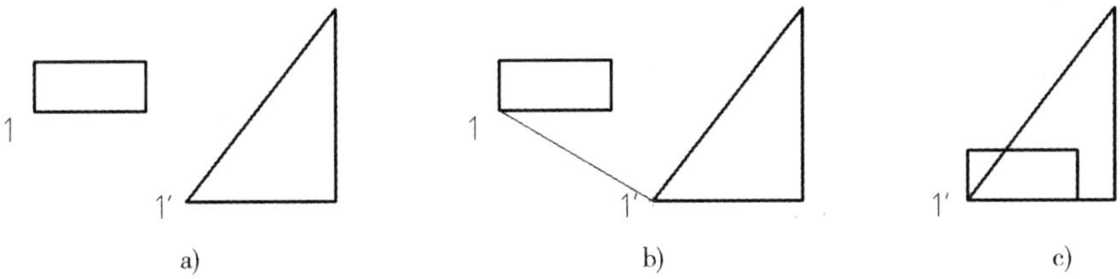

图 3-81　用一对点对齐两对象

a）对齐前　b）指定源点与对齐点　c）对齐后

2. 用两对点对齐两对象

用两对点对齐两对象可以移动、旋转选定对象，并能选择是否基于对齐点缩放选定对象，如图 3-82 所示。

图 3-82 中第一源点为 1，第一目标点为 1′；第二源点为 2，第二目标点为 2′。

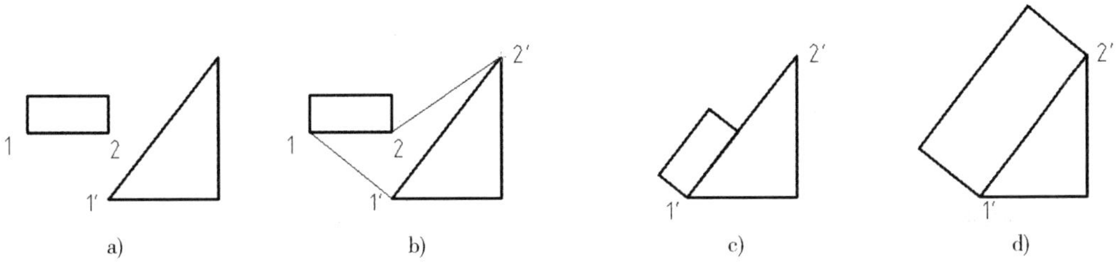

图 3-82　用两对点对齐两对象

a）对齐前　b）指定源点与对齐点　c）对齐后（不缩放对象）　d）对齐后（缩放对象）

对齐并缩放对象时，系统以第一目标点 1′和第二目标点为 2′之间的距离作为缩放对象的参考长度放大或缩小选定对象，如图 3-82d 所示，目标点 1′与 2′之间的距离大于源点 1 与 2 之间的距离，因此矩形被放大了，放大比例为直线 1′2′与直线 12 的长度之比值。

在对齐操作中，第一对源点、目标点决定被对齐对象的位置；第二对源点、目标点与第一对源点、目标点一起决定被对齐对象的旋转角度。

如图形中有倾斜的结构，采用先按水平或垂直位置进行绘制，再将其旋转或对齐（图 3-83 中腰形板）到所需位置的方法能大大提高作图速度。

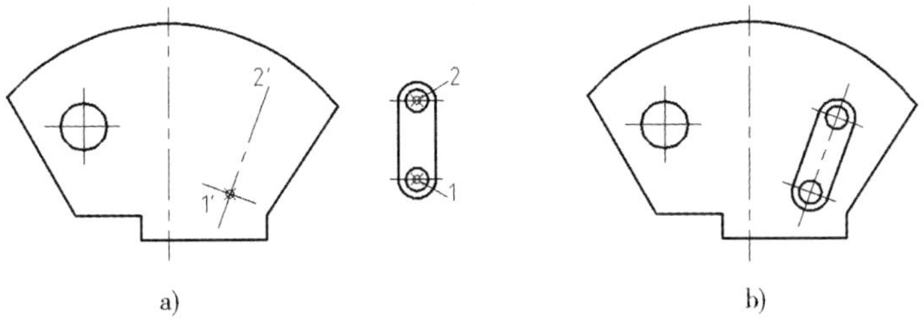

图 3-83　对齐腰形板

a）原图　b）对齐后

3. 用三对点对齐两对象

该方式可以在三维空间移动和旋转选定对象，使之与其他对象对齐，如图 3-84 所示。

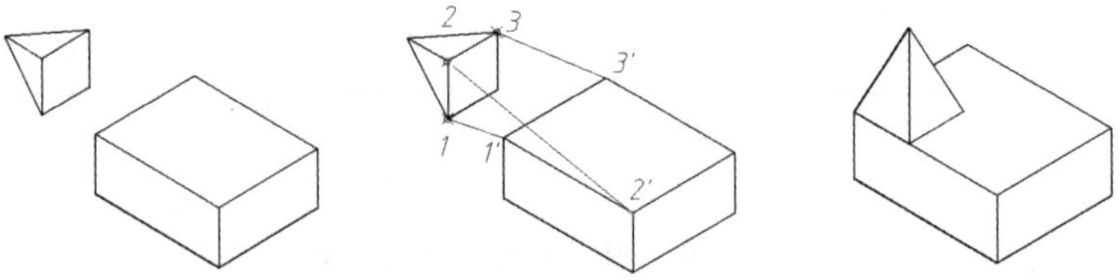

a)　　b)　　c)

图 3-84　用三对点对齐两对象

a）原图　b）源点与对齐点　c）对齐后

在图 3-84 中源点为点 1、点 2 和点 3，与之对应的目标点为点 1′、点 2′和点 3′。可以看出，用三对点对齐两对象，实现的是源平面（由源点 1、2、3 确定）与目标平面（由目标点 1′、2′、3′确定）的对齐。

任务 5　模板的绘制

操作实例（图 3-85）

本例介绍如图 3-85 所示模板的绘制方法和步骤，主要涉及“拉伸”和“夹点编辑”。

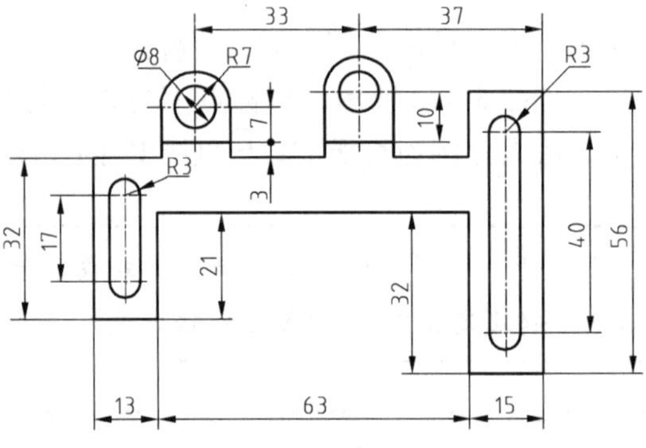

图 3-85　模板

操作过程

第 1 步：设置绘图环境，操作过程略。

第 2 步：绘模板的外形轮廓线，如图 3-86 所示。

第 3 步：绘线框 *A*、*B*，如图 3-87 所示。

第 4 步：将线框 *A*、*B* 分别复制到 *C*、*D* 处，修剪后如图 3-88 所示。

第 5 步：采用“拉伸”命令，拉伸线框 *C*，拉伸距离 23，如图 3-89 所示。

在功能区单击“默认”选项卡→“修改”面板→“拉伸”按钮［拉伸］，操作步骤如下：

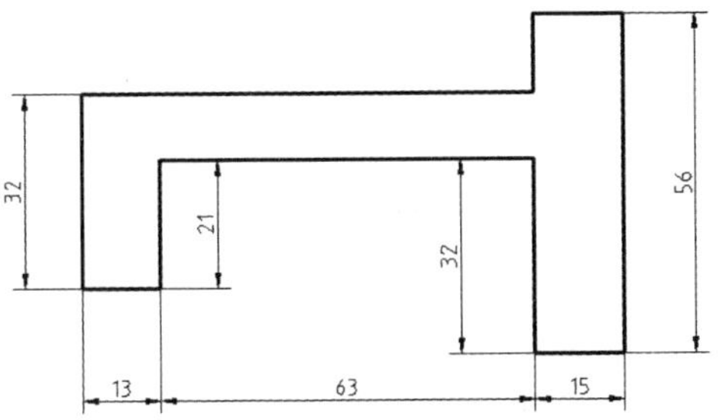

图 3-86　绘外形轮廓线

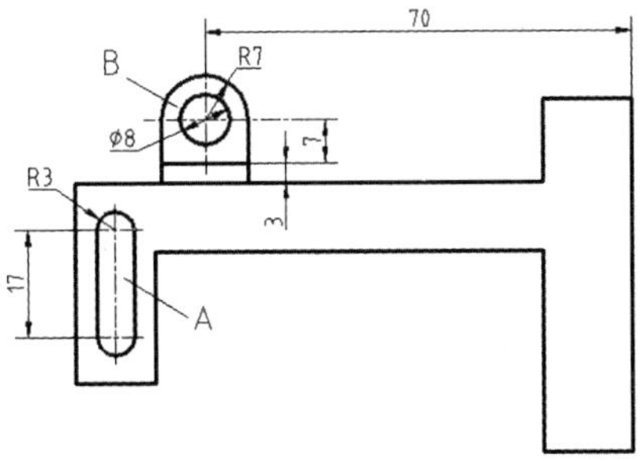

图 3-87　绘线框 *A*、*B*

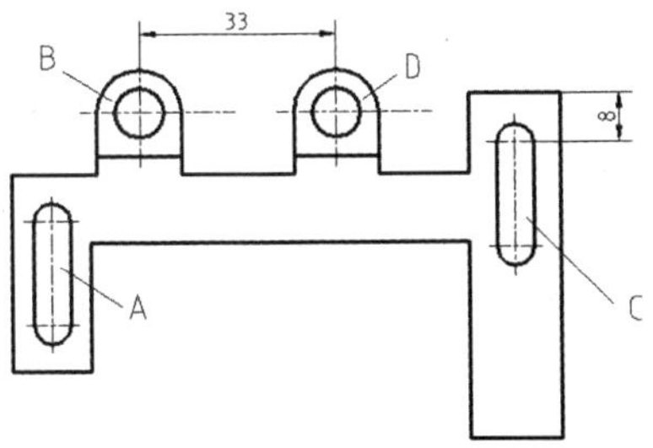

图 3-88　复制线框

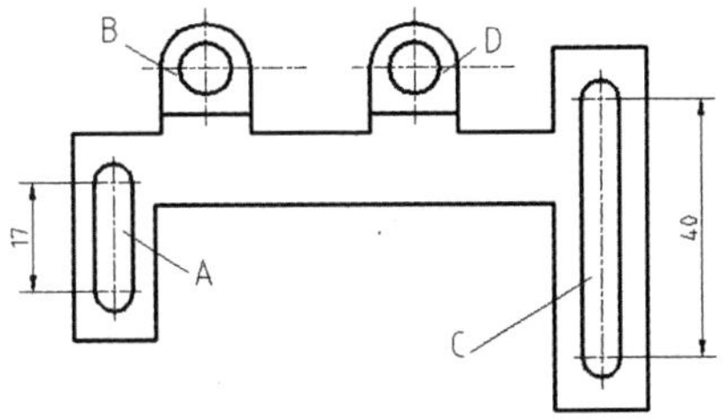

图 3-89　拉伸线框 *C*

命令：_ stretch	//启动“拉伸”命令
以交叉窗口或交叉多边形选择要拉伸的对象...	//系统提示
选择对象：指定对角点：找到 5 个	//用“窗交”方式选择拉伸对象，如图 3-90a 所示
选择对象：↙	//结束选择
指定基点或［位移(D)］ <位移>：	//捕捉线框 *C* 下半圆的圆心
指定第二个点或 <使用第一个点作为位移>：23 ↙	//往下移动鼠标，输入拉伸距离 23

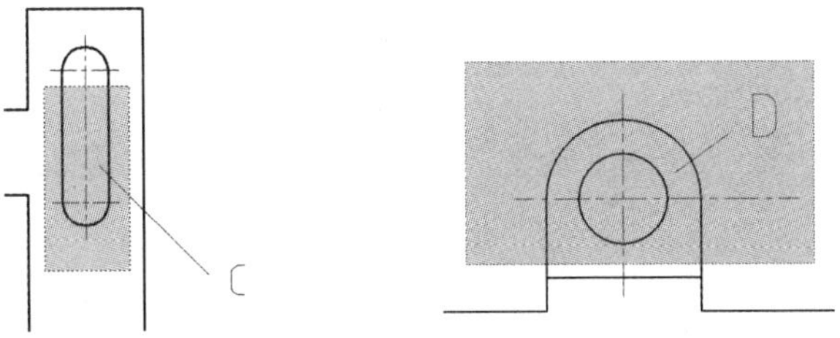

a)　　b)

图 3-90　拉伸时对象的选择

a）拉伸线框 *C*　b）拉伸线框 *D*

第 6 步：采用“拉伸”命令拉伸线框 *D*，拉伸距离 3，如图 3-91 所示（操作方法与步骤 5 相同，拉伸对象的选择如图 3-90b 所示）。

第 7 步：采用“夹点编辑”中的拉伸，调整线框 *B*、*C* 的中心线，如图 3-92 所示。

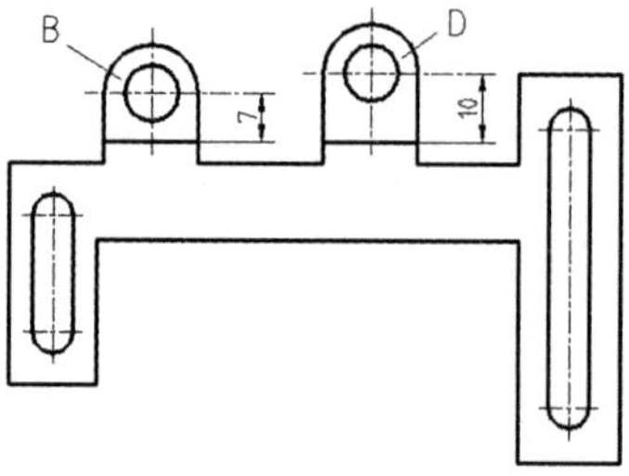

图 3-91　拉伸线框 *D*

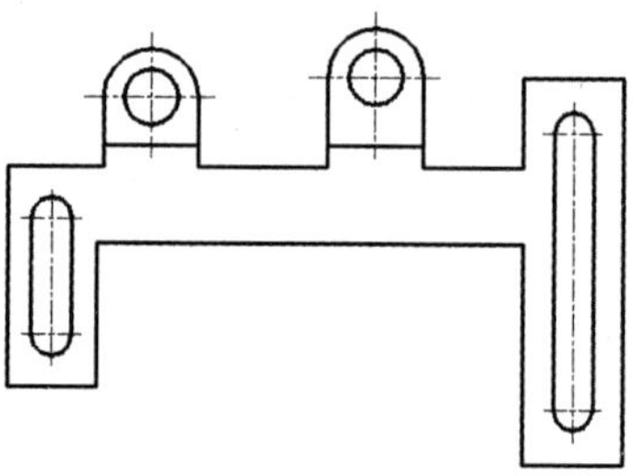

图 3-92　调整中心线

操作步骤如下：

命令：	//选择中心线，出现夹点，如图 3-93a 所示
	//捕捉端点，激活夹点，如图 3-93b 所示
** 拉伸 **	//系统提示，默认为“拉伸”模式
指定拉伸点或［基点(B)/复制(C)/放弃(U)/退出(X)］：	//往左拉中心线至适当位置，单击

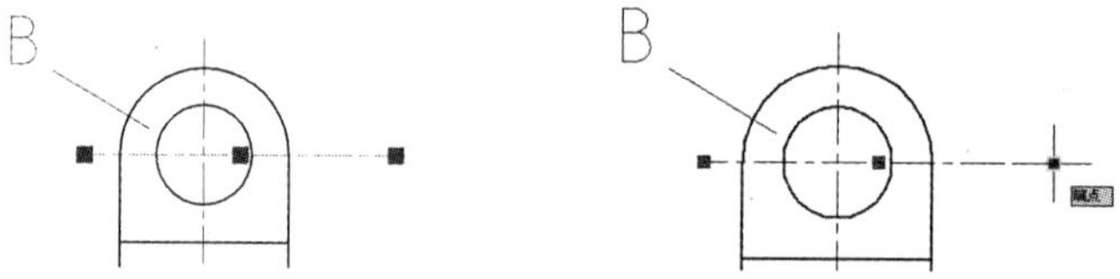

a)　　b)

图 3-93　夹点编辑

a）选择中心线，出现夹点　b）激活夹点

第 8 步：采用同样方法调整各中心线，完成绘制，保存图形文件。

知识点 1　拉伸对象

“拉伸”命令可以拉伸（或压缩）以“窗叉”方式或“圈叉”方式选中的对象，如图 3-94 所示。调用命令的方式如下：

- 功能区：“默认”选项卡→“修改”面板→“拉伸” 拉伸。
- 菜单栏：“修改”→“拉伸”。
- 工具栏：“修改”→“拉伸”。
- 键盘命令：STRETCH 或 S。

“拉伸”命令常用于对图形长度的修改与编辑，如图 3-94a 所示键槽，原长度为 20，通过拉伸后长度修改为 26。

必须以“窗叉”方式或“圈叉”方式选择要拉伸的对象，且与窗口相交的图形对象被拉伸或压缩，完全位于窗口内的图形对象只作移动（图 3-94 中右半圆弧）。

a)　　　　b)

图 3-94　拉伸键槽

a）原图　b）拉伸后

知识点 2　夹点编辑

对象的夹点就是对象本身的一些特殊点。如图 3-95 所示，直线段的夹点是两个端点和中点，圆弧段的夹点是两个端点、中点和圆心，圆的夹点是圆心和四个象限点，椭圆的夹点是椭圆心和椭圆长、短轴的端点。

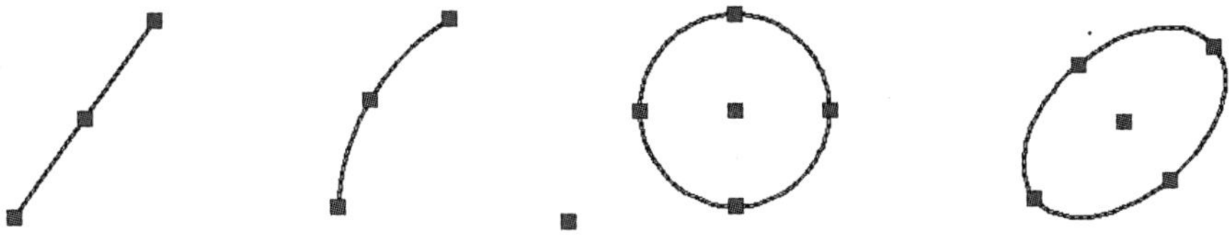

图 3-95　对象的夹点

单击“应用程序”按钮→“选项”按钮→“选择集”选项卡，可以设置是否启用夹点以及夹点的大小、颜色等，如图 3-96 所示。

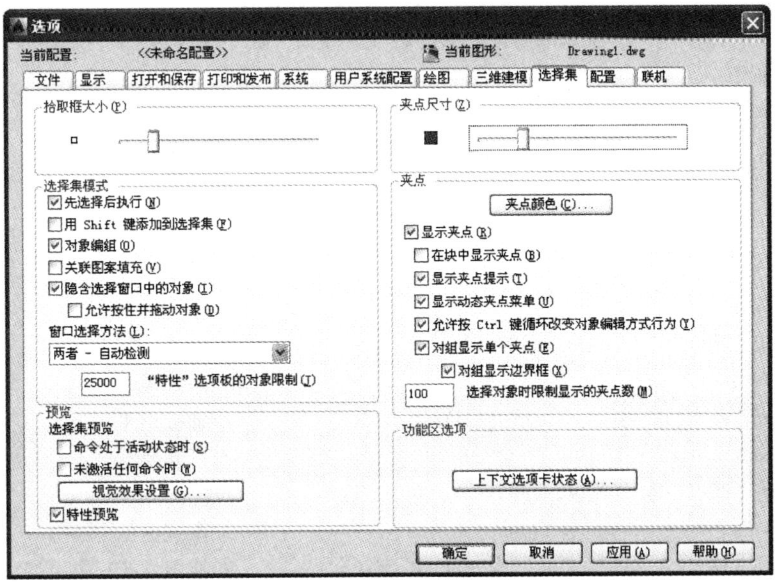

图 3-96　“选择集”选项卡的夹点设置

系统默认的设置是“显示夹点”，在这种情况下用户无需启动命令，只要选择对象，在该对象的特征点上就出现夹点，默认显示为蓝色；如再单击其中一个夹点，则这个夹点被激活，默认显示为红色。被激活的夹点，通过按回车键或空格键响应，能完成拉伸、移动、旋转、比例缩放、镜像 5 种编辑模式操作，相应的提示顺序次序为：

```
** 拉伸 **
指定拉伸点或［基点(B)/复制(C)/放弃(U)/退出(X)］:
** 移动 **
指定移动点或［基点(B)/复制(C)/放弃(U)/退出(X)］:
** 旋转 **
指定旋转角度或［基点(B)/复制(C)/放弃(U)/参照(R)/退出(X)］:
** 比例缩放 **
指定比例因子或［基点(B)/复制(C)/放弃(U)/参照(R)/退出(X)］:
** 镜像 **
指定第二点或［基点(B)/复制(C)/放弃(U)/退出(X)］:
```

1. 使用夹点拉伸对象

该方式通过将选定夹点移动到新位置来拉伸对象。

例 3-13 使用夹点拉伸功能，将图 3-97a 所示图形编辑成如图 3-97c 所示。

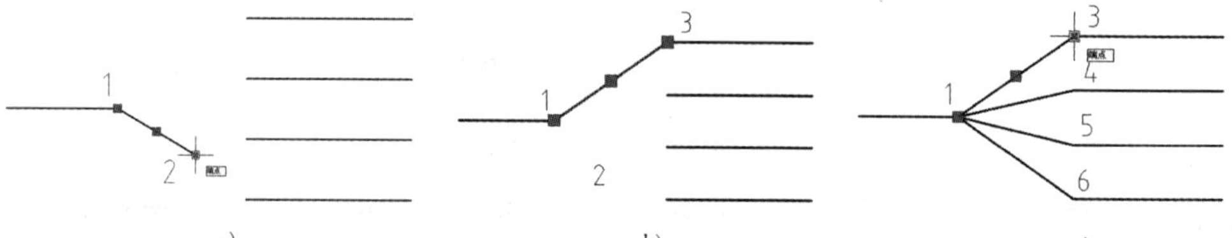

a) b) c)

图 3-97 使用夹点拉伸对象

a）原图 b）拉伸直线 12 c）“复制”模式拉伸直线 13

操作步骤如下：

```
命令:                                              //选择直线 12,出现夹点,激活点 2
** 拉伸 **                                         //系统提示,默认为“拉伸”模式
指定拉伸点或［基点(B)/复制(C)/放弃(U)/退出(X)］:     //捕捉点 3,直线 12 变成 13
命令:                                              //激活点 3
** 拉伸 **                                         //系统提示
指定拉伸点或［基点(B)/复制(C)/放弃(U)/退出(X)］: c ↙ //选择“复制”模式
** 拉伸 **                                         //系统提示
指定拉伸点或［基点(B)/复制(C)/放弃(U)/退出(X)］:     //捕捉点 4
** 拉伸 **                                         //系统提示
指定拉伸点或［基点(B)/复制(C)/放弃(U)/退出(X)］:     //捕捉点 5
** 拉伸 **                                         //系统提示
指定拉伸点或［基点(B)/复制(C)/放弃(U)/退出(X)］:     //捕捉点 6
** 拉伸 **                                         //系统提示
指定拉伸点或［基点(B)/复制(C)/放弃(U)/退出(X)］: ↙   //按回车键,结束选择
命令: *取消*                                       //按“ECS”键,取消夹点
```

2. 使用夹点移动对象

该方式可以将选定的对象进行移动。

3. 使用夹点旋转对象

该方式可以将选定的对象绕基点旋转。

4. 使用夹点比例缩放对象

该方式可以将选定的对象进行缩放。

5. 使用夹点镜像对象

该方式可以将选定的对象进行镜像复制。

移动、旋转、比例缩放、镜像等编辑模式操作，与拉伸的操作方式大致相同，在此不再赘述。

> 任何一种编辑模式下，选择选项“复制（C）”，系统都将按指定的编辑模式多重复制对象，直到按回车键结束。

任务6　槽轮的绘制

操作实例（图3-98）

本例介绍如图3-98所示槽轮的绘制方法和步骤，主要涉及的命令有“面域”“布尔运算”。

操作过程

第1步：设置绘图环境，操作过程略。

第2步：绘中心线及 ϕ53、ϕ28、*R*3、*R*9 的圆各一个，如图3-99所示。

第3步：绘制一个矩形。矩形的一个角点在 *R*3 圆的上象限点或下象限点上，另一角点在 ϕ53 的圆之外（矩形宽为6，长度可任意，但必须超出 ϕ53 的圆），如图3-100所示。

第4步：用“面域”命令将圆 *A*、*B*、*C* 及矩形 *D* 创建为面域，如图3-101所示。

在功能区单击“默认”选项卡→“绘图”面板→“面域”按钮，操作步骤如下：

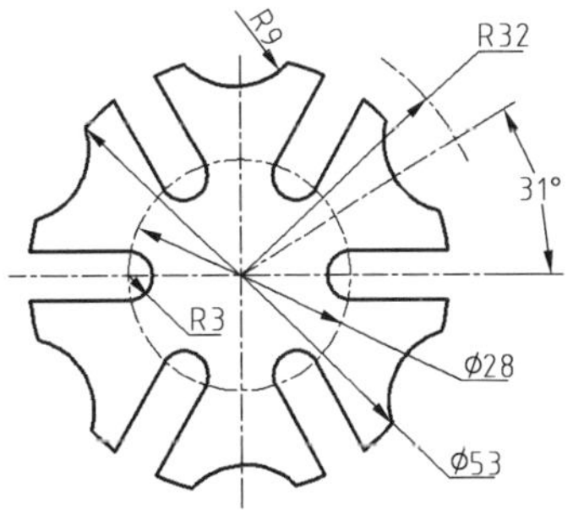

图3-98　槽轮

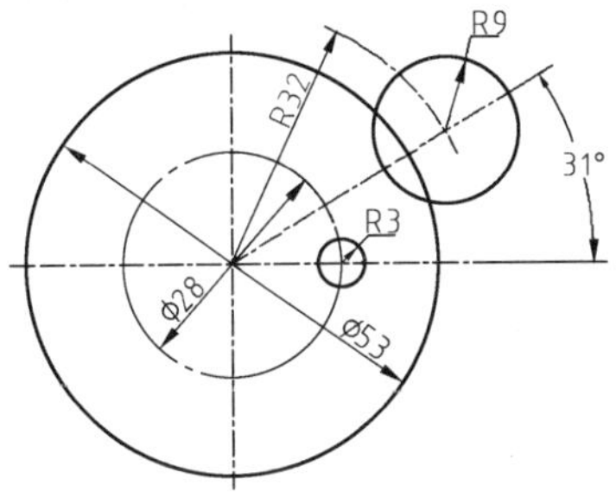

图3-99　绘中心线和4个圆

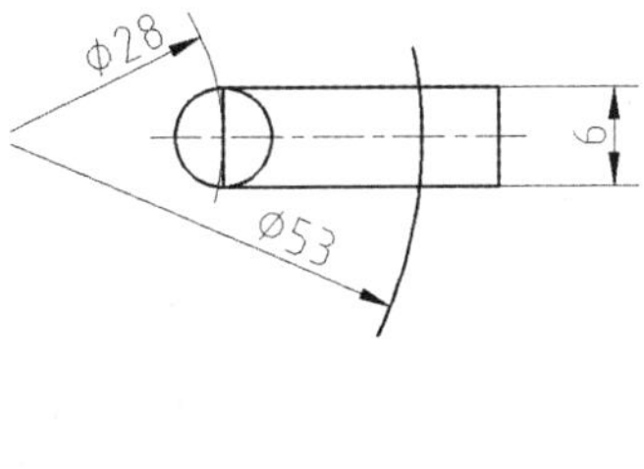

图3-100　绘矩形

命令：_ region	//启动“面域”命令
选择对象：找到 1 个	//选择圆 *A*
选择对象：找到 1 个，总计 2 个	//选择圆 *B*
选择对象：找到 1 个，总计 3 个	//选择圆 *C*
选择对象：找到 1 个，总计 4 个	//选择矩形 *D*
选择对象：↙	//按回车键，结束对象选择
已提取 4 个环	//系统提示已提取到 4 个封闭线框
已创建 4 个面域	//系统提示已创建 4 个面域

第 5 步：环形阵列 *A*、*C*、*D* 三个面域，阵列中心为点 *O*，项目总数为 6，填充角度为 360°，去除“关联”关系，阵列后如图 3-102 所示。

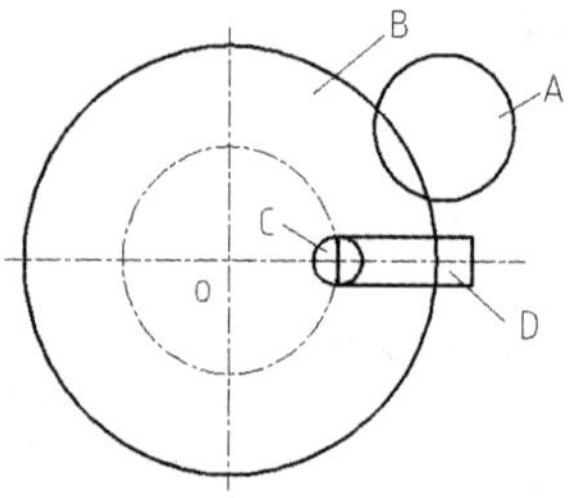

图 3-101　创建面域

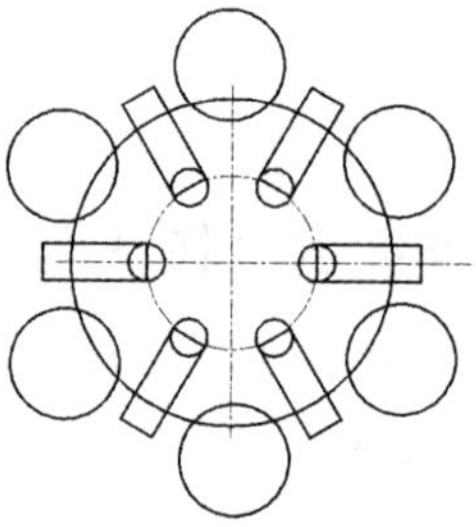

图 3-102　环形阵列

第 6 步：使用“差集”命令，用面域 *B* 减去其余所有的面域，如图 3-103 所示。

（1）显示“三维工具”选项卡。在功能区任意一个图标按钮处右击，显示光标菜单→将光标移至“显示选项卡”→选择“三维工具”，在功能区即显示“三维工具”选项卡。

（2）进行“差集”运算。

在功能区单击“三维工具”选项卡→“实体编辑”面板→“差集”按钮，操作步骤如下：

命令：_ subtract 选择要从中减去的实体或面域...	//选择面域 *B*
选择对象：找到 1 个	//系统提示
选择对象：↙	//按回车键，结束选择
选择要减去的实体或面域..	//选择除面域 *B* 以外的所有面域
选择对象：找到 18 个	//系统提示
选择对象：↙	//按回车键，结束选择

进行差集运算时，要注意两个问题：一是分清被减对象与减去对象；二是进行差集操作时，应先选择被减的对象，后选择减去的对象。

第 7 步：使用“夹点”编辑中的“拉伸”方式，调整各中心线，如图 3-104 所示。

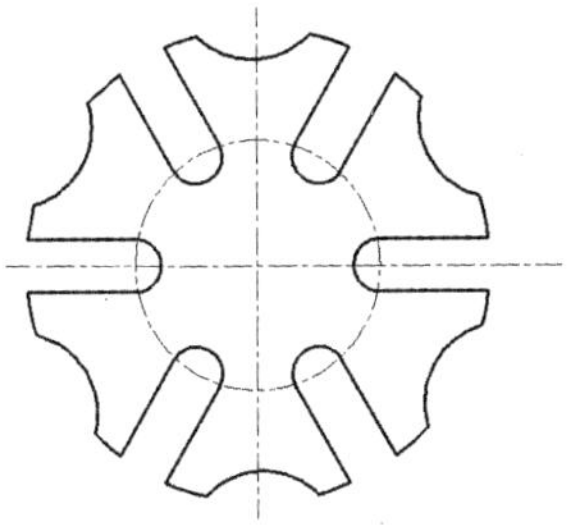

图 3-103　差集运算

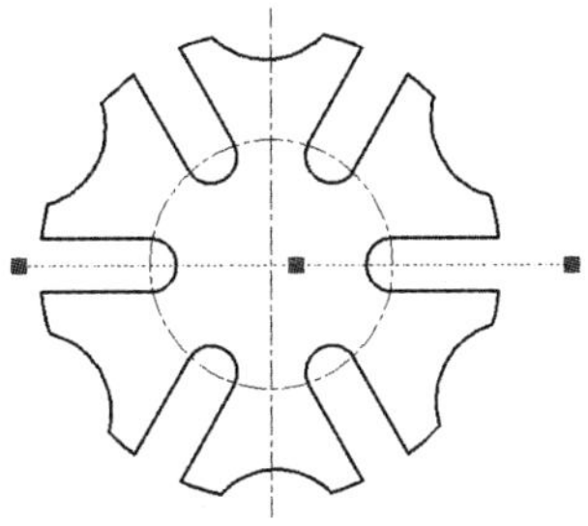

图 3-104　使用夹点编辑，调整中心线

第 8 步：保存图形文件。

> 上例中执行差集运算后的槽轮是一个面域，采用“分解”命令分解该面域，就能得到槽轮的二维线框。

知识点 1　创建面域

面域是二维的平面，利用“面域”命令可以将二维闭合线框转化面域，如将图 3-105 所示的线框圆转化如图 3-106 所示的圆平面。调用命令的方式如下：

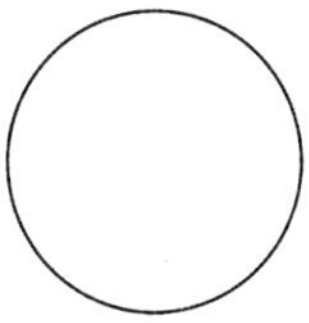

图 3-105　二维闭合线框

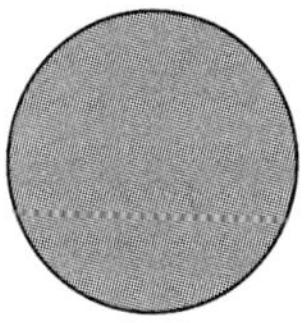

图 3-106　面域

- 功能区：“默认”选项卡→“绘图”面板→“面域”按钮。
- 菜单栏：“绘图”→“面域”。
- 工具栏：“绘图”→“面域”。
- 键盘命令：REGION 或 REG。

> 能创建成面域的二维封闭线框可以是圆、椭圆、封闭的二维多段线或封闭的样条曲线；也可以是由圆弧、直线、二维多段线、椭圆弧、样条曲线等对象构成的封闭区域。

知识点 2　布尔运算

AutoCAD 中的布尔运算，是指对面域或实体进行“并”“交”和“差”布尔逻辑运算，以创建新的面域或实体。

1. 并运算

“并运算”通过“并集”命令将多个面域或实体合并为一个新面域或实体，如图 3-107、图 3-108 所示。调用命令的方式如下：

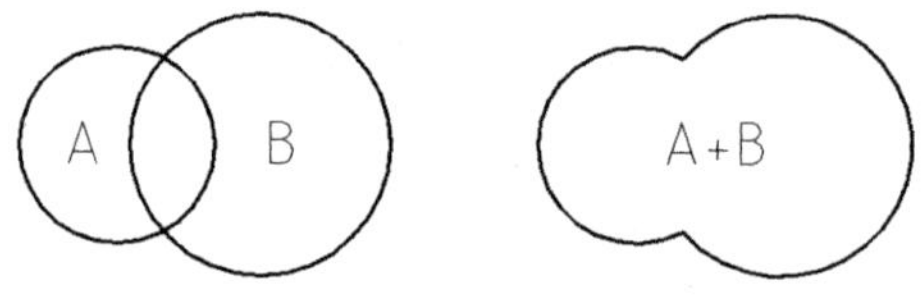

a)　　b)

图 3-107　面域并集

a）原图　b）并集后

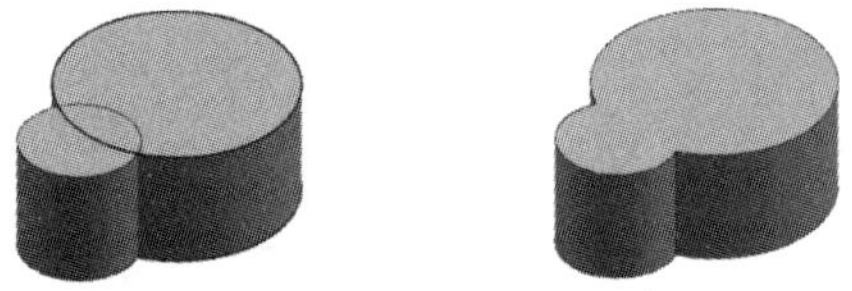

a)　　b)

图 3-108　实体并集

a）原图　b）并集后

- 功能区：

“草图与注释”工作空间，“三维工具”选项卡→“实体编辑”面板→“并集”按钮。

“三维基础”工作空间，“默认”选项卡→“编辑”面板→“并集”按钮。

“三维建模”工作空间，“常用”选项卡→“实体编辑”面板→“并集”按钮。

- 菜单栏：“修改”→“实体编辑”→“并集”。
- 工具栏：“建模”→“差集”。
- 键盘命令：UNION 或 UNI。

在“草图与注释”工作空间应用布尔运算需先在功能区显示“三维工具”选项卡，其方法参见本任务操作实例中第 6 步。

例 3-14　运用“并集”命令将图 3-107a 中的 *A*、*B* 两个面域合并成如图 3-107b 所示的一个整体。

在功能区单击“三维工具”选项卡→“实体编辑”面板→“并集”按钮，操作步骤如下：

命令：_ union	//启动“并集”命令
选择对象：指定对角点：找到 2 个	//选择面域 *A*、*B*
选择对象：↙	//按回车键，结束选择

可以对实体做同样的并集操作，如图 3-108 所示。

2. 差运算

“差运算”通过“差集”命令从一个面域或实体选择集中减去另一个面域或实体选择集，从而创建一个新的面域或实体，如图 3-109、图 3-110 所示。

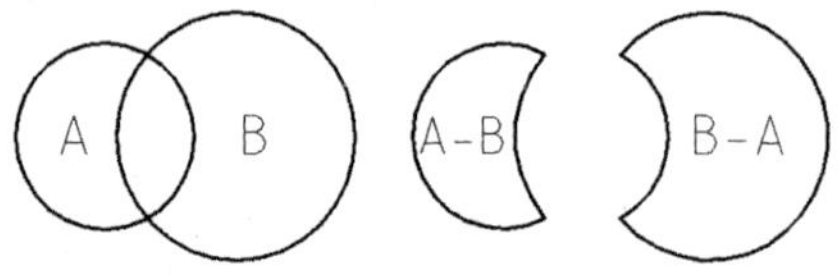

a)　　b)

图 3-109　面域差集

a）原图　b）差集后

a)　　b)

图 3-110　实体差集

a）原图　b）差集后

调用命令的方式如下：

- 功能区：

“草图与注释”工作空间，“三维工具”选项卡→“实体编辑”面板→“差集”按钮。

“三维基础”工作空间，“默认”选项卡→“编辑”面板→“差集”按钮。

“三维建模”工作空间，“常用”选项卡→“实体编辑”面板→“差集”按钮。

- 菜单栏：“修改”→“实体编辑”→“差集”。
- 工具栏：“建模”→“差集”。
- 键盘命令：SUBTRACT 或 SU。

3. 交运算

“交运算”通过“交集”命令将多个面域或实体相交的部分创建为一个新面域或实体，如图3-111、图3-112所示。调用命令的方式如下：

- 功能区：

“草图与注释”工作空间，“三维工具”选项卡→“实体编辑”面板→“交集”按钮。

“三维基础”工作空间，“默认”选项卡→“编辑”面板→“交集”按钮。

“三维建模”工作空间，“常用”选项卡→“实体编辑”面板→“交集”按钮。

- 菜单栏：“修改”→“实体编辑”→“交集”。
- 工具栏：“建模”→“交集”。
- 键盘命令：INTERSECT 或 IN。

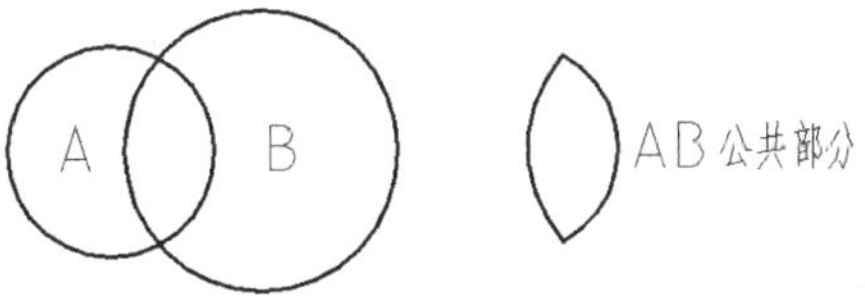

a)　b)

图3-111　面域交集

a）原图　b）交集后

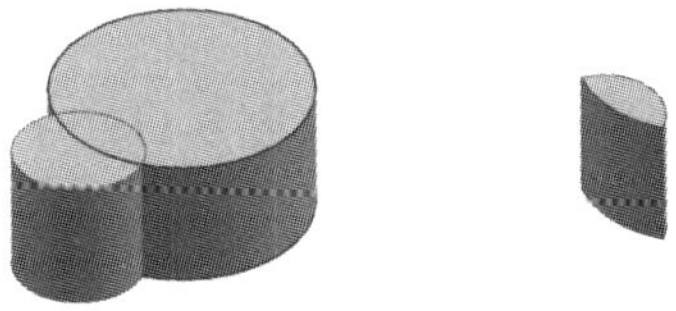
a)　b)

图3-112　实体交集

a）原图　b）交集后

例3-15　运用“交集”命令将图3-111a中的*A*、*B*两个面域相交的部分创建成如图3-111b所示一个新的面域。

在功能区单击“三维工具”选项卡→“实体编辑”面板→“交集”按钮，操作步骤如下：

```
命令:_ intersect                          //启动“交集”命令
选择对象: 指定对角点: 找到 2 个              //选择面域 A、B
选择对象:↙                                //按回车键,结束选择
```

可以对实体做同样的交集操作，如图3-112所示。

当零件上分布较多的孔或槽时，采用创建面域，再进行布尔运算的方法绘制，能大大简化绘图过程，从而提高绘图速度。

同类练习

1. 用近似画法绘制如图 3-113 所示螺纹连接件，其中 d 表示直径。

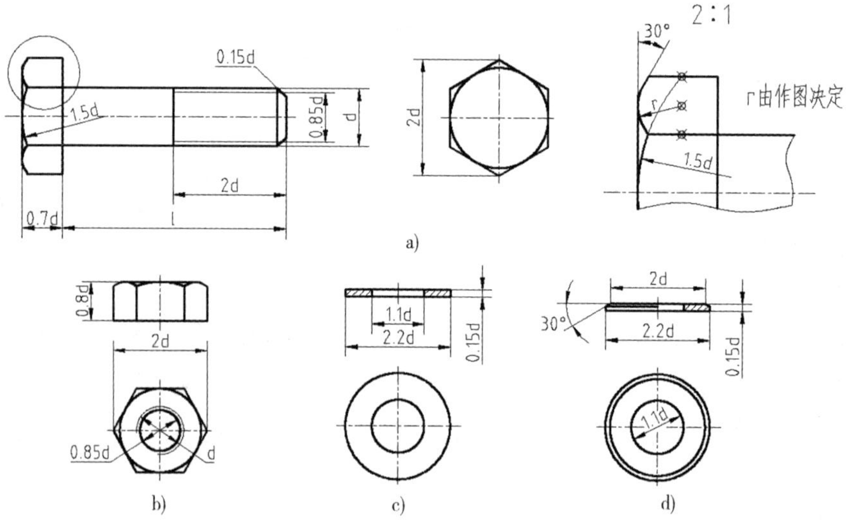

图 3-113　练习图 3-1

a）螺栓　b）螺母　c）垫圈 1　d）垫圈 2

2. 绘制如图 3-114 ~ 图 3-117 所示图形。

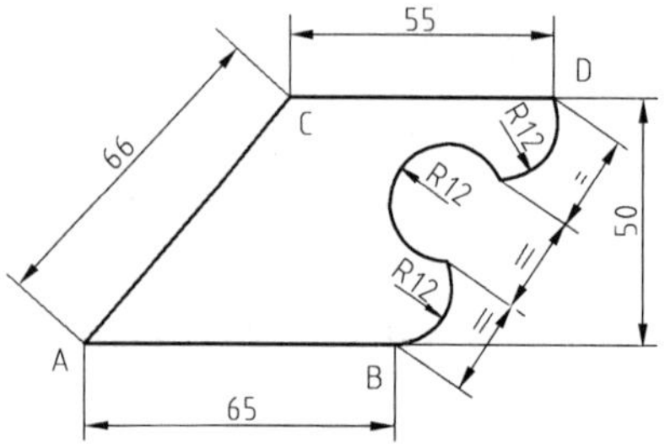

图 3-114　练习图 3-2

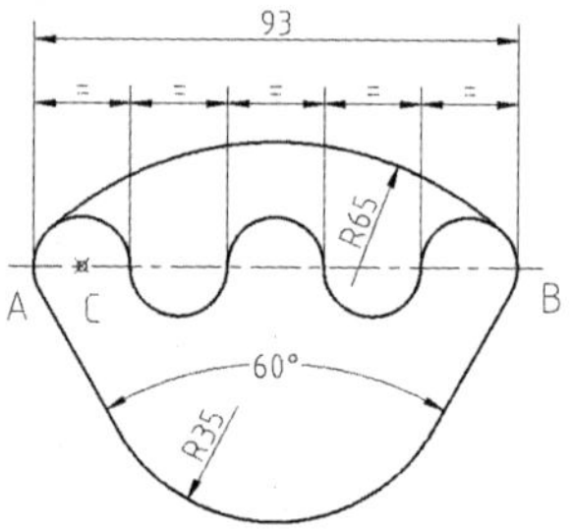

图 3-115　练习图 3-3

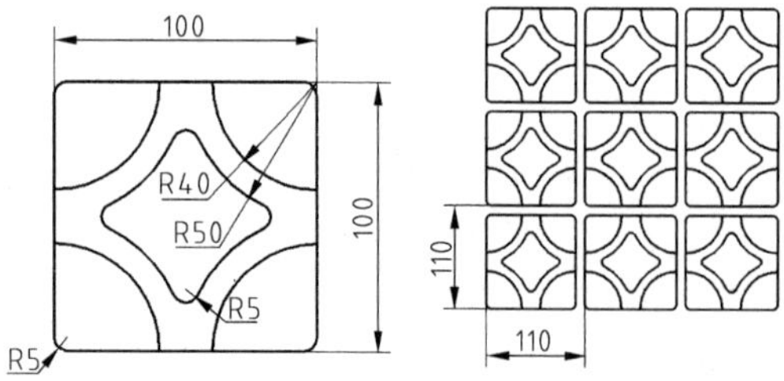

图 3-116　练习图 3-4

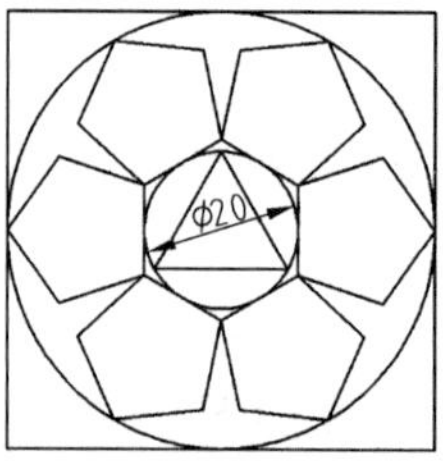

图 3-117　练习图 3-5

3. 灵活运用各编辑命令，绘制如图 3-118 ~ 图 3-121 所示图形。

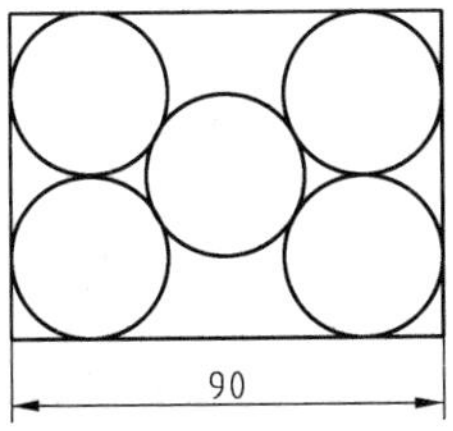

图 3-118　练习图 3-6

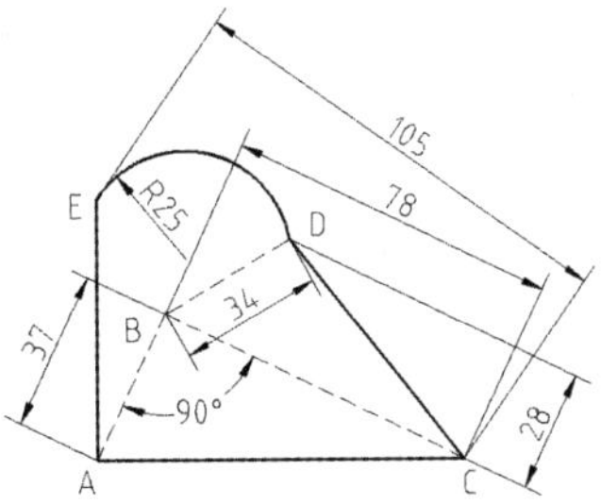

图 3-119　练习图 3-7

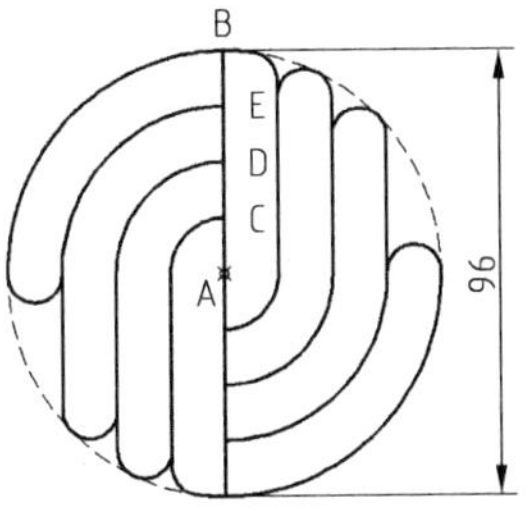

图 3-120　练习图 3-8

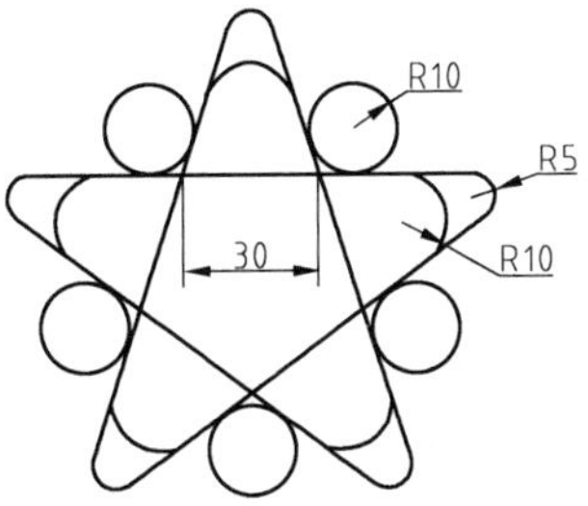

图 3-121　练习图 3-9

4. 绘制如图 3-122 ~ 图 3-127 所示图形。

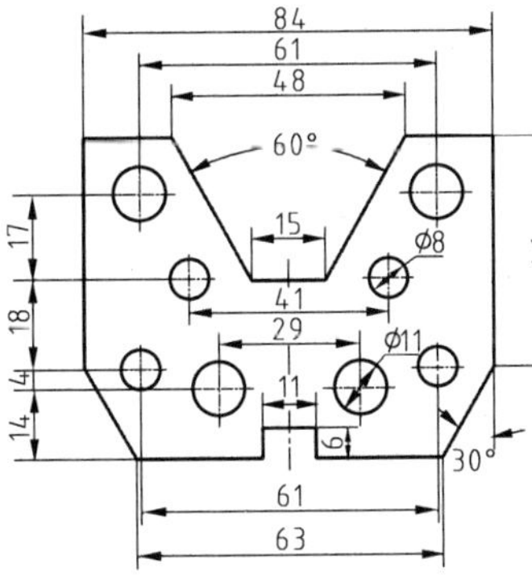

图 3-122　练习图 3-10

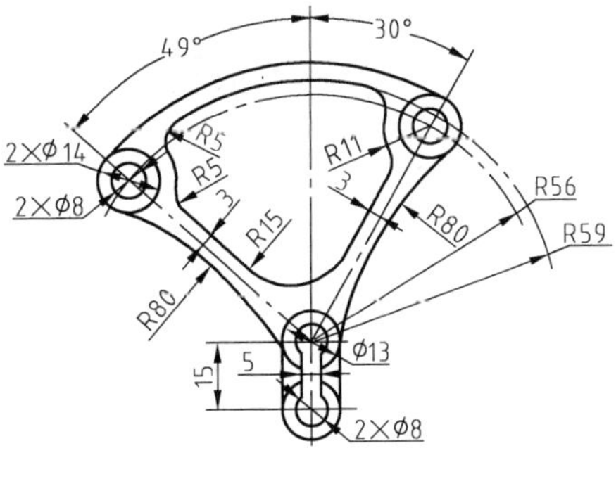

图 3-123　练习图 3-11

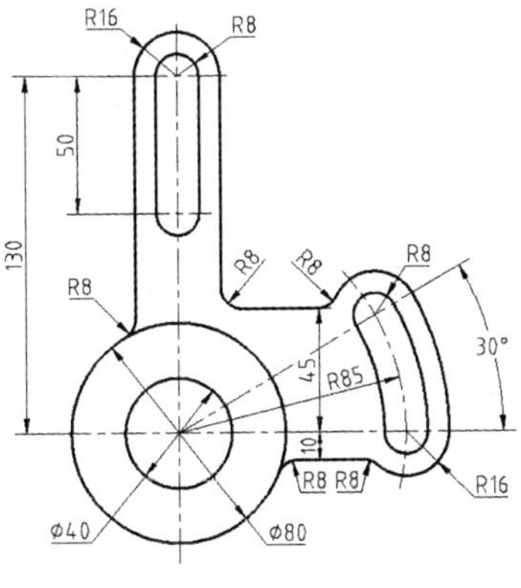

图 3-124　练习图 3-12

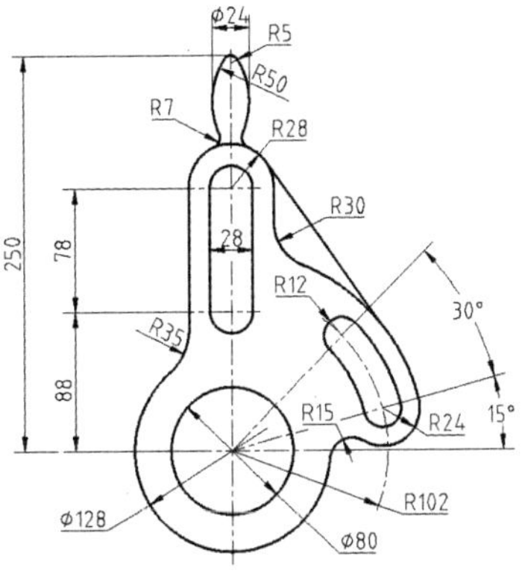

图 3-125　练习图 3-13

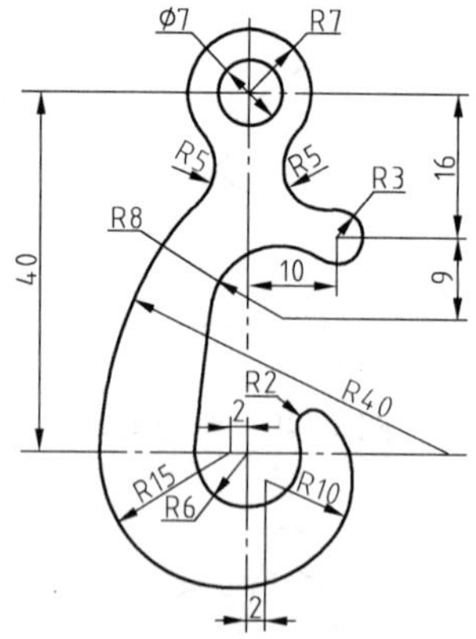

图 3-126　练习图 3-14

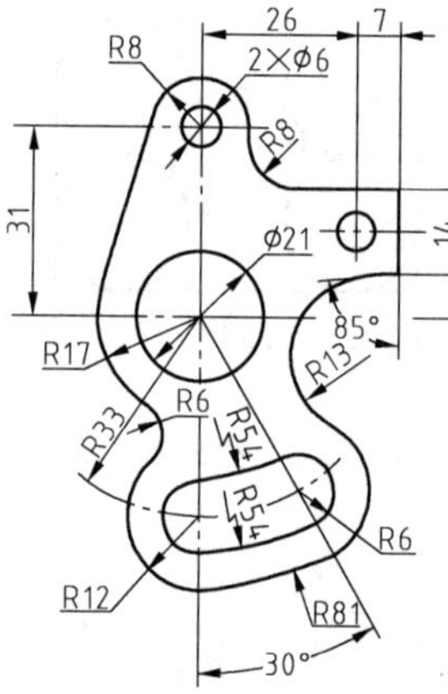

图 3-127　练习图 3-15

5. 绘制如图 3-128 ~ 图 3-137 所示图形。

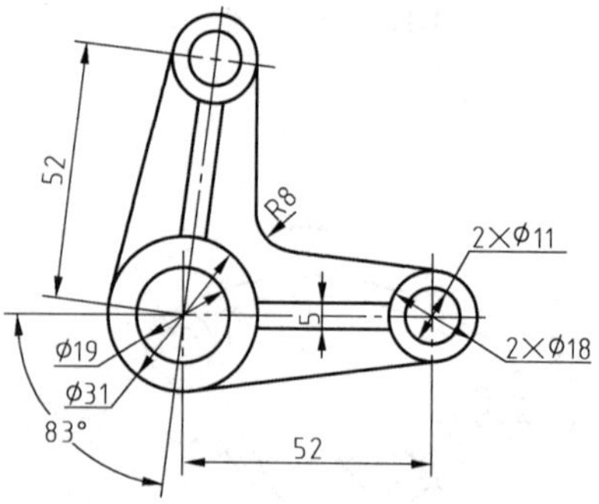

图 3-128　练习图 3-16

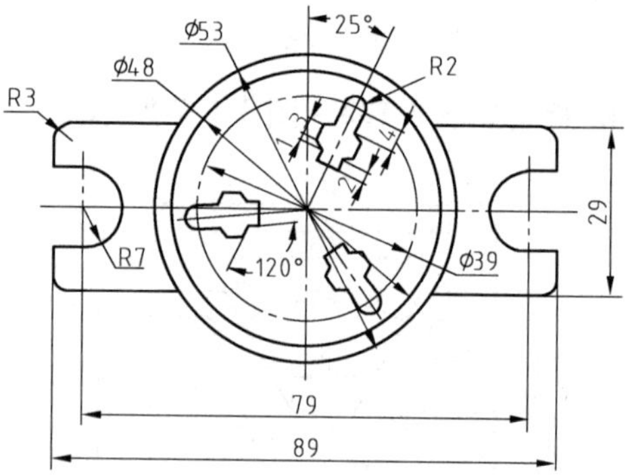

图 3-129　练习图 3-17

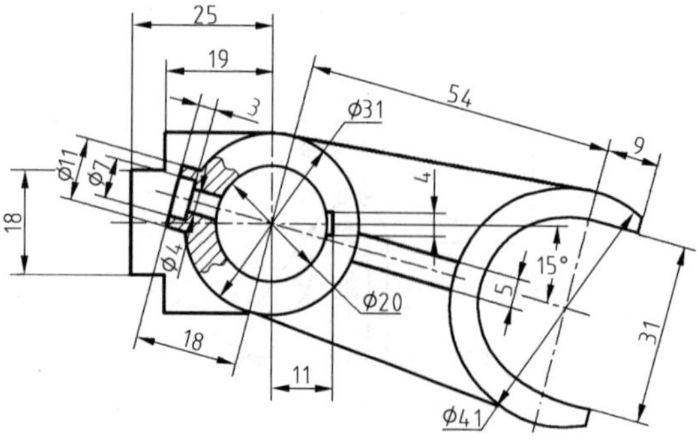

图 3-130　练习图 3-18

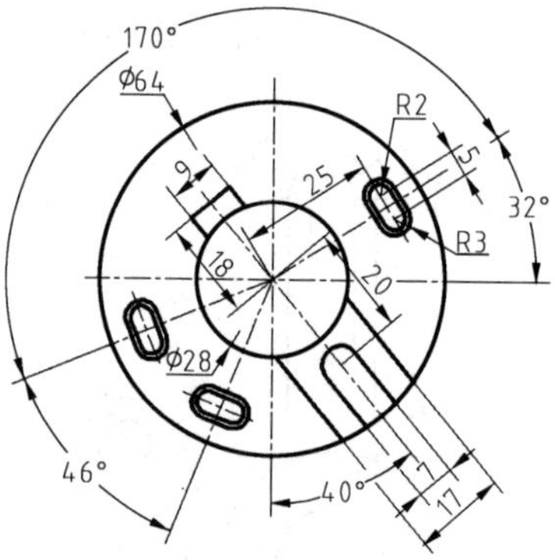

图 3-131　练习图 3-19

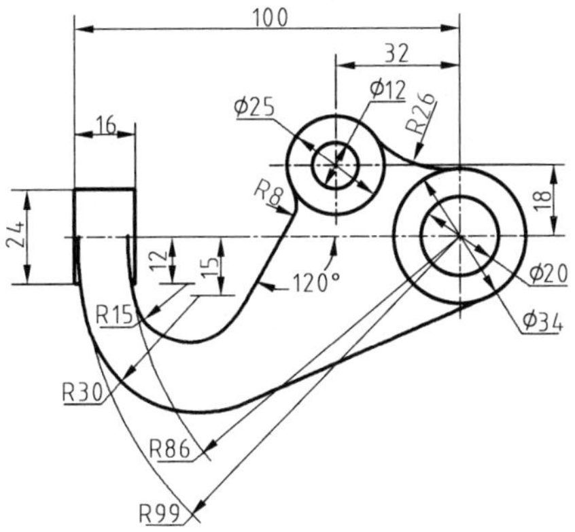

图 3-132　练习图 3-20

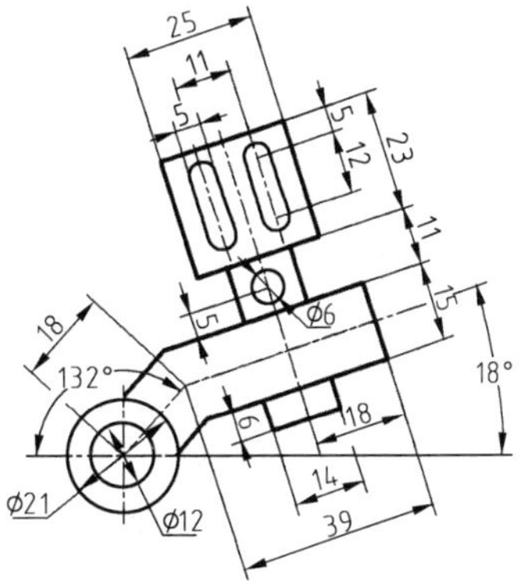

图 3-133　练习图 3-21

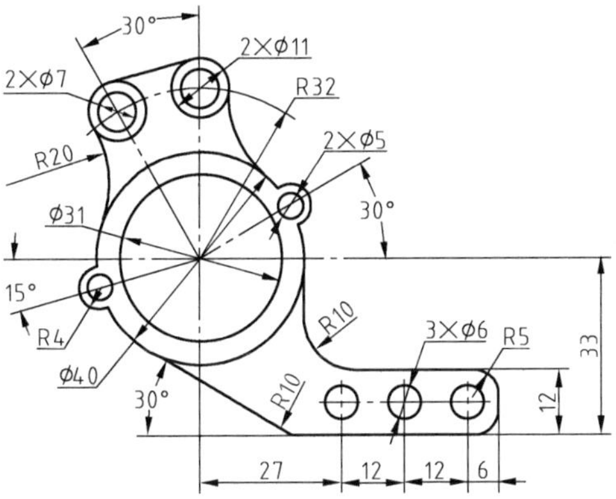

图 3-134　练习图 3-22

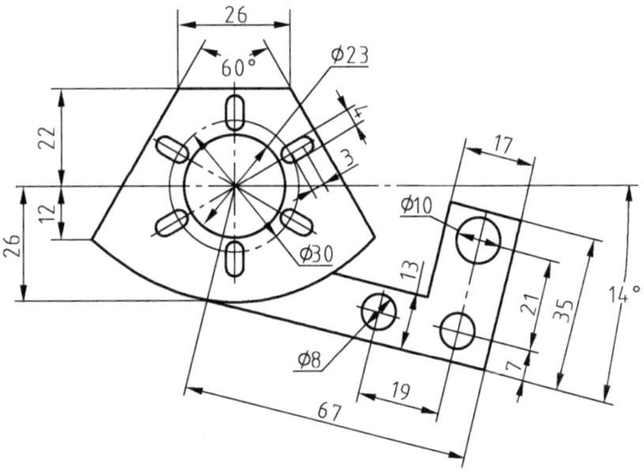

图 3-135　练习图 3-23

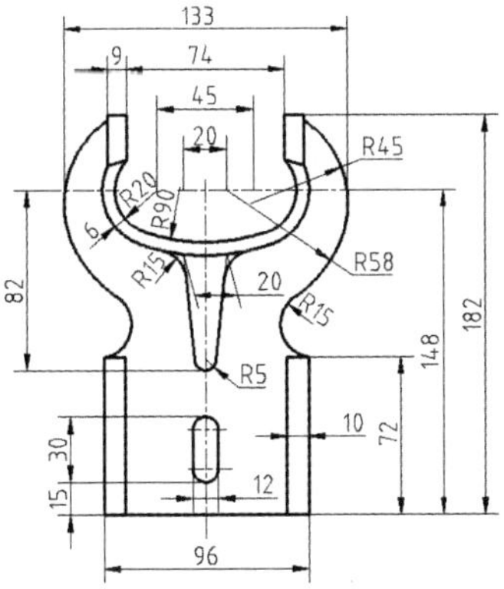

图 3-136　练习图 3-24

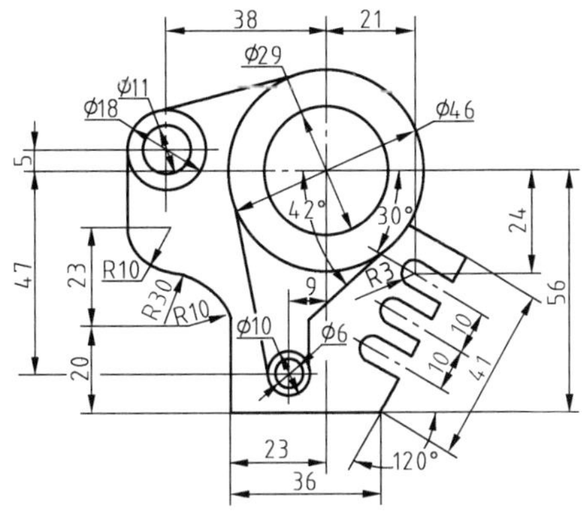

图 3-137　练习图 3-25

6. 采用创建面域、进行布尔运算的方法绘制如图 3-138、图 3-139 所示图形。

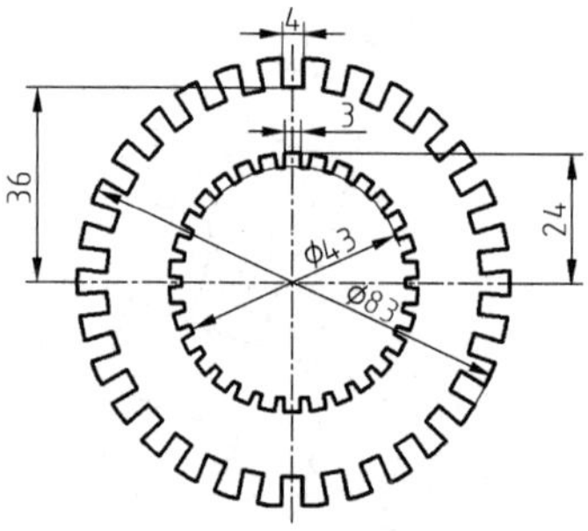

图 3-138　练习图 3-26

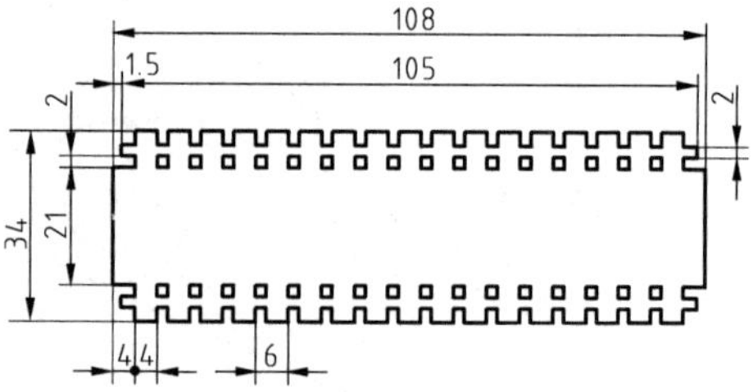

图 3-139　练习图 3-27

模块4　文字、尺寸标注与编辑

【学习目标】

1. 掌握创建、修改文字样式的方法。
2. 掌握单行文字、多行文字的注写。
3. 掌握编辑文字的方法。
4. 掌握创建、修改标注样式的方法。
5. 掌握尺寸的正确标注。
6. 掌握尺寸标注的编辑方法。
7. 能根据需要正确创建、修改、替代文字样式。
8. 能正确注写单行文字、多行文字。
9. 能根据需要正确创建、修改标注样式。
10. 能正确标注图形尺寸，且符合国家标准《机械制图》的规定。

任务1　创建两种文字样式

操作实例

本例要求创建两种文字样式，以用于图形中文字的注写。一种样式名为“工程字”，选用“gbenor. shx”字体及“gbcbig. shx”大字体；另一种样式名为“长仿宋字”，选用“仿宋_ GB2312”字体，宽度比例为“0. 7”，并将“工程字”设置为当前文字样式。

本例主要涉及“文字样式”对话框中参数的设置。

操作过程

第1步：在功能区单击“默认”选项卡→“注释”面板→“文字样式”按钮，弹出“文字样式”对话框，如图4-1所示。

第2步：创建“工程字”文字样式。

（1）在“文字样式”对话框中单击“新建(N)...”按钮，弹出“新建文字样式”对话框。

（2）在“样式名”文本框中输入“工程字”，如图4-2所示。

（3）单击“确定”按钮，返回到主对话框。

（4）在“字体”下拉列表框中选择“gbenor. shx”，勾选“使用大字体(U)”复选框；在“大字体”下拉列表框中选择“gbcbig. shx”；其余设置采用默认值，如图4-3所示，在左下角预览框中可预览“工程字”文字样式。

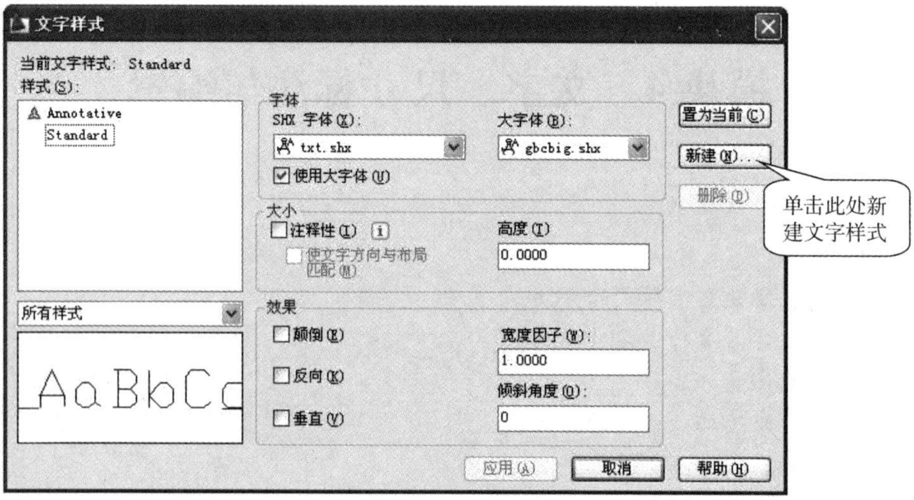

图 4-1 “文字样式”对话框

（5）单击“应用(A)”按钮，确认“工程字”文字样式的设置。

第 3 步：创建“长仿宋字”文字样式。

（1）在“文字样式”对话框中再次单击“新建(N)...”按钮，弹出“新建文字样式”对话框。

（2）在“样式名”文本框中输入“长仿宋字”。

（3）单击“确定”按钮，返回到主对话框。

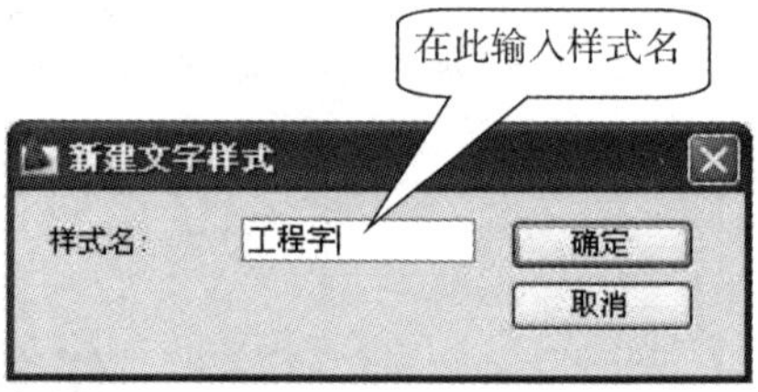

图 4-2 “新建文字样式”对话框

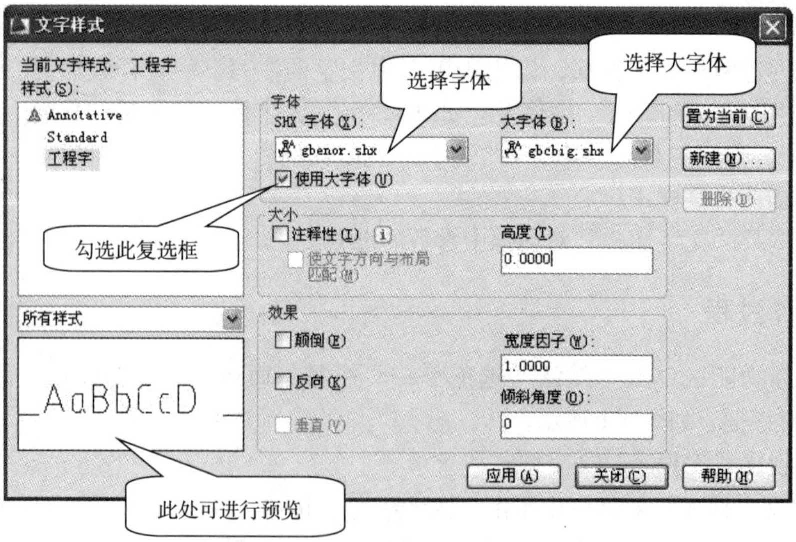

图 4-3 设置“工程字”文字样式

（4）在“字体”下拉列表框中选择“仿宋_ GB2312”，不勾选“使用大字体”复选框；在“宽度因子”文本框内输入宽度比例值“0. 7”，其余设置采用默认值，如图 4-4 所示。

（5）单击“应用(A)”按钮，确认“长仿宋字”文字样式的设置。

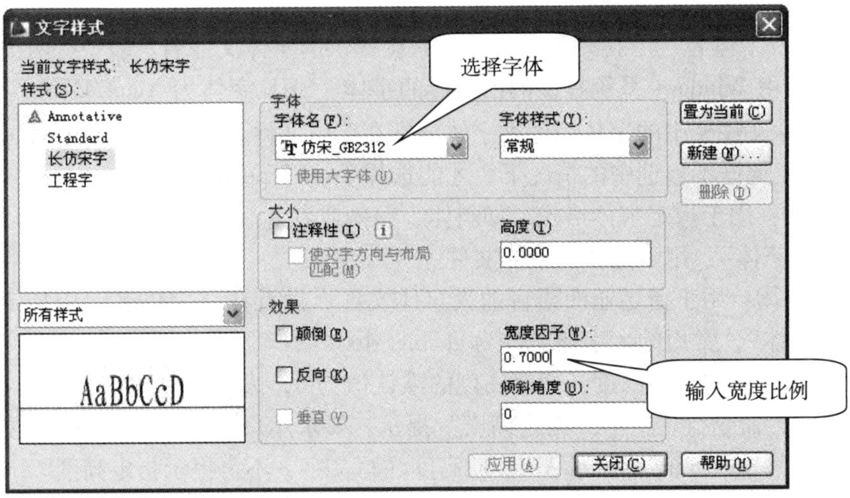

图4-4　设置“长仿宋字”文字样式

第4步：将“工程字”设置为当前文字。

(1) 在“文字样式”对话框的“样式”列表框中选择“工程字”文字样式。

(2) 单击“置为当前(C)”按钮，将“工程字”文字样式设置为当前文字样式。

第5步：单击“关闭(C)”按钮，关闭对话框，结束文字样式设置。

知识点　文字样式的创建

文字是工程图样中不可缺少的组成部分，文字样式是对文字特性的一种描述，包括字体、高度（即文字的大小）、宽度比例、倾斜角度以及排列方式等。工程图样中所注写的文字往往需要采用不同的文字样式，因此，在注写文字之前首先应创建所需要文字样式。调用“文字样式”命令的方式如下：

- 功能区：“默认”选项卡→“注释”面板→“文字样式”按钮。

  或“注释”选项卡→“文字”面板→“面板对话框启动器”按钮。
- 菜单栏：“格式”→“文字样式”。
- 工具栏：“文字”→“文字样式”或“样式”→〖文字样式〗。
- 键盘命令：STYLE或ST。

“注释”面板如图4-5所示。

调用“文字样式”命令后，弹出如图4-1所示“文字样式”对话框。在该对话框内不但可以创建新的文字样式，而且可以修改或删除已有的文字样式，或根据需要将某种文字样式设置为当前文字样式。“文字样式”对话框中各选项介绍如下：

◆ 样式：“样式”列表中显示了当前图形文件中已创建的所有文字样式。“Standard”为系统默认使用的样式名，不允许重命名和删除。图形

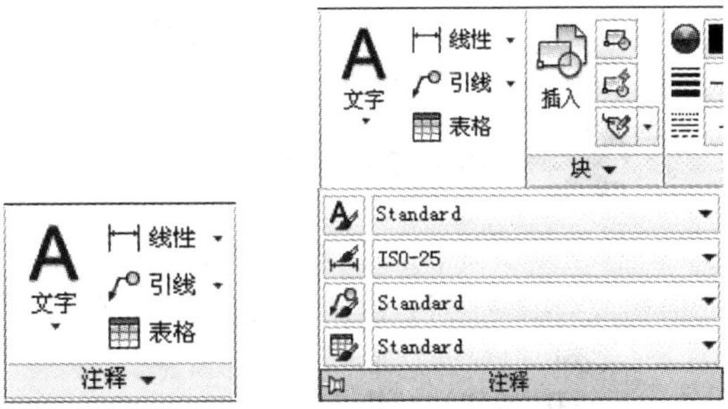

a)　　b)

图4-5　“注释”面板

a）展开前　b）展开后

文件中已使用的文字样式也不能被删除。

◆ 字体名："字体名"下拉列表中显示了系统提供的字体文件名。表中有两类字体，其中True Type字体是由Windows系统提供的已注册的字体，SHX字体为AutoCAD本身编译的存放在AutoCAD Fonts文件夹中的字体。两种字体分别在字体文件名前用Ŧ、Å前缀区别，只有在"使用大字体"复选框不被选中的情况下，才能选择True Type字体。

◆ 字体样式：用于指定字体格式，如斜体、粗体或者常规字体。选定"使用大字体"后，该选项变为"大字体"，用于选择大字体文件。

◆ 使用大字体：用于指定亚洲语言的大字体文件。只有在"字体名"中指定SHX文件，才能使用"大字体"，常用的大字体文件为gbcbig. shx。

◆ 高度：用于指定文字高度。文字高度的默认值为0，表示字高是可变的，在使用TEXT命令注定文字时，命令行将显示"指定高度"提示，要求用户指定文字的高度；如在"高度"文本框中输入了某一高度值，AutoCAD按此高度注写文字，不再提示指定高度。

在设置文字样式时，文字高度一般使用默认值0，使文字高度可变。

◆ 效果：用于修改字体的特性，例如宽度因子、倾斜角以及是否颠倒显示、反向或垂直对齐。通过设置不同的参数可以得到不同的文字效果，如图4-6所示。

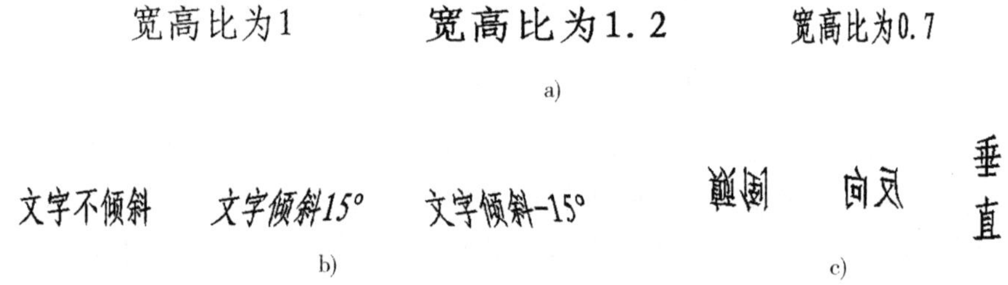

图4-6 不同设置下的文字效果
a）不同宽度比例 b）不同倾斜角度 c）不同文字方向

文字倾斜角度为相对于Y轴正方向的倾斜角度，其值在±85°之间选取。

任务2 注写齿轮技术要求

操作实例（图4-7）

本例介绍如图4-7所示图形中文字的标注，主要涉及"文字对齐方式""单行文字""多行文字""特殊符号的注写"及"文字的编辑"。

操作过程

第1步：新建一个图层用于注写文字，图层名为"文字"。

第2步：按尺寸绘制图形，剖面线可暂不绘制。

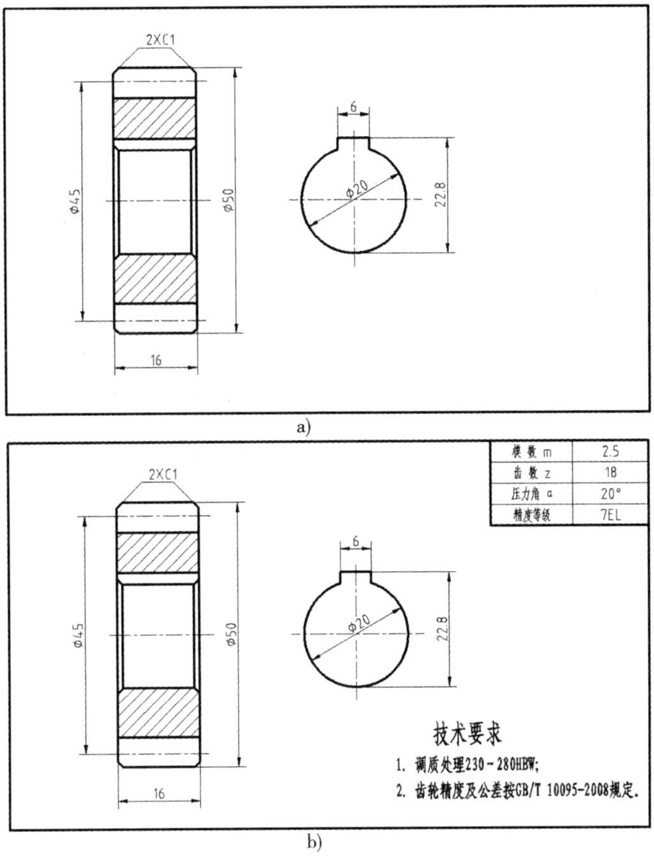

图4-7　注写齿轮的技术要求

a）注写前　b）注写后

第3步：调用“直线”“偏移”命令按图4-8所示尺寸绘制参数表。

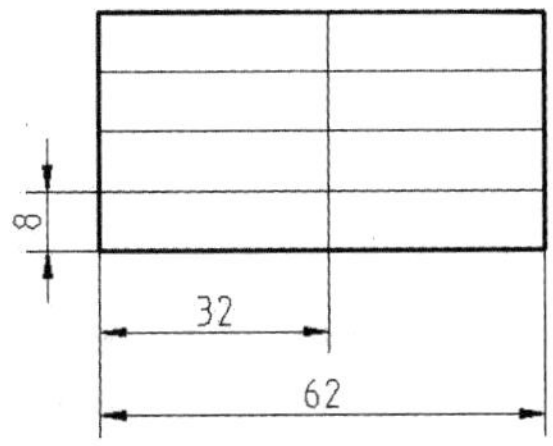

图4-8　绘参数表

第4步：将“文字”图层置为当前层，将在本模块任务1中创建的“工程字”样式置为当前文字样式。

第5步：注写参数表文字。

（1）采用“直线”命令，在参数表左上单元格中绘一条对角线，如图4-9a所示。

（2）调用“单行文字”命令，采用“中间”对齐方式，注写一行文字，文字高度为5。

在功能区单击“默认”选项卡→“注释”面板→“单行文字”按钮A，操作步骤如下：

命令：dtext ↙　　　　//调用“单行文字”命令

当前文字样式：“工程字”文字高度：2.5000 注释性：否

对正：左下　　　　//系统提示

指定文字的起点或［对正(J)/样式(S)］：j ↙　　　　//选择“对正”选项

输入选项［对齐(A)/调整(F)/中心(C)/中间(M)/右(R)/

左上(TL)/中上(TC)/右上(TR)/左中(ML)/正中(MC)/右中(MR)/左下(BL)/中下(BC)/右下(BR)]: M ↙ //指定"中间"对齐方式
指定文字的中间点: //拾取对角线的中点,如图 4-9b 所示
指定高度 <2.5000>: 5 ↙ //指定文字高度为 5
指定文字的旋转角度 <0>: ↙ //选择默认值,显示"在位文字编辑器"
输入文字:模数 m ↙ //输入文本,回车
↙ //按回车键,结束"单行文字"命令

采用同样方法，注写"2.5"，操作完成后如图 4-9c 所示。

(3) 以点 1 为基点，点 2、3、4 为位移点，复制文字到其余三行，如图 4-9d 所示。

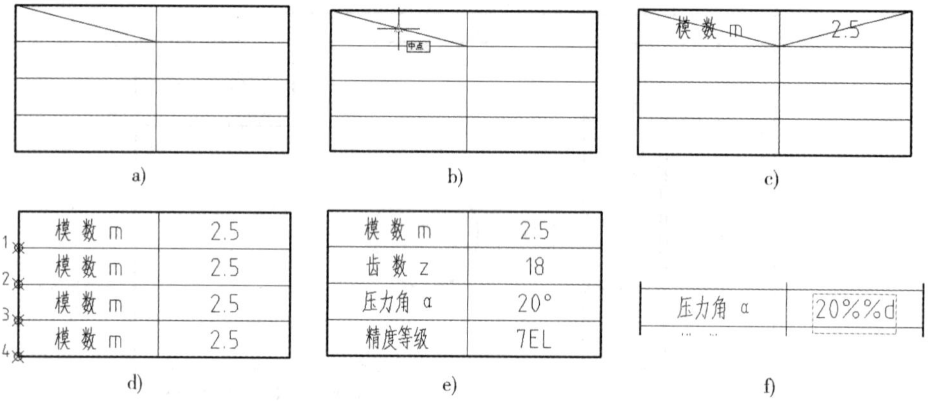

图 4-9 填写参数表

a) 绘制对角线 b) 指定文字对齐点 c) 注写第一行文字 d) 复制文字 e) 编辑文字 f) 注写符号"°"

(4) 编辑修改复制的文字，完成参数表的填写，如图 4-9e 所示。

双击要修改的文字，操作步骤如下：

命令: _ ddedit //启动命令
选择注释对象或 [放弃(U)]: //单击第二行的"模数 m",显示"在位文字编辑器"
在"在位文字编辑器"中进行如下操作:
输入"齿数 z"后,单击 //输入修改文字,单击,确认此处修改结束
选择注释对象或 [放弃(U)]: 单击"2.5" //选择要修改的文字
采用与上相同的方法将"2.5"修改为"18"(过程略)
选择注释对象或 [放弃(U)]: ↙ //按回车键,结束命令

采用同样方法编辑其余两行文字，其中"20°的角度符号"°"可通过在键盘输入控制代码"%%d"得到，如图 4-9f 所示，操作完成后如图 4-9e 所示。

第 6 步：调用"多行文字"命令，注写技术要求。

在功能区单击"默认"选项卡→"注释"面板→"多行文字"按钮 A，操作步骤如下：

命令：_ mtext	//调用“多行文字”命令
当前文字样式："工程字" 文字高度：5 注释性：否	//系统提示
指定第一角点	//在适当位置单击,指定文本框第一角点
指定对角点或［高度(H)/对正(J)/行距(L)/旋转(R)/样式(S)/宽度(W)/栏(C)］:	//在适当位置单击,指定文本框另一角点,功能区显示“文字编辑器”选项卡,绘图区显示文本框
进行如下操作	
在“样式”面板的“样式”下拉列表中选择“长仿宋字”样式,如图4-10所示	//指定文字样式为长仿宋字
在“样式”面板“文字高度”下拉列表中选择或直接输入“7”	//指定文字高度为7
输入文字:技术要求↙	//输入文字,按回车键,换行
在“文字高度”下拉列表中选择或直接输入“5”	//指定文字高度为5
单击“段落”面板→“项目符号和编号”按钮，选择“以数字标记”	//为输入的文字设置成数字编号的形式
输入文字:调质处理230~280HBW;↙	//输入第一项内容,按回车键,换行
输入文字:齿轮精度……规定。	//输入第二项内容,如图4-10所示
单击“关闭”面板→“ ”按钮	//结束“多行文字”命令

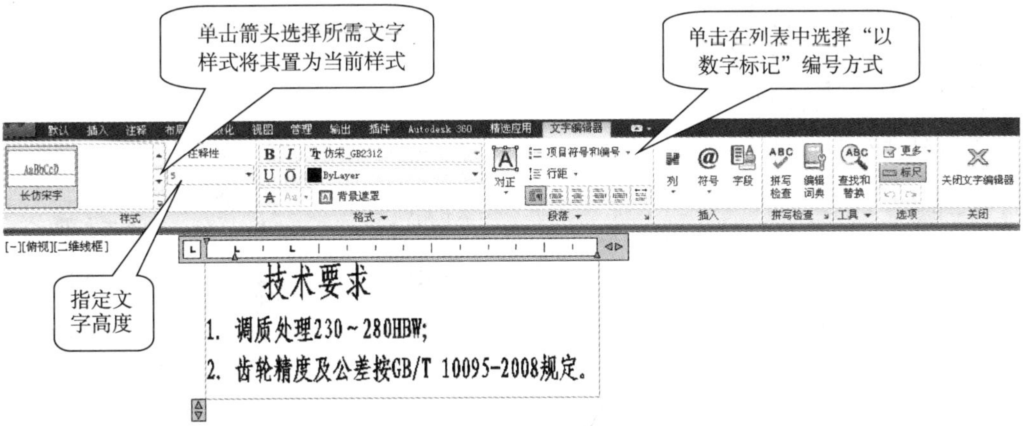

图4-10　注写技术要求

第7步：保存图形文件。

知识点1　文字对齐方式

1. 单行文字的对齐方式

AutoCAD为单行文字的水平文本行规定了4条定位线（顶线、中线、基线和底线）、13个对齐点、15种对齐方式，各对齐点即为文本行的插入点，如图4-11所示。

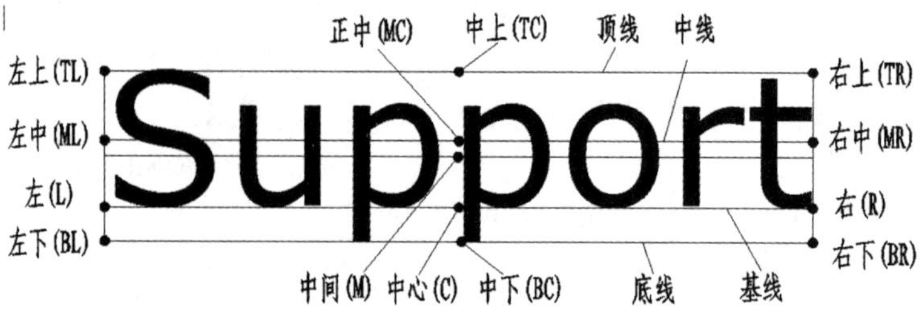

图 4-11　单行文字对齐方式（对齐、调整除外）

顶线为大写字母顶部所对齐的线；基线为大写字母底部所对齐的线；中线处于顶线与基线的正中间；底线为长尾小写字母底部所在的线。汉字书写在顶线和基线之间。

除图 4-11 所示的 13 种对齐方式外，还有两种对齐方式：

◆ 对齐（A）：指定文本行基线的两个端点确定文字的高度和方向。系统自动调整字符高度使文字在两端点之间均匀分布，而字符的宽高比例不变，如图 4-12a 所示。

◆ 调整（F）：指定文本行基线的两个端点确定文字的方向。系统调整字符的宽高比例以使文字在两端点之间均匀分布，而文字高度不变，如图 4-12b 所示。

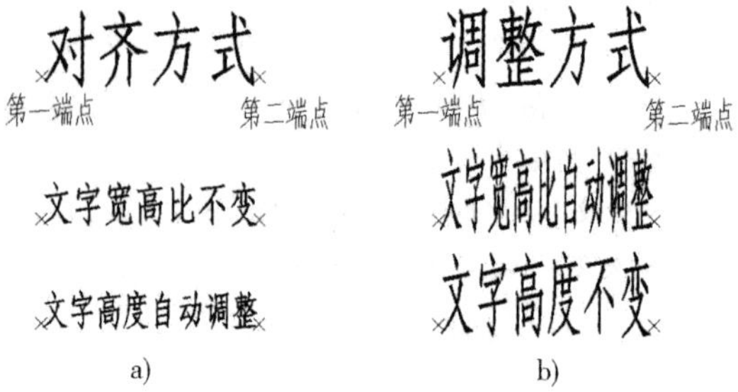

图 4-12　单行文字对齐方式（对齐、调整方式）
a）对齐方式　b）调整方式

2. 多行文字的对齐方式

多行文字创建在所指定的矩形边界（通过指定第一角点、第二角点确定，如图 4-13 所示）内，有 9 种对齐方式，如图 4-14 所示。

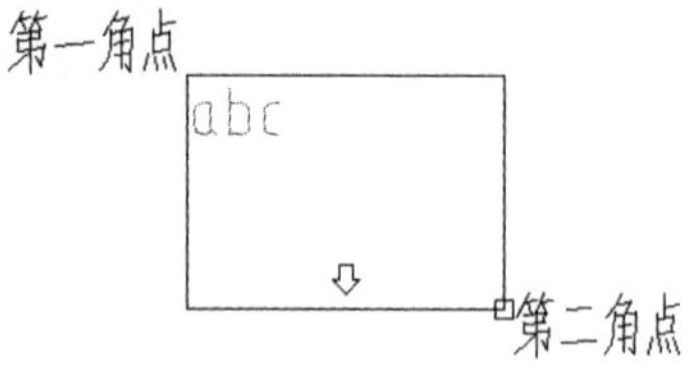

图 4-13　多行文字的矩形边界框

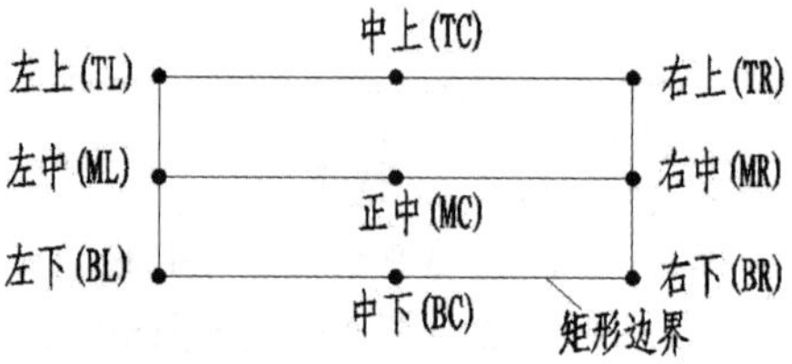

图 4-14　多行文字对齐方式

系统默认的单行文字对齐方式为“左（L）”，多行文字对齐方式为“左上（TL）”。

创建位于表格正中的单行文字，可以使用“中间”对齐方式。对齐点可利用“对象捕捉”以及“对象追踪”功能，得到表格的中间点，如图 4-15a 所示。必要时可作一条对角线作为辅助线，其中点就是对齐点，如图 4-15b 所示。

创建位于表格中央的多行文字，可以使用“正中”对齐方式，将表格的两个对角点作为多行文字文本框的第一、第二角点，如图 4-15c 所示。

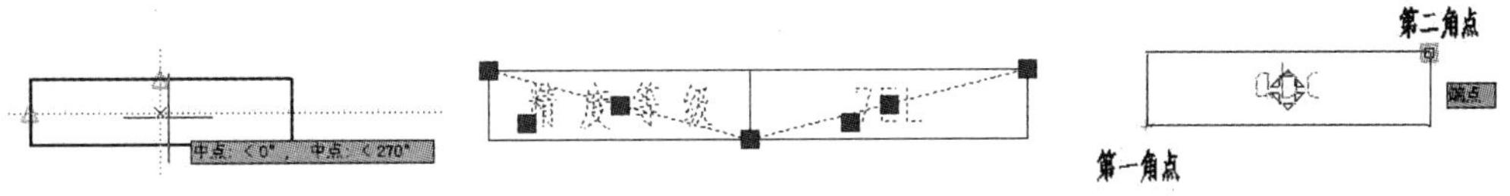

a)　　b)　　c)

图 4-15　确定矩形表格中间点的方法

a）对象捕捉追踪定点　b）捕捉辅助线的中点　c）捕捉表格的两对角点

在本任务操作实例参数表的填写中就采用了4-15b 所示方法。

知识点2　单行文字的注写

利用“单行文字”命令，可以动态书写一行或多行文字，如图4-16所示，每一行文字为一个独立的对象，可单独进行编辑修改。调用命令的方式如下：

- 功能区：“默认”选项卡→“注释”面板→“单行文字”按钮。
- 菜单栏：“绘图”→“文字”→“单行文字”。
- 工具栏：“文字”→“单行文字”。
- 键盘命令：DTEXT 或 TEXT、DT。

轴的直径ϕ25±0.021

BC与CD间夹角为60°

图 4-16　单行文字

使用“单行文字”命令注写文字时，若要输入特殊字符（如直径符号、正负公差符号、度符号以及上划线、下划线等），用户必须输入特定的控制代码来创建。常用的控制代码及其输入实例和输出效果如表4-1所示。

表 4-1　常用控制代码及其输入实例和输出效果

特殊字符	控制代码	输入实例	输出效果
度符号（°）	%%d	60%%d	60°
正负公差符号（±）	%%p	30%%p0.5	30±0.5
直径符号（ϕ）	%%c	%%c50	ϕ50
上划线（‾）	%%o	%%oAB%%oCD	$\overline{\text{AB}}$CD
下划线（_）	%%u	%%uAB%%uCD	$\underline{\text{AB}}$CD
百分号（%）	%%%	40%%%	40%

例4-1　利用单行文字命令，注写图4-16所示的文本，要求采用本模块任务1中设置的“工程字”样式，字高为5，采用默认的左对齐方式。

在功能区单击“默认”选项卡→“注释”面板→“单行文字”按钮，操作步骤如下：

```
命令：_dtext                                          //调用“单行文字”命令
当前文字样式：“长仿宋字” 文字高度：5.000 注释性：否
对正：左                                              //系统提示
指定文字的起点或［对正(J)/样式(S)］：s ↙              //选择“样式”选项
```

输入样式名或［?］<长仿宋体>：工程字　　//指定文字样式为“工程字”
当前文字样式：“工程字” 文字高度：5.000 注释性：否
对正:左　　//系统提示
指定文字的起点或[对正(J)/样式(S)]：　　//单击一点,指定文字左对齐点
指定高度 <5.0000>：↙　　//按回车键,采用默认文字高度
指定文字的旋转角度 <0>：↙　　//默认文本行的旋转角度为0,并显示“在位文字编辑器”
在“在位文字编辑器”中输入文字：
轴的直径%%c25%%p0.021 ↙　　//输入第一行文本,按回车键,换行
BC 与 CD 间夹角为60%%d ↙　　//输入第二行文本,按回车键,换行
↙　　//按回车键,结束“单行文字”命令

本任务操作实例中参数表文字的注写即为单行文字。

知识点 3　多行文字的注写

利用“多行文字”命令，可以在绘图窗口指定的矩形边界内创建多行文字，且所创建的多行文字为一个对象。使用“多行文字”命令，可以方便灵活地设置文字样式、字体、高度、加粗、倾斜，快速输入特殊字符，并可实现文字堆叠效果。调用命令的方式如下：

- 功能区：“默认”选项卡→“注释”面板→“多行文字”按钮 A。
- 菜单栏：“绘图”→“文字”→“多行文字”。
- 工具栏：“绘图”→“多行文字” A 或“文字”→“多行文字” A。
- 键盘命令：MTEXT 或 MT。

执行上述命令，系统提示用户指定一矩形边界，在用户指定对角点之后，功能区将显示“文字编辑器”选项卡，绘图区将显示带标尺的文本框，如图 4-17 所示。

图 4-17　“文字编辑器”选项卡与文本框

“文字编辑器”选项卡由“样式”“格式”“段落”“插入”“拼写检查”“工具”“选项”和“关闭”8 个面板组成，如图 4-17 所示，各面板作用说明如下：

◆“样式”面板：用于设置或修改多行文字的文字样式及高度，如图 4-18 所示。

◆“格式”面板：用于设置多行文字为粗体、斜体、大小写转换及多行文字的字体、颜色、上划线、下划线、倾斜角度、字符间距、宽度比例等，如图 4-19 所示。

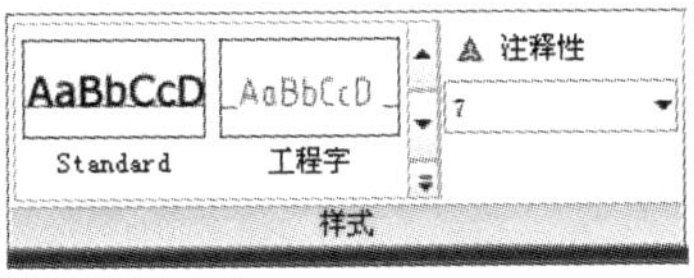

图4-18　样式面板

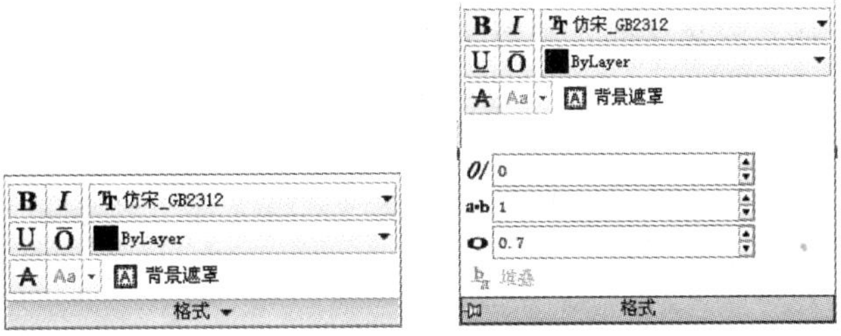

a)　b)

图4-19　格式面板

a）展开前　b）展开后

◆“段落”面板：用于设置多行文字的对齐方式、行距、编号方式及段落对齐方式等，如图4-20所示。单击“段落”面板右方“↘”按钮，则弹出“段落”对话框，如图4-21所示，能进一步对段落进行制表位、缩进量、段落间距等设置。

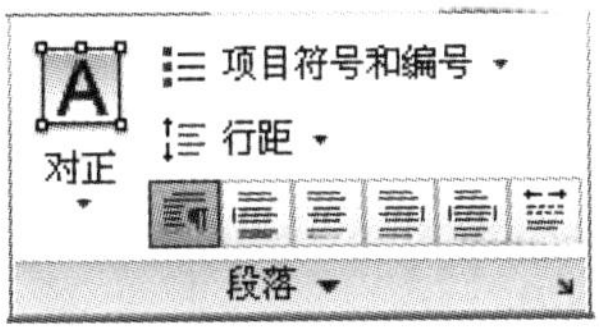

图4-20　段落面板

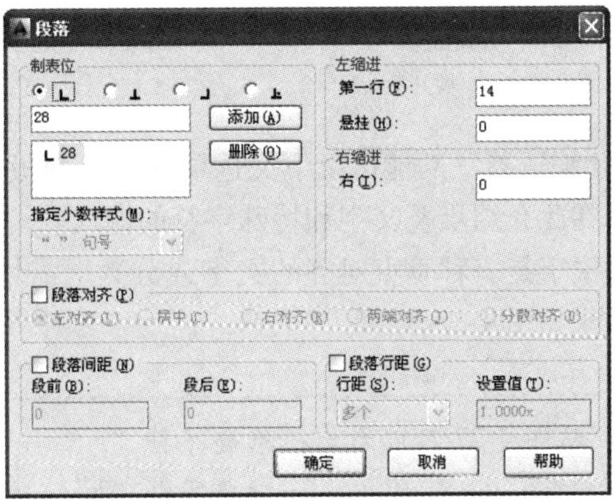

图4-21　段落对话框

◆“插入”面板：用于在多行文字中插入符号、插入字段及设置分栏，如图4-22所示。

◆“拼写检查”面板：用于在多行文字中进行拼写检查，并能添加或删除在拼写检查过程中使用的自定义词典，如图4-23所示。

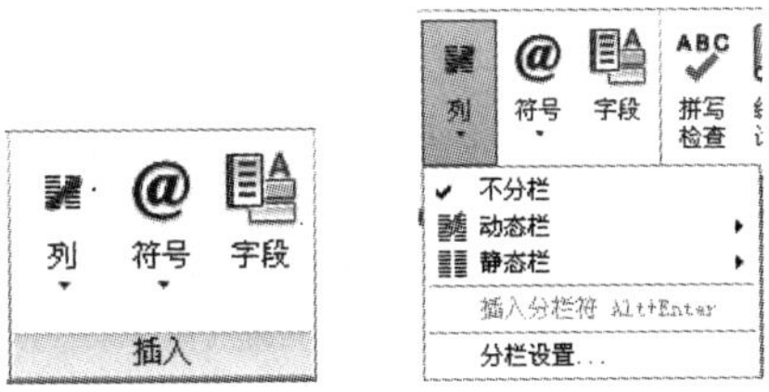

a)　b)

图4-22　插入面板及其“列”下拉列表

a）插入面板　b）插入面板中“列”下拉列表

图4-23　拼写检查面板

◆“工具”面板：用于在多行文字中进行查找和替换字符、自动大写及选择任意 ASCII 或 RTF 格式的文件插入到当前多行文字中，如图 4-24 所示。

◆“选项”面板：用于在多行文字中进行放弃、重做操作以及控制是否显示标尺，如图 4-25所示。

◆“关闭”面板：用于结束“多行文字”命令并关闭“文字编辑器”功能区上下文选项卡，如图 4-26 所示。

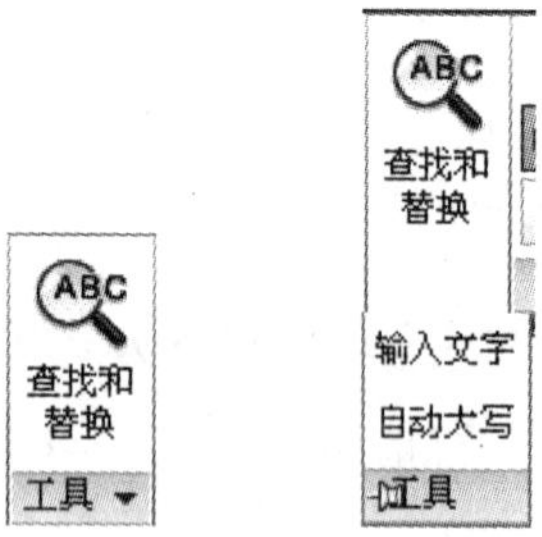

a)　b)

图 4-24　工具面板

a）展开前　b）展开后

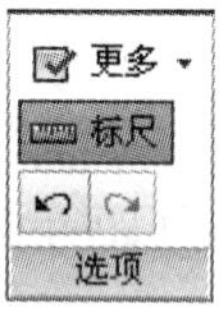

图 4-25　选项面板

图 4-26　关闭面板

“文字编辑器”功能区上下文选项卡 8 个面板上各按钮的作用大多与 Word 中的相同，不再赘述，在此介绍堆叠文字和特殊字符的输入。

堆叠文字是一种垂直对齐的文字或分数，需堆叠的文字间使用“/”“#”或“^”分隔，各堆叠效果如图 4-27 所示。

从图 4-27 可以看出：堆叠字符“/”——创建水平分数堆叠
堆叠字符“#”——创建斜分数堆叠
堆叠字符“^”——创建公差堆叠

例 4-2　利用“多行文字”命令创建如图 4-28b 所示的公差堆叠文本。

a)	b)
1/3	$\frac{1}{3}$
1#3	$^{1}/_{3}$
∅30+0.015^-0.002	$\varnothing30^{+0.015}_{-0.002}$

图 4-27　堆叠文字

a）堆叠前　b）堆叠后

a)	b)
30+0.015^-0.012	$30^{+0.015}_{-0.012}$
30+0.021^ 0	$30^{+0.021}_{0}$
30 0^-0.021	$30^{0}_{-0.021}$

图 4-28　公差堆叠

a）堆叠前　b）堆叠后

在功能区单击“默认”选项卡→“注释”面板→“多行文字”按钮A，操作步骤如下：

命令：_ mtext　　//调用“多行文字”命令

当前文字样式："工程字" 文字高度：5 注释性：否　　//系统提示

指定第一角点	//在适当位置单击，指定文本框第一角点
指定对角点或［高度(H)/对正(J)/行距(L)/旋转(R)/样式(S)/宽度(W)/栏(C)］:	//在适当位置单击，指定文本框另一角点，功能区显示“文字编辑器”选项卡
进行如下操作	
输入文字：“30 +0.015^ -0.012”，如图4-28a所示，然后选中“ +0.015^ -0.012”，右击，在快捷菜单中单击“堆叠”，如图4-29a所示	//输入文字，完成公差堆叠，按回车键，换行
输入文字：“30 +0.021^ 0”，如图4-28a所示，然后选中“ +0.021^ 0 右击，在快捷菜单中单击“堆叠”，如图4-29b所示	//输入文字，完成公差堆叠，按回车键，换行
输入文字：“30 0^ -0.021”，如图4-28a所示，然后选中“ 0^ -0.021”，右击，在快捷菜单中单击“堆叠”，如图4-29c所示	//输入文字，完成公差堆叠
单击“关闭”面板→“ ”按钮	//结束“多行文字”命令

a)　　b)　　c)

图4-29　公差堆叠对象的输入与选择

a）上下偏差均不为0　b）下偏差为0　c）上偏差为0

由以上操作可以看出，在注写类似于30 $^{0}_{-0.012}$的公差（上偏差或下偏差中有一个为0）时，为使上下偏差对齐，应在“0”的前面输入一个空格，即输入“30　0^ -0.021”，再选择“ 0^ -0.021”进行堆叠，如图4-29所示。

巧妙使用堆叠符号“^”，能注写文字的上标或下标。如注写A_1，在输入“A^1”后，选择“^1”，右击，选择“堆叠”。如注写B^2，在输入“B2^”后，选择“2^”，右击，选择“堆叠”，堆叠后效果如图4-30所示。

使用“多行文字”命令注写文字时，若要输入特殊字符，如直径符号“ϕ”、正负符号“±”、角度符号“°”等，可单击“插入”面板上的“符号” 按钮，从下拉菜单选择相应的符号，如图4-31所示。选择“其他…”，系统打开“字符映射表”对话框，如图4-32所示，该对话框显示了当前字体的所有字符集。

a)　　b)

图4-30　公差堆叠形成上标或下标

a）堆叠前　b）堆叠后

例4-3　利用“多行文字”命令及其“符号”工具，注写如图4-33所示文本，要求采用“工程字”文字样式，字高3.5。

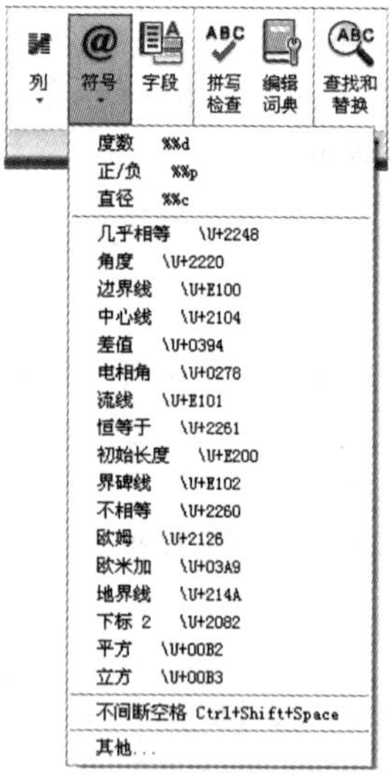

图 4-31 “符号”下拉列表

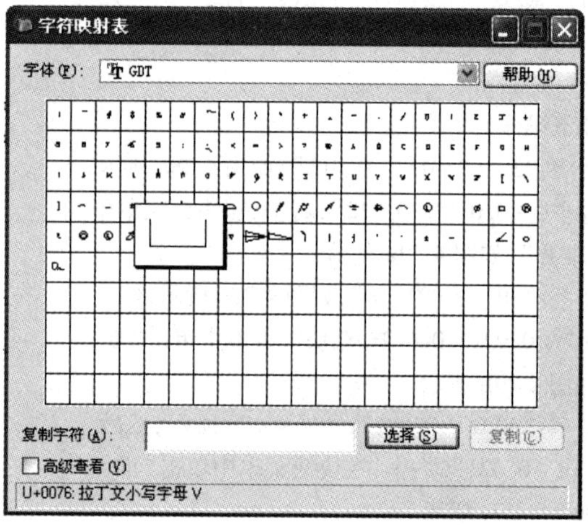

图 4-32 “字符映射表”对话框

在功能区单击“默认”选项卡→“注释”面板→“多行文字”按钮A，操作步骤如下：

命令：_ mtext	//调用“多行文字”命令
当前文字样式："工程字" 文字高度：3.5 注释性：否	//系统提示
指定第一角点：	//在适当位置单击，确定文本框第一角点
指定对角点或[高度(H)/对正(J)/行距(L)/旋转(R)/样式(S)/宽度(W)/栏(C)]：	//在适当位置单击，确定文本框另一角点功能区显示“文字编辑器”选项卡
进行如下操作 单击“插入”面板→“符号”下拉列表→“直径”，插入直径符号“ϕ”，如图 4-34 所示，然后输入文字“20”，再单击“符号”下拉列表→“正/负”插入正负符号“±”，最后输入文字“0.021”	//输入文字，插入符号
单击“关闭”面板→“ ”按钮	//结束“多行文字”命令

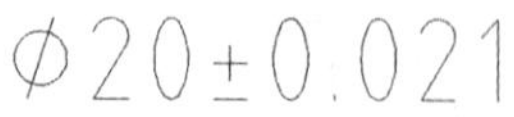

图 4-33 多行文字的注写

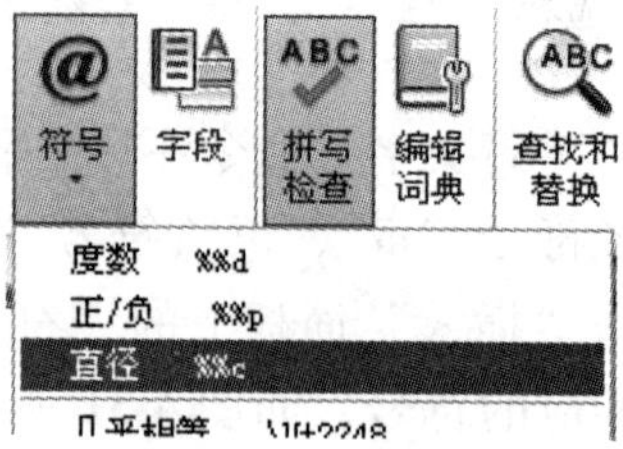

图 4-34 插入直径符号

例 4-4 利用“多行文字”命令及其“符号”工具，注写如图 4-35 所示沉孔的标注文字，要求采用“工程字”文字样式，正中对齐，字高 3.5。

在功能区单击“默认”选项卡→“注释”面板→“多行文字”按钮A，操作步骤如下：

命令：_ mtext	//调用“多行文字”命令
当前文字样式："工程字" 文字高度：3.5 注释性：否	//系统提示
指定第一角点：3 ↙	//捕捉水平引线左端点，并向上追踪，输入3，确定文本框文字第一角点
指定对角点或[高度(H)/对正(J)/行距(L)/旋转(R)/样式(S)/宽度(W)/栏(C)]：3 ↙	//捕捉水平引线右端点，并向下追踪，输入3，确定文本框另一角点，功能区显示“文字编辑器”上下文选项卡
进行如下操作	
单击“段落”面板→“对正”下拉列表，选择“正中”，如图4-36a所示	//设定“正中”对齐方式
在文本框中输入“4×”之后，单击“插入”面板→“符号”下拉列表→“直径”，插入直径符号“φ”，然后输入文字6.5 ↙	//输入第一行文字“4×φ6.5”，如图4-36b所示，按回车键，换行
单击“插入”面板→“符号”下拉列表→“直径”，输入文字“11”及“4”	//输入第二行文字φ11及4
将光标移到φ11前，单击“符号”下拉列表→“其他”	//打开“字符映射表”对话框，如图4-32所示
选择“GDT”字体，单击符号“⌴”，单击“选择”	//选择沉孔符号，如图4-32所示
在文本框中的右击，选择“粘贴”选项	//插入沉孔符号“⌴”
再将光标移到4之前，用同样方式插入孔深符号↧	//插入孔深符号↧
单击“关闭”面板→“✕”	//结束“多行文字”命令

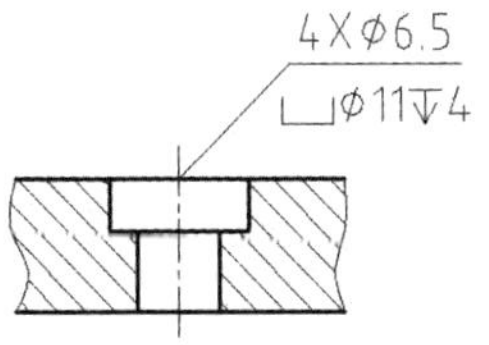

图4-35　沉孔尺寸的标注

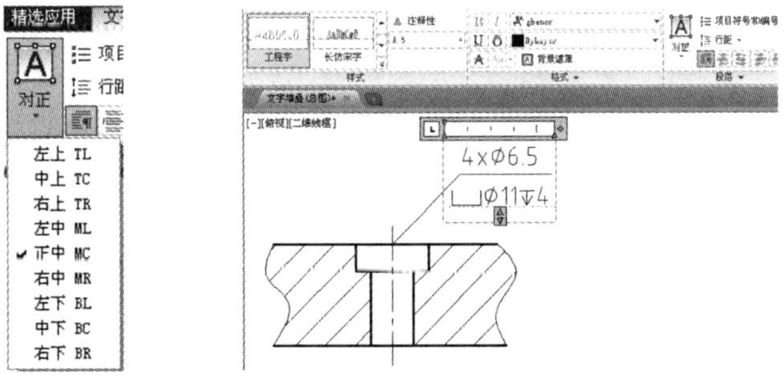

a)　　b)

图4-36　注写沉孔尺寸文字

a）选择对正方式　b）输入沉孔尺寸文字

知识点4　文字的编辑

在文字注写之后，常常需要对文字的内容和特性进行编辑和修改。用户可以采用“编辑文字”命令和对象“特性”选项板进行编辑。

1. “编辑文字”命令编辑文本

利用“编辑文字”命令可以打开“在位文字编辑器”或“文字编辑器”功能区上下文选

项卡，从而编辑、修改单行文本的内容和多行文本的内容及格式。调用命令的方式如下：

- 菜单栏："修改"→"对象"→"文字"→"编辑"。
- 工具栏："文字"→"编辑"。
- 键盘命令：DDEDIT。

执行上述命令后，单击需编辑、修改的文字，打开"在位文字编辑器"（编辑对象为单行文本）或"文字编辑器"功能区上下文选项卡（编辑对象为多行文本），就可以直接修改编辑文字，操作方法与注写单行文字、多行文字操作相同，在此不再赘述。

> 快速打开"在位文字编辑器"或"文字编辑器"功能区上下文选项卡的方法有两种：一是直接双击要编辑修改的文字；二是单击要编辑修改的文字后，右击，在弹出的快捷菜单中选择"编辑文字"或"编辑多行文字"。

2. "特性"选项板编辑文本

利用"特性"选项板可以编辑、修改文本的内容和特性。调用命令的方式如下：

- 功能区："默认"选项卡→"特性"面板→"面板对话框启动器"按钮。
- 菜单栏："修改"→"特性"。
- 工具栏："标准"→"特性"。
- 键盘命令：PROPERTIES。

执行该命令后，弹出文字对象的"特性"选项板，其中列出了选定文本的所有特性和内容，如图 4-37 所示。

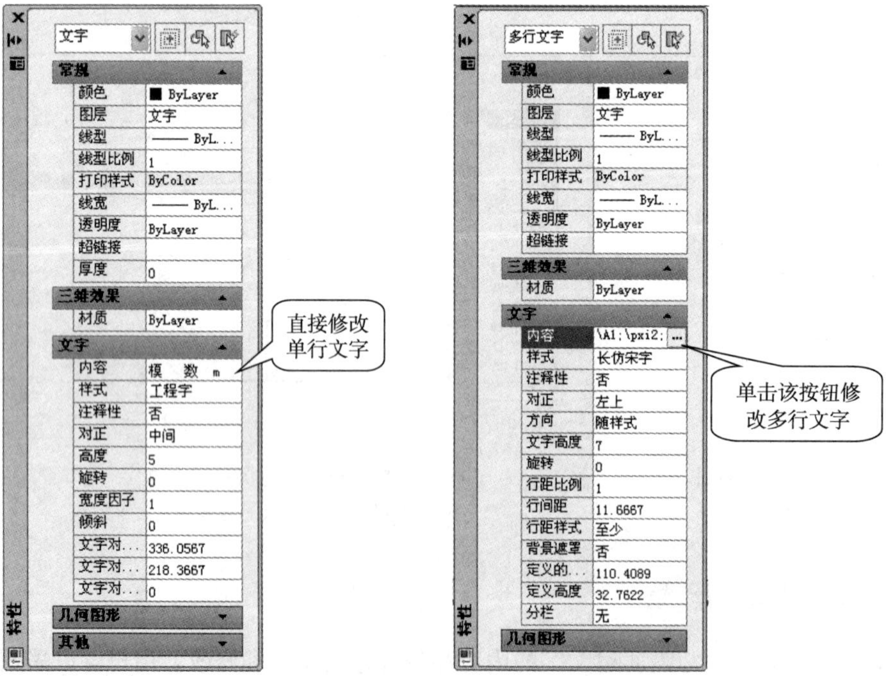

a)　　　　b)

图 4-37　文字的"特性"选项板

a）单行文字　b）多行文字

用户利用“特性”选项板可以编辑、修改选定对象的特性。“特性”选项板能显示选定对象或对象集的特性。当选择单个对象时，显示所选对象的所有特性，如图4-37所示显示的就是所选文字的特性。当选择多个对象时，仅显示所有选定对象的公共特性，如图4-38a所示，此时用户可以通过选择下拉列表中的某一项（如图4-38b所示，选择“圆”），来显示选择集中某个对象的特性（如图4-38c所示，显示了选择集中圆的特性）。

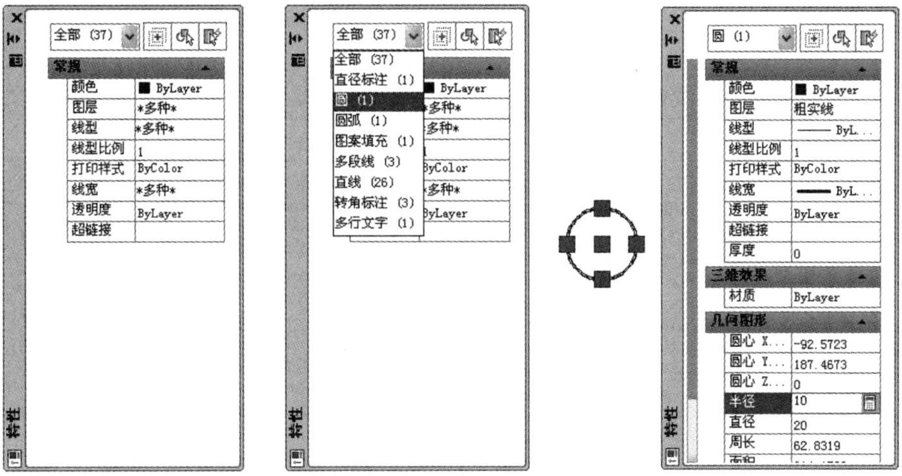

a)　　b)　　c)

图4-38　“特性”选项板

a）多个对象的　b）在选择列表中选择一项　c）单个对象的

任务3　创建一种尺寸样式

操作实例

本例要求利用“标注样式”命令创建一种尺寸样式。该样式名为“机械标注”，以ISO－25为基础样式，按表4-2、表4-3要求创建包含“角度”“半径”及“直径”三个子样式的样式，并将其置为当前样式（表中未涉及的变量采用默认值）。

本例主要涉及“标注样式”对话框的设置。

表4-2　“机械标注”样式父样式变量设置一览表

选项卡	选项组	选项名称	变量值
线	尺寸线	基线间距	8
	尺寸界线	超出尺寸线	2
		起点偏移量	0
符号和箭头	箭头	第一个	实心闭合
		第二个	实心闭合
		引线	实心闭合
		箭头大小	2.5
	半径标注折弯	折弯角度	45

（续）

选 项 卡	选 项 组	选项名称	变 量 值
文字	文字外观	文字样式	工程字
	文字位置	文字高度	3.5
		垂直	上
		水平	居中
		观察方向	从左到右
		从尺寸线偏移	1
	文字对齐	与尺寸线对齐	选中
调整	调整选项	文字或箭头（最佳效果）	选中
主单位	线性标注	单位格式	小数
		精度	0.00
		小数分隔符	句点
	角度标注	单位格式	十进制度数
		精度	0

表 4-3 “机械标注”样式子样式变量设置一览表

名 称	选 项 卡	选 项 组	选项名称	变 量 值
角度	文字	文字位置	垂直	上
			水平	居中
		文字对齐	水平	选中
直径/半径	文字	文字对齐	ISO 标准	选中
	调整	调整选项	文字	选中

操作过程

第 1 步：创建“机械标注”父样式。

（1）在功能区单击“默认”选项卡→“注释”面板→“标注样式”按钮，弹出“标注样式管理器”对话框，如图 4-39 所示。

（2）在“标注样式管理器”对话框中，单击“新建(N)...”按钮，弹出“创建新标注样式”对话框，如图 4-40 所示。

（3）在“新样式名”文本框中输入“机械标注”，在“基础样式”下拉列表中选择“ISO-25”，在“用于”下拉列表中选择“所有标注”，如图 4-40 所示。

（4）单击“继续”按钮，弹出“新建标注样式：机械标注”对话框，如图 4-41 所示，按表 4-2 要求设置“线”选项卡中“尺寸线”选项组下的“基线间距”为“8”；“尺寸界线”选项组下“超出尺寸线”为“2”，“起点偏移量”为“0”。

（5）单击“符号和箭头”选项卡，按表 4-2 要求设置“箭头”选项组下所有箭头均采用“实心闭合”式，“箭头大小”为“2.5”；“半径折弯标注”选项组下“折弯角度”为“45”，如图 4-42 所示。

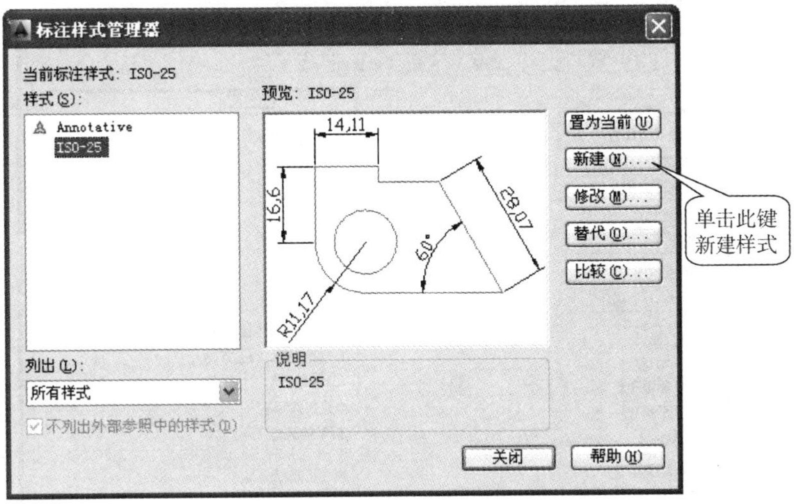

图 4-39　“标注样式管理器”对话框

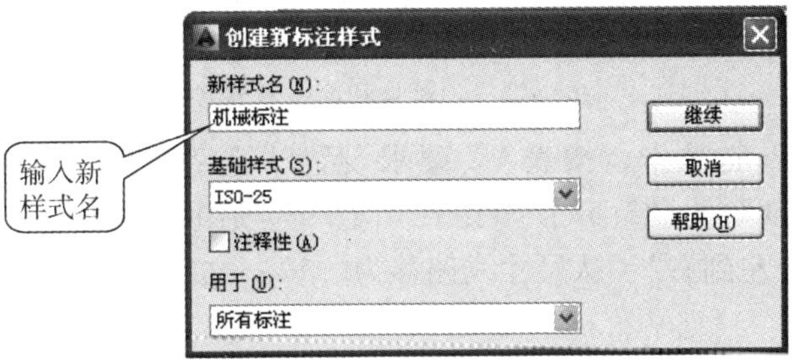

图 4-40　“创建新标注样式”对话框

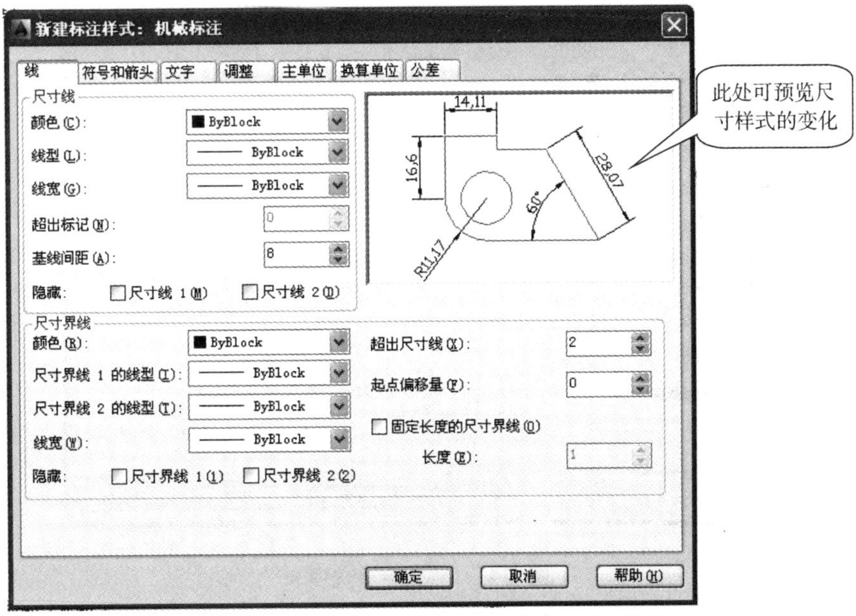

图 4-41　“线”选项卡

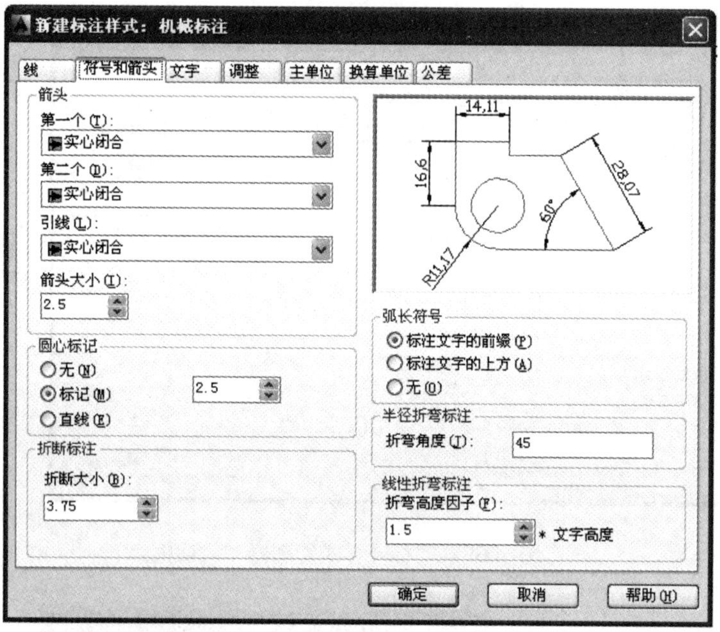

图 4-42　“符号和箭头”选项卡

（6）单击“文字”选项卡，按表 4-2 要求设置“文字外观”选项组下“文字样式”为“工程字”，“文字高度”为“3.5”；“文字位置”选项组下“垂直”为“上”、水平为“居中”、观察方向为“从左到右”、从尺寸线偏移为“1”；文字对齐方式选择“与尺寸线对齐”，如图 4-43 所示。

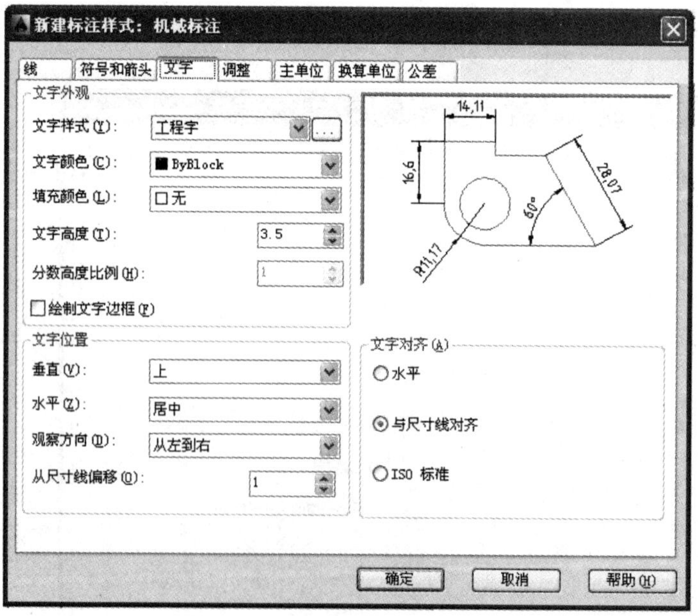

图 4-43　“文字”选项卡

（7）单击“调整”选项卡，按表 4-2 要求在“调整选项”下选择“文字或箭头（最佳效果）”，如图 4-44 所示。

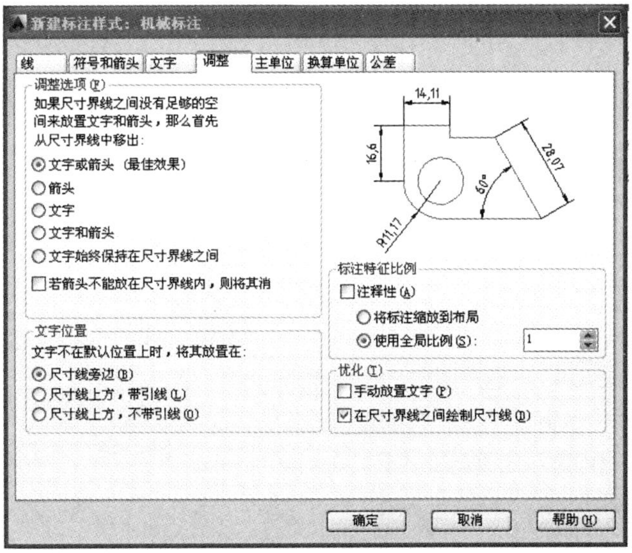

图 4-44　“调整”选项卡

（8）单击“主单位”选项卡，按表4-2要求设置“线性标注”选项组下“单位格式”为“小数”，“精度”为“0.00”（即精确到两位小数），“小数分隔符”为“.（句点）”；“角度标注”选项组下“单位格式”为“十进制度数”，“精度”为“0”（即精确到整数位），如图4-45所示。

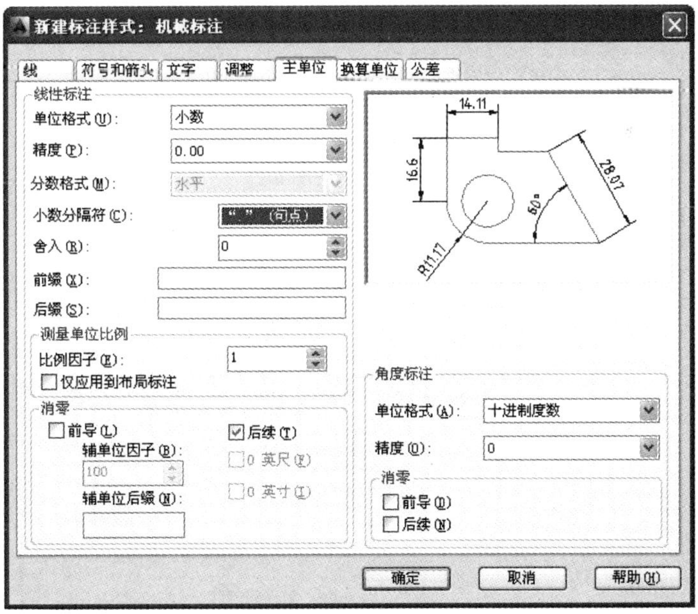

图 4-45　“主单位”选项卡

（9）单击“确定”按钮，返回到主对话框，新标注样式显示在“样式”列表中，完成父样式的创建。

第2步：创建“角度”子样式。

（1）在“样式”列表中选择“机械标注”，单击“新建(N)...”按钮，弹出“创建新标注样式”对话框。

（2）“创建新标注样式”对话框中基础样式默认为“机械标注”，在“用于”下拉列表中选择“角度标注”，如图4-46所示。

（3）单击“继续”，弹出“新建标注样式：机械标注：角度”对话框。

（4）单击“文字”选项卡，按表4-3要求选择角度的“文字对齐”方式为“水平”，如图4-47所示。

（5）单击“确定”，返回到主对话框，在“机械标注”下面显示其子样式“角度”，如图4-48所示，完成“角度”子样式的创建。

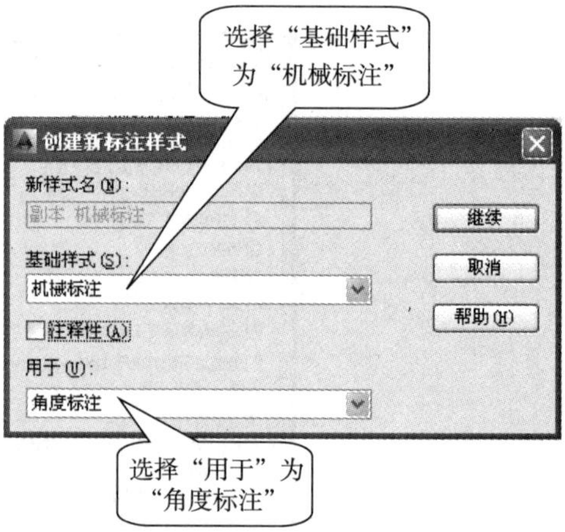

图4-46　创建“角度”子样式

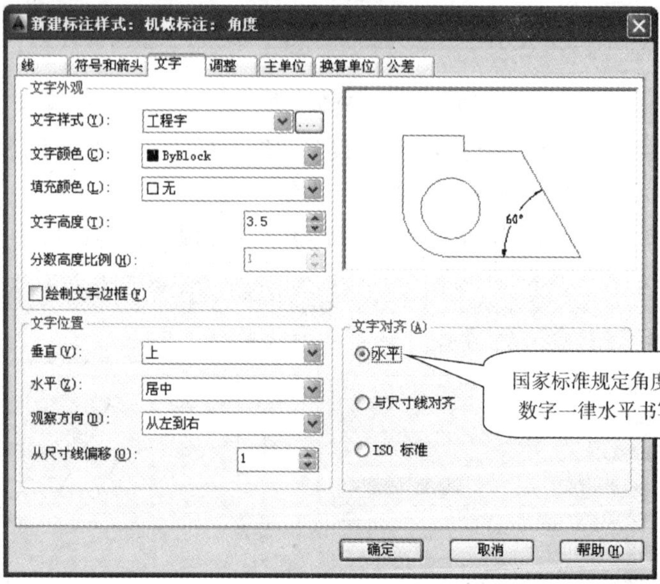

图4-47　设置“角度”样式的文字对齐方式

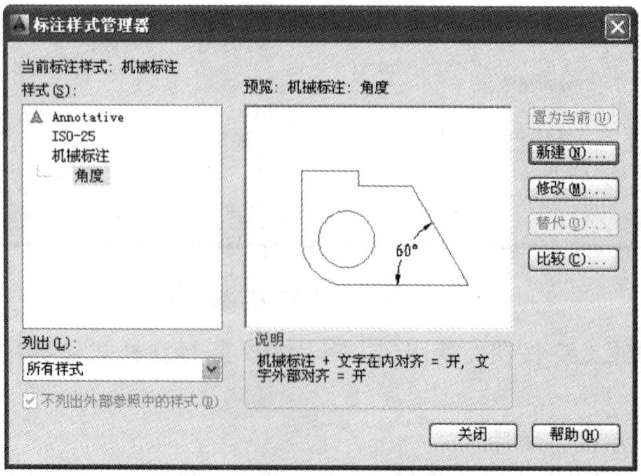

图4-48　“角度”子样式及其预览

第3步：创建“半径”子样式。

（1）在“样式”列表中选择“机械标注”，单击“新建(N)...”，弹出“创建新标注样式”对话框。

（2）“创建新标注样式”对话框中基础样式默认为“机械标注”，在“用于”下拉列表中选择“半径标注”，如图4-49所示。

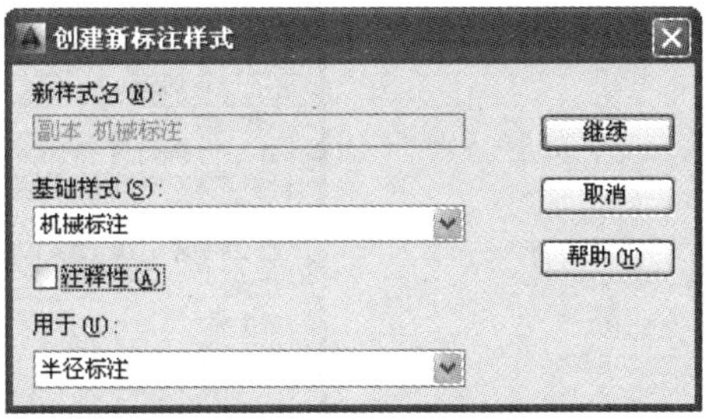

图4-49　创建“半径”子样式

（3）单击“继续”，弹出“新建标注样式：机械标注：半径”对话框。

（4）单击“文字”选项卡，按表4-3要求选择半径的“文字对齐”方式为“ISO标准”，如图4-50所示。

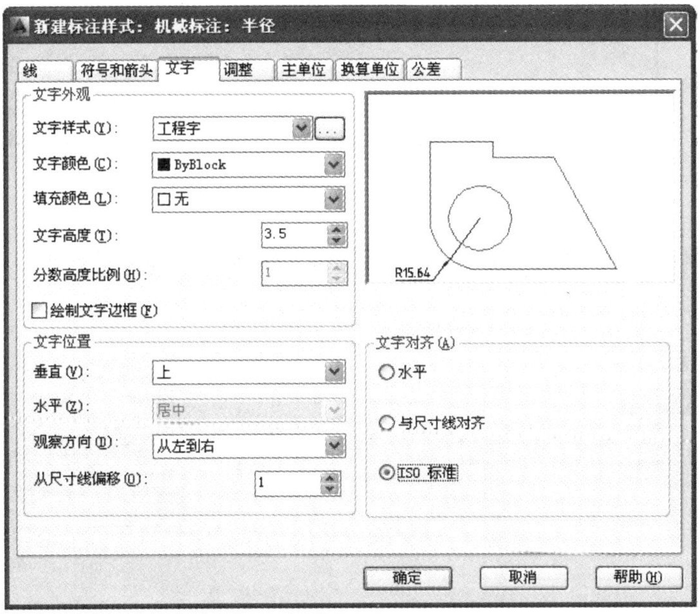

图4-50　“半径”样式的文字对齐方式

（5）单击“调整”选项卡，按表4-3要求在“调整选项”选项组下选择“文字”，如图4-51所示。

（6）单击“确定”，返回到主对话框，在“机械标注”下面显示其子样式“半径”，“半径”子样式的创建完成。

第4步：创建“直径”子样式。创建方法与创建“半径”子样式的方法相同，不再赘述。

第5步：在“样式”列表中选择“机械标注”，单击“置为当前(C)”按钮，将“机械标注”样式置为当前样式，如图4-52所示。

第6步：单击“关闭”按钮，关闭“标注样式管理器”对话框，完成设置。

知识点1　尺寸样式的创建

在标注尺寸之前，一般应先根据国家标准的有关要求创建尺寸样式。用户可根据需要，利用“标注样式管理器”设置多个标注样式，以便在标注尺寸时灵活应用这些设置，调用命令的方式如下：

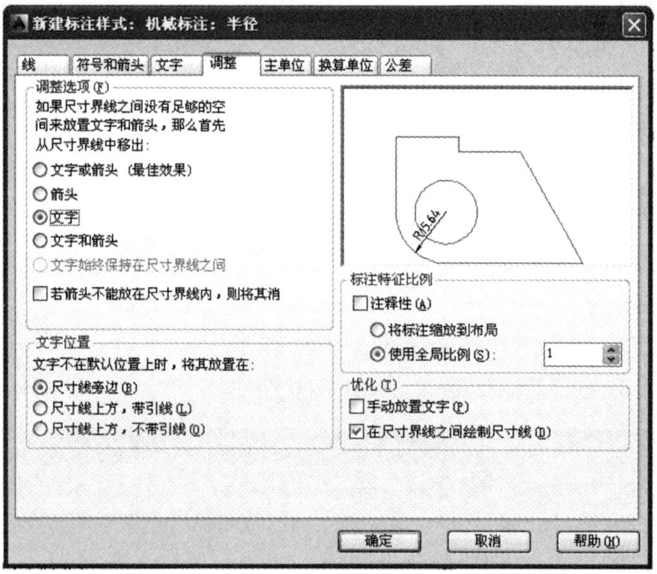

图 4-51　“半径”样式的调整选项

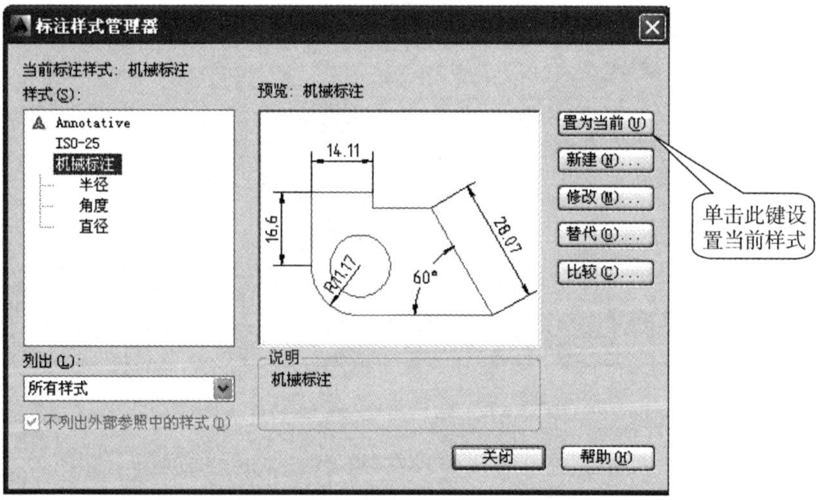

图 4-52　“机械标注”样式及其预览

- 功能区：“默认”选项卡→“注释”面板→“标注样式”按钮。
- 菜单栏：“格式”→“标注样式”或“标注”→“标注样式”。
- 工具栏：“样式”→“标注样式”或“标注”→“标注样式”。
- 键盘命令：DIMSTYLE。

执行上述命令后，弹出如图 4-39 所示的“标注样式管理器”对话框，“样式”列表中列出了当前图形文件中所有已创建的尺寸样式，并显示了当前样式名及其预览图，默认的尺寸样式为“ISO-25”。

知识点 2　标注样式特性的设置

从标注方法来讲，不论是标注线性尺寸、径向尺寸、角度尺寸还是坐标、弧长，其方法都是极简单的，如果不改变标注样式（各参数都取默认值），最基本的标注过程是：指定两尺寸界线的位置、指定尺寸线的位置就可以了。但要使标注效果如用户所愿，就必须改动标注特性，创建自己的标注样式。

标注样式控制尺寸标注的格式和外观，牵涉到标注效果的选项较多，AutoCAD 将它们排列在“标注样式管理器”对话框的“线”“符号和箭头”“文字”“调整”“主单位”“换算单位”和“公差”7 个选项卡中，对 7 个选项卡的各选项进行设置，也就设置了尺寸样式的特性。

1. 设置尺寸线、尺寸界线

在“线”选项卡中设置尺寸线、尺寸界线的格式、位置等特性，其选项卡如图 4-41 所示。

（1）“尺寸线”设置

◆ 颜色、线型和线宽：用于指定尺寸线的颜色、线型和线宽，一般设为“随层”或“随块”。

◆ 基线间距：设置基线标注时相邻两尺寸线间的距离，如图 4-53 所示。一般机械标注中基线间距设置为 8 ~ 10。

◆ 隐藏：控制尺寸线是否显示，有隐藏“尺寸线 1”“隐藏尺寸线 2”和“隐藏两条尺寸线”3 种效果，如图 4-54 所示。

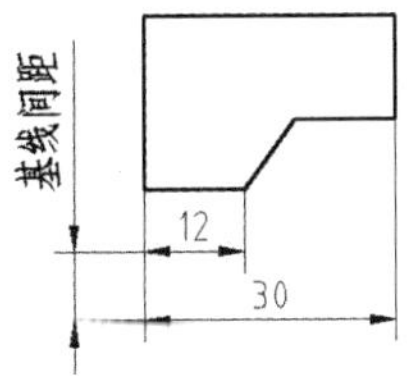

图 4-53　基线间距

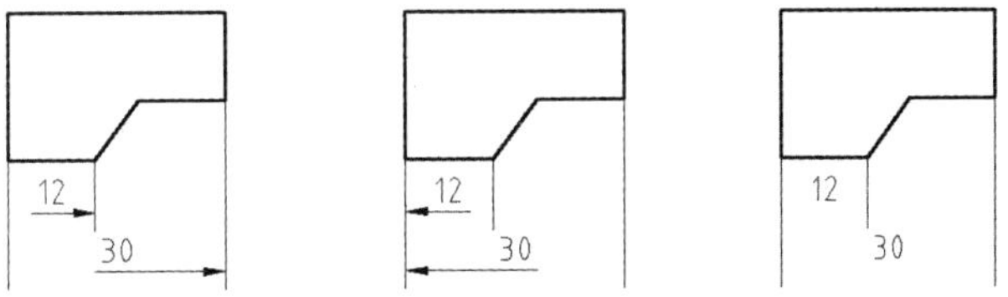

a)　b)　c)

图 4-54　隐藏尺寸线的效果

a）隐藏尺寸线 1　b）隐藏尺寸线 2　c）隐藏两条尺寸线

（2）“尺寸界线”设置

◆ 颜色、尺寸界线 1 的线型、尺寸界线 2 的线型和线宽：用于指定尺寸界线的颜色、线型和线宽，一般设为“随层”。

◆ 超出尺寸线：设置尺寸界线超出尺寸线的长度，机械标注设为“2”，如图 4-55 所示。

◆ 起点偏移量：设置尺寸界线起点到图形轮廓线之间的距离，如图 4-55 所示。一般机械标注中设为“0”。

◆ 隐藏：控制尺寸界线是否显示，有“隐藏尺寸界线 1”“隐藏尺寸界线 2”和“隐藏两条尺寸界线”3 种效果，如图 4-56 所示。

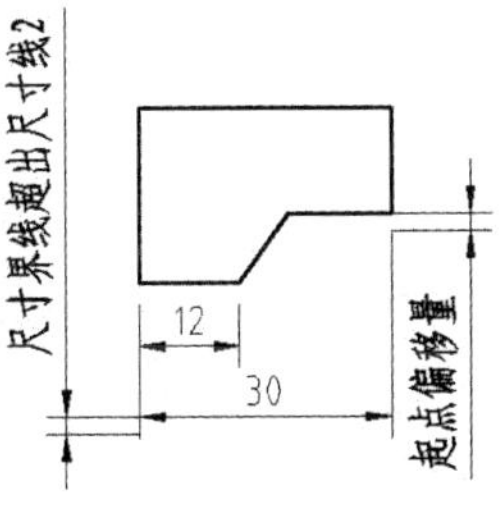

图 4-55　超出尺寸线和起点偏移量

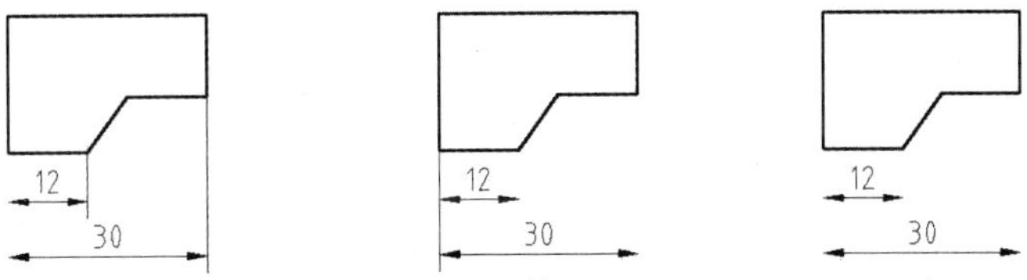

a)　b)　c)

图 4-56　隐藏尺寸界线的效果

a）隐藏尺寸界线 1　b）隐藏尺寸界线 2　c）隐藏两条尺寸界线

2. 设置符号和箭头

在“符号和箭头”选项卡中设置箭头、圆心标记的形式和大小以及弧长符号、折弯标注等特性，其选项卡如图4-42所示。

（1）“箭头”设置

用于指定箭头的形式和大小，机械标注箭头均为“实心闭合”形式，大小设为2.5或3。

（2）“圆心标记”设置

用于设置在圆心处是否产生标记或中心线，有“无”“标记”和“直线”3种方式，如图4-57所示。机械标注一般选择“无”类型。

（3）“折断标注”设置

用于设置折断标注时的标注对象之间或与其他对象之间相交处打断的距离，如图4-58所示。

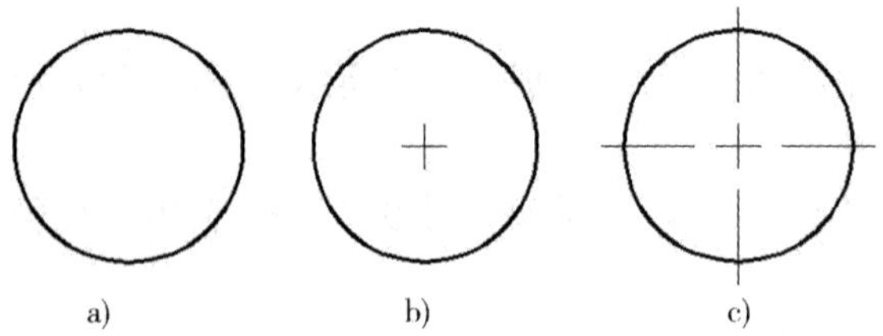

图4-57　圆心标记

a）无（标记）　b）（十字）标记　c）直线（标记）

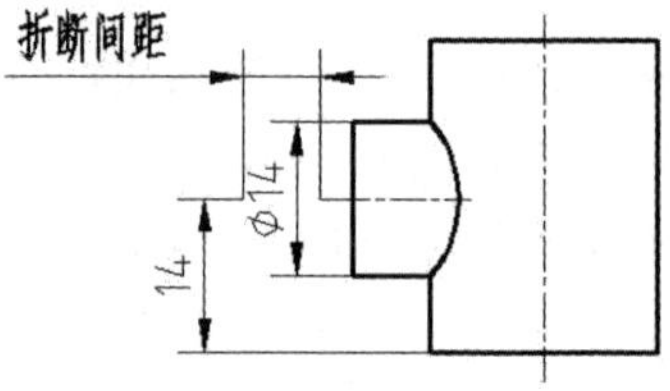

图4-58　折断间距

（4）“弧长符号”设置

用于设置弧长标注时圆弧符号的位置，有“前缀”“上方”和“无”3种方式，如图4-59所示。机械标注选择“标注文字的前缀”。

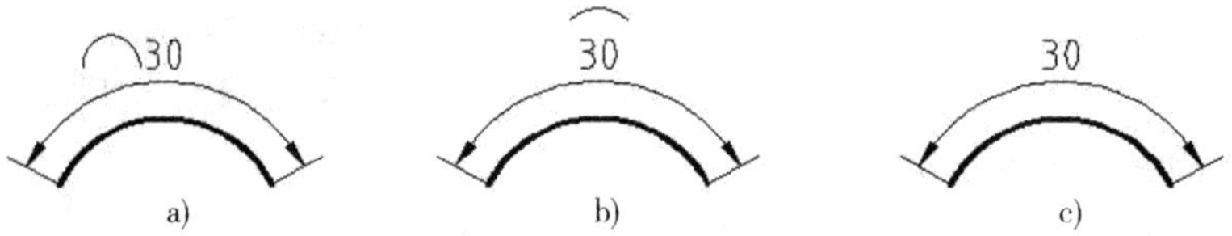

图4-59　弧长符号

a）前缀　b）上方　c）无

（5）“半径折弯标注”设置

用于指定折弯半径标注的折弯角度，机械标注设置为45°，如图4-60所示。

（6）“线性折弯标注”设置

用于指定对线性折弯标注时折弯高度的比例因子。折弯高度等于折弯高度的比例因子与尺寸数字高度的乘积，如图4-61所示。

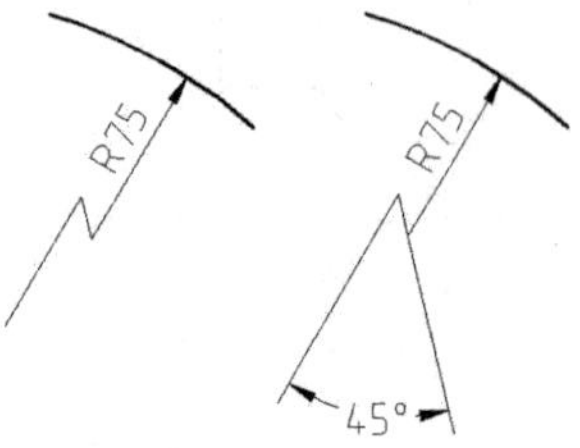

图4-60　折弯角度图

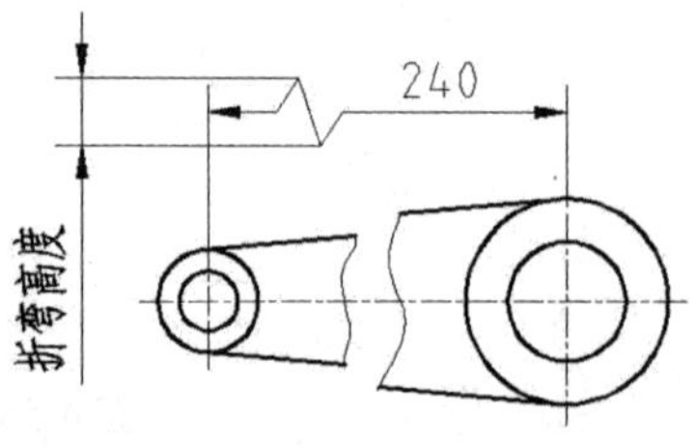

图4-61　线性尺寸折弯标注

3. 设置文字

在“文字”选项卡中设置文字的外观、位置及对齐方式等特性，其选项卡如图4-43所示。

（1）“文字外观”设置

◆ 文字样式：用于设置尺寸标注时所使用的文字样式。默认样式为“Standard”，单击右侧的按钮，打开“文字样式”对话框，可创建和修改标注文字样式。机械标注选择本模块任务1中创建的“工程字”样式。

◆ 文字颜色：用于设置标注文字的颜色，一般设置成“随层”。

◆ 填充颜色：用于设置标注文字的背景颜色，一般选择默认设置“无”。

◆ 文字高度：用于设置标注文字的高度，机械标注的文字高度设为“3.5”。

◆ 绘制文字边框：用于控制是否在标注文字周围绘制矩形边框，如50，一般不选中该复选框。

（2）“文字位置”设置

◆ 垂直：用于设置标注文字相对于尺寸线的垂直位置，有“居中”“上”“外部”和“JIS”4种情况，如图4-62所示。机械标注选择“上”。

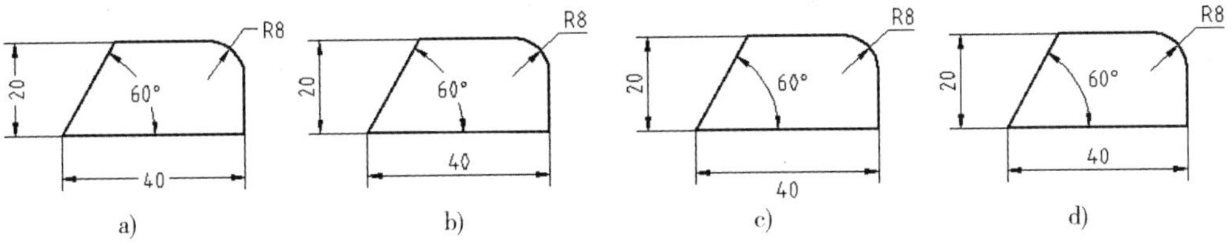

图4-62　文字垂直位置

a）居中　b）上　c）外部　d）JIS（日本标准）

◆ 水平：用于设置标注文字在尺寸线方向上相对于尺寸界线的水平位置，有“居中”“第一条延伸线”“第二条延伸线”“第一条延伸线上方”“第二条延伸线上方”5种情况，如图4-63所示。机械标注选择“居中”。

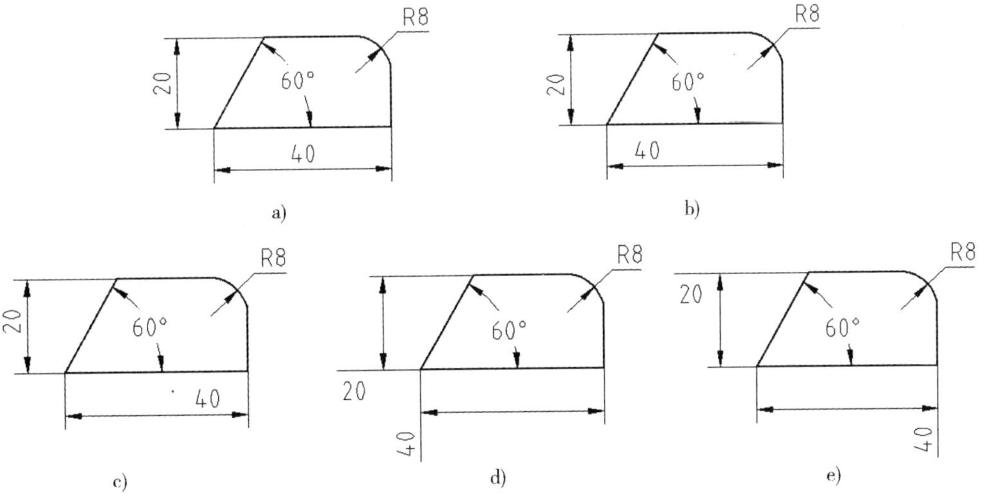

图4-63　文字水平位置

a）居中　b）第一条延伸线　c）第二条延伸线　d）第一条延伸线上方　e）第二条延伸线上方

◆ 观察方向：设置文字的观察方向，有“从左到右”和“从右到左”两种情况。

◆ 从尺寸线偏移：用于设置标注文字离尺寸线的距离。根据标注文字的位置及是否带矩形边框，从尺寸线偏移量的有 3 种含义，如图 4-64 所示。机械标注取 1 ~ 1.5 为宜。

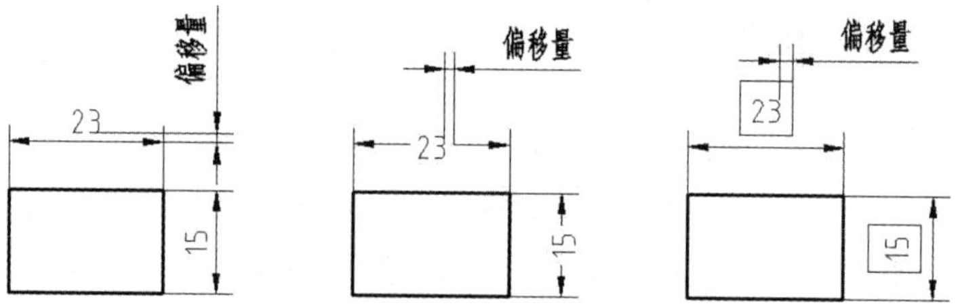

图 4-64　从尺寸线偏移

（3）“文字对齐”设置

用于设置标注文字的对齐方式，有“水平”“与尺寸线对齐”和“ISO 标准”3 个选项，各效果如图 4-65 所示。其中“ISO 标准”的处理方法是当文字在尺寸界线内时，文字与所在位置处的尺寸线平行；而当文字在尺寸界线外时，则将文字水平放置。机械标注中线性尺寸标注选择“与尺寸线对齐”，角度标注选择“水平”，半径与直径标注选择“ISO 标准”。

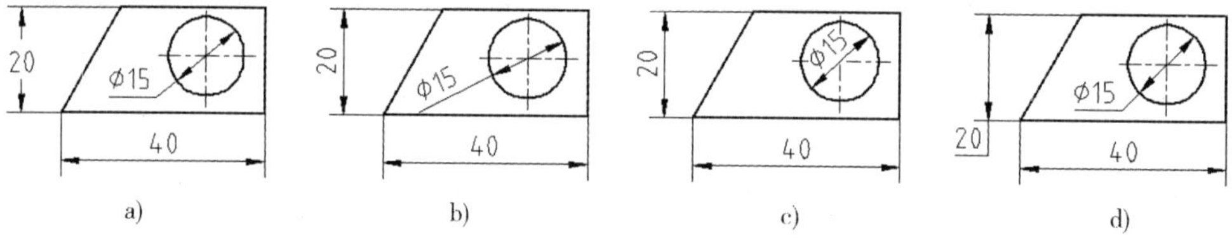

图 4-65　文字对齐方式

a）水平　b）与尺寸线对齐　c）ISO 标准（尺寸界线内）　d）ISO 标准（尺寸界线外）

4. 设置尺寸标注文字、箭头、引线和尺寸线的放置位置

在“调整”选项卡中设置标注文字、箭头的放置位置，以及是否添加引线等，其选项卡如图 4-44 所示。

（1）“调整选项”设置

◆ 文字或箭头（最佳效果）：对标注文字和箭头综合考虑，自动取最佳放置效果。

◆ 箭头：当空间不够时，先将箭头移到尺寸界线外，再移出文字，如图 4-66a 所示。

◆ 文字：当空间不够时，先将文字移到尺寸界线外，再移出箭头，如图 4-66b 所示。

◆ 文字和箭头：当空间不够时，将文字和箭头都放在尺寸界线之外，如图 4-66c 所示。

图 4-66　调整选项

a）箭头　b）文字　c）文字和箭头　d）始终保持在尺寸界线之间

◆ 文字始终保持在尺寸界线之间：不论什么情况均将文字放在尺寸界线之间，如图 4-66d 所示。

◆ 若箭头不能放在尺寸界线内，则将其消除：如尺寸界线之间无足够的空间放置箭头，则不显示箭头。

（2）“文字位置”设置

用于设置当文字不在默认位置时，文字的放置位置，有“尺寸线旁边”“尺寸线上方，带引线”和“尺寸线上方，不带引线”3 种位置，如图 4-67 所示。机械标注选择“尺寸线旁边”位置。

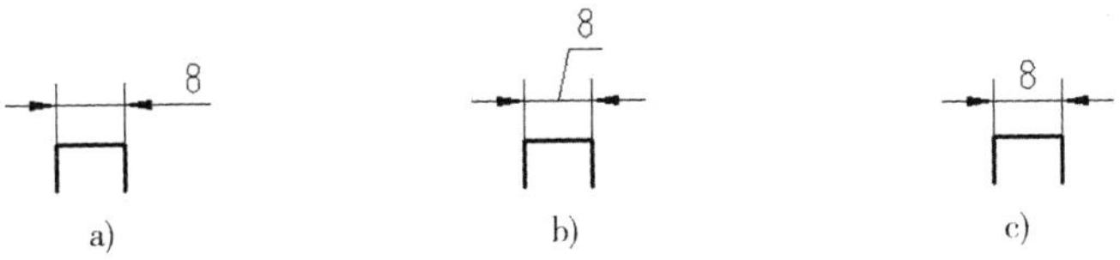

图 4-67　文字位置选项

a）尺寸线旁边　b）尺寸线上方，带引线　c）尺寸线上方，不带引线

（3）“标注特性比例”设置

用于设置全局标注比例值。“使用全局比例”中的比例将影响尺寸标注中各组成元素的显示大小，但不更改标注的测量值，如图 4-68 所示。

（4）“优化”设置

用于设置是否手动放置文字、是否在尺寸界线内画出尺寸线，如图 4-69 所示。

图 4-68　全局比例对尺寸标注的影响

a）全局比例为 1　b）全局比例为 2

图 4-69　在延伸线之间绘制尺寸线

a）未设置　b）设置

将图形放大打印时，尺寸数字、箭头也随之放大，这与机械制图标准不符。此时可将“使用全局比例”的值设为图形放大倍数的倒数，就能保证出图时图形放大而尺寸数字、箭头大小不变。

5. 设置尺寸标注的精度、测量单位比例

在“主单位”选项卡中设置尺寸标注的精度、测量单位比例，并设置文字的前缀和后缀等，一般取默认设置，其选项卡如图 4-45 所示。

用户应根据绘图比例的不同，在“测量单位比例”选项组的“比例因子”文本框中输入相应的线性尺寸测量单位的比例因子，以保证所注尺寸为物体的实际尺寸。如采用 1:2 绘图时，测量单位的比例因子应设为 2；采用 2:1 绘图时，测量单位的比例因子应设为 0.5，如图 4-70 所示。

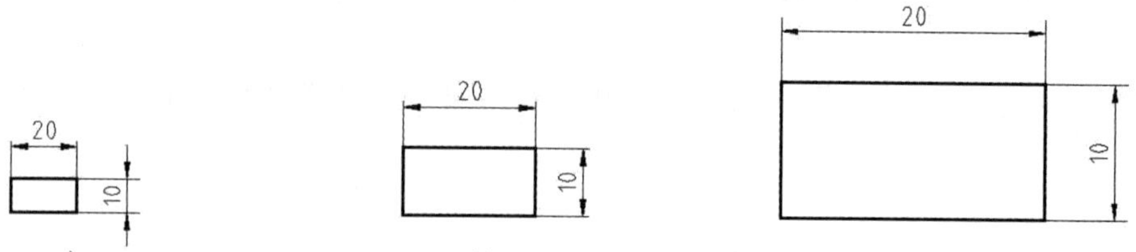

a)　　b)　　c)

图 4-70　测量单位比例因子与绘图比例的关系

a）绘图比例 1:2 测量单位比例因子设为 2　　b）绘图比例 1:1 测量单位比例因子设为 1　　c）绘图比例 2:1 测量单位比例因子设为 0.5

从图 4-70 可以看出，应将测量单位的比例因子设置为绘图比例因子的倒数。为作图的方便，绘图时尽量采用 1:1 比例。

6. 设置换算单位

在“换算单位”选项卡中设置尺寸标注中换算单位的显示，以及不同单位之间的换算格式和精度，较少使用，在此不做详细介绍。

7. 设置公差标注方式、精度及对齐方式

在“公差”选项卡中设置公差标注方式、精度及对齐方式，其选项卡如图 4-71 所示。

（1）“公差格式”设置

◆ 方式：用于设置标注公差的形式，有“对称”“极限偏差”“极限尺寸”和“基本尺寸”4 种形式，其效果如图 4-72 所示。

◆ 精度：用于设置公差值的精度，即公差值保留的小数位数。

◆ 上偏差：用于设定上偏差值，默认为正值，若实际是负值如“ -0.01”，则此框内应输入“ -0.01”。

◆ 下偏差：用于设定下偏差值，默认为负值，若实际是正值如“ +0.01”，则此框内应输入“ +0.01”。

◆ 高度比例：用于设置公差文字高度相对于基本尺寸文字高度的比例，若为 1，则公差高度与基本尺寸文字高度一样。机械标注设为 0.6 ~ 0.8 为宜。

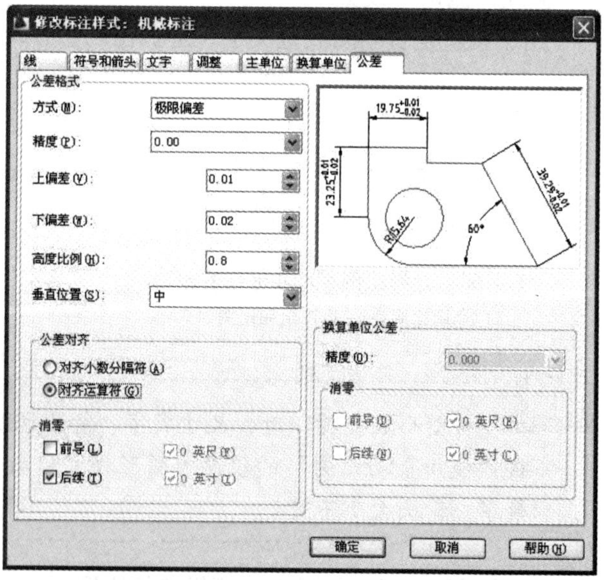

图 4-71　“公差”选项卡

◆ 垂直位置：用于设置公差值在垂直方向的放置位置，有“下”“中”和“上”3 种位置，如图 4-73 所示。机械标注选择“中”。

（2）“公差对齐”方式设置

用于设置尺寸公差上下偏差值的对齐方式，有“对齐小数分隔符”和“对齐运算符”两种方式，通常选择“对齐运算符”。

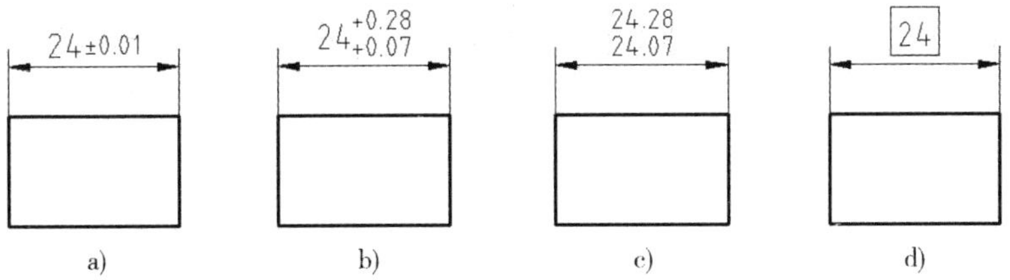

图 4-72　尺寸公差形式

a）对称　b）极限偏差　c）极限尺寸　d）基本尺寸（理论尺寸）

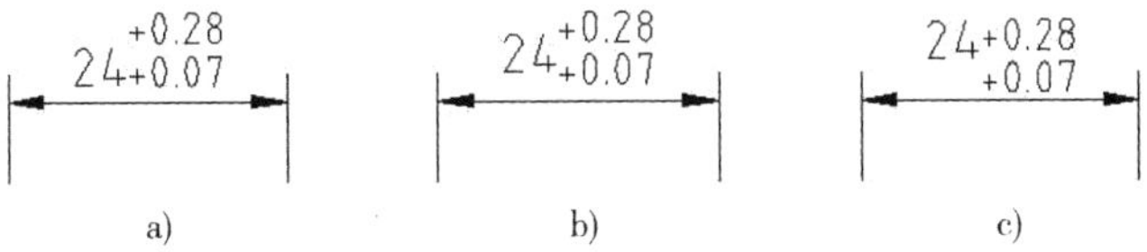

图 4-73　公差值的垂直位置

a）下　b）中　c）上

任务4　标注模板尺寸

操作实例（图 4-74）

本例介绍如图 4-74 所示图形的尺寸标注，主要涉及“线性标注”“对齐标注”“半径标注”“直径标注”“角度标注”“基线标注”“连续标注”“圆心标记”和“标注间距”。

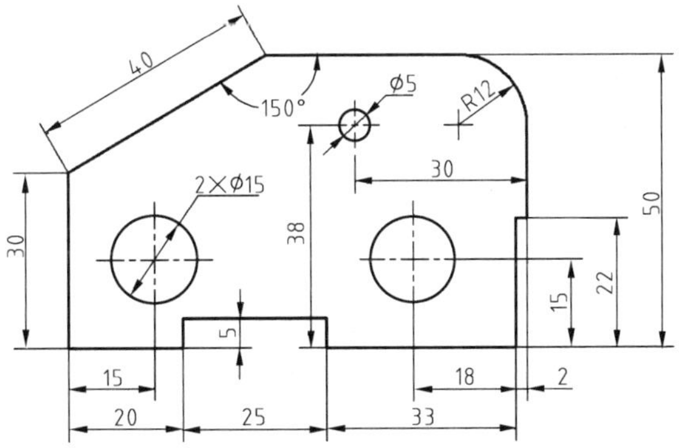

图 4-74　模板的尺寸标注

图 4-74 所示图形中包括线性标注、对齐标注、角度标注、圆心标记、半径标注、直径标注、基线标注和连续标注等标注形式，如图 4-75 所示。

操作过程

第 1 步：新建一个名为“尺寸线”的图层，创建名为“机械标注”的标注样式（创建方法见本模块任务 3）。

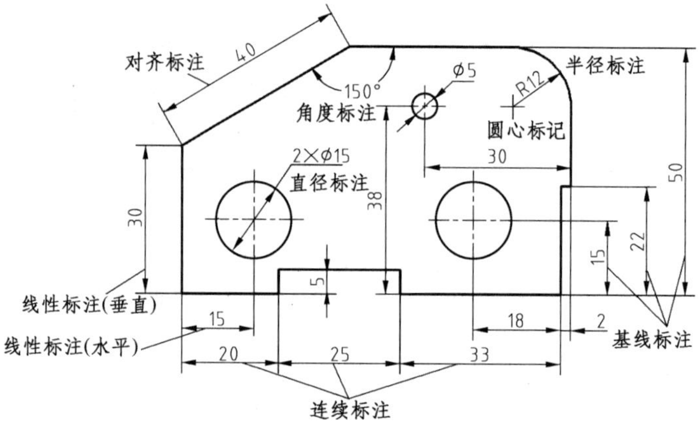

图 4-75 各种标注形式

第 2 步：按图 4-74 所示尺寸绘制图形；将“尺寸线”图层设置为当前图层。

第 3 步：调用“标注”面板，并将“机械标注”样式置为当前样式。

（1）在功能区单击“注释”选项卡，显示“标注”面板，如图 4-76 所示。

（2）在标注样式列表下选择“机械标注”，将其置为当前样式，如图 4-76a 所示。

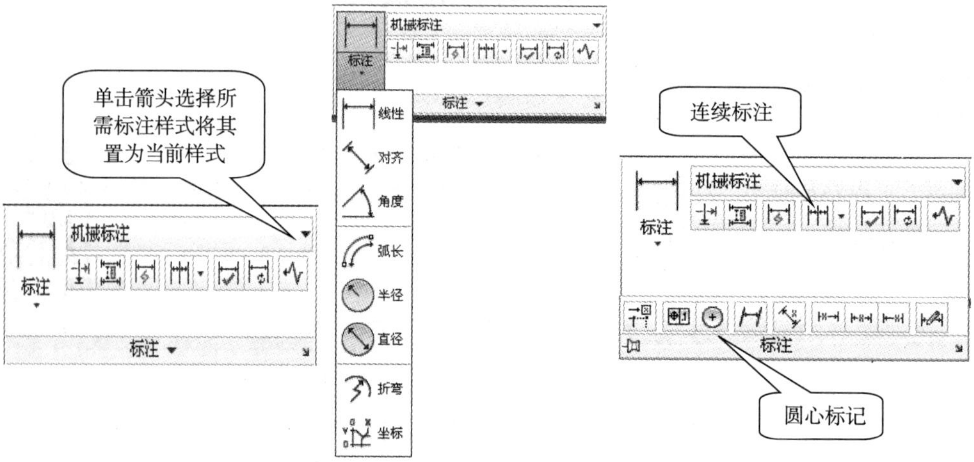

a) b) c)

图 4-76 调用“标注”面板

a）设置当前标注样式 b）各线性标注类型 c）圆心标记、连续标注

第 4 步：标注角度尺寸、径向尺寸和圆心标记。

（1）标注角度尺寸 150°。

单击“标注”面板→“标注” 标注 展开标注类型下拉列表，如图 4-76b 所示，选择“角度”，再拾取直线 *AB*、*BC*，在适当位置单击，完成标注，如图 4-77 所示。

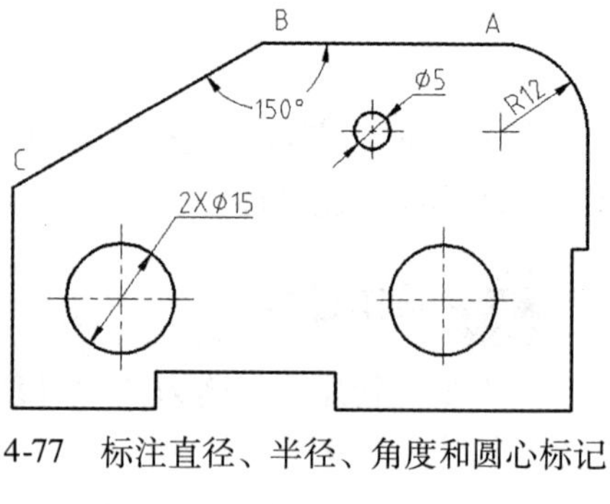

图 4-77 标注直径、半径、角度和圆心标记

（2）标注半径 *R*12。

单击“标注”面板→“半径”，选择 *R*12 的圆

弧，在适当位置单击，完成标注，如图 4-77 所示。

（3）标注直径 $\phi5$ 和 $2\times\phi15$。

单击“标注”面板→“直径”，选择 $\phi5$ 的圆，在适当位置单击，完成 $\phi5$ 标注。再单击“直径”，标注 $2\times\phi15$，操作步骤如下：

命令：_ dimdiameter	//调用“直径标注”命令
选择圆弧或圆：	//拾取 $\phi15$ 的圆
标注文字 = 15	//系统提示
指定尺寸线位置或［多行文字(M)/文字(T)/角度(A)］：m↙	//选择“多行文字”选项，显示“文字编辑器”功能区上下文选项卡
进行如下操作：	
在文本框自动标注数字前输入“2×”	//输入直径标注前的文字“2×”
单击“关闭”面板→“ ”按钮	//结束“多行文字”命令
指定尺寸线位置或［多行文字(M)/文字(T)/角度(A)］：	//在适当位置单击，完成标注

操作完成后，标注结果如图 4-77 所示。

（4）标注圆心标记。

将“标注”面板展开，如图 4-76c 所示，单击“圆心标记”，选择 $R12$ 的圆弧，标记其圆心，如图 4-77 所示。

第 5 步：标注对齐尺寸 40。

单击“标注”面板→“对齐”，单击点 B、点 C（或按回车键后直接选择直线 BC），在适当位置单击，完成标注，如图 4-78 所示。

第 6 步：标注线性尺寸。

单击“标注”面板→“线性”，捕捉点 D、点 E，在适当位置单击，完成线性尺寸 15 的标注。采用同样方法，完成各线性尺寸 20，5，30，38，15，18，30，2 的标注，如图 4-78 所示。

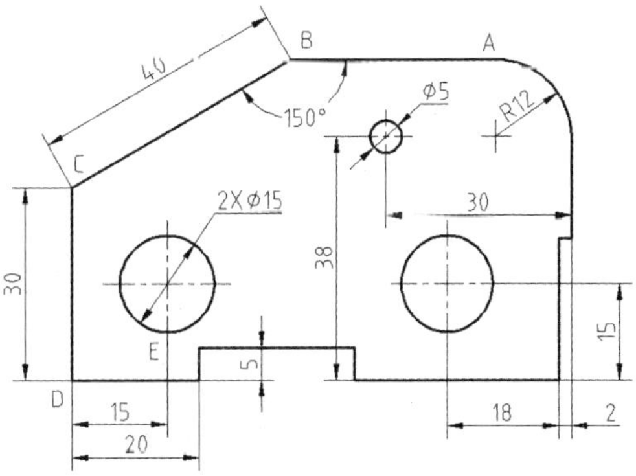

图 4-78　线性标注、对齐标注

第 7 步：进行连续标注，标尺寸 25、33。

单击“标注”面板→“连续”，选择水平尺寸 20 的右尺寸界线为基准，单击点 F、点 G，完成 25、33 的标注，如图 4-79 所示。

第 8 步：进行基线标注，标注尺寸 22、50。

单击“标注”面板→“基线”（单击“连续”右侧的下拉箭头，才出现该按钮），选择竖直尺寸 15 的下尺寸界线为基准，单击点 H、点 A 标注 22、50，如图 4-79 所示。

由图 4-79 可以看出，图形下方的平行尺寸间的间距太小（当然也可能出现间距太大的情况），影响标注的美观，可采用“调整间距”命令，调节间距值。

第 9 步：采用“调整间距”命令，调整平行尺寸间的间距。

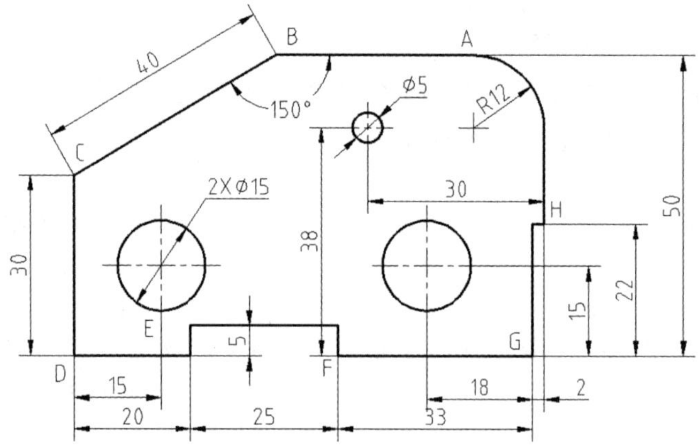

图 4-79　基线标注、连续标注

单击“标注”面板→“调整间距”，选择水平尺寸 15 为基准，再选择连续尺寸 20、25、33，按回车键，以默认的“自动”方式调整间距，如图 4-80 所示。

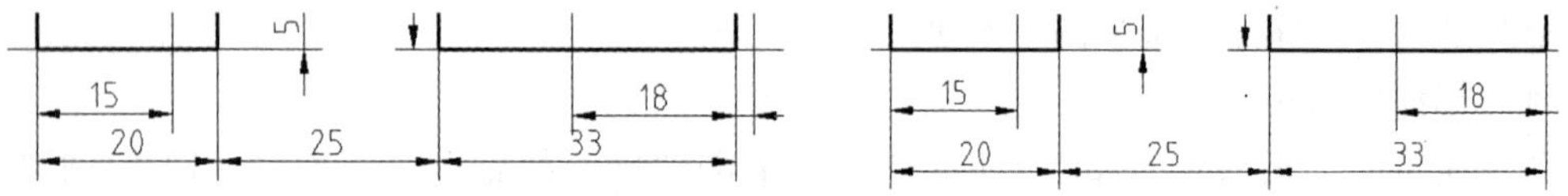

a)　　　　b)

图 4-80　调整标注间距

a）调整标注间距前　b）调整标注间距后

第 10 步：保存图形文件。

调整标注间距时，如选择“自动（A）”选项，系统将自动计算间距，其间距是基准标注对象的标注样式中设置的文字高度的两倍；如输入间距值为 0，系统将选定的标注对象与基准标注对象对齐。

知识点 1　尺寸的标注

在创建了尺寸样式后，就可以进行尺寸标注了。为方便操作，在标注尺寸前，应将尺寸标注层置为当前层，并打开自动捕捉功能，在功能区单击“注释”选项卡，调用如图 4-81 所示的“标注”面板或调用如图 4-82 所示的“标注”工具栏。两者均提供了各类尺寸标注命令及尺寸编辑命令。

当用户仅需要进行常用尺寸的标注，不需进行尺寸编辑时，可在功能区单击“默认”选项卡，调用如图 4-83 所示的“注释”面板。该面板提供了常用尺寸的标注命令。

如前文所述，标注尺寸的方法其实很简单，只需指定尺寸界线的两点或选择要标注尺寸的对象，再指定尺寸线的位置即可，只要标了一、二个尺寸，用户就能触类旁通，不再一一介绍，在此主要讲解各标注的功能。

1. 线性标注

标注两点间的水平、垂直距离尺寸，如图 4-75 所示尺寸 15、30、5、38、30、18、2 均为

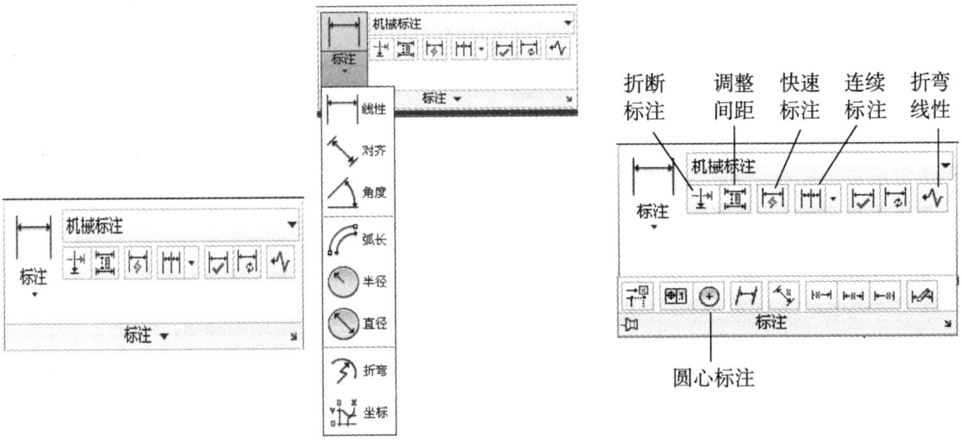

a)　　b)　　c)

图 4-81　“注释”选项卡下“标注”面板

a）展开前　b）展开线性标注　c）展开标注面板

图 4-82　“标注”工具栏

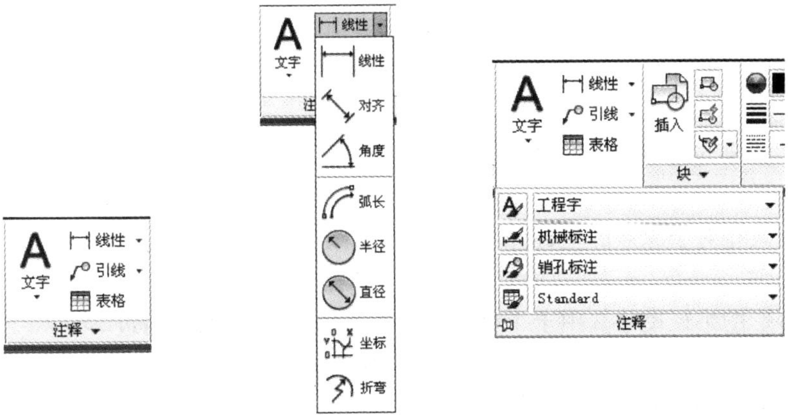

a)　　b)　　c)

图 4-83　“默认”选项卡下“注释”面板

a）展开前　b）展开线性标注　c）展开注释面板

线性标注。

2. 对齐标注

标注倾斜直线的长度，如图 4-75 所示所示尺寸 40。

3. 角度标注

可以标注两条非平行直线所夹的角、圆弧的中心角、圆上两点间的中心角及三点确定的角，如图 4-84 所示。

4. 弧长标注

标注圆弧的长度。可标注整段弧长，如图 4-85a 所示；也可选择“部分（P）”选项后指

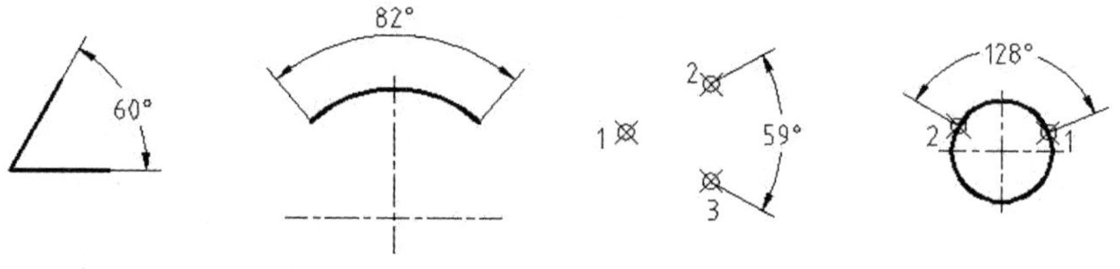

a) b) c) d)

图 4-84 角度标注

a）两直线间夹角 b）圆弧中心角 c）三点间的角度 d）圆上两点间的中心角

定两点标注部分弧长，如图 4-85b 所示；或选择“引线（L）”选项标注加引线的弧长，如图 4-85c 所示。

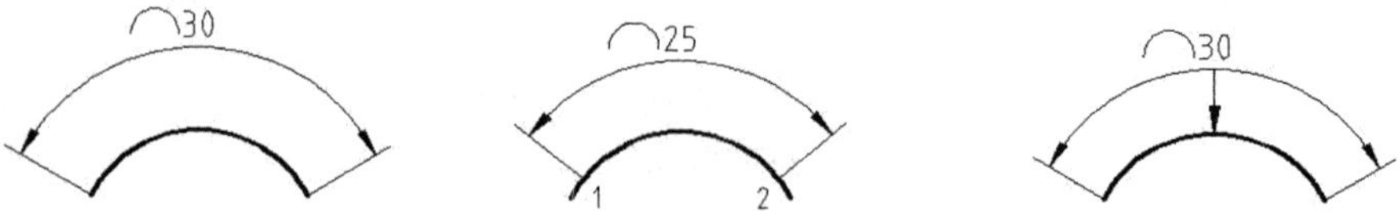

a) b) c)

图 4-85 弧长标注

a）标注整段弧长 b）标注部分弧长 c）标注加引线的弧长

5. 半径标注

标注圆和圆弧的半径，并且自动添加半径符号“R”，如图 4-75 所示尺寸 $R12$。

6. 直径标注

标注圆和圆弧的直径，并且自动添加直径符号“ϕ”，如图 4-75 所示尺寸 $\phi5$、$2\times\phi15$。

7. 坐标标注

标注选定点相对于原点的坐标。

8. 折弯标注

标注折弯形的半径尺寸。用于半径较大，尺寸线不便或无法通过其实际圆心位置的圆弧或圆的标注，如图 4-86 所示。

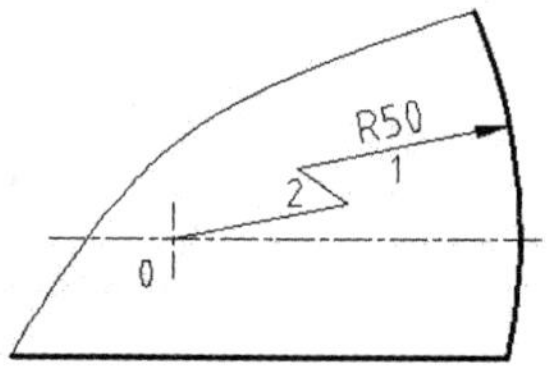

图 4-86 折弯标注

例 4-5 使用“机械标注”样式，利用“折弯”标注命令标注如图 4-86 所示折弯半径。

在功能区单击“默认”选项卡→“注释”面板→“折弯”，操作如下：

```
命令：_dimjogged                                      //调用“折弯”命令
选择圆弧或圆：                                         //选择 R50 的圆弧
指定图示中心位置：                                     //捕捉点 O
标注文字 = 50                                          //系统提示，标注半径为 50
指定尺寸线位置或［多行文字(M)/文字(T)/角度(A)］：       //拾取点 1，确定尺寸线位置
指定折弯位置：                                         //拾取折弯线中点 2，确定折弯位置
```

9. 基线标注

用于标注与前一个或选定标注共用一条尺寸界线（作为基线）的一组尺寸线相互平行的

线性尺寸或角度尺寸，如图 4-75 所示尺寸 15、22、50。

10. 连续标注

用于标注与前一个或选定标注首尾相连的一组线性尺寸或角度尺寸，如图 4-75 所示尺寸 20、25、33。

11. 折断标注

将选定的标注在其尺寸界线或尺寸线与图形中的几何对象或其他标注相交的位置打断，从而使标注更为清晰，如图 4-58 所示。可手动打断也可自动打断一个或多个标注。

12. 调整间距

按指定的间距值自动调整平行的线性尺寸和角度标注之间的间距，如图 4-80 所示。

13. 圆心标记

创建圆或圆弧的圆心标记或中心线，如图 4-75 所示。

14. 折弯线性

在线性或对齐标注上添加或删除折弯线，如图 4-61 所示。

15. 快速标注

创建一系列基线或连续标注，或者为一系列圆或圆弧创建标注。

知识点 2 尺寸标注的编辑

1. 编辑尺寸样式

用户可以在如图 4-39 所示的“标注样式管理器”对话框中通过单击“修改(M)...”按钮来修改当前尺寸样式中的设置，或单击“替代(O)...”按钮设置临时的尺寸标注样式，用来替代当前尺寸标注样式的相应设置。单击“修改(M)...”按钮，系统将弹出“修改标注样式：×××”对话框（×××为样式名），如图 4-87 所示；单击“替代(O)...”按钮，系统将弹出“替代当前样式：×××”对话框，如图 4-88 所示。两对话框中各选项的含义与“新建标注样式”对话框的相同，在此不再赘述。

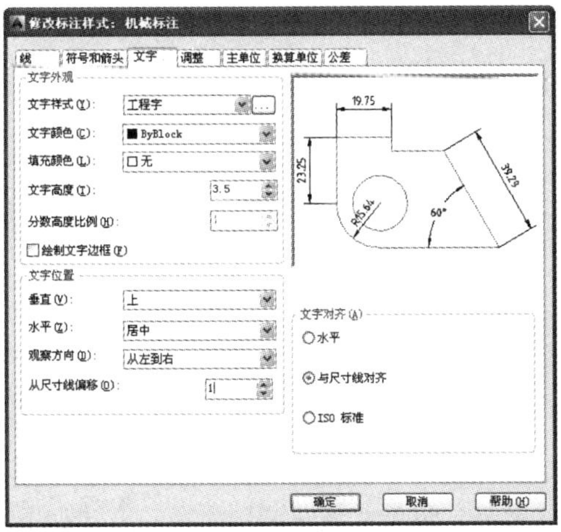

图 4-87 “修改标注样式”对话框

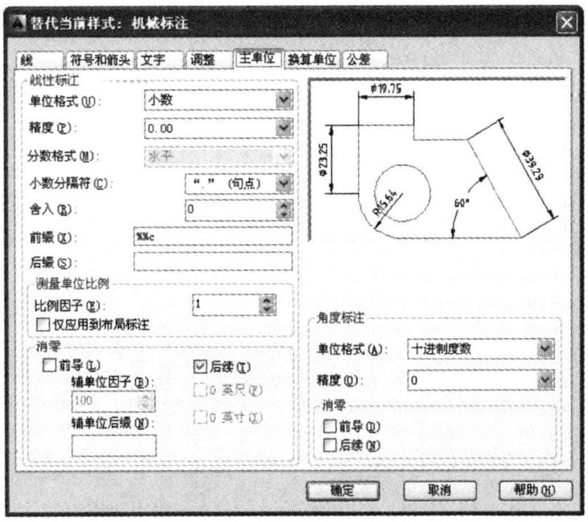

图 4-88 “替代当前样式”对话框

修改样式与替代样式的区别是：尺寸样式一旦被修改，使用此样式所标注的尺寸都会发生改变；而替代样式只改变选定的对象和其后所标注的尺寸。

2. 编辑标注

“编辑标注”命令可以修改选定标注的文字内容，能将标注文字按指定角度旋转以及将尺寸界线倾斜指定角度。调用命令的方式如下：

- 工具栏：“标注”→“编辑标注”。
- 键盘命令：DIMEDIT。

调用上述命令后，命令行提示“输入标注编辑类型[默认(H)/新建(N)/旋转(R)/倾斜(O)] <默认>:”，直接按回车键或输入相应选项后可编辑标注。

◆ 默认（H）选项：能将旋转的标注文字恢复为默认位置，如图 4-89 所示。

◆ 新建（N）选项：能打开在位文字编辑器更改标注文字，如图 4-90 所示。

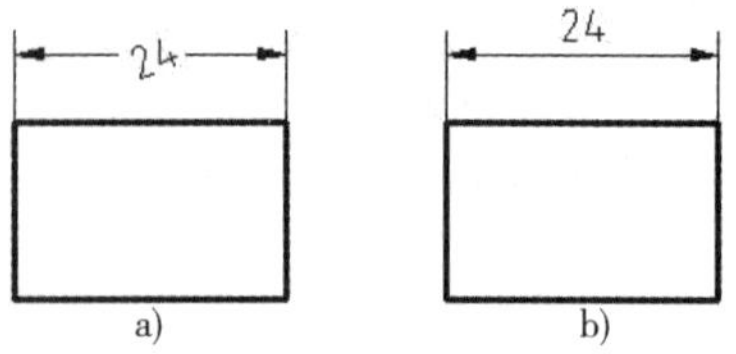

图 4-89 “默认”选项

a）原始标注 b）按“默认”标注

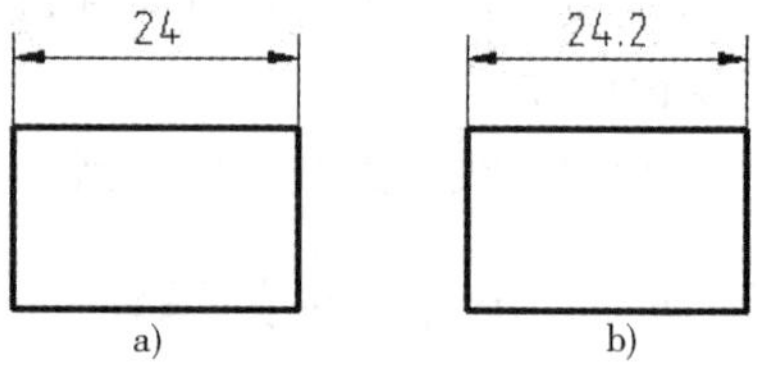

图 4-90 “新建”选项

a）原始标注 b）更改标注文字

◆ 旋转（R）选项：能将标注文字按指定角度旋转，如图 4-91 所示。

◆ 倾斜（O）选项：能将线性标注的尺寸界线倾斜指定角度，如图 4-92 所示。

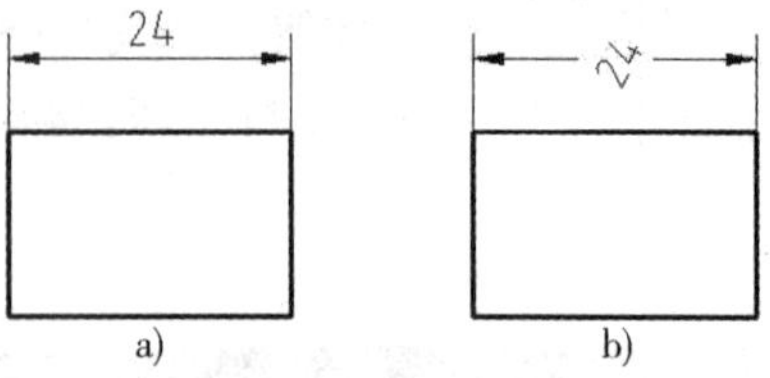

图 4-91 “旋转”选项

a）原始标注 b）旋转 60°

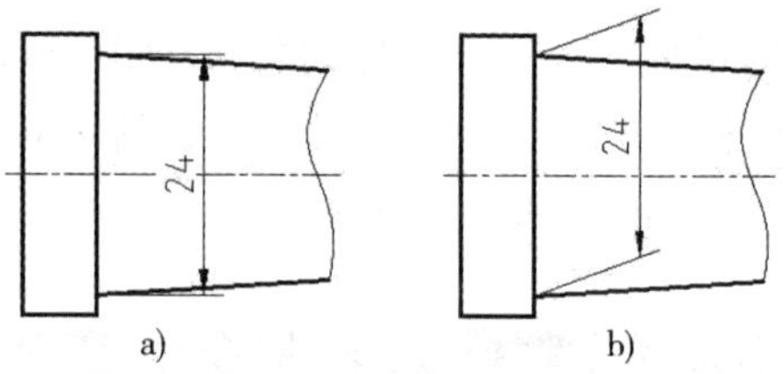

图 4-92 “倾斜”选项

a）原始标注 b）倾斜 20°

旋转角度、倾斜角度均为相对于 *X* 轴正方向而言。

其中倾斜尺寸界线选项“倾斜（O）”还可从功能区或菜单栏调用：

- 功能区：“注释”选项卡→“标注”面板→“倾斜”，如图 4-93 所示。
- 菜单栏：“标注”→“倾斜”。

3. 编辑标注文字

“编辑标注文字”命令可以移动或旋转标注文字并重新定位尺寸线。调用命令的方式如下：

- 菜单栏：“标注”→“对齐文字”→“默认”、“角度”、“左”、“居中”、“右”。

- 工具栏："标注"→编辑标注文字"。
- 键盘命令：DIMTEDIT。

调用上述命令后，命令行提示"为标注文字指定新位置或[左对齐(L)/右对齐(R)/居中(C)/默认(H)/角度(A)]:",直接拖曳可动态更新标注文字的位置或输入相应选项编辑标注文字。

◆ 左对齐（L）选项：沿尺寸线左对正标注文字，如图4-94a所示。

◆ 右对齐（R）选项：沿尺寸线右对正标注文字，如图4-94b所示。

◆ 居中（C）选项：将标注文字放在尺寸线的中间，如图4-94c所示。

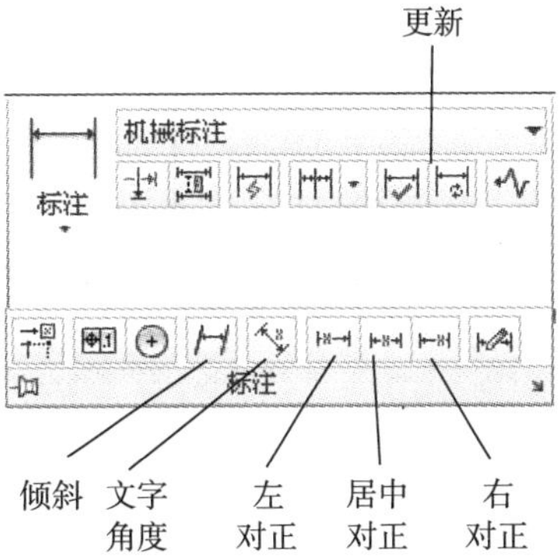

图4-93　"标注"面板各编辑命令

◆ 默认（H）选项：将标注文字恢复到默认位置。该选项与"DIMEDIT"命令中"默认（H）"选项含义相同。

◆ 角度（A）选项：将标注文字按指定角度旋转，如图4-94d所示。该选项与"DIMEDIT"命令中"旋转（R）"选项含义相同。

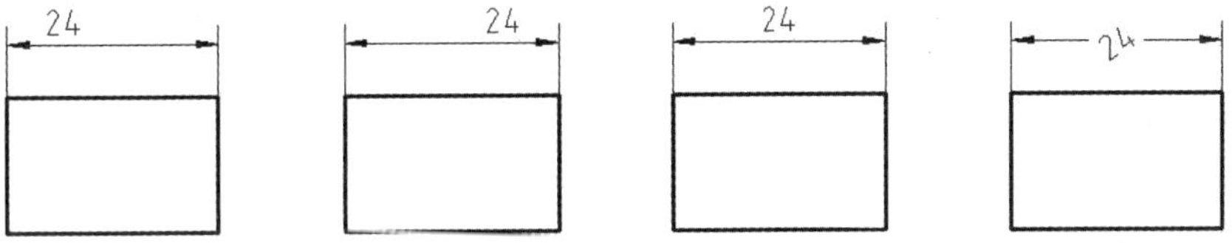

a)　　b)　　c)　　d)

图4-94　编辑标注文字

a）左对齐　b）右对齐　c）居中　d）角度（30°）

其中"角度（A）""左对齐（L）""右对齐（R）""居中（C）"还可从功能区调用：

- 功能区："注释"选项卡→"标注"面板→"文字角度""左对正""居中对正""右对正"，如图4-93所示。

4. 标注更新

"标注更新"命令可以将图形中已标注的尺寸标注样式更新为当前尺寸标注样式。调用命令的方式如下：

- 功能区："注释"选项卡→"标注"面板→"更新"，如图4-93所示。
- 菜单栏："标注"→"更新"。
- 工具栏："标注"→"标注更新"。
- 键盘命令：DIMSTYLE。

例4-6　采用"机械标注"样式标注如图4-95a所示轴的尺寸并用"替代样式""标注更新"的方法修改径向尺寸，使其最终效果如图4-95b所示。

操作步骤如下：

第1步：将"机械标注"设置为当前标注样式。

第2步：利用"线性"命令标注所有尺寸，如图4-95a所示。

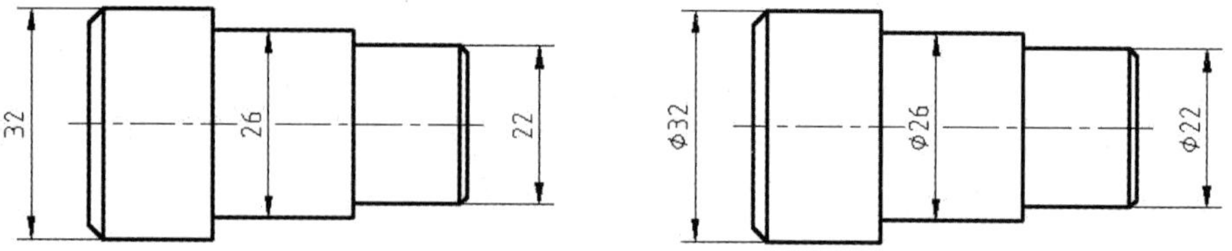

a) b)

图 4-95 轴直径的标注

a）使用“线性”命令标注尺寸 b）替代后的结果

第 3 步：替代尺寸样式。

（1）打开“标注样式管理器”对话框，选择“机械标注”。

（2）单击“替代”按钮，弹出“替代当前样式：机械标注”对话框，如图 4-88 所示。

（3）单击“主单位”选项卡，在“前缀”文本框中输入“%%c”，单击“确定”按钮，回到主对话框。

（4）单击“确定”按钮，完成替代样式操作。

第 4 步：更新标注。

在功能区单击“注释”选项卡→“标注”面板→“更新”，操作步骤如下：

```
命令：-dimstyle                                        //调用“标注更新”命令
当前标注样式：机械标注    注释性：否                   //系统提示
当前标注替代：DIMPOST     %%c<>                        //系统提示
输入标注样式选项[注释性(AN)/保存(S)/恢复(R)/
状态(ST)/变量(V)/应用(A)/?] <恢复>：_apply              //系统提示
选择对象：找到 1 个                                    //选择径向尺寸 22
选择对象：找到 1 个，总计 2 个                         //选择径向尺寸 26
选择对象：找到 1 个，总计 3 个                         //选择径向尺寸 32
选择对象：↙                                            //按回车键，结束命令，完成标注更新
```

5. 利用标注快捷菜单编辑尺寸标注

AutoCAD 2014 提供了标注的快捷菜单，用户在选择需要编辑的标注对象后右击，弹出快捷菜单，选择相应选项可更改所选对象的标注样式、修改标注文字的精度以及是否删除样式替代，如图 4-96～图 4-98 所示。

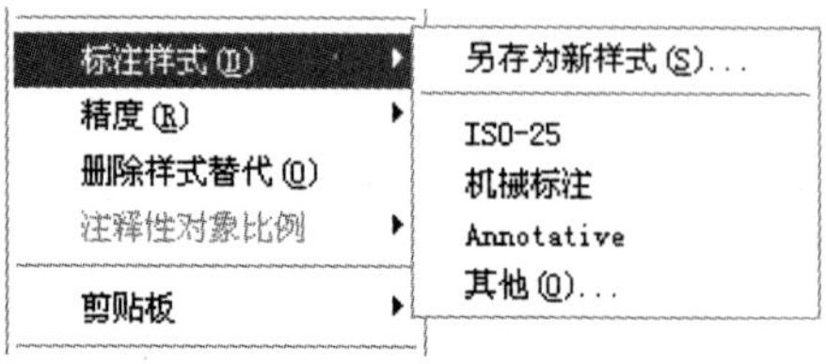

图 4-96 “标注样式”快捷菜单

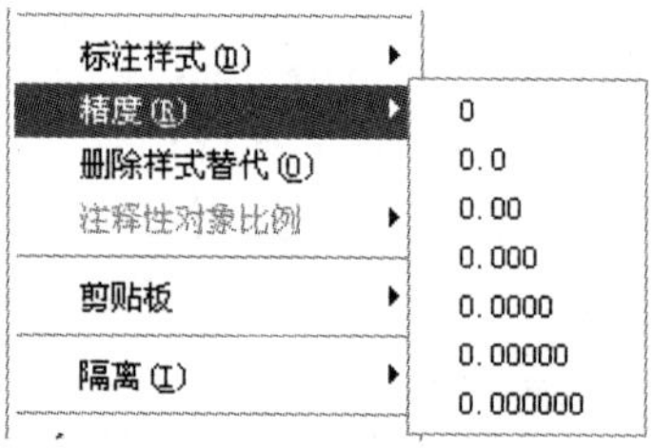

图 4-97 “精度”快捷菜单

6. 利用对象“快捷特性”选项板与“特性”选项板编辑尺寸标注

在需要编辑的标注对象上右击，选择“快捷特性”，可打开“快捷特性”选项板，用户可以查看并修改所选标注的一些常规特性。如图4-99所示为一对齐标注尺寸的“快捷特性”选项板。

在需要编辑的标注对象上右击，选择“特性”，可打开“特性”选项板，用户可以查看所选标注的所有特性，并可根据需要打开某一项对其进行修改。如图4-100所示为对齐标注尺寸的“特性”选项板。

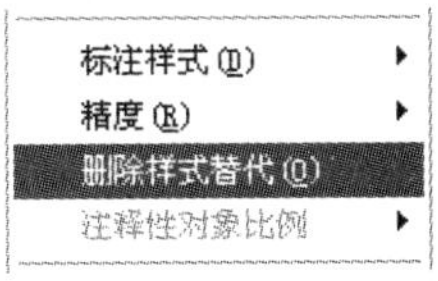

图4-98　“删除样式替代”快捷菜单

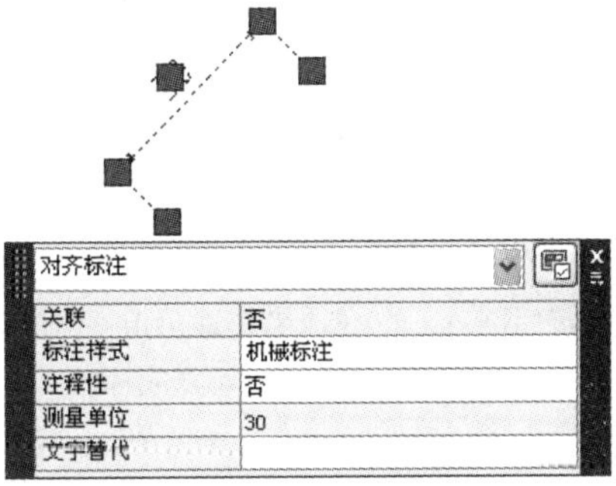

图4-99　尺寸的“快捷特性”选项板

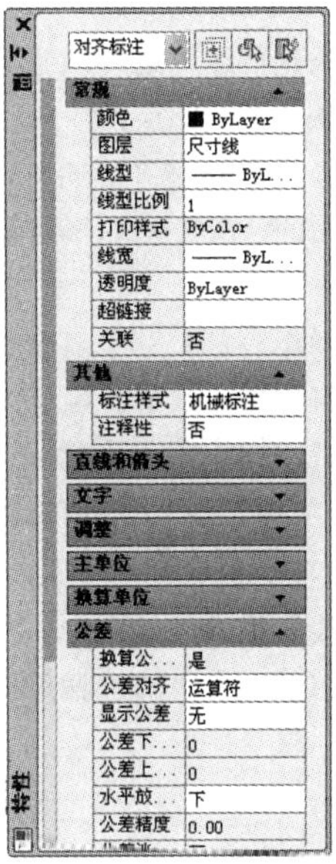

图4-100　尺寸的“特性”选项板

任务5　标注尺寸公差与形位公差

操作实例（图4-101）

本例介绍如图4-101所示图形中尺寸公差和形位公差的标注（采用“机械标注”尺寸样式），主要涉及尺寸公差标注方法、形位公差标注方法及“引线”标注。

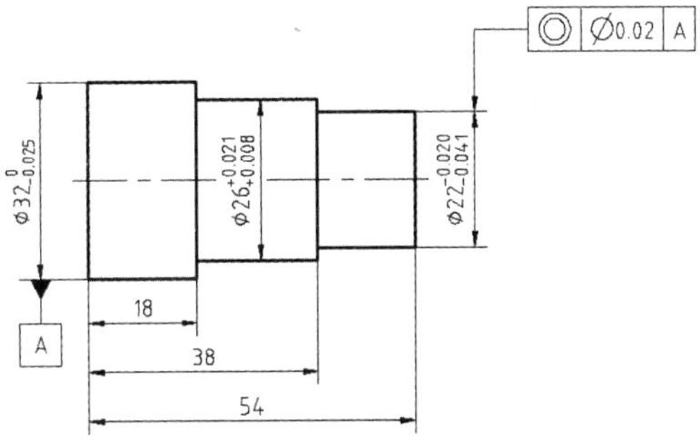

图4-101　标注尺寸公差与形位公差

操作过程

第 1 步：设置绘图环境，操作过程略。

第 2 步：绘制轴，并标注各线性尺寸，如图 4-102 所示。

第 3 步：使用“多行文字”的公差堆叠方式标注 $\phi32\,^{0}_{-0.025}$。

在功能区单击“默认”选项卡→“注释”面板→“线性”按钮，操作步骤如下：

命令：_ dimlinear	//调用“线性标注”命令
指定第一条延伸线原点或 <选择对象>：	//捕捉点 *A*
指定第二条延伸线原点：	//捕捉点 *B*
指定尺寸线位置或[多行文字(M)/ 文字(T)/	
角度(A)/水平(H)/垂直(V)/旋转(R)]：m ↙	//选择“多行文字”选项，显示“文字编辑器”功能区上下文选项卡
进行如下操作：	
在文本框自动标注数字前输入“%%C”，	
在文本框自动标注数字后输入“ 0^-0.025”，	//输入标注文字，如图 4-103a 所示
选中“ 0^-0.025”，右击，选择“堆叠”	//堆叠选中字符，如图 4-103b 所示
单击“关闭”面板→“ ✕ ”按钮	//结束“多行文字”命令
指定尺寸线位置或	
[多行文字(M)/文字(T)/角度(A)/水平(H)/垂直(V)/旋转(R)]：	//在适当位置单击
标注文字 =32	//系统提示，完成标注

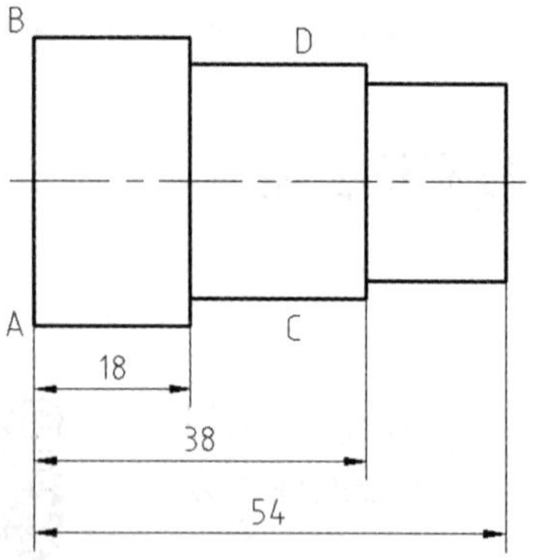

图 4-102　绘轴并标注线性尺寸

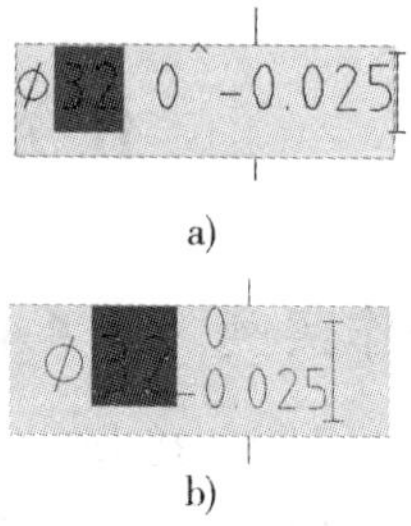

图 4-103　输入尺寸公差文字

a）输入标注文字　b）公差堆叠字符

第 4 步：使用“样式替代”标注 $\phi26\,^{+0.021}_{+0.008}$。

（1）为“机械标注”尺寸样式创建“样式替代”。打开“标注样式管理器”对话框，选择“机械标注”样式，单击“替代”按钮，弹出“替代当前样式：机械标注”对话框。

（2）单击“主单位”选项卡，在“前缀”文本框中输入“%%c”。

（3）单击“公差”选项卡，“方式”选“极限偏差”，“精度”选“0.000”，在“上偏差”文本框中输入“0.021”，“下偏差”文本框中输入“ -0.008”，“高度比例”为“0.8”，“垂直位置”选择“中”，如图 4-104 所示。

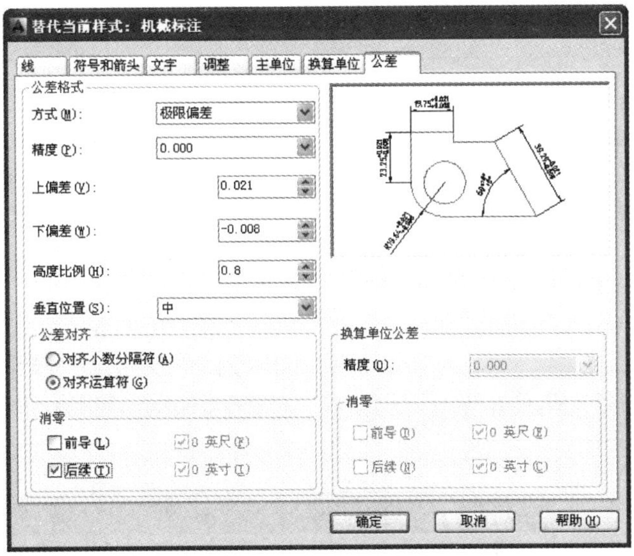

图4-104　创建替代样式

（4）单击“确定”按钮，完成替代样式操作。

（5）标注尺寸 $\phi26^{+0.021}_{+0.008}$。单击“默认”选项卡→“注释”面板→“线性”按钮，选择尺寸“26”相应两点（如图4-102所示两中点 C、D），在适当位置单击，完成标注。

> “样式替代”会影响其后所标注的尺寸，标注完成后应及时修改或删除“替代样式”，以便下一个不同尺寸的标注。

第5步：删除“样式替代”。打开“标注样式管理器”对话框，在“样式”预览框中选择“样式替代”，右击，选择“删除”，完成“替代样式”的删除（也可以在“标注样式管理器”对话框的“样式”预览框中选择“机械标注”样式，单击“置为当前(C)”按钮，在弹出的警告框中单击“确定”，即放弃“样式替代”，而将“机械标注”置为当前样式）。

第6步：利用“特性”选项板标注 $\phi22^{-0.020}_{-0.041}$。

（1）标注尺寸 $\phi22$，操作过程略。

（2）选择尺寸 $\phi22$，右击，在快捷菜单中选择“特性”，打开对象“特性”选项板，在“公差”列表内进行设置，如图4-105所示。“显示公差”设为“极限偏差”，“公差上偏差”为“-0.020”，“公差下偏差”为“0.041”，“水平放置公差”为“中”，“公差精度”设为“0.000”，“公差消去后续零”设为“否”，“公差文字高度”为“0.8”等。

（3）单击“✖”按钮，关闭“特性”选项板。

（4）按“Esc”键退出标注。

第7步：利用“引线”命令标注形位公差。

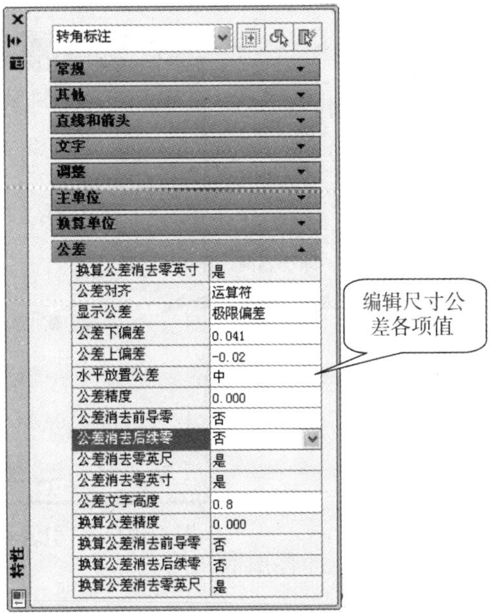

图4-105　利用“特性”选项板编辑尺寸公差

在命令行键入“QLEADER”命令，操作步骤如下：

命令：_ qleader	//启动“引线”命令
指定第一个引线点或［设置(S)］＜设置＞：↙	//选择默认选项，弹出“引线设置”对话框
按图 4-106、图 4-107 所示设置各选项，单击“确定”	//设置引线各选项，确定关闭对话框
指定第一个引线点或［设置(S)］＜设置＞：	//捕捉点 1，如图 4-108 所示
指定下一点：	//打开极轴，垂直向上追踪，在适当位置拾取点 2，如图 4-108 所示
指定下一点：	//向右水平追踪，在适当位置拾取点 3，如图 4-108 所示，弹出“形位公差”对话框
按图 4-109 所示设置各参数，单击“确定”	//设置形位公差，确定关闭对话框，结束标注

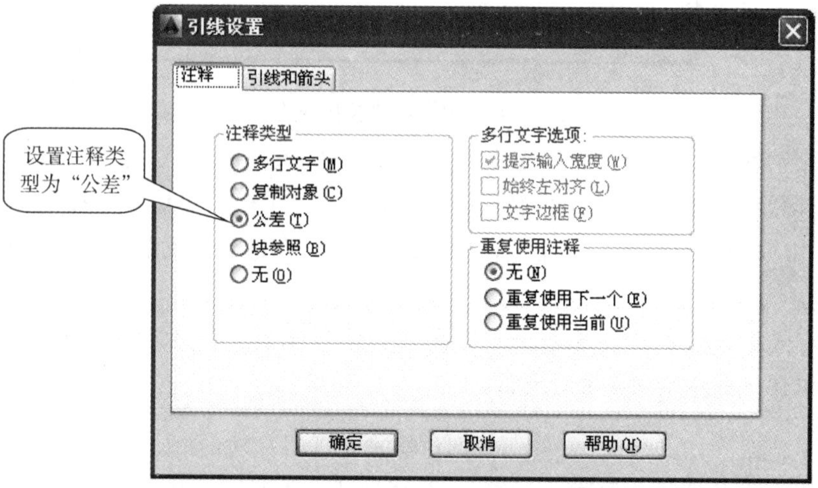

图 4-106 “注释”选项卡中设置注释类型

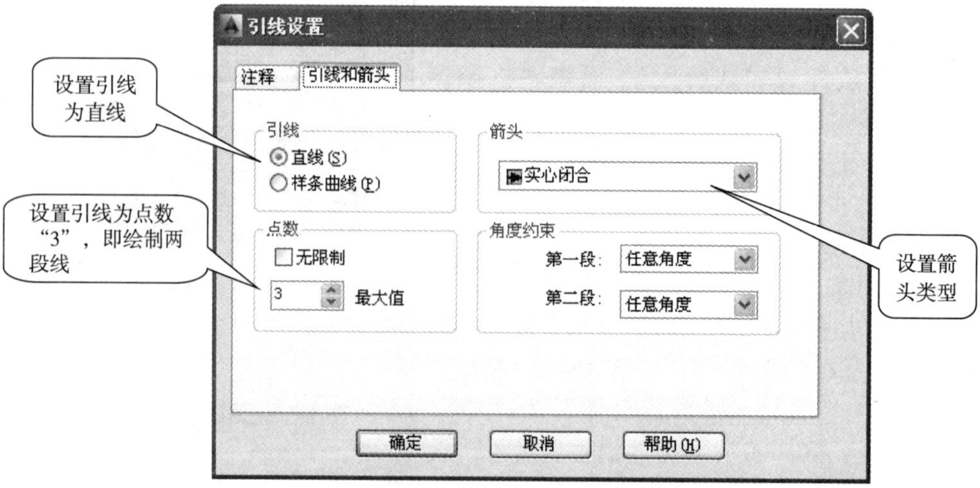

图 4-107 “引线和箭头”选项卡中设置引线和箭头

第 8 步：保存图形文件。

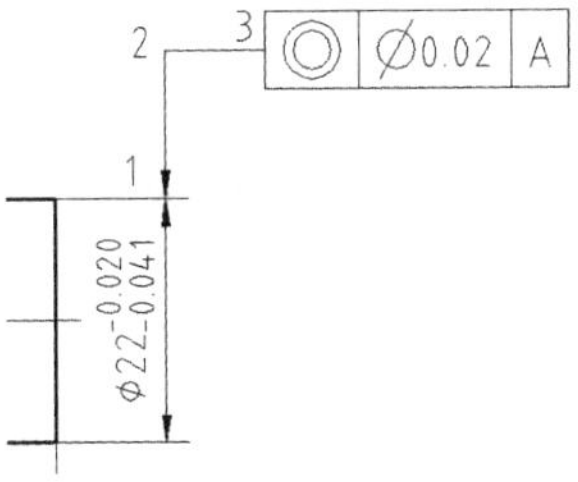

图 4-108 指定引线位置

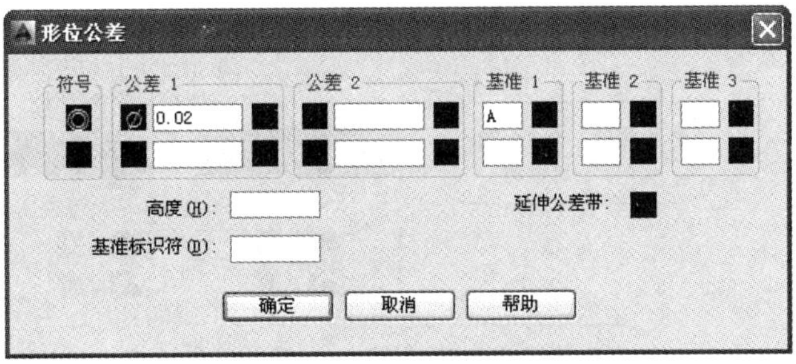

图 4-109 设置轴的形位公差

知识点 1 尺寸公差的标注

AutoCAD 提供了多种尺寸公差的标注方法，此处介绍常用的 3 种方法。

1. 多行文字堆叠直接标注尺寸公差

如果当前标注样式的“公差格式”选项组中的公差“方式”设置为“无”，标注尺寸公差时，利用标注命令中的“多行文字（M）”选项打开“在位文字编辑器”，通过文字堆叠方式直接标注尺寸公差。本操作实例中 $\phi32\,^{0}_{-0.025}$ 的标注便采用了此法。

2. “样式替代”标注尺寸公差

用户可以为当前标注样式创建一个有公差的“样式替代”，然后进行尺寸标注。本操作实例中 $\phi26\,^{+0.021}_{+0.008}$ 的标注便采用了此法。

采用此法标注完成后应及时修改或删除“样式替代”，以便应用于下一个不同尺寸的标注。本操作实例中在完成 $\phi26\,^{+0.021}_{+0.008}$ 的标注后，就删除了“样式替代”，以便进行下一个尺寸 $\phi22\,^{-0.020}_{-0.041}$ 的标注。

3. 对象“特性”选项板编辑尺寸公差

如果当前标注样式的“公差格式”选项组中的公差“方式”设置为“无”，在尺寸标注后，选中需要标注公差的标注对象，打开对象“特性”选项板，在“公差”项目板内编辑尺寸公差。本操作实例中 $\phi22\,^{-0.020}_{-0.041}$ 的标注便采用了此法。

知识点 2 形位公差的标注

1. “形位公差”标注命令

利用“公差”标注命令可绘制形位公差特征控制框。调用命令的方式如下：

- 功能区：“注释”选项卡→“标注”面板→“公差”⊕.1。
- 菜单栏：“标注”面板→“公差”。
- 工具栏：“标注”面板→“公差”⊕.1。
- 键盘命令：TOLERANCE。

执行上述命令后，弹出如图 4-110 所示“形位公差”对话框，在该对话框中可设置形位公差的特性。

单击“形位公差”对话框相应空白框可打开“特征符号”对话框及“附加符号”对话框，如图 4-111a、图 4-111b 所示。若要绘制如图 4-111c 所示形位公差特征控制框，其特性设置如图 4-112 所示。

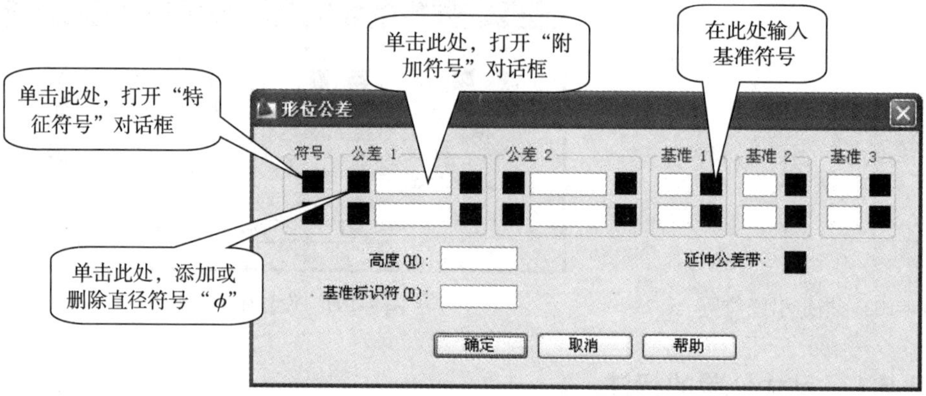

图 4-110 “形位公差”对话框

a) b) c)

图 4-111 形位公差形式

a）“特征符号”对话框 b）“附加符号”对话框 c）形位公差特征控制框

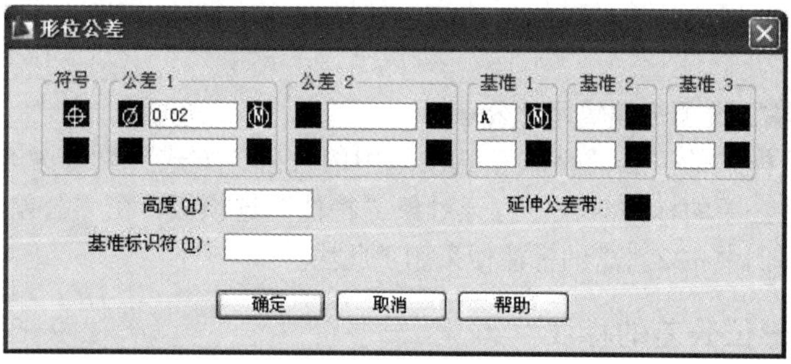

图 4-112 设置形位公差

2. 形位公差的标注方法

利用“公差”标注命令只能绘制形位公差特征控制框，需要用户补绘指引线，如果需同时绘出指引线和特征框，应采用“引线”标注命令，调用命令的方式如下：

- 键盘命令：QLEADER。

使用“引线”命令标注形位公差的步骤如下：

第 1 步：调用“引线”命令。

第 2 步：系统提示“指定第一个引线点或［设置(S)］<设置>:”，此时直接按回车键，弹出“引线设置”对话框。

第 3 步：在“注释”选项卡“注释类型”选项组下选择注释类型为“公差”，如图 4-106 所示。

第4步：在“引线和箭头”选项卡设置引线的类型为“直线”、点数为“3”以及引线的倾斜角度、箭头的形式，如图4-107所示。

第5步：单击“确定”按钮，返回绘图区，依次指定引线的起始点位置、第二点、第三点位置，弹出如图4-110所示的“形位公差”对话框。

第6步：在“形位公差”对话框中设置形位公差的特性。

第7步：单击“确定”按钮，完成形位公差标注。

本操作实例中轴的形位公差标注便采用了此法。

“引线”命令的注释内容是多行文字、形位公差、块，还可以在图形中选定多行文字、单行文字、公差或块参照对象作为副本，连接到引线末端。当注释内容为除公差以外的其他选项（如多行文字、块等）时，在AutoCAD2008以后的各版本，均用“多重引线”命令取代了“引线”命令，在此仅介绍“引线”命令在形位公差标注方面的应用。

任务6　创建多重引线的样式并标注

操作实例（图4-113）

本例要求创建名为“倒角标注”的多重引线样式，再以“倒角标注”为基础样式创建名为“销孔标注”的多重引线样式，并将这两种样式用于图4-113中倒角及销孔尺寸的标注。主要涉及“多重引线样式”对话框的设置、多重引线的标注。

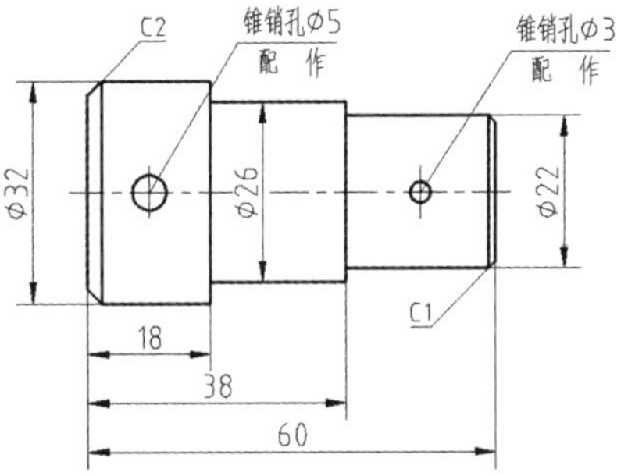

图4-113　设置多重引线样式并标注倒角、销孔尺寸

操作过程

第1步：创建“倒角标注”样式。

（1）单击“默认”选项卡→“注释”面板→“多重引线样式”，弹出“多重引线样式管理器”对话框，如图4-114所示。

（2）单击“新建”按钮，弹出“创建新多重引线样式”对话框，在“新样式名”文本框中输入样式名“倒角标注”，如图4-115所示。

（3）单击“继续”按钮，弹出“修改多重引样式：倒角标注”对话框。

（4）单击“引线格式”选项卡，在“常规”选项组下设置引线的“类型”为“直线”，在“箭头”选项组下选择引线箭头的“符号”为“无”（即设置引线不带箭头），如图4-116

所示。

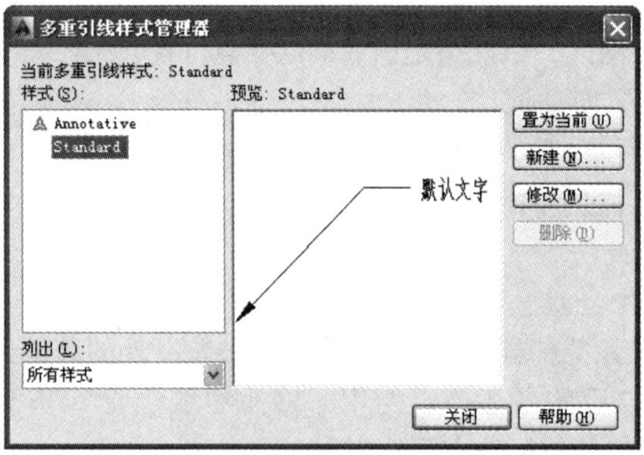

图 4-114　“多重引线样式管理器”对话框

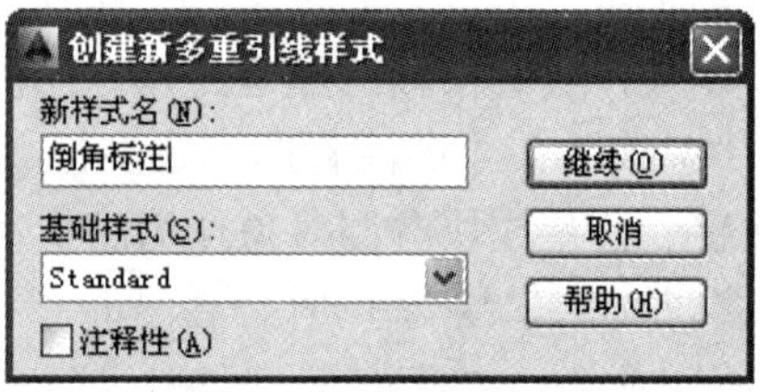

图 4-115　“创建新多重引线样式”对话框

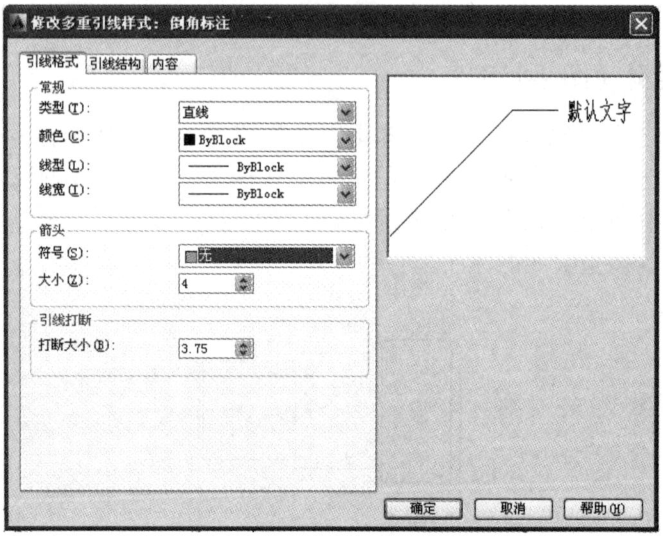

图 4-116　设置多重引线的格式

（5）单击“引线结构”选项卡，在“约束”选项组选中“最大引线点数”，设置点数为“2”（即只绘制一段引线），选中“第一段角度”，设置角度为“45”（即设置引线的倾斜角度为45°）；在“基线设置”选项组选中“自动包含基线”与“设置基线距离”，并设置基线距离为“0.1”（即设置该引线自动包含一段长为0.1的水平基线）；在“比例”选项组选中“指定比例”，设置比例值为“1”，如图4-117所示。

（6）单击“内容”选项卡，选择“多重引线类型”为“多行文字”；单击“默认文字”文本框右侧的“...”按钮，打开多行文字“在位文字编辑器”，输入“C1”，单击“ ”按钮返回对话框；设置“文字样式”为“工程字”，“文字角度”为“保持水平”，“文字高度”为“3.5”；在“引线连接”选项组下选择“水平连接”，“连接位置”均为“最后一行加下划线”或“第一行加下划线”（即设置倒角不论连接在引线的左方还是右方均在倒角下加划线），“基线间隙“为“0.1”，如图4-118所示。

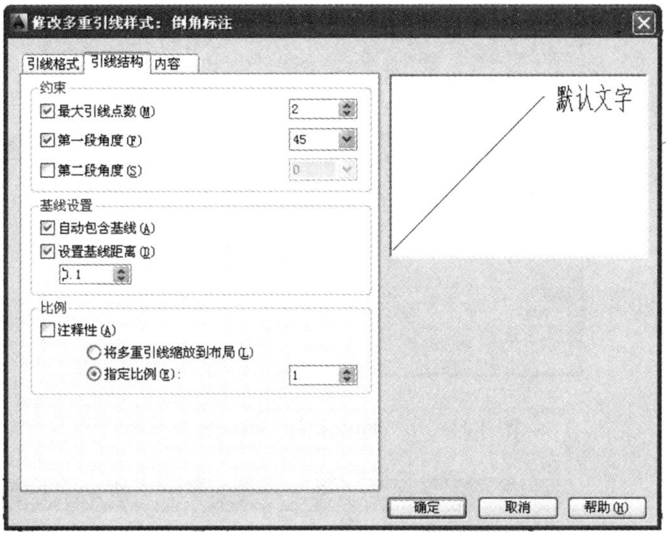

图 4-117　设置多重引线的结构

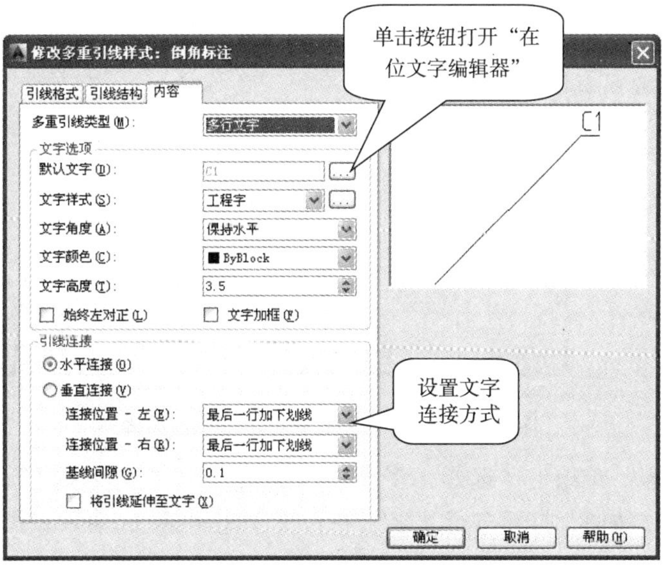

图 4-118　设置多重引线的注释内容

（7）单击“确定”按钮，返回主对话框，新的多重引线样式显示在“样式”列表中，并可在“预览”框内显示该样式外观，如图 4-119 所示。至此完成“倒角标注”样式的创建。

第 2 步：创建“销孔标注”样式。

（1）在“多重引线样式管理器”对话框中单击“新建(N)...”按钮，弹出“创建新多重引线样式”对话框，在“新样式名”文本框中输入样式名“销孔标注”；在“基础样式”下拉列表中选择“倒角标注”。

（2）单击“继续”按钮，弹出“修改多重引样式：销孔标注”对话框。

（3）“引线格式”选项卡中的参数不需改动；“引线结构”选项卡下不勾选“第一段角度”，如图 4-120 所示。

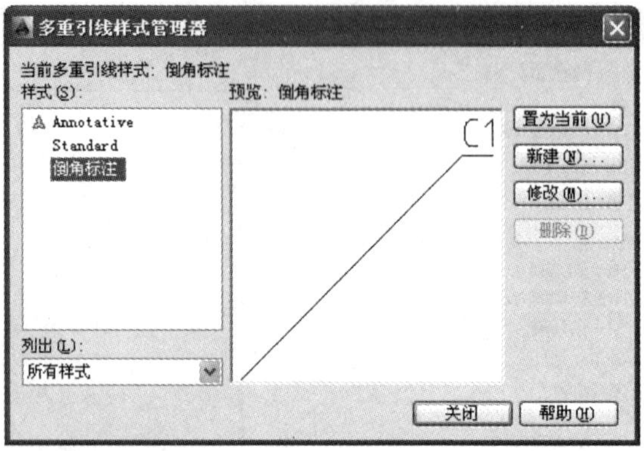

图 4-119　“倒角标注”样式及其预览

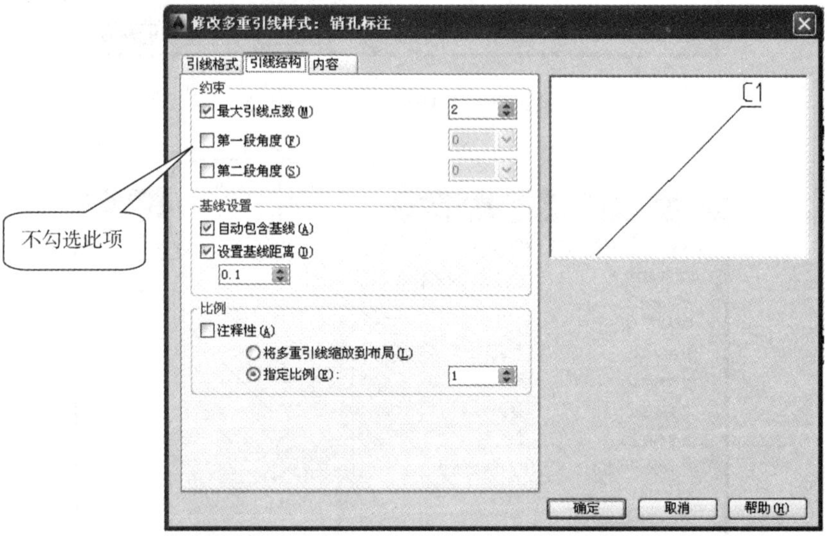

图 4-120　设置“销孔标注”的引线结构

（4）单击“内容”选项卡，选择“多重引线类型”为“多行文字”；单击“默认文字”文本框右侧的“…”按钮，打开多行文字“在位文字编辑器”，输入如图 4-121a 所示两行内容，采用“居中”对齐；单击“段落”面板右方“面板对话框启动器”按钮，弹出“段落”对话框，选中“段落行距”，设置“行距”为“精确”，“设置值”为“3”，如图 4-121b 所示。

（5）单击“确定”按钮，返回“在位文字编辑器”，单击“✕”按钮，返回“修改多重引样式：销孔标注”对话框的“内容”选项卡，在“引线连接”选项组下选择“连接位置”均为“第一行加下划线”，如图 4-122 所示。

（6）单击“确定”按钮，返回到主对话框，新的多重引线样式显示在“样式”列表中，并可在“预览”框内显示该样式外观，如图 4-123 所示。

第 3 步：将“倒角标注”设为当前样式。选择“倒角标注”样式，单击“置为当前(U)”按钮，即将“倒角标注”样式置为当前样式。

第 4 步：标注倒角尺寸。

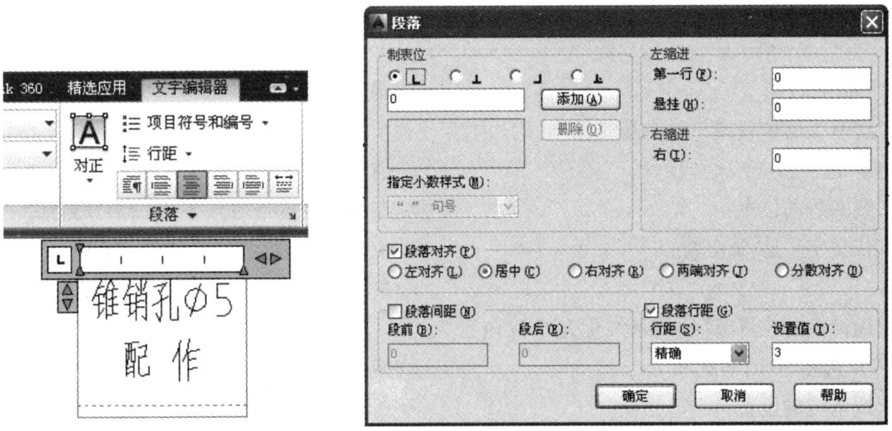

a)　　b)

图4-121　设置“销孔标注”的默认文字内容

a）文字内容　b）设置行距

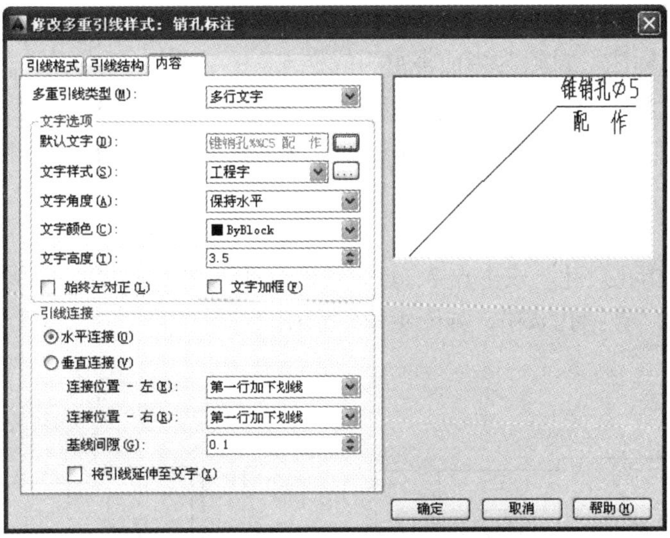

图4-122　设置“销孔标注”的注释内容

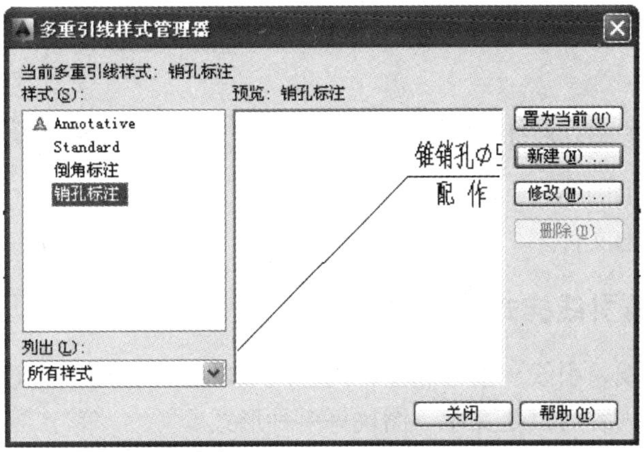

图4-123　“销孔标注”样式及其预览

单击“默认”选项卡→“注释”面板→“引线” 引线，操作如下：

命令：_ mleader	//调用“多重引线”命令
指定引线箭头的位置或［引线基线优先(L)/内容优先(C)/选项(O)］ <选项>：	//捕捉端点 1，如图 4-124 所示
指定引线基线的位置：	//在适当位置拾取点 2，如图 4-124 所示
覆盖默认文字［是(Y)/否(N)］ <否>：↙	//按回车键，采用默认的文字“C1”，完成左侧倒角标注
命令：↙	//按回车键，重复调用“多重引线”命令
指定引线箭头的位置或［引线基线优先(L)/内容优先(C)/选项(O)］<选项>：	//捕捉端点 3，如图 4-124 所示
指定引线基线的位置：	//在适当位置拾取点 4，如图 4-124 所示
覆盖默认文字［是(Y)/否(N)］ <否>：y ↙	//需覆盖默认文字，在“在位文字编辑器”中输入“C2”
单击“ ”按钮	//关闭“文字编辑器”，完成标注

第 5 步：标注销孔尺寸。

（1）将“销孔标注”设置为当前多重引线样式。

（2）单击“注释”面板→“引线” 引线，指定引线基线的位置为圆心点 5、点 6（图 4-125），采用默认文字标注销孔尺寸，操作过程与标注倒角“C1”的过程相同，此处不再赘述。

（3）采用同样方法指定引线基线的位置为圆心点 7、点 8（图 4-125），采用默认文字标注销孔尺寸。

第 6 步：编辑销孔尺寸。双击点 7、点 8 处的销孔标注尺寸，打开“在位文字编辑器”将“锥销孔 ϕ5”改为“锥销孔 ϕ3”，如图 4-125 所示。

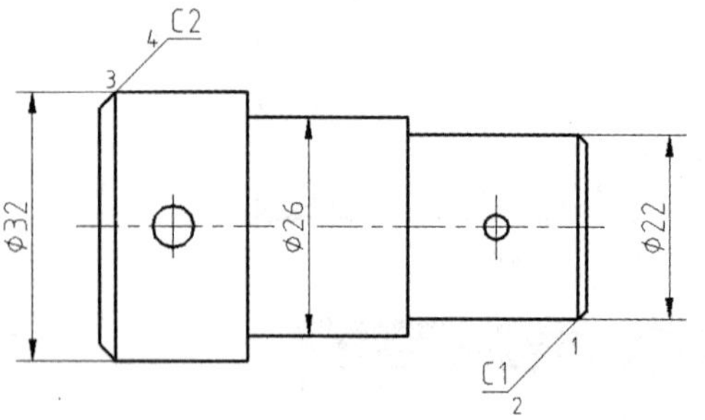

图 4-124　标注倒角

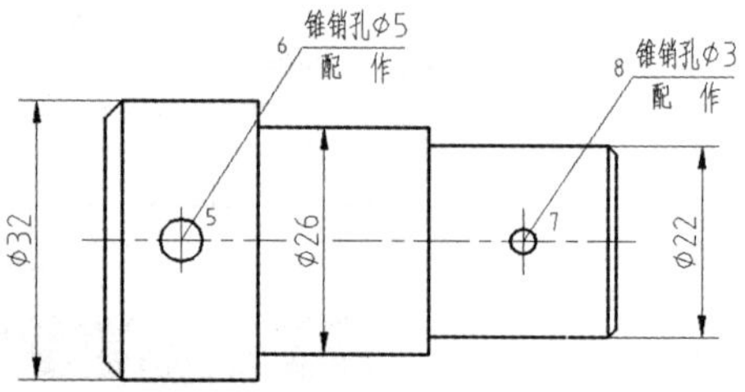

图 4-125　标注销孔尺寸

完成所有标注后如图 4-113 所示。

第 7 步：保存图形文件。

知识点 1　多重引线样式的创建

多重引线是由基线、引线、箭头和注释内容组成的标注，如图 4-126 所示。引线可以是直线或样条曲线，注释内容可以是文字、图块等多种形式。

多重引线样式可以指定基线、引线、箭头和注释内容的格式，用以控制多重引线对象的外观。调用命令的方式如下：

● 功能区："默认"选项卡→"注释"面板→"多重引线样式"。
● 菜单栏："格式"→"多重引线样式"。
● 工具栏："多重引线"→"多重引线样式"。
● 键盘命令：MLEADERXTYLE。

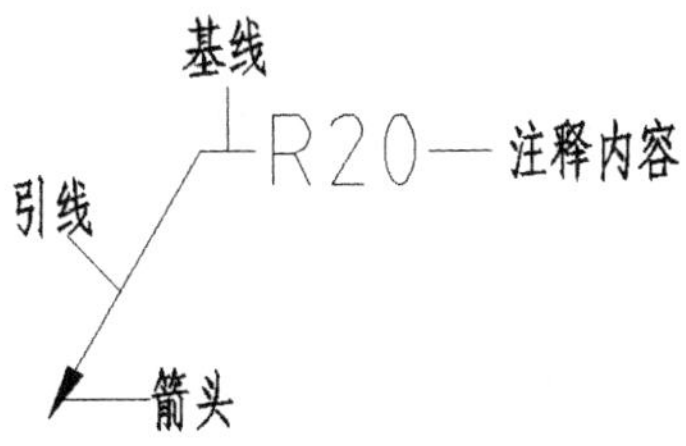

图4-126　多重引线的组成部分

执行上述命令后，弹出如图4-114所示的"多重引线样式管理器"对话框，"样式"列表中列出了当前图形文件中所有已创建的引线样式，并显示了当前样式名及其预览图，默认的引线样式为"Standard"。在该对话框中可以新建多重引线样式或者修改、删除已有的多重引线样式。

知识点2　多重引线样式特性的设置

多重引线样式控制引线标注的外观，AutoCAD将牵涉到多重引线标注效果的选项排列在"多重引线样式管理器"对话框的"引线格式""引线结构"和"内容"3个选项卡中，对3个选项卡的各选项进行设置，也就设置了多重引线样式的特性。

1. 设置引线格式

在"引线格式"选项卡中设置引线的类型、箭头的形状和大小、折断间距等特性，其选项卡如图4-116所示。

◆"常规"选项组：用于设置引线的类型（有直线、样条曲线和无3种类型）、颜色、线型和线宽。

◆"箭头"选项组：用于设置引线箭头的形状和大小。

◆"引线打断"选项组：用于设置打断引线标注时的折断间距。

2. 设置引线结构

在"引线结构"选项卡中设置引线的段数和角度、基线的长度、缩放比例等特性，其选项卡如图4-117所示。

◆"约束"选项组：用于设置引线点数、角度。最大引线点数决定了引线的段数，系统默认的"最大引线点数"最小为2，仅绘制一段引线；"第一段角度"和"第二段角度"分别控制第一段与第二段引线的角度。

◆"基线设置"选项组：用于设置引线是否自动包含水平基线及水平基线的长度。当选中"自动包含基线"复选框后，"设置基线距离"复选框亮显，用户输入数值以确定引线包含水平基线的长度。

◆"比例"选项组：用于设置引线标注对象的缩放比例。一般情况下，用户在"指定比例"文本框内输入比例值控制多重引线标注的大小。

3. 设置引线内容

在"内容"选项卡中设置引线末端的注释内容的类型、引线连接位置等特性，其选项卡如图4-118所示。

◆"多重引线类型"：用于设置引线末端的注释内容的类型，有"多行文字""块"和"无"3种。

◆"文字选项"选项组：当注释内容为"多行文字"时，才显示该选项组，用于设置注释文字的默认内容、样式、角度、颜色和文字高度。

◆“引线连接”选项组：当注释内容为“多行文字”时，才显示该选项组，用于设置注释内容与多重引线的连接方式、注释内容与水平基线的距离。有“水平连接”和“垂直连接”两种方式。

水平连接：将多行文字水平附着在引线的左侧或右侧，每侧各有 9 种连接位置，如图 4-127所示为“连接位置—左”设置的 9 种情况。

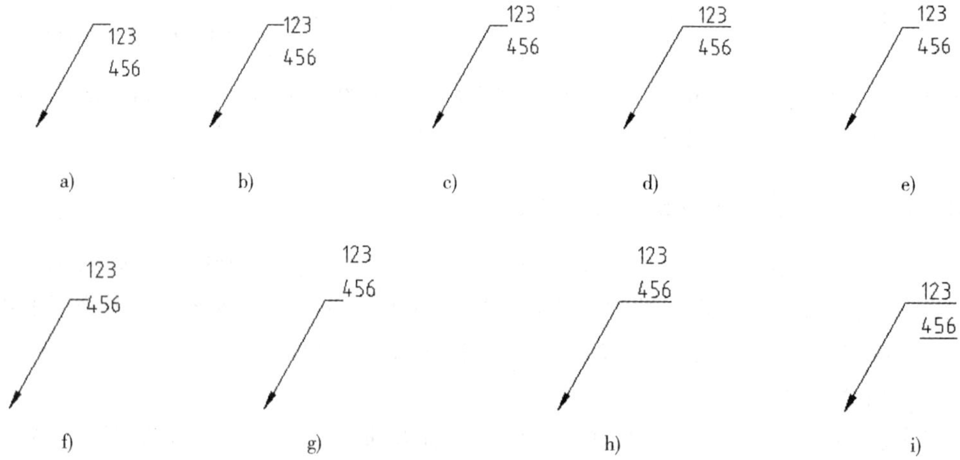

图 4-127　多重引线与多行文字的连接方式（水平连接）

a）第一行顶部　b）第一行中间　c）第一行底部　d）第一行加下划线　e）文字中间

f）最后一行中间　g）最后一行底部　h）最后一行加下划线　i）所有文字加下划线

垂直连接：将多行文字附着在引线的顶部或底部，每种各有两种连接位置，如图 4-128 所示为“连接位置—下”设置的两种情况。

基线间隙：用于指定基线和多重引线文字之间的距离。

图 4-128　多重引线与多行文字的连接方式（垂直连接）

a）居中　b）下划线并居中

知识点 3　多重引线的标注

利用“多重引线”命令可以按当前多重引线样式创建引线标注对象，还可以重新指定引线的某些特性。调用命令的方式如下：

- 功能区：“默认”选项卡→“注释”面板→“多重引线”。

  或“注释”选项卡→“引线”面板→“多重引线”。
- 菜单栏：“标注”→“多重引线”。
- 工具栏：“多重引线”→“多重引线”。
- 键盘命令：MLEADER。

多重引线标注可创建为箭头优先、引线基线优先或内容优先，默认为箭头优先（即先确定箭头位置）。调用上述命令后，命令行提示“指定引线箭头的位置或［引线基线优先（L）/内容优先（C）/选项（O）］<选项>:”如直接指定点即为箭头优先；如果选择“引线基线优先（L）”选项，则引线优先，即先指定基线的位置；如果选择“内容优先（C）”，则内容优先，即先指定注释内容的位置。

“注释”面板各“引线”标注命令、“多重引线”面板及“多重引线”工具栏如图 4-129、图 4-130、图 4-131 所示。

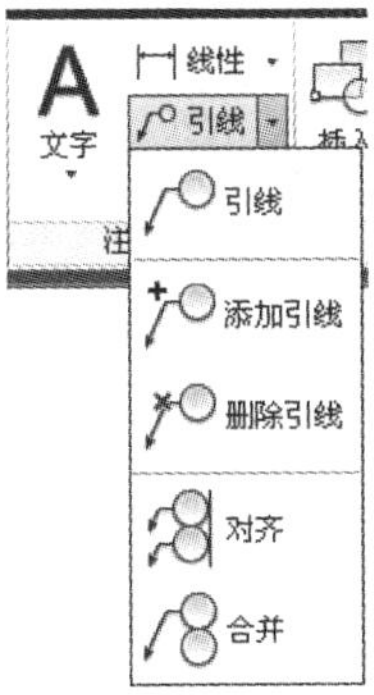

图 4-129　“注释”面板各“引线”标注命令

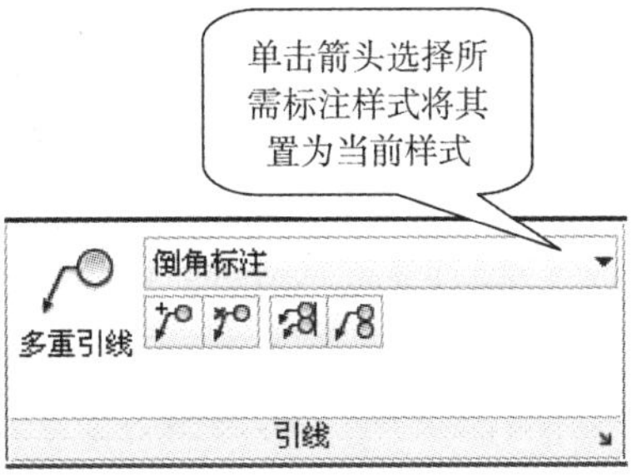

图 4-130　“多重引线”面板

图 4-131　“多重引线”工具栏

多重引线的标注方法在本任务操作实例中已有描述，在此不再赘述。

利用“销孔标注”样式及“多重引线”命令也可注写如图 4-35 所示沉孔的标注文字。

同 类 练 习

1. 绘制图 4-132 所示弹簧并注写技术要求，要求采用“长仿宋字”文字样式，技术要求用 7 号字，各项具体要求用 5 号字。

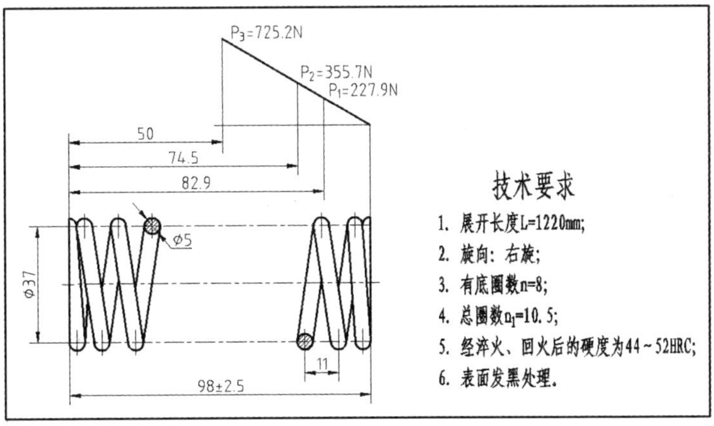

图 4-132　练习图 4-1

2. 绘制图 4-133 所示轴承座并标注尺寸（剖面线、波浪线可暂不绘），要求采用“机械标注”标注样式。

3. 在“倒角标注”多重引线样式的基础上创建图 4-134 所示的多重引线样式，样式名为

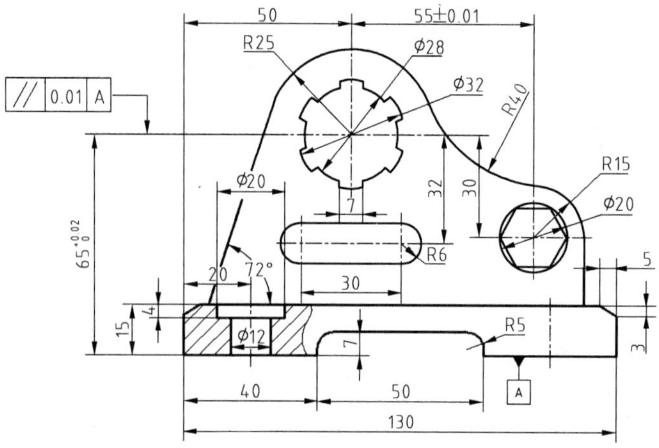

图 4-133 练习图 4-2

“装配图序号”，文字样式为“工程字”，文字高度为“5”。

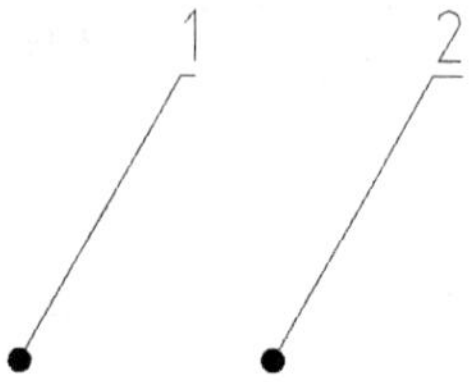

图 4-134 练习图 4-3

4. 绘制图 4-135 所示轴并标注尺寸（基准符号暂不标注），要求采用“机械标注”标注样式和“倒角标注”“销孔标注”多重标注样式进行标注。

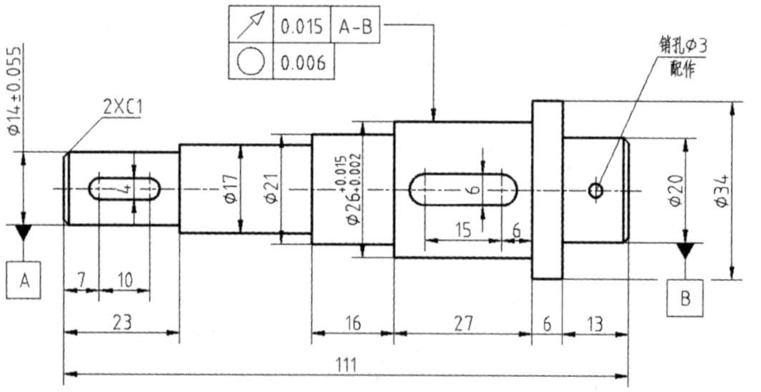

图 4-135 练习图 4-4

模块5　三视图的绘制

【学习目标】

1. 掌握绘制三视图常用的方法。
2. 掌握构造线、射线、样条曲线的绘制方法。
3. 掌握多段线的绘制及编辑。
4. 掌握图案填充及其编辑方法。
5. 掌握绘制左视图的方法。
6. 能使用辅助线法、对象捕捉追踪法绘制三视图。
7. 能利用45°辅助线、复制和旋转俯视图作为辅助图形等方法绘制左视图。
8. 能根据物体的结构特点，灵活运用各绘图及编辑命令，绘制较复杂的三视图。

任务1　组合体三视图的绘制（一）

操作实例（图5-1）

本例介绍如图5-1所示组合体三视图的绘制方法和步骤，主要涉及“构造线”和“射线”命令。

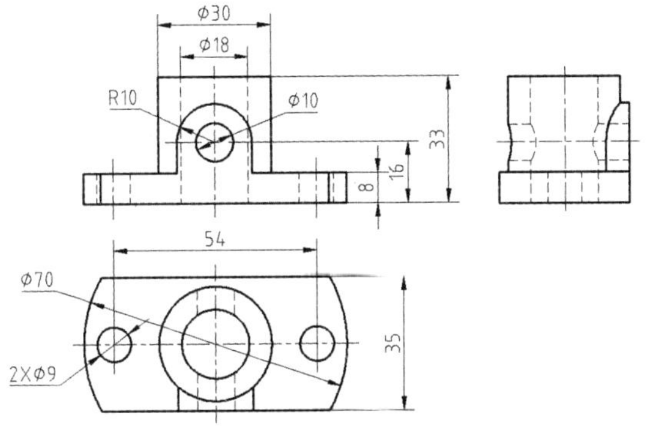

图5-1　组合体三视图（一）

在绘制三视图之前，应对组合体进行形体分析，分析组合体的各个组成部分及各部分之间的相对位置关系。从图5-1所示可知，该组合体由底板、铅垂圆柱、U形凸台组成。

操作过程

第 1 步：设置绘图环境，操作过程略。

第 2 步：绘制底板俯视图。

（1）绘制中心线、水平轮廓线、ϕ70 圆，并修剪多余的线条，如图 5-2 所示。

（2）捕捉中心线交点，水平向左追踪 27，得到圆心，绘制 ϕ9 小圆及其中心线，如图 5-3 所示。

（3）以中间的垂直中心线为镜像轴，镜像复制 ϕ9 小圆及其中心线，如图 5-4 所示。

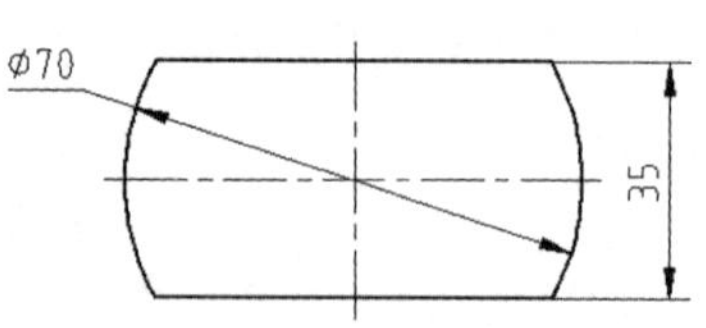

图 5-2　绘制外形轮廓及中心线

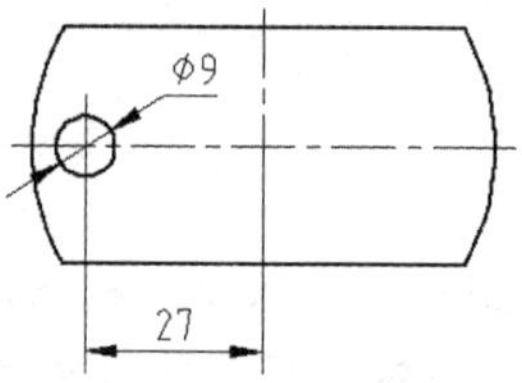

图 5-3　绘制小圆及中心线

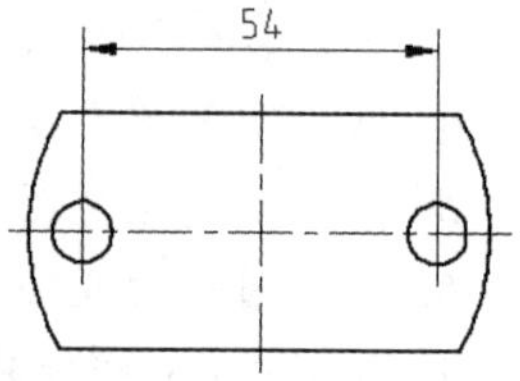

图 5-4　镜像复制小圆及中心线

第 3 步：绘制底板主视图。

（1）用“构造线”命令通过点“1”绘制一条垂直的线条，用“射线”命令通过点“2”向上绘制一条垂直的射线，用以保证主、俯视图长对正，如图 5-5 所示。

在功能区中单击“默认”选项卡→“绘图”面板→“构造线”按钮，操作步骤如下：

```
命令:_ xline                                                  //启动“构造线”命令
指定点或[水平(H)/垂直(V)/角度(A)/二等分(B)/偏移(O)]: v↙       //选择绘制垂直构造线
指定通过点:                                                   //点选如图 5-5 所示的点 1
指定通过点:↙                                                  //按回车键,结束命令
```

在功能区中单击“默认”选项卡→“绘图”面板→“射线”按钮，操作步骤如下：

```
命令: _ ray                                                   //启动“射线”命令
指定起点:                                                     //点选如图 5-5 所示的点 2
指定通过点:                                                   //指定点 2 正上方任一点
指定通过点:↙                                                  //按回车键,结束命令
```

> 绘制三视图常用的方法除了辅助线法——利用构造线或射线作为辅助线，确保视图之间的“三等”关系外，还可采用对象捕捉追踪功能并结合极轴追踪、正交等辅助工具的方法。在实际绘图中，用户可以灵活运用这两种方法，保证图形的准确性。

（2）用直线命令采用“极轴追踪”的方法绘制底板主视图和对称中心线、主视图上左侧 ϕ9 小圆的中心线和转向轮廓线，再通过变换图层将其改到相应的点画线和虚线图层上，镜像复制，删除辅助线，如图 5-6 所示。

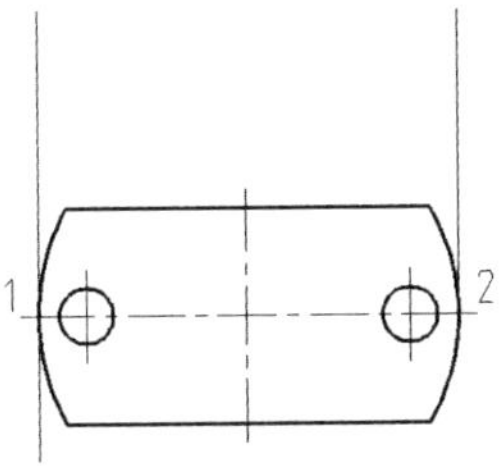

图 5-5　绘制构造线、射线

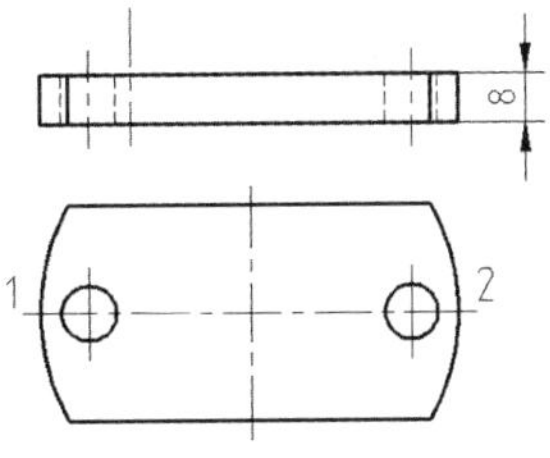

图 5-6　绘制底板主视图

绘制三视图时，每一组成部分一般应从形状特征明显的视图入手，先画主要部分，后画次要部分，且每一组成部分的几个视图配合着画，这样，不但可以提高绘图速度，还能避免漏线、多线。

第 4 步：绘制铅垂圆柱。

（1）在俯视图上捕捉中心线交点作为圆心，绘制铅垂圆柱及孔的俯视图 $\phi30$、$\phi18$ 的圆，如图 5-7 所示。

（2）采用对象捕捉结合极轴追踪的方法绘制主视图上铅垂圆柱及孔的轮廓线，如图 5-8 所示。

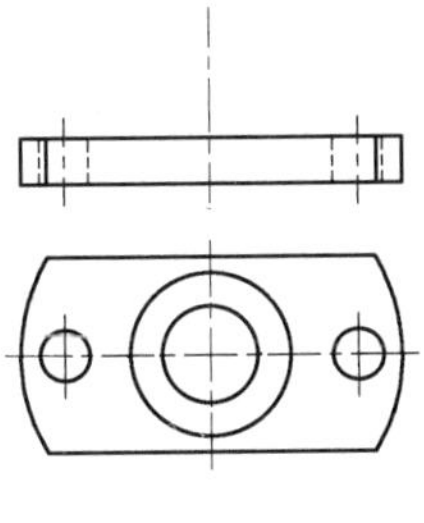

图 5-7　绘制铅垂圆柱俯视图

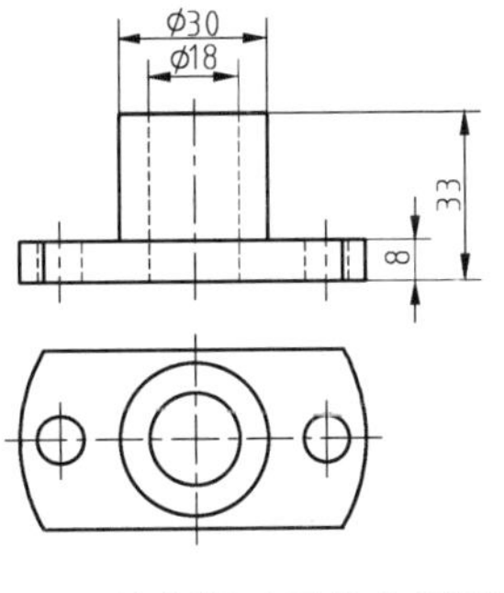

图 5-8　绘制铅垂圆柱主视图

第 5 步：绘制 U 形凸台及孔。

（1）绘制 U 形凸台及孔的主视图，并修剪多余线条，如图 5-9 所示。

（2）绘制 U 形凸台及孔的俯视图，如图 5-10 所示。

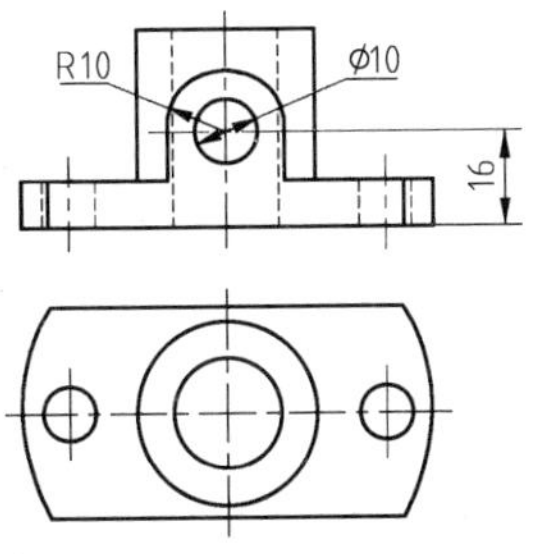

图 5-9　绘制 U 形凸台及孔的主视图

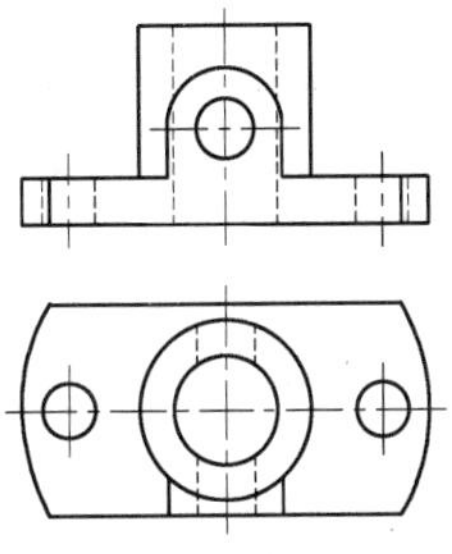

图 5-10　绘制 U 形凸台及孔的俯视图

第 6 步：绘制左视图。

（1）复制并旋转俯视图至合适的位置（旋转时要注意前后方位关系），作为辅助图形，如图 5-11 所示。

（2）利用对象“捕捉追踪”功能确定左视图位置，如图 5-12 所示，绘制底板和圆柱左视图。

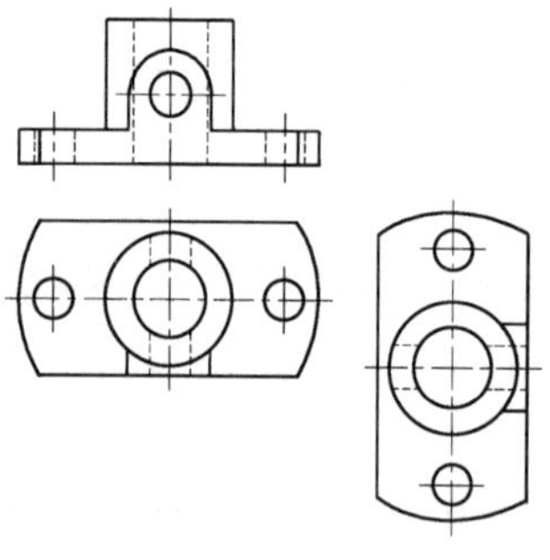

图 5-11　复制和旋转俯视图

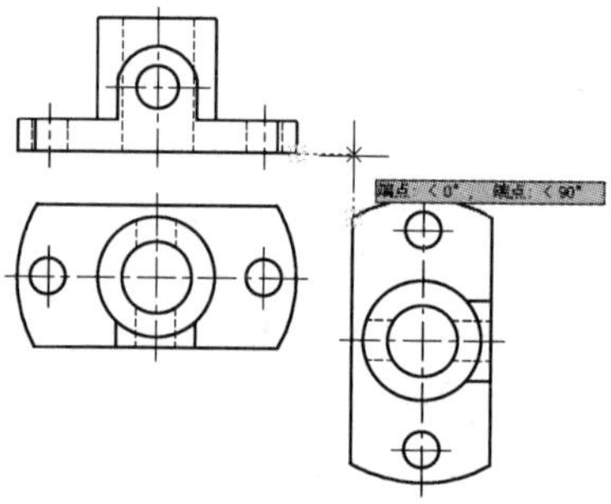

图 5-12　确定底板左视图位置

（3）绘制底板、铅垂圆柱、U 形凸台左视图，如图 5-13 所示。

（4）绘制相贯线，用“起点、端点、半径”画圆弧方式完成各相贯线的绘制，如图 5-14所示。

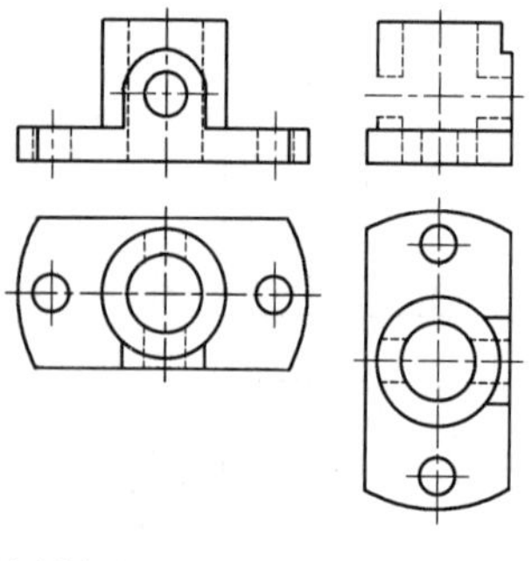

图 5-13　绘制底板、铅垂圆柱、U 形凸台左视图

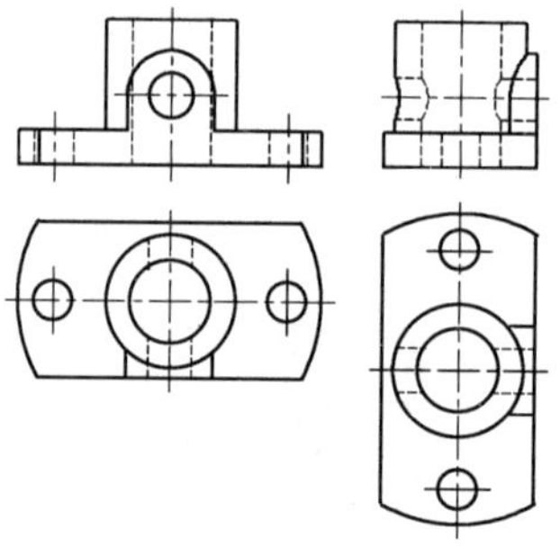

图 5-14　绘制截交线与相贯线

图 5-14 中相贯线的画法采用简化画法，用“圆弧”命令的“起点、端点、半径”完成相贯线的绘制，其半径为两相贯圆柱中大圆柱的半径（参见模块 3 任务 1 中例题 3-2）。

第 7 步：删除复制旋转后的辅助图形。

第 8 步：标注三视图尺寸，完成后如图 5-1 所示。

第 9 步：保存图形文件。

知识点 1　构造线

利用“构造线”命令可以绘制通过给定点的双向无限长直线，通常用于绘制辅助线。该命令调用后一次可绘制多条构造线。调用命令的方式如下：

- 功能区：“默认”选项卡→“绘图”面板→“构造线”按钮。

- 菜单栏："绘图"→"构造线"。
- 工具栏："绘图"→"构造线"。
- 键盘命令：XLINE 或 XL。

执行上述命令后，命令行提示"指定点或［水平（H）/垂直（V）/角度（A）/二等分（B）/偏移（O）］："，各选项介绍如下：

◆ 指定点：通过指定两点（点1和点2）绘制构造线，如图5-15a所示。

◆ 水平（H）：通过指定点1的绘制水平构造线，如图5-15b所示。

◆ 垂直（V）：通过指定点1的绘制垂直构造线，如图5-15c所示。

◆ 角度（A）：以指定角度通过指定点绘制构造线，有两种方式：

（1）输入构造线的角度：直接输入构造线与 X 轴正方向的夹角的绘制构造线。

（2）参照：指定已知直线1，通过指定点2绘制一条与已知直线成指定夹角的构造线，如图5-15d所示。

◆ 二等分（B）：在指定的角顶点1和角的两个端点2、3后，通过角顶点绘制∠213的角平分线，如图5-15e所示。

◆ 偏移（O）：指定直线1后，通过给定点2绘直线1的平行线，如图5-15f所示。

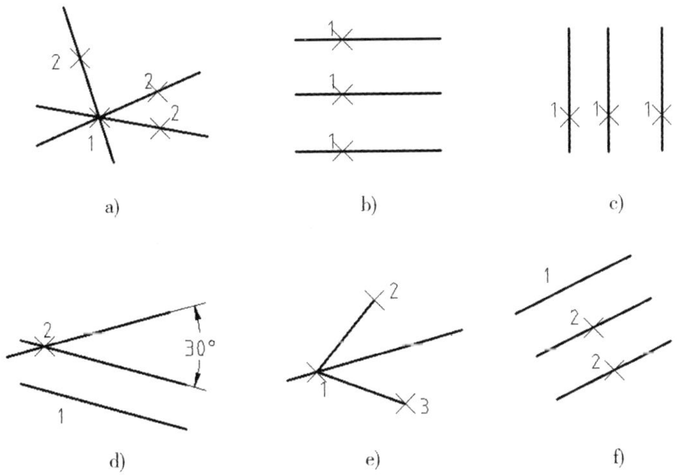

图5-15　构造线

a）指定点　b）水平　c）垂直　d）角度（参照方式）　e）二等分　f）偏移

例5-1　画出垂直于加强筋斜面的构造线（可用于重合剖视图中心线的绘制），如图5-16所示。

在功能区中单击"默认"选项卡→"绘图"面板→"构造线"按钮，操作步骤如下：

命令：_ xline	//启动"构造线"命令
指定点或［水平(H)/垂直(V)/角度(A)/二等分(B)/偏移(O)］：a↙	// 选择用角度方式绘制构造线
输入构造线的角度（0）或［参照(R)］：　r↙	//采用参照方式
选择直线对象：	//选择图5-17筋板的斜线1
输入构造线的角度 <0>：90↙	//输入角度
指定通过点：	//指定斜线的中点

通过以上操作，得到如图 5-16 所示图形。

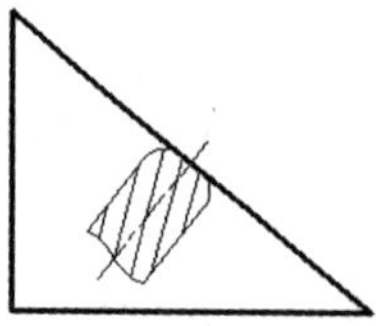

图 5-16　加强筋重合剖视图

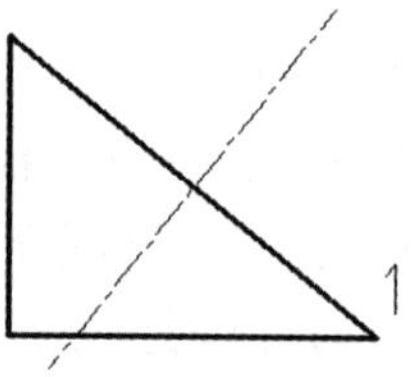

图 5-17　参照方式绘制构造线

知识点 2　射线

利用“射线”命令可以创建单向无限长的线，与构造线一样，通常作为辅助作图线。调用命令的方式如下：

- 功能区：“默认”选项卡→“绘图”面板→“构造线”按钮。
- 菜单栏：“绘图”→“射线”。
- 键盘命令：RAY。

该命令可重复执行，绘制多条射线。绘制时首先指定射线的起点（图 5-18 中的点 1），然后再指定射线的通过点（图 5-18 中的点 2）即可。

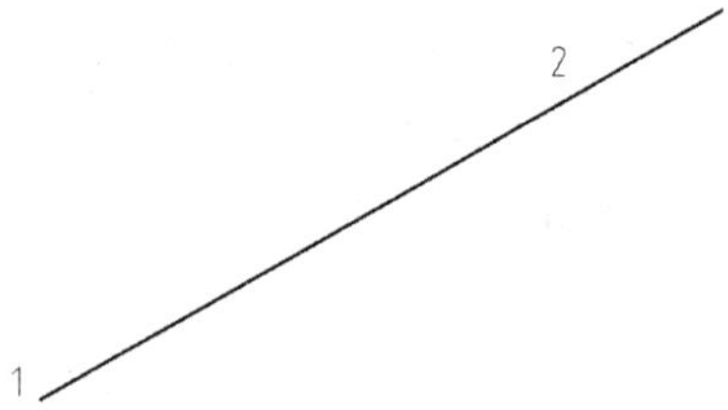

图 5-18　绘制射线

起点和通过点定义了射线延伸的方向，射线在此方向上延伸到显示区域的边界。

任务 2　组合体三视图的绘制（二）

操作实例（图 5-19）

本例介绍如图 5-19 所示组合体三视图的绘制方法和步骤，除用到前面讲过的知识外，还涉及“样条曲线”“图案填充”等命令。

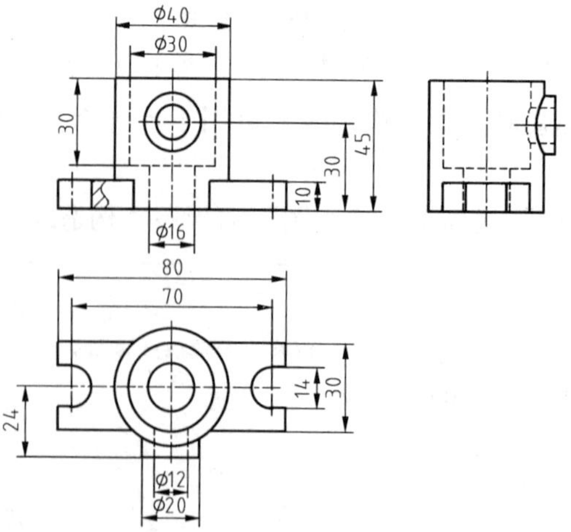

图 5-19　组合体三视图（二）

本例介绍已知主、俯视图，绘制左视图的另一种方法，即利用45°辅助线和参考点捕捉追踪方式来保证“高平齐、宽相等”。

操作过程

第1步：设置绘图环境，操作过程略。

第2步：绘制主、俯视图，如图5-20所示。

第3步：在主视图中画样条曲线，如图5-21所示。

在功能区中单击“默认”选项卡→“绘图”面板→“样条曲线拟合”按钮，操作步骤如下：

```
命令：_SPLINE                                                    //启动“样条曲线”命令
前设置：方式＝控制点　　阶数＝3
指定第一个点或［方式(M)/阶数(D)/对象(O)］：_M
输入样条曲线创建方式［拟合(F)/控制点(CV)］＜CV＞：_FIT
当前设置：方式＝拟合　　节点＝弦                                  //系统提示
指定第一个点或［方式(M)/节点(K)/对象(O)］：                      //确定如图5-22所示的点1
输入下一个点或［起点切向(T)/公差(L)］：                          //确定如图5-22所示的点2
输入下一个点或［端点相切(T)/公差(L)/放弃(U)］：                  //确定如图5-22所示的点3
输入下一个点或［端点相切(T)/公差(L)/放弃(U)/闭合(C)］：          //确定如图5-22所示的点4
输入下一个点或［端点相切(T)/公差(L)/放弃(U)/闭合(C)］：↙        //移动鼠标至适当位置，按回车键
```

通过以上操作，得到如图5-22所示的波浪线。

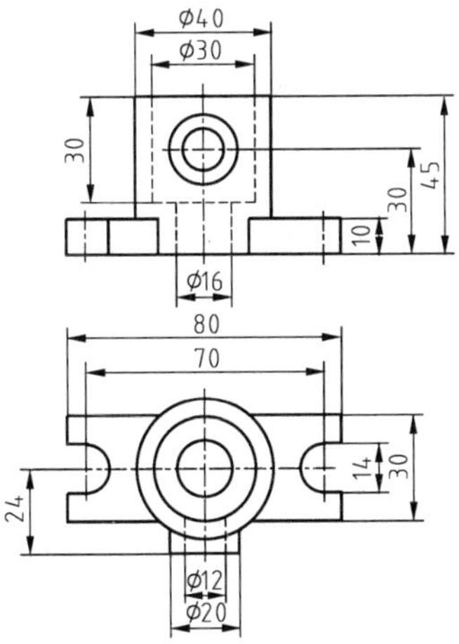

图5-20　绘制主、俯视图

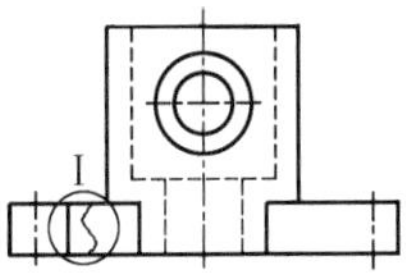

图5-21　绘制样条曲线

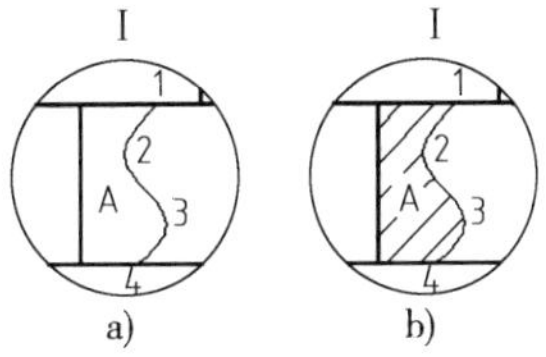

图5-22　绘制剖面线（图5-21中Ⅰ放大）
a）图案填充前　b）图案填充后

第4步：绘制剖面线。

（1）单击“默认”选项卡→“绘图”面板“图案填充”按钮，启动“图案填充”命令，打开“图案填充创建”选项卡，如图5-23所示。

图 5-23　“图案填充创建”选项卡

（2）单击“图案填充创建”选项卡→“图案”面板→“ANSI31”按钮。

（3）拾取图 5-22 所示的封闭线框 A，按回车键，完成图案填充，如图 5-24 所示。

如剖面线间距过密或过疏，可通过修改图 5-23 中“特性”面板中的“图案填充比例”对剖面线的间距进行调整，还可以通过改变“角度”值更改剖面线的倾斜方向。

第 5 步：绘制左视图。

（1）用极轴追踪功能绘制一条 45°辅助线，如图 5-25 所示。

（2）用参考点捕捉追踪方式（“临时追踪点”和“对象捕捉追踪”）确定参考点，如图 5-26 所示。

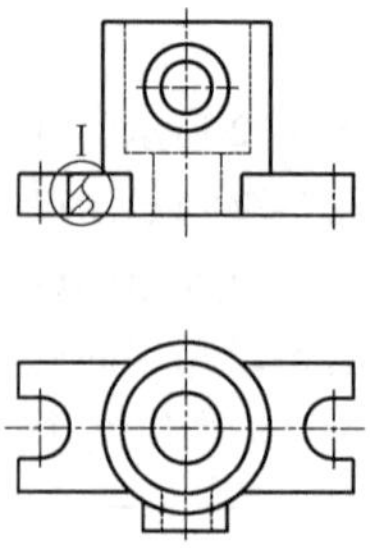

图 5-24　绘制剖面线

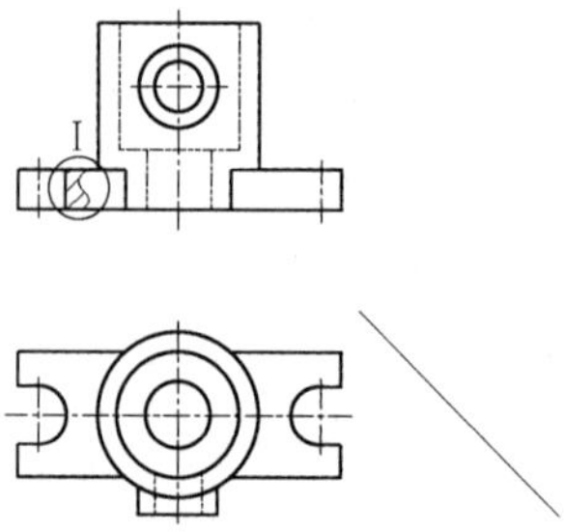

5-25　绘制 45°辅助线

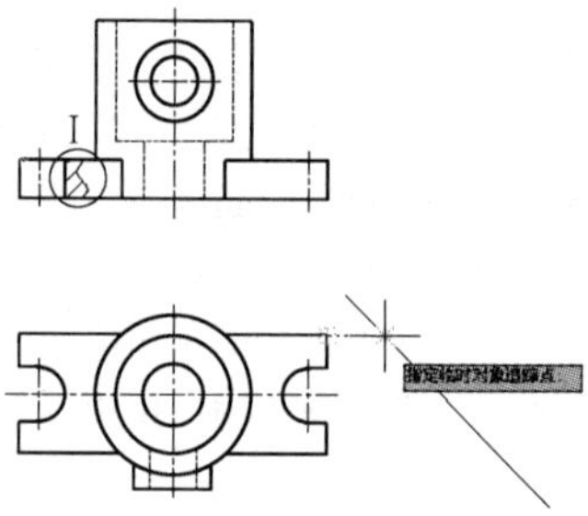

图 5-26　指定临时追踪点

（3）利用对象捕捉追踪确定底板左视图的位置，如图 5-27 所示。

（4）采用同样操作，利用对象捕捉追踪得到各点，完成左视图，如图 5-28 所示。

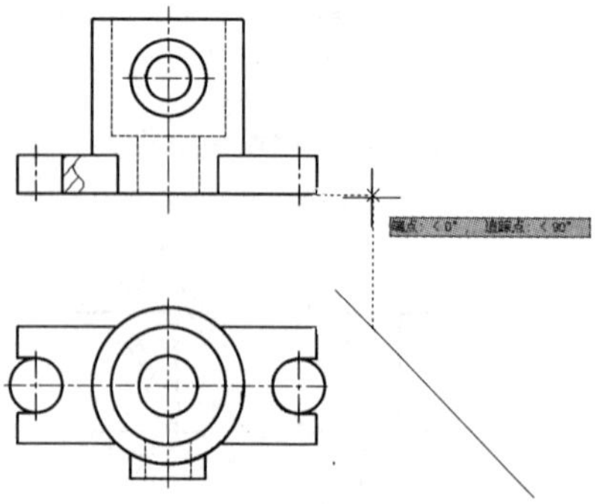

图 5-27　追踪确定底板左视图的位置

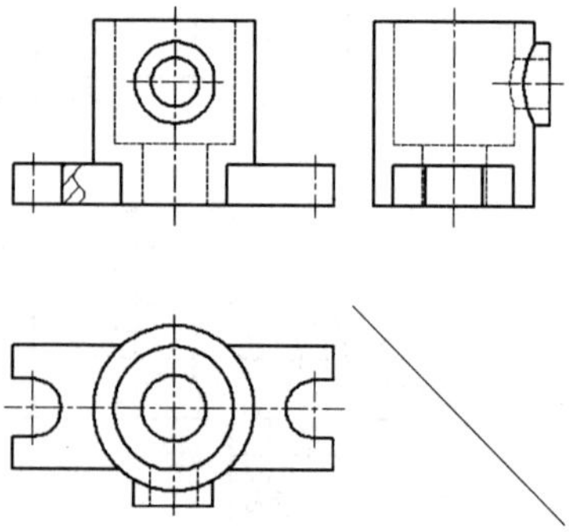

图 5-28　完成左视图

第 6 步：删除 45°辅助线。

第 7 步：标注三视图尺寸，完成后如图 5-19 所示。

第 8 步：保存图形文件。

知识点1　样条曲线

样条曲线是经过或接近一系列给定点的光滑曲线，样条曲线通过首末两点，其形状受拟合点控制，但并不一定通过中间点。有“样条曲线拟合”和“样条曲线控制点”两种方式。如图5-29所示。调用命令的方式如下：

a)　　　　b)

图5-29　样条曲线

a）样条曲线拟合　b）样条曲线控制点

- 功能区：“默认”选项卡→“绘图”面板→“样条曲线拟合”按钮和“样条曲线控制点”按钮。
- 菜单栏：“绘图”→“样条曲线”→“拟合点”“控制点”。
- 工具栏：“绘图”→“样条曲线”。
- 键盘命令：SPLINE或SPL。

启动命令后通过指定若干个点即可完成样条曲线的绘制。机械制图中常用“样条曲线拟合”命令绘制波浪线。本任务操作实例中波浪线的绘制便采用了此法。

知识点2　图案填充及编辑图案填充

1. 图案填充

利用“图案填充”命令，可以将选定的图案填入指定的封闭区域内。机械制图时常用于绘制剖面线。该命令可以使用预定义填充图案填充区域、使用当前线型定义简单的线图案，也可以创建更复杂的填充图案。调用命令的方式如下：

- 功能区：“默认”选项卡→“绘图”面板→“图案填充”按钮。
- 菜单栏：“绘图”→“图案填充”。
- 工具栏：“绘图”→“图案填充”。
- 键盘命令：HATCH或H。

执行上述命令后，如果功能区处于关闭状态，将显示“图案填充和渐变色”对话框 。如果功能区处于活动状态，将显示如图5-23所示的“图案填充创建”选项卡。“图案填充创建”选项卡中有“边界”“图案”“特性”“原点”“选项”和“关闭”等6个面板。

◆“边界”面板：如图5-30所示。有“拾取点”和“选择”边界对象两种方式来定义填充边界。“拾取点”是指定封闭区域中的点，系统根据围绕指定点构成封闭区域的现有对象来确定边界；“选择”边界对象根据构成封闭区域的选定对象确定边界。

◆“图案”面板：如图5-31所示。可显示所有预定义和自定义图案的预览图像。

图5-30　“边界”面板

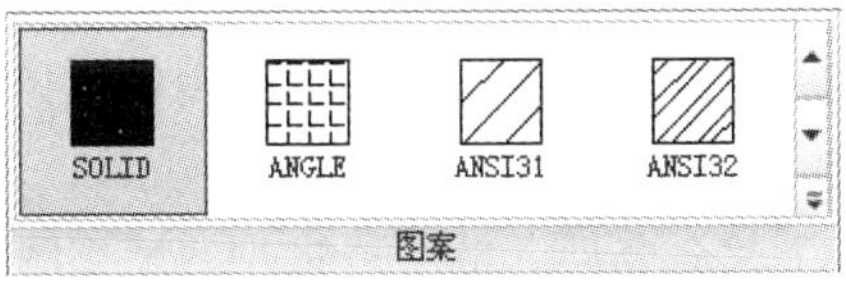

图5-31　“图案”面板

◆“特性”面板：如图 5-32 所示。用户可在此面板指定图案填充的类型、颜色、背景色、透明度、填充角度及间距。

◆“原点”面板：如图 5-33 所示。控制填充图案生成的起始位置。

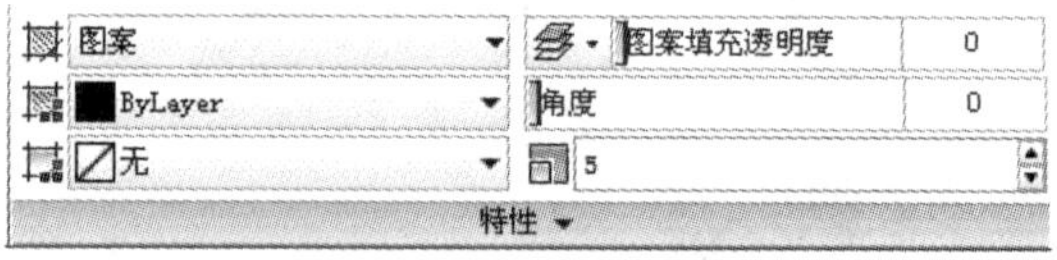

图 5-32 “特性”面板

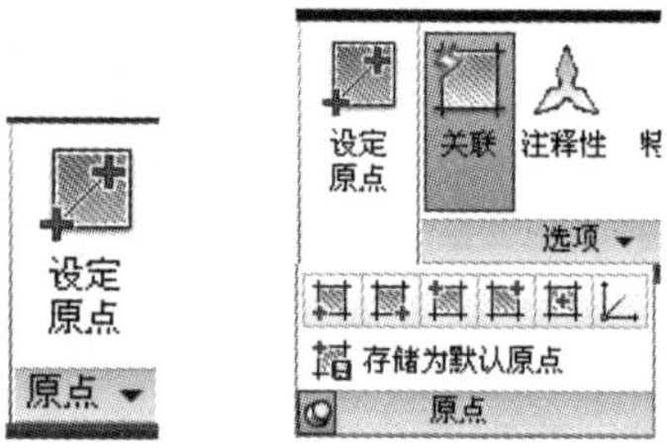

a) b)

图 5-33 “原点”面板

a）展开前 b）展开后

◆“选项”面板：如图 5-34 所示。控制几个常用的图案填充或填充选项。“选项”面板中的孤岛检测有 3 种方式：

普通孤岛检测：从外部边界向内隔层填充图案，如图 5-35a 所示。

外部孤岛检测：只在最外层区域内填充图案，如图 5-35b 所示。

忽略孤岛检测：忽略填充边界内部的所有对象（孤岛），最外层所围边界内部全部填充，如图 5-35c 所示。

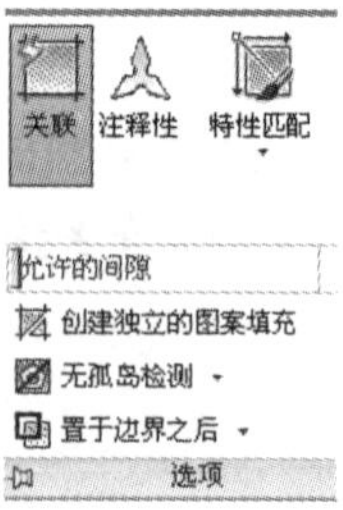

图 5-34 “选项”面板

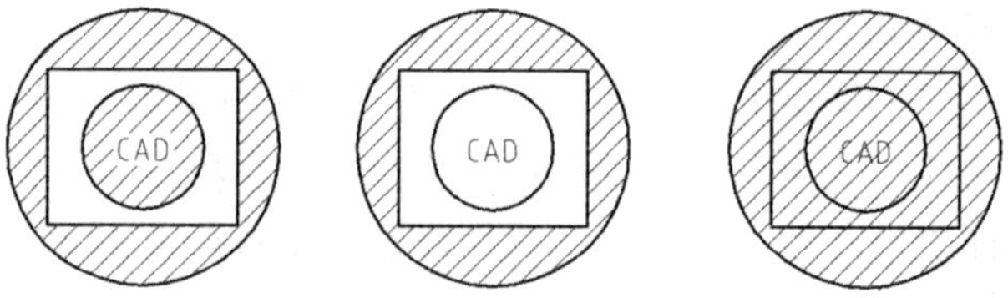

a) b) c)

图 5-35 孤岛检测样式

a）普通样式 b）外部样式 c）忽略样式

◆“关闭”面板：退出“图案填充”命令并关闭上下文选项卡。也可以按“Enter”键或“Esc”键退出“图案填充”命令。

2. 图案填充的编辑

创建图案填充后，如需修改填充图案或修改填充边界，可利用“图案填充编辑”对话框进行编辑修改。调用命令的方式如下：

- 功能区：“默认”选项卡→“修改”面板→“编辑图案填充”按钮。
- 菜单栏：“修改”→“对象”→“图案填充”。
- 工具栏：“修改Ⅱ”→“编辑图案填充”。
- 键盘命令：HATCHEDIT。

执行上述命令后，单击需修改的填充图案，弹出如图 5-36 所示的“图案填充编辑”对话框，在对话框中可修改“图案”“角度”和“间距”等参数。

图 5-36　“图案填充编辑”对话框

用户也可直接双击需编辑的填充图案，系统将打开“图案填充编辑器”对话框，如图 5-37 所示，在对话框中可以对填充的图案、比例等内容等进行编辑修改。

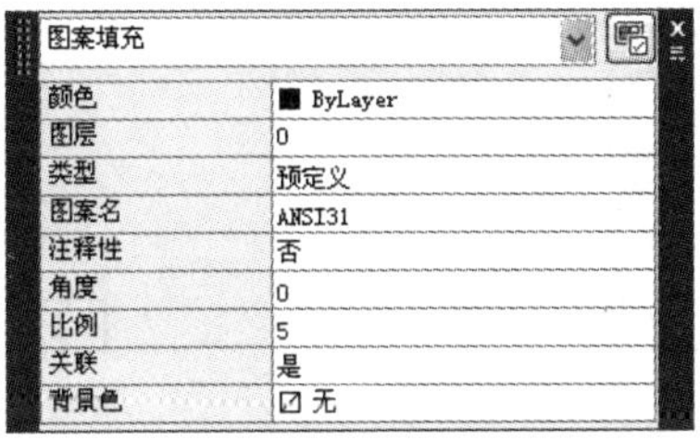

图 5-37　“图案填充编辑器”

显示“图案填充创建”选项卡时，HPDLGMODE 系统变量为 2。如果希望使用“图案填充和渐变色”对话框，可将 HPDLGMODE 系统变量设置为 1。

任务 3　组合体三视图的绘制（三）

操作实例（图 5-38）

本例介绍如图 5-38 所示组合体三视图的绘制方法和步骤，新增“多段线”命令。

操作过程

第 1 步：设置绘图环境，操作过程略。

第 2 步：完成主、俯、左视图，如图 5-39 所示。

第 3 步：在主视图中采用“样条曲线”命令完成波浪线，在左视图中完成重合断面图的绘制，如图 5-40 所示。

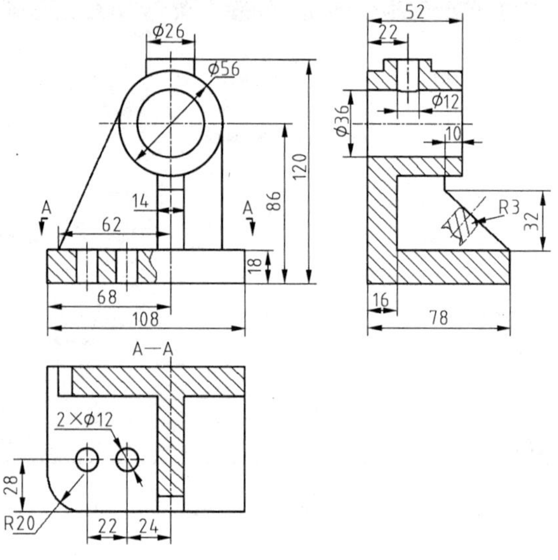

图 5-38　组合体三视图（三）

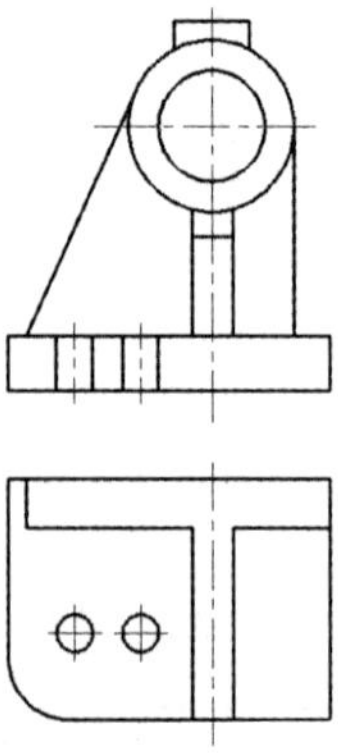

图 5-39　绘制基本图形

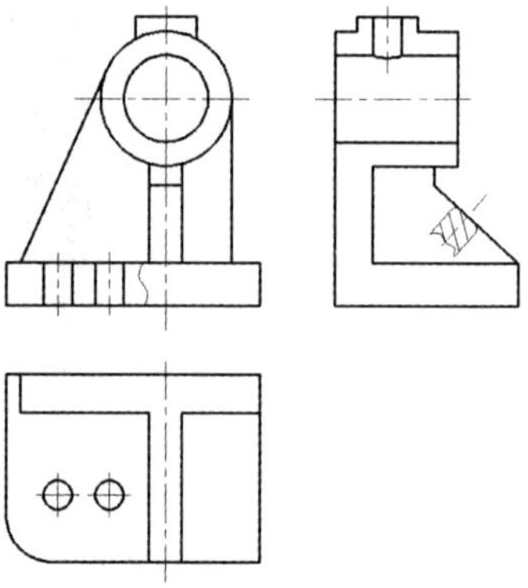

图 5-40　绘制波浪线及重合断面图

第 4 步：绘剖切符号。

（1）用“多段线”命令绘制左侧的剖切符号，并镜像。

在功能区中单击“默认”选项卡→“绘图”面板→“多段线”按钮，操作步骤如下：

命令：_ pline　　//启动“多段线”命令
指定起点：　　//指定剖切符号水平线的右起点
当前线宽为 0.0000　　//系统提示
指定下一个点或［圆弧(A)/半宽(H)/长度(L)/放弃(U)
/宽度(W)］：w↙　　//指定线宽
指定起点宽度 <0.0000>：0.3↙　　//输入水平线起点宽度
指定端点宽度 <0.3000>：↙　　//确定水平线端点宽度
指定下一个点或［圆弧(A)/半宽(H)/长度(L)/放弃(U)
/宽度(W)］：3↙　　//向左移动鼠标后输入水平线长度
指定下一点或［圆弧(A)/闭合(C)/半宽(H)/长度(L)/
放弃(U)/宽度(W)］：w↙　　//指定线宽

指定起点宽度 <0.3000>：0↙　　//输入垂直线起点宽度
指定端点宽度 <0.0000>：↙　　//确定垂直线端点宽度
指定下一点或［圆弧(A)/闭合(C)/半宽(H)/长度(L)/放弃(U)/宽度(W)］:5↙　　//向下移动鼠标后输入垂直线长度
指定下一点或［圆弧(A)/闭合(C)/半宽(H)/长度(L)/放弃(U)/宽度(W)］：w　　//指定线宽
指定起点宽度 <0.0000>：1.2↙　　//输入箭头起点宽度
指定端点宽度 <0.5000>：0↙　　//向下移动鼠标输入箭头端点宽度
指定下一点或［圆弧(A)/闭合(C)/半宽(H)/长度(L)/放弃(U)/宽度(W)］：4↙　　//输入箭头长度
指定下一点或［圆弧(A)/闭合(C)/半宽(H)/长度(L)/放弃(U)/宽度(W)］：↙　　//按回车键确认

绘制完成后镜像得到右侧的剖切符号，如图5-41所示。
(2) 用“多行文字”或“单行文字”命令，注写剖视图的名称，如图5-41所示。
第5步：用“图案填充”命令填充剖面线，如图5-42所示。

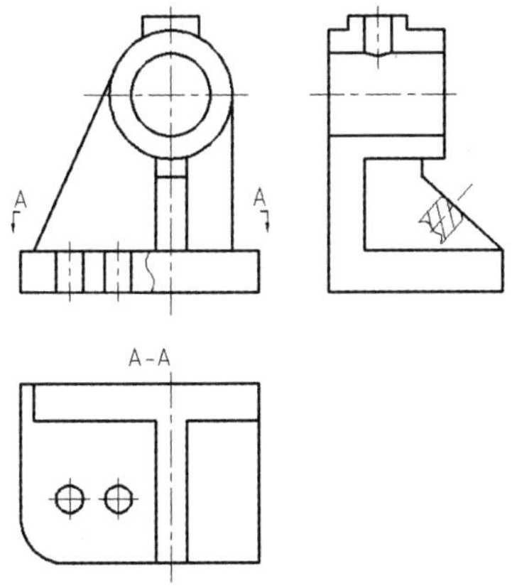

图5-41　绘制剖切符号及剖视图名称

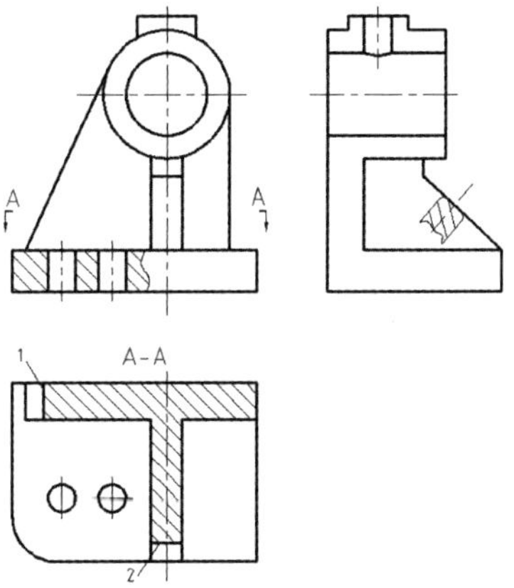

图5-42　填充剖面线

绘制图5-42中的线条1、2时要与剖切符号的位置相对应。

第6步：标注三视图尺寸，完成后如图5-38所示。
第7步：保存图形文件。

知识点1　多段线

多段线是作为单个对象创建的相互连接的序列线段。可以由直线段、弧线段或两者的组合线段组成，是一个组合对象。可以定义线宽，每段起点、端点的线宽可变，如图5-43所示。调用命令的方式如下：

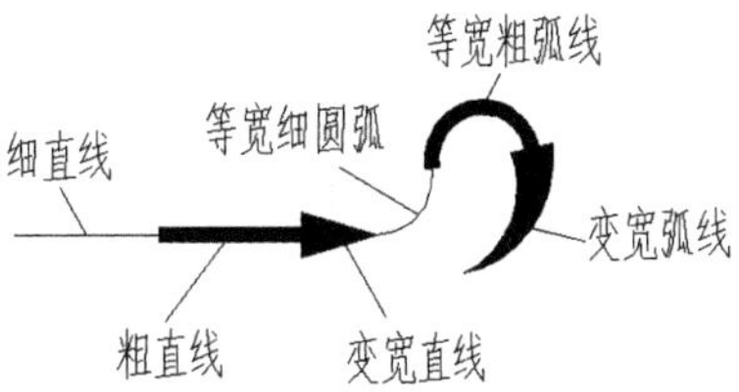

图5-43　由直线段和弧线段组成的不同线宽的多段线

- 功能区：“默认”选项卡→“绘图”面板→“多段线”按钮。

- 菜单栏："绘图"→"多段线"。
- 工具栏："绘图"→"多段线" 。
- 键盘命令：PLINE 或 PL。

执行上述命令后，命令行提示如下：

指定起点：　　//给出多段线的起点
当前线宽为 0.0000　　//多段线的线宽为 0
指定下一个点或[圆弧(A)/半宽(H)/长度(L)/放弃(U)/宽度(W)]：　　//系统提示

各选项介绍如下：

◆"指定下一个点"选项：用定点方式指定多段线下一点，绘制一条直线段。

◆"半宽（H）"和"宽度（W）"选项：定义多段线的线宽。其中半宽的含义是指定从多段线线段的中心到其一边的宽度。

◆"长度（L）"选项：确定直线段的长度。

◆"放弃（U）选项"：放弃一次操作。

◆"圆弧（A）"选项：将弧线段添加到多段线中，命令行转换成画圆弧段提示，提示如下：

指定圆弧的端点或[角度(A)/圆心(CE)/方向(D)/半宽(H)/直线(L)/半径(R)/第二个点(S)/放弃(U)/宽度(W)]：

弧线段各选项介绍如下：

◆"指定圆弧的端点"选项：确定弧线段的端点 2，绘制的弧线段与上一段多段线相切，如图 5-44 所示。

◆"角度（A）"选项：指定弧线段从起点开始的包含角，如图 5-45 所示。输入正数将按逆时针方向创建弧线段。输入负数将按顺时针方向创建弧线段。

◆"圆心（CE）"选项：指定弧线段的圆心。如图 5-46 所示，指定圆心点 2 后，再指定圆弧的端点 3 绘制弧线段。

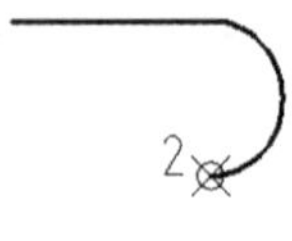

图 5-44　圆弧端点

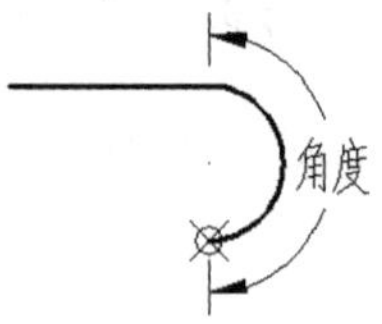

图 5-45　圆弧包含角

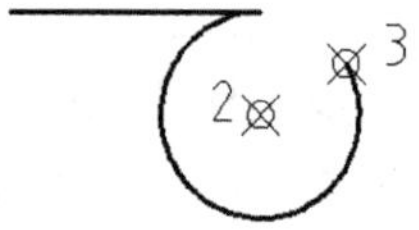

图 5-46　圆弧中心

◆"方向（D）"选项：指定弧线段的起始切线方向。如图 5-47 所示，在指定切向后，再指定圆弧的端点 3 绘制弧线段。

◆"半宽（H）"和"宽度（W）"选项：定义多段线的线宽。

◆"直线（L）"选项：退出"圆弧"选项转换为画直线段提示。

◆"半径（R）"选项：指定弧线段的半径。如图 5-48 所示，在指定半径后，再指定圆弧的端点绘制弧线段。

◆“第二个点（S）”选项：指定圆弧上的第二点。如图 5-49 所示，指定第二点后，再指定圆弧端点，绘制弧线段。

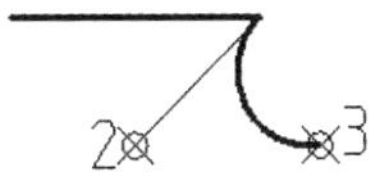

图 5-47　定弧线方向

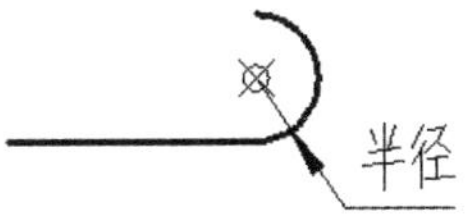

图 5-48　弧线半径

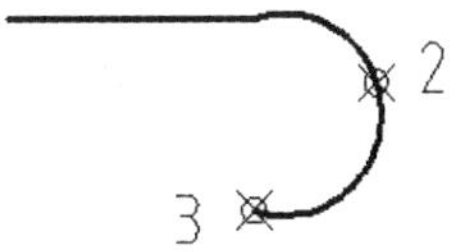

图 5-49　定第二点和端点

◆“放弃（U）”选项：放弃一次操作。

例 5-2　用“多段线”命令绘制如图 5-50 所示的二极管图形。

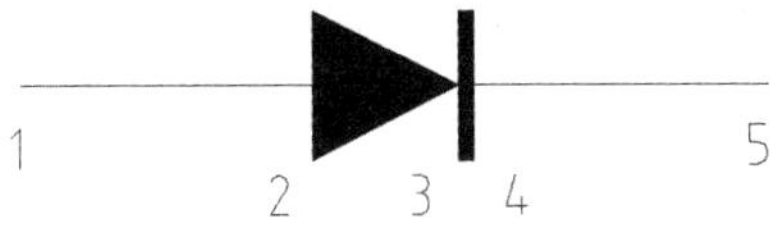

图 5-50　二极管图形

单击“默认”选项卡→“绘图”面板→“多段线”按钮操作步骤如下：

```
命令:_ pline                                                          //启动命令
指定起点:                                                             //给出起点 1
当前线宽为 0.0000                                                      //系统提示
指定下一个点或[圆弧(A)/半宽(H)/长度(L)/放弃(U)/宽度(W)]: 20↙            //鼠标右移确定第 2 点
指定下一点或[圆弧(A)/闭合(C)/半宽(H)/长度(L)/放弃(U)/宽度(W)]: w↙        //选择“宽度”选项
指定起点宽度 <0.0000>: 10↙                                              //指定三角形起点线宽
指定端点宽度 <10.0000>: 0↙                                              //指定三角形终点线宽
指定下一点或[圆弧(A)/闭合(C)/半宽(H)/长度(L)/放弃(U)/宽度(W)]:12↙         //确定第 3 点
指定下一点或[圆弧(A)/闭合(C)/半宽(H)/长度(L)/放弃(U)/宽度(W)]: h↙        //选择“半宽”选项
指定起点半宽 <0.0000>: 5↙                                               //指定起点半宽
指定端点半宽 <5.0000>:↙                                                 //指定终点半宽
指定下一点或[圆弧(A)/闭合(C)/半宽(H)/长度(L)/放弃(U)/宽度(W)]: 1↙        //鼠标右移确定第 4 点
指定下一点或[圆弧(A)/闭合(C)/半宽(H)/长度(L)/放弃(U)/宽度(W)]: w↙        //选择“宽度”选项
指定起点宽度 <10.0000>: 0↙                                              //指定起点线宽
指定端点宽度 <0.0000>:↙                                                 //指定终点线宽
指定下一点或[圆弧(A)/闭合(C)/半宽(H)/长度(L)/放弃(U)/宽度(W)]: 20↙       //鼠标右移确定第 5 点
指定下一点或[圆弧(A)/闭合(C)/半宽(H)/长度(L)/放弃(U)/宽度(W)]: ↙         //结束多段线命令
```

知识点 2　多段线编辑

利用“多段线编辑”命令可以对多段线进行编辑，改变其线宽，将其打开或闭合，增减或移动顶点、样条化、直线化。调用命令的方式如下：

- 功能区：“默认”选项卡→“修改”面板→“编辑多段线”按钮。
- 菜单栏：“修改”→“对象”→“多段线”。
- 工具栏：“修改Ⅱ”→“编辑多段线”。

- 键盘命令：PEDIT 或 PE。

执行该命令后，命令行提示如下：

指选择多段线或[多条(M)]:　　　　　　　　　　　　　　　//选择要编辑的多段线
输入选项[闭合(C)/合并(J)/宽度(W)/编辑顶点(E)/拟合(F)
/样条曲线(S)/非曲线化(D)/线型生成(L)/反转(R)/放弃(U)]

各选项介绍如下：

◆ 闭合（C）：如所选的多段线是打开的，则出现该选项。使用该选项可生成一条多段线连接始末点，形成闭合多段线。

◆ 合并（J）：将直线、圆弧或多段线连接到已有的并打开的多段线，合并成一条多段线。

◆ 宽度（W）：为整条多段线重新指定统一的宽度。

◆ 编辑顶点（E）：增加、删除、移动多段线的顶点、改变某段线宽等。

◆ 拟合（F）：用圆弧拟合二维多段线，生成一条平滑曲线，如图 5-51b 所示。

◆ 样条曲线（S）：生成近似样条曲线，如图 5-51c 所示。

a)　　　　b)　　　　c)

图 5-51　拟合多段线

a）拟合前的多段线　b）用圆弧拟合　c）用样条曲线拟合

◆ 非曲线化（D）：取消经过“拟合”或“样条曲线”拟合的效果，回到直线状态。

◆ 线型生成：生成经过多段线顶点的连续图案线型。关闭此选项，将在每个顶点处以点划线开始和结束生成线型，如图 5-52 所示。“线型生成”不能用于带变宽线段的多段线。

a)　　　　b)

图 5-52　线型生成

a）“线型生成”设置为关　b）“线型生成”设置为开

◆ 反转：反转多段线顶点的顺序。使用此选项可反转使用包含文字线型的对象的方向。

◆ 放弃：还原操作，可一直返回到“编辑多段线”任务开始时的状态。

执行“多段线编辑”命令后，若选择的不是多段线，系统会提示“选定的对象不是多段线是否将其转换为多段线？<Y>”，直接按回车键，可将所选对象转换成可编辑的多段线。

例5-3　如图5-53a所示，*AB*、*CD*、*DE*为用“直线”命令绘制的线段，*BC*为用“多段线”命令绘制线宽为0.3的多段线，使用多段线编辑”命令将它们合并成一条线宽为0.4并闭合的多段线，如图5-53b所示。

a)　　　　b)

图5-53　编辑多段线

a）编辑前　b）编辑后

在功能区单击“默认”选项卡→“修改”面板→“编辑多段线”按钮，操作如下：

```
命令：PEDIT                                                //启动命令
选择多段线或［多条(M)］：                                  //选择直线AB
选定的对象不是多段线                                       //系统提示
是否将其转换为多段线？< Y > ↙                              //按回车键，将直线AB转换为多段线
输入选项［闭合(C)/合并(J)/宽度(W)/编辑顶点(E)/拟合(F)
/样条曲线(S)/非曲线化(D)/线型生成(L)/放弃(U)］：j ↙        //选择“合并”选项
选择对象：找到1个                                          //选择直线CD
选择对象：找到1个，总计2个                                 //选择直线DE
选择对象：找到1个，总计3个                                 //选择多段线BC
选择对象：↙                                                //结束对象选择
多段线已增加5条线段                                        //系统提示
输入选项［闭合(C)/合并(J)/宽度(W)/编辑顶点(E)/拟合(F)
/样条曲线(S)/非曲线化(D)/线型生成(L)/放弃(U)］：c ↙        //选择“闭合”选项
输入选项［打开(O)/合并(J)/宽度(W)/编辑顶点(E)/拟合(F)
/样条曲线(S)/非曲线化(D)/线型生成(L)/放弃(U)］：w ↙        //选择“宽度”选项
指定所有线段的新宽度：0.4 ↙                                //设置宽度
输入选项［打开(O)/合并(J)/宽度(W)/编辑顶点(E)/拟合(F)
/样条曲线(S)/非曲线化(D)/线型：↙                           //按回车键，结束命令
```

同类练习

绘制如图5-54～图5-60所示的三视图，并标注尺寸。

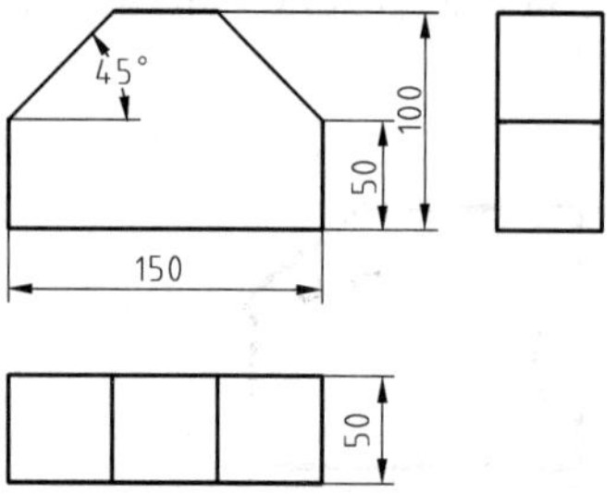

图 5-54　练习图 5-1

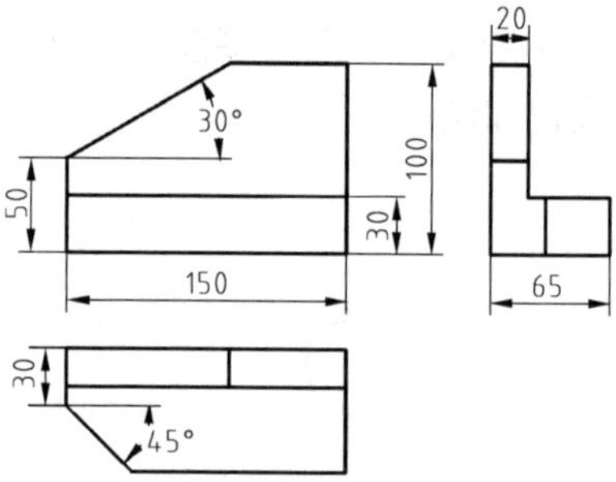

图 5-55　练习图 5-2

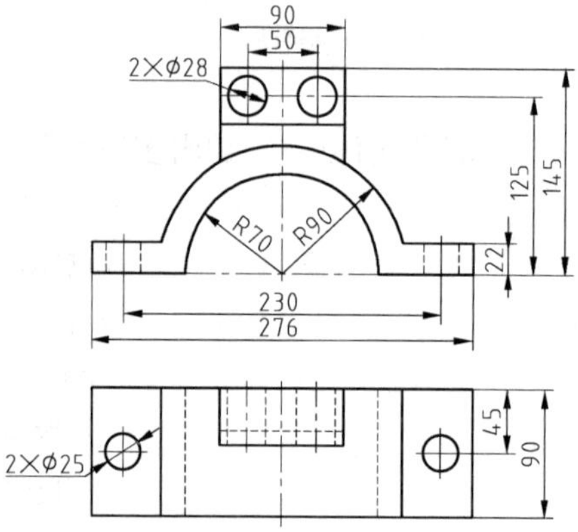

图 5-56　练习图 5-3

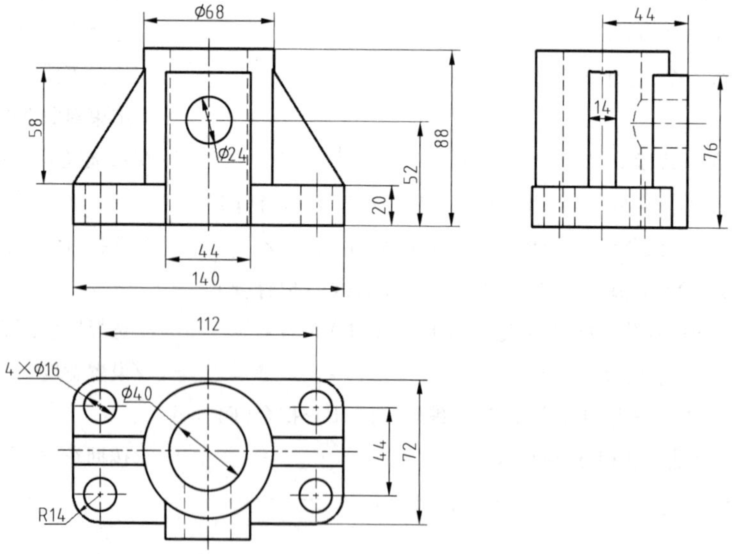

图 5-57　练习图 5-4

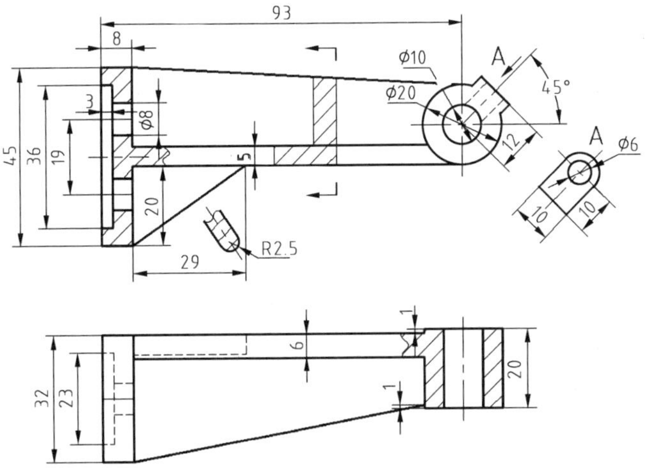

图5-58　练习图5-5

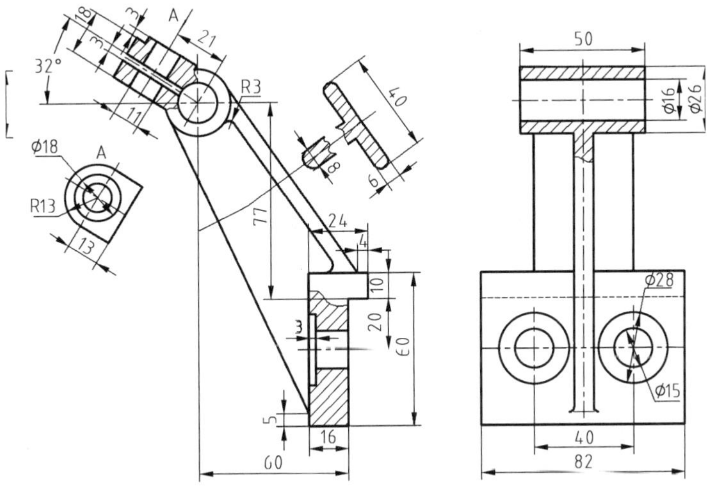

图5-59　练习图5-6

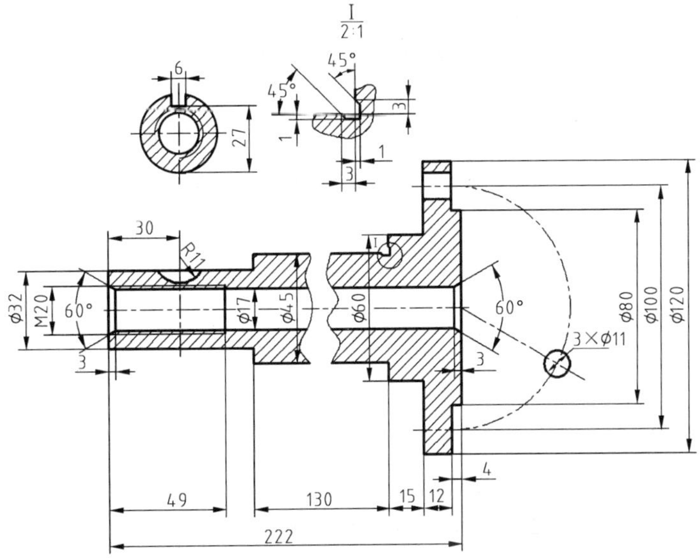

图5-60　练习图5-7

模块6　零件图与装配图的绘制

【学习目标】

1. 掌握内部块、外部块的创建及插入；掌握块属性的定义方法。
2. 掌握机械样板文件的建立及调用方法。
3. 掌握零件图的绘制；掌握设计中心的使用方法。
4. 掌握由零件图拼画装配图的方法；创建表格的操作。
5. 掌握对象信息的查询方法。
6. 能根据绘图需要创建各类块。
7. 能建立符合我国机械制图国家标准的机械样板文件。
8. 能绘制中等复杂程度的零件图。
9. 能由已有的零件图拼画装配图。

任务1　图块的应用（一）

操作实例（图6-1）

本例介绍采用创建块的方式绘制如图6-1所示图形的方法，主要涉及“创建块”“插入块”等命令。

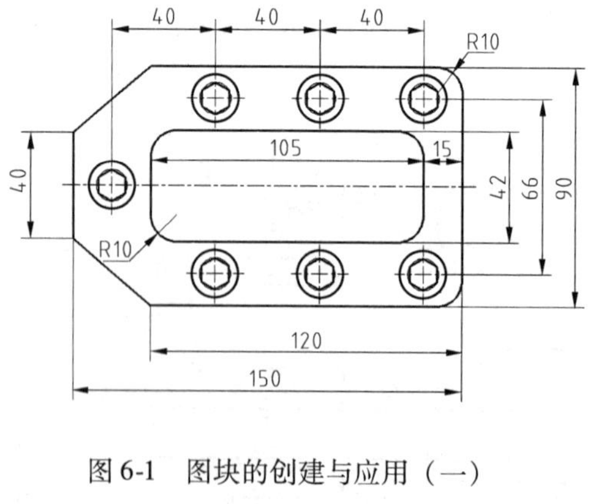

图6-1　图块的创建与应用（一）

操作过程

第1步：设置绘图环境，操作过程略。

第2步：按尺寸绘制图形及中心线，如图6-2所示。

第3步：将螺钉的端面视图创建为内部块。

（1）在0层绘制螺钉端面视图，如图6-3所示。

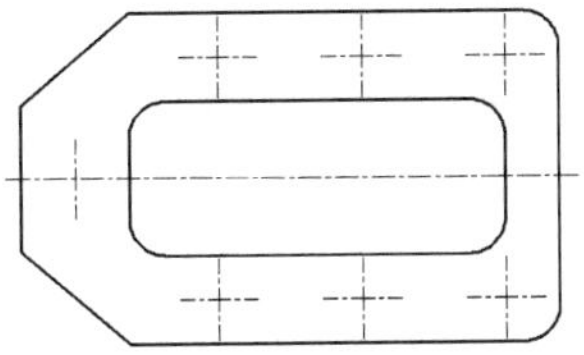

图6-2　绘制图形及中心线

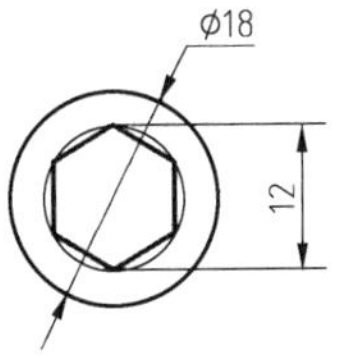

图6-3　螺钉端面视图

（2）单击“默认”选项卡→“块”面板→“创建”按钮，弹出“块定义”对话框，如图6-4所示。

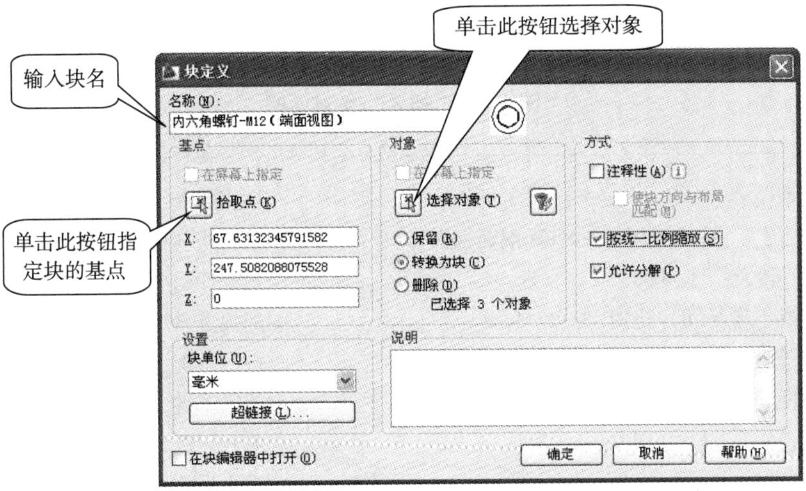

图6-4　“块定义”对话框

（3）在“名称”下拉列表中输入“内六角螺钉-M12（端面视图）”。

（4）单击“对象”选项组的“选择对象”按钮，返回绘图区域，选择螺钉端面视图，按回车键，返回对话框。

（5）单击“基点”选项组的“拾取点”按钮，返回绘图区域，拾取螺钉的中心点（ϕ18的圆心）作为块的基点，拾取后返回对话框。

（6）选中“按统一比例缩放”，“块单位”为“毫米”，设置完成后如图6-4所示。

（7）单击“确定”按钮，完成块的创建。

第4步：插入一个“螺钉”块。

（1）将“粗实线”图层置为当前层后，单击“默认”选项卡→“块”面板→“插入”按钮，弹出“插入”对话框，在“名称”下拉列表中选择“内六角螺钉-M12（端面视图）”，设置比例值为“1”，旋转角度为“0”，如图6-5所示。

（2）单击“确定”按钮，返回绘图区，拾取点*A*，确定块的插入位置，如图6-6所示。

第5步：插入矩形阵列螺钉块。

键入“MINSERT”命令，插入矩形阵列块，操作步骤如下：

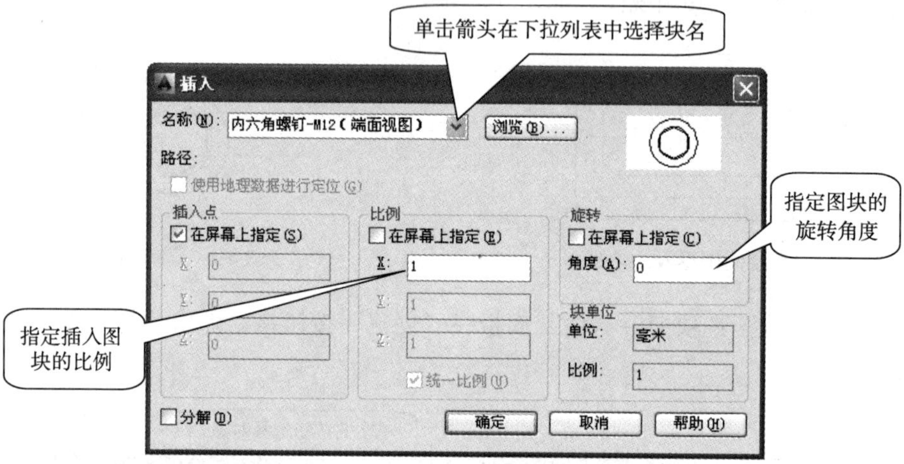

图 6-5 “插入”块对话框

命令：MINSERT ↙	//调用命令
输入块名或［?］： 内六角螺钉 - M12(端面视图) ↙	//输入块名称,按回车键
单位：毫米 转换： 1.0000	//系统提示
指定插入点或［基点(B)/比例(S)/旋转(R)］：	//捕捉点 *B*,如图 6-6 所示
指定比例因子 <1>： ↙	//按回车键,默认插入比例为 1
指定旋转角度 <0>： ↙	//按回车键,默认插入的旋转角度为 0
输入行数 (---) <1>： 2 ↙	//输入行数为 2
输入列数 (|||) <1>： 3 ↙	//输入列数为 3
输入行间距或指定单位单元 (---)： 66 ↙	//输入行间距为 66
指定列间距 (|||)： 40 ↙	//输入列间距为 40

操作完成后，如图 6-7 所示。

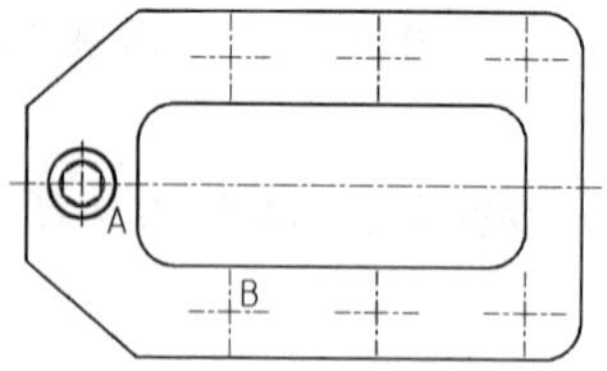

图 6-6 插入块一个块

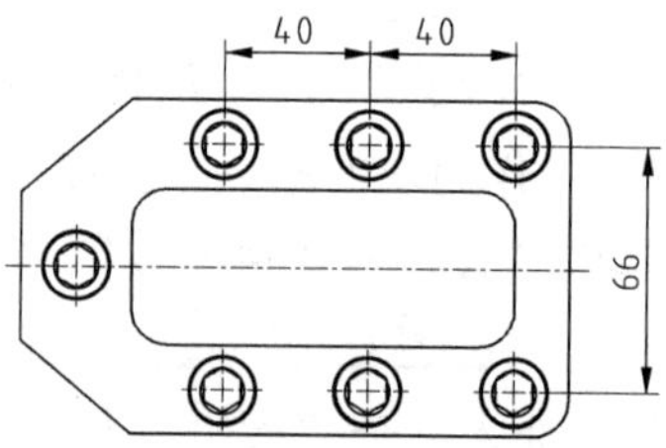

图 6-7 插入矩形阵列块

如果创建块时没有选中如图 6-4 所示“块定义”对话框中的“按统一比例缩放”，那么在插入矩形阵列块时命令行中会分别提示“输入 X 比例因子”“输入 Y 比例因子”，对本例而言，均输入“1”，按回车键即可。

第 6 步：保存图形文件。

知识点1　图块的概念

图块是多个图形对象的组合。对于绘图过程中相同的图形，不必重复地绘制，只需将它们创建为一个块，在需要的位置插入即可。还可以给块定义属性，在插入时输入可变信息。

使用块不仅可以提高绘图效率，而且能够增加绘图的准确性、提高绘图速度并减小文件大小。例如，要在图中10处插入200个圆，如果不使用块，则文件中就包括2000个圆对象。但是如果将这200个圆创建为一个块插入图中，则文件中仅包括210个对象，即200个圆对象和10个块引用。

AutoCAD2014将有关“块”操作的命令集中在“默认”选项卡→“块”面板和“插入”选项卡→“块”面板与“块定义”面板上，如图6-8、图6-9所示。

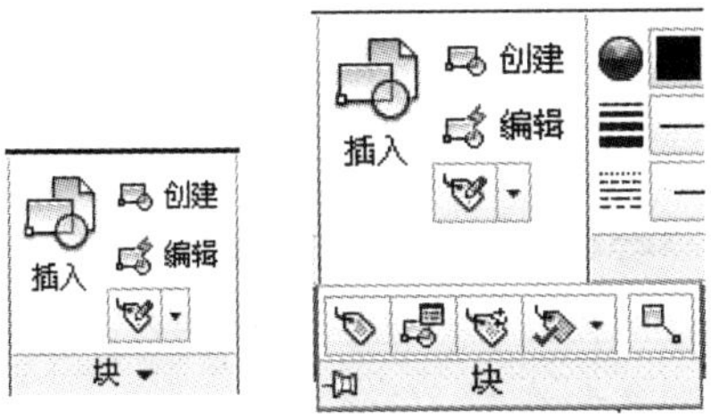

a)　　b)

图6-8　“默认”选项卡下的“块”面板

a）展开前　b）展开后

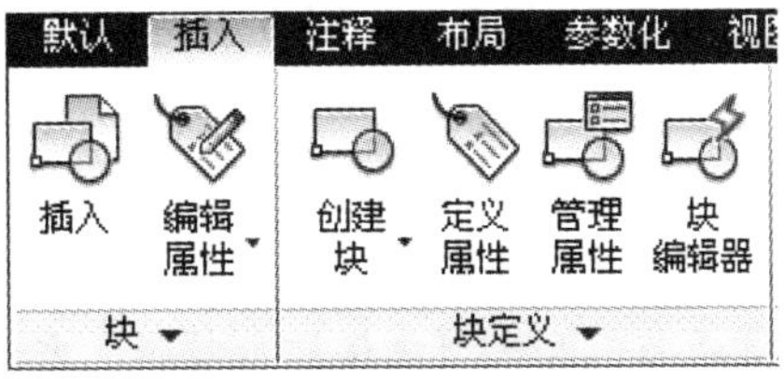

图6-9　“插入”选项卡“块”面板与“块定义”面板

知识点2　创建内部块

利用“创建块”命令可以将一个或多个图形对象定义为新的单个对象，如图6-10所示。因块保存在当前图形文件中，所以又称内部块。调用命令的方式如下：

- 功能区：“默认”选项卡→“块”面板→“创建”按钮。

或“插入”选项卡→“块定义”面板→“创建块”按钮。

- 菜单栏：“绘图”→“块”→“创建”工具栏。
- 工具栏：“绘图”→“创建块”。
- 键盘命令：BLOCK或B。

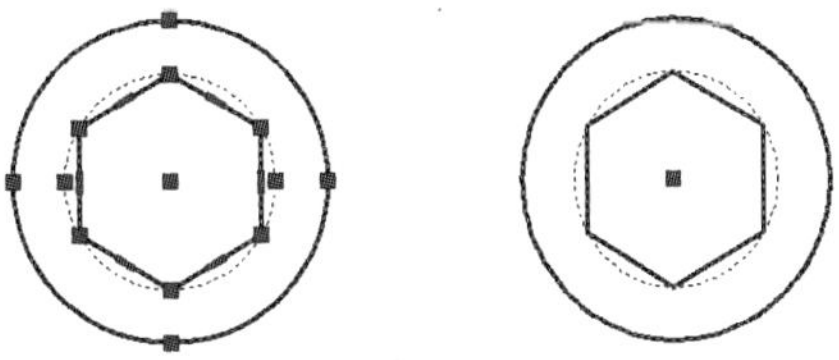

a)　　b)

图6-10　块的创建

a）创建前有多个对象　b）创建后为一个对象

执行上述命令后，系统弹出“块定义”对话框，如图6-4所示。在该对话框中定义了块名、基点，并指定组成块的对象后，就可完成块的创建（其具体操作步骤见本任务操作实例第3步）。

“块定义”对话框中各选项作用说明如下：

◆“名称”下拉列表：用于输入块的名称。

◆“基点”选项组：用于指定块的插入点，有两种方法：一种是单击“拾取点”按钮，在绘图区拾取插入点（本任务操作实例采用的就是此种方法）；另一种是直接输入插入点的 X、Y、Z 坐标。

◆“对象”选项组：用于指定块的包含对象，以及创建块之后如何处理这些对象。

“选择对象”按钮：单击该按钮可回到绘图区拾取构成块的对象，完成对象选择后，按回车键返回。

“保留”单选项：创建块后将原选定对象保留在图形中。

“转换为块”单选项：创建块后将原选定对象转换为图形中的块。

“删除”单选项：创建块后从图形中删除原选定的对象。

◆“方式”选项组：用于指定块的定义方式。

“注释性”复选框：用于指定将块为注释性对象。

“按统一比例缩放”复选框：用于指定块对象是否在 X、Y、Z 坐标按同一比例缩放。

“允许分解”复选框：用于指定块是否可以被分解。如选中，则表示块插入后，可以用“分解”命令将块分解为组成块的单个对象。

◆“设置”选项组：用于指定块的插入单位及将块与某个超链接相关联。

创建块时，其组成对象所处的图层非常重要。若处在 0 层，则块插入后其组成对象的颜色和线型将与插入当前层的颜色和线型一致；若处在非 0 层，则块插入后其组成对象的颜色和线型仍保持原特性，与插入当前层的颜色和线型无关。

知识点 3　插入块

图形被定义为块后，可通过“插入”命令直接调用，插入到图形中的块称为块参照。插入块时可以一次插入一个，也可一次插入呈矩形阵列排列的多个块参照。

1. 插入单个块

插入单个块调用命令的方式如下：

- 功能区：“默认”选项卡→“块”面板→“插入”按钮
  或“注释”选项卡→“块”面板→“插入”按钮。
- 菜单栏：“插入”→“块”。
- 工具栏：“绘图”→“插入块”。
- 键盘命令：INSERT 或 I。

执行上述命令后，将弹出“插入”对话框，如图 6-5 所示。在该对话框“名称”下拉列表框中选择要插入的块名；指定插入点、比例和旋转角度；单击“确定”按钮，返回绘图区指定插入点，即完成块的插入操作。

“插入”对话框中各选项作用说明如下：

◆“名称”下拉列表：用于指定要插入块的名称，或指定要作为块插入的文件的名称。单击其后的“浏览(B)...”按钮，还可以在弹出的“浏览图形文件”对话框中选择要插入的外部块或其他图形文件。

◆“插入点”选项组：用于指定块的插入位置。

“在屏幕上指定”复选框：如选中该复选框，将在单击“确定”按钮关闭“插入”对话框后，提示指定插入点，此时可在屏幕上直接拾取插入点；如未选中“在屏幕上指定”复选框，可在其下方 X、Y、Z 文本框中直接输入插入点的坐标值。

◆“比例”选项组：用于指定插入块的缩放比例。如果指定负的 X、Y 和 Z 缩放比例因子，则插入块的镜像图像。

“统一比例”复选框：选中该复选框，则为 X、Y、Z 指定同一比例值，如未选中，则为 X、Y、Z 分别指定比例值。

“在屏幕上指定”复选框：作用同前，不再赘述。

◆“旋转”选项组：用于指定插入块的旋转角度。可在“角度”文本框中直接输入角度值，也可在选中“在屏幕上指定”复选框后在屏幕上指定旋转角度。

◆“分解”复选框：选中该复选框，则表示在块插入后，块将分解成各个部分。

2. 插入矩形阵列块

利用“矩形阵列块”命令，可以一次性插入呈矩形阵列排列的多个对象，调用命令的方式如下：

- 键盘命令：MINSERT。

插入矩形阵列块的操作步骤如下：

（1）调用“矩形阵列块”命令。

（2）根据命令提示，输入块的名称。

（3）根据命令提示，指定块的插入点。

（4）根据命令提示，指定插入块的缩放比例。

（5）根据命令提示，指定插入块的旋转角度。

（6）根据命令提示，输入阵列行数。

（7）根据命令提示，输入阵列列数。

（8）根据命令提示，输入行间距。

（9）根据命令提示，输入列间距。

用“MINSERT”命令插入的整个阵列块是一个对象，不能用“分解”命令分解。

任务2　图块的应用（二）

操作实例（图6-11）

本例介绍采用创建属性块的方法绘制如图6-11所示图形的表面粗糙度符号，主要涉及“写块”“属性块”“编辑属性定义”等命令。

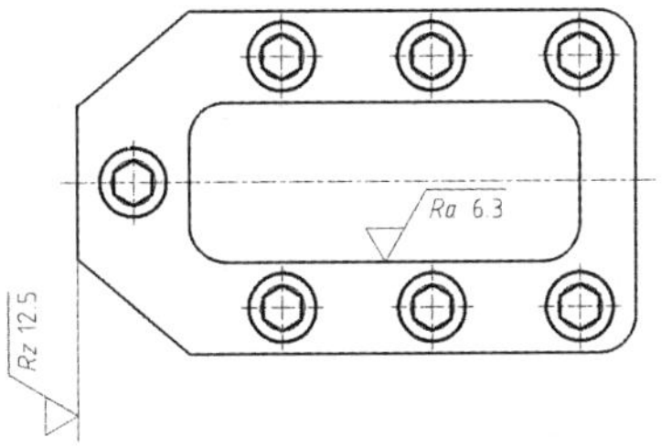

图6-11　图块的创建与应用（二）

操作过程

第 1 步：设置绘图环境，操作过程略。

第 2 步：按尺寸绘制图形（尺寸如图 6-1 所示）。

第 3 步：在 0 层绘制表面粗糙度符号。

当尺寸数字高度为“3.5”时，表面粗糙度符号各部分尺寸如图 6-12a 所示。

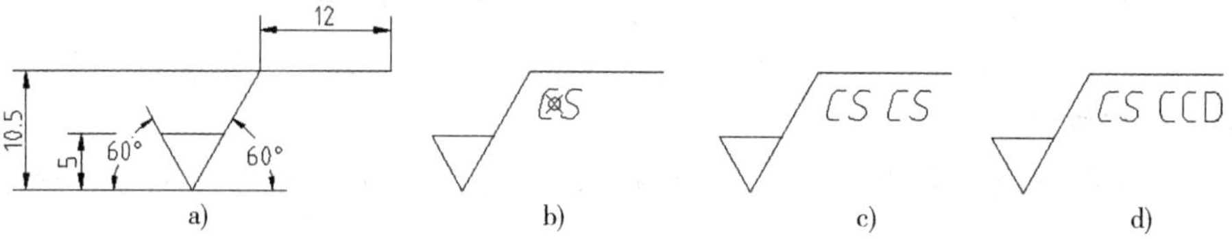

图 6-12　定义表面粗糙度的属性

a）粗糙度符号　b）定义参数代号的属性　c）复制属性　d）定义粗糙度值的属性

第 4 步：定义表面粗糙度参数代号的属性。

（1）单击“默认”选项卡→“块”面板→“定义属性”（或单击菜单“绘图”→“块”→“定义属性”），弹出“属性定义”对话框。

（2）在“标记”文本框中输入属性标记“*CS*”（当然用户也可根据自己的习惯采用其他属性标记），如图 6-13 所示。

（3）在“提示”文本框中输入提示内容“请输入表面粗糙度参数代号”，如图 6-13 所示。

（4）在“默认”文本框中输入默认粗糙度参数代号“*Ra*”，如图 6-13 所示。

（5）在“文字设置”选项下选择“对正”方式为“中间”；“文字样式”为“工程字”；“文字高度”为“3.5”，如图 6-13 所示。

（6）单击“确定”按钮，返回绘图区，在表面粗糙度符号水平线的下方适当位置（如图 6-12b 中“⊠”所示位置）单击，确定属性的位置。

（7）选中属性标记“*CS*”，右击，单击“特性”，在“文字”选项组下“倾斜”后输入“15”，如图 6-14 所示。即指定属性标记“*CS*”倾斜 15°，完成后如图 6-12b 所示。

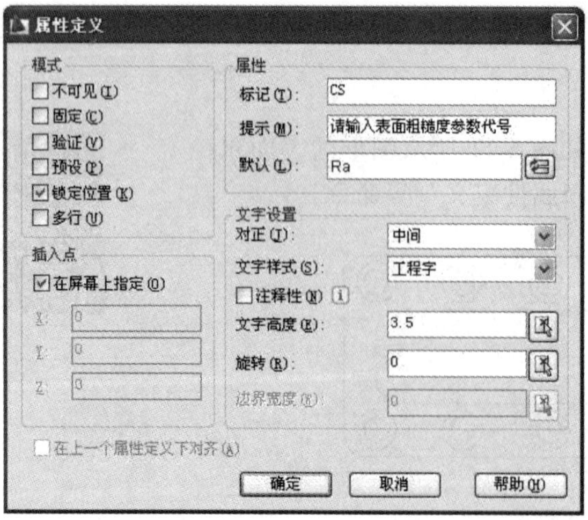

图 6-13　“属性定义”对话框

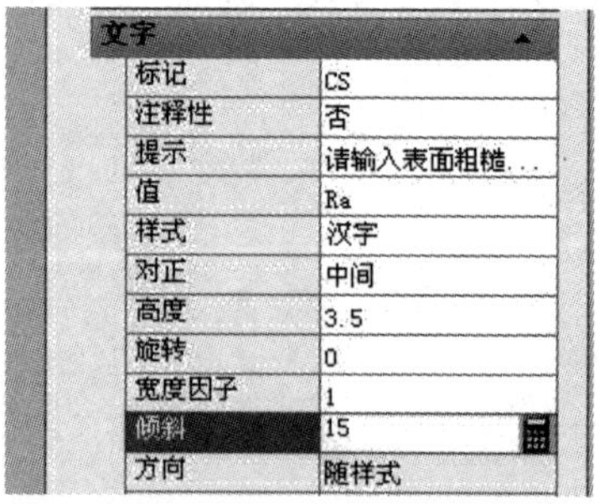

图 6-14　修改属性标记的倾斜角度

国标规定表面粗糙度的参数代号为大小写斜体，本书中所创建的“工程字”文字样式为直体，因此需将属性标记“CS”倾斜15°，使其成为斜体。

第5步：定义表面粗糙度值的属性。

（1）向右复制以上定义的属性标记，如图6-12c所示。

（2）双击复制的属性标记，弹出“编辑属性定义”对话框，如图6-15a所示。

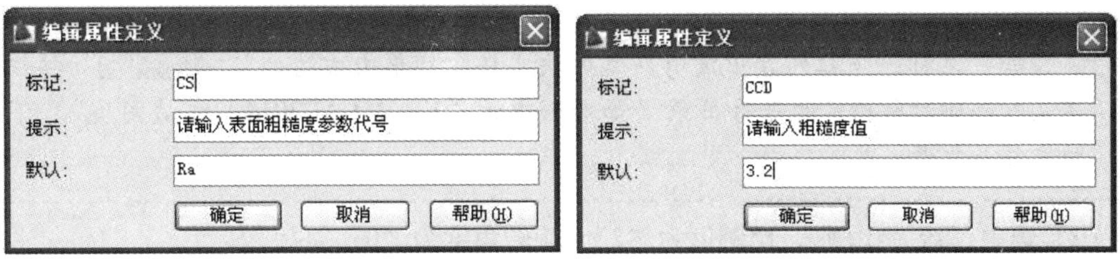

a)　　b)

图6-15　在“编辑属性定义”对话框中编辑属性定义

a）编辑前　b）编辑后

（3）将“标记”内容更改为“CCD”，“提示”内容更改为“请输入粗糙度值”，“默认”内容更改为“3.2”，如图6-15b所示，单击“确定”按钮，完成属性的编辑。

（4）选中属性标记“CCD”，右击，单击“特性”，在“文字”选项组下“倾斜”后输入“0”，即指定属性标记“CCD”不倾斜，完成后如图6-12d所示。

第6步：创建表面粗糙度外部块。

（1）键入“WBLOCK”命令（或单击“插入”选项卡→“块定义”面板→“写块”按钮），弹出“写块”对话框，如图6-16所示。

（2）在“源”选项组选择“对象”，指定通过选择对象方式确定所要定义块的来源。

（3）单击“对象”选项组的“选择对象”按钮，返回绘图区域，选择已定义属性的表面粗糙度符号，按回车键，返回对话框；源对象的处理方式为“保留”。

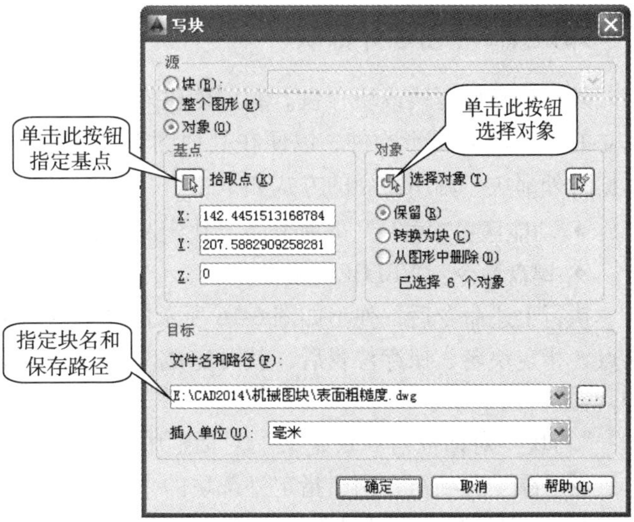

图6-16　“写块”对话框

（4）单击“基点”选项组的“拾取点”按钮，返回绘图区域，拾取如图6-17所示表面粗糙度符号最下方的点，作为块插入时的基点，选择后返回对话框。

（5）在“文件名和路径”下拉列表中（或单击其右方“...”按钮）选择块的保存路

径、确定块名（本例中块的保存路径为“E：\ CAD2014 \ 机械图块”，块名为“表面粗糙度”）。

(6) 单击“确定”按钮，关闭对话框，完成外部块的定义。

第7步：插入表面粗糙度符号。

(1) 单击“默认”选项卡→“块”面板→“插入”，弹出“插入”对话框，如图6-5所示，在“名称”下拉列表中选择“表面粗糙度”。

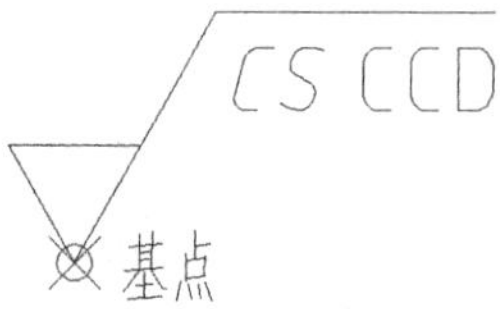

图6-17　定义基点

若“名称”下拉列表中没有所需的块文件，可单击右边的“浏览(B)...”按钮，在定义外部块时所指定的保存目录（如本例中的“E：\ CAD2014 \ 机械图块”）下找到块文件并打开。

(2) 选中“统一比例”，比例值为“2”，旋转角度为“0”。

(3) 单击“确定”按钮，返回绘图区，在矩形孔表面适当位置单击，确定插入块的位置。

(4) 根据命令行提示在命令栏中输入所需表面粗糙度值为“6.3”，按回车键；表面粗糙度参数代号为默认的“*Ra*”，按回车键，完成第一个块的插入。

采用同样方法，在图形左侧面插入另一个表面粗糙度符号。比例值为“2”，旋转角度为“90”；在指定插入块的位置后，根据命令行提示在命令栏中输入所需表面粗糙度值为“12.5”，按回车键；表面粗糙度参数代号为“*Rz*”，按回车键，完成第二个块的插入。

第8步：保存图形文件。

知识点1　创建外部块

外部块又称写块或块存盘。利用创建外部块命令可以将当前图形中的块或图形对象保存为独立的AutoCAD图形文件，以便在其他图形文件中调用。因块保存在当前图形文件之外，所以称为外部块。调用命令的方式如下：

- 功能区：“插入”选项卡→“块定义”面板→“写块”按钮。
- 键盘命令：WBLOCK或W。

执行上述命令后，弹出如图6-16所示的“写块”对话框，在该对话框中定义了块的来源、基点，指定块名、保存位置后，就可完成写块操作（其具体操作步骤见本任务操作实例第6步）。

“写块”对话框与“块定义”对话框中各选项大多相同，现就不同选项作用说明如下：

◆“源”选项组：用于指定外部块的来源，有3种方式：

“块”单选项：在“块”下拉列表中选择已有的内部块来创建外部块。

“整个图形”单选项：选择当前整个图形来创建外部块。

“对象”单选项：从屏幕上选择对象并指定插入点来创建外部块。

◆“目标”选项组：用于指定块的名称和保存位置。用户可在“文件名和路径”文本框中输入块的保存路径和名称，也可以单击其后的“...”按钮，打开“浏览图形文件”对话框设置块的保存位置。

知识点 2　创建带属性的块

1. 定义属性

属性是图块中的非图形信息，对块添加属性，就是使块中的指定内容可以变化。要创建带属性的块应首先定义块的属性，调用命令的方式如下：

- 功能区：“默认”选项卡→“块”面板→“定义属性”。
  或“注释”选项卡→“块定义”面板→“定义属性”按钮。
- 菜单栏：“绘图”→“块”→“定义属性”。
- 键盘命令：ATTDEF 或 ATT。

执行上述命令后，弹出如图 6-13 所示的“属性定义”对话框，以该对话框中定义了块的属性、文字位置、插入点后，即可完成定义属性操作，其具体操作步骤在本任务操作实例中第 4 步已述，不再赘述。

“属性定义”对话框包括“模式”“属性”“插入点”和“文字设置”4 个选项组，各选项作用说明如下：

◆“模式”选项组：用于设置属性的模式。

“不可见”复选框：插入块时是否显示或打印属性值。

“固定”复选框：插入块时是否赋予属性固定值。

“验证”复选框：插入块时提示验证属性值是否正确。

“预设”复选框：插入包含预置属性值的块时，将默认值设置为该属性的属性值。

“锁定位置”复选框：锁定块参照中属性的位置。解锁后，属性可以相对于使用夹点编辑的块的其他部分移动，并且可以调整多行属性的大小。

“多行”复选框：指定属性值可以包含多行文字。选定此选项后，可以指定属性的边界宽度。

◆“属性”选项组：用于设置属性的数据。

“标记”文本框：用于指定标识属性的名称。

“提示”文本框：用于输入插入包含该属性定义的块时系统在命令行中显示的提示信息。

“默认”文本框：用于输入属性的默认值。

◆“插入点”选项组：设置属性值的插入点。通常选择“在屏幕上指定”复选框。

◆“文字设置”选项组：设置属性文字的对齐方式、文字样式、文字高度、注释性和旋转角度。

2. 创建带属性的块

带属性的图块是由图形对象和属性对象组成。要创建带属性的块应先绘制图形对象、定义块的属性，再由“创建块”或“写块”命令创建为带属性的内部块或外部块。

> 创建带属性的块过程中，在选择对象时要注意将块的图形对象和属性对象都要选中。

例 6-1　将如图 6-18 所示基准符号创建为带属性的外部块。

操作步骤如下：

第 1 步：在 0 层绘制基准符号图形，尺寸如图 6-18b 所示。

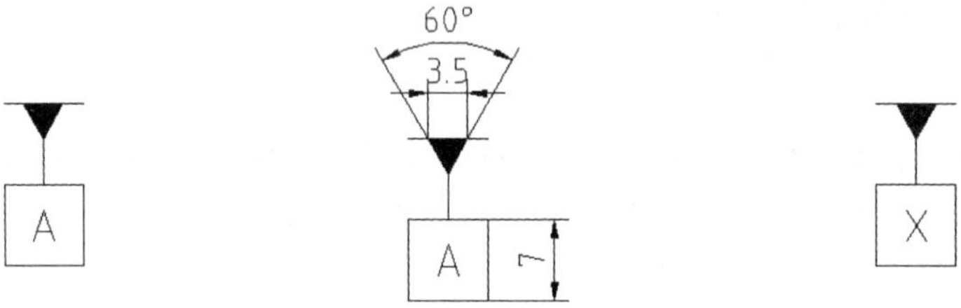

a)　　b)　　c)

图 6-18　基准符号

a）基准符号样式　b）基准符号的尺寸（字高为 3.5 时）　c）属性的位置

第 2 步：将基准符号中的字母定义为属性。

（1）在功能区单击“默认”选项卡→“块”面板→“定义属性”，弹出如图 6-19 所示“属性定义”对话框，并按图示进行设置。

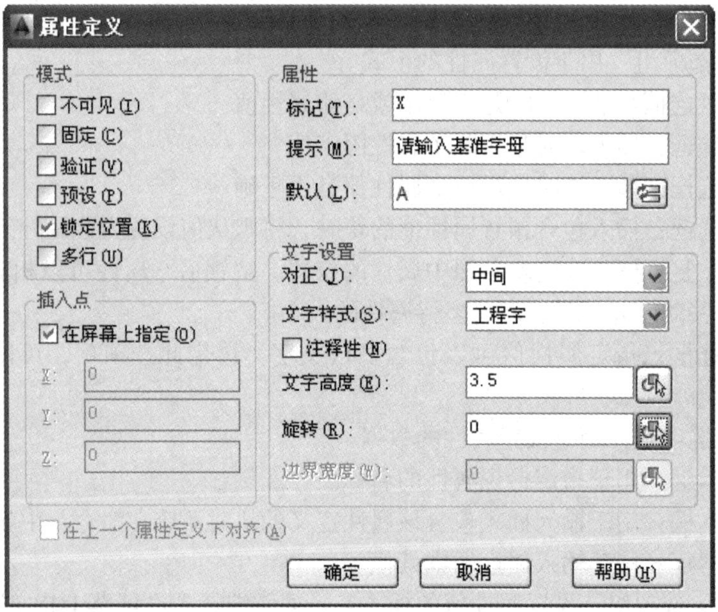

图 6-19　定义基准符号的属性

（2）单击“确定”，返回绘图区，拾取矩形的中心，确定属性的位置，如图 6-18c 所示。

第 3 步：创建为外部块。

（1）在功能区单击“插入”选项卡→“块定义”面板→“写块”按钮，弹出“写块”对话框。

（2）在“源”选项组选择“对象”。

（3）单击“选择对象”按钮，返回绘图区域，在屏幕上拾取图 6-18c 所示图形及属性，按回车键，返回对话框；源对象的处理方式为“保留”。

（4）单击“拾取点”按钮，返回绘图区域，在屏幕上捕捉基准符号中上方水平线的中点，作为块插入时的基点，选择后返回对话框。

（5）在“文件名和路径”下拉列表中指定块的保存路径、确定块名。

（6）单击“确定”按钮，关闭对话框，完成外部块的定义。

第 4 步：保存图形文件。

知识点 3　修改属性

1. 修改属性定义

在 AutoCAD 中可以采用“编辑”命令来修改属性定义，调用命令的方式如下：

- 菜单栏：“修改”→“对象”→“文字”→“编辑”。
- 工具栏：“文字”→“编辑”。
- 键盘命令：DDEDIT。

执行上述命令后，单击需要修改的属性定义，弹出如图 6-20 所示“编辑属性定义”对话框，在“标记”“提示”“默认”文本框中可分别编辑原属性定义的标记、提示和默认值。

直接双击属性对象可以快速打开“编辑属性定义”对话框。在本任务操作实例中便采用了此法。

调用“DDEDIT”命令时，若单击选择块参照中的属性（而不是属性定义），将弹出如图 6-21 所示的“增强属性编辑器”对话框。

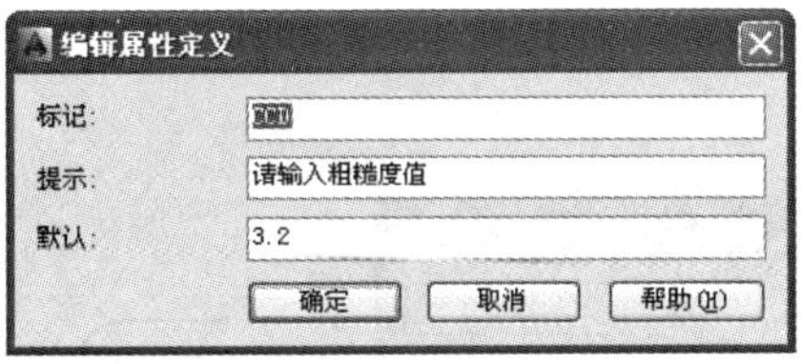

图 6-20　“编辑属性定义”对话框

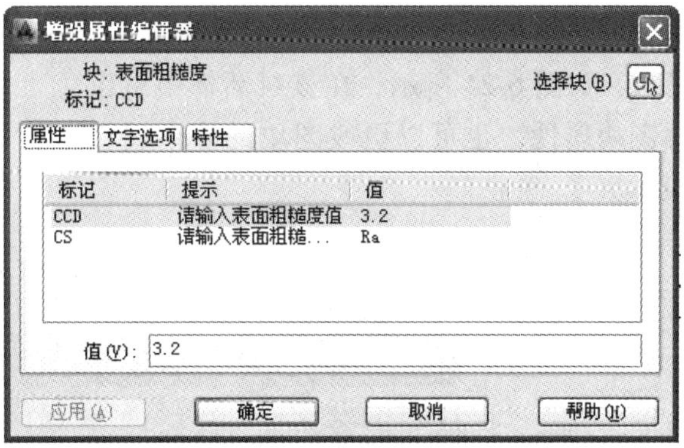

图 6-21　“增强属性编辑器”对话框

2. 修改块参照中的属性

用户可以通过“编辑属性”命令修改块参照的属性，调用命令的方式如下：

- 功能区：“注释”选项卡→“块”面板→“编辑属性”按钮。
  或“插入”选项卡→“块”面板→“编辑属性”按钮。
- 菜单栏：“修改”→“对象”→“属性”→“单个”。
- 工具栏：“修改Ⅱ”→“编辑属性”。
- 键盘命令：EATTEDIT。

执行上述命令后，单击需要修改的块对象，将弹出“增强属性编辑器”对话框。该对话框包含“属性”“文字选项”和“特性”3 个选项卡，分别如图 6-21、图 6-22、图 6-23 所示。

◆“属性”选项卡：显示块中每个属性的标识、提示和默认值。在列表框中选择某一属性后，可在下方“值”文本框中修改其默认值。

◆“文字选项”选项卡：显示属性文字的显示方式的特性。在其中可修改属性文字的文字样式、对齐方式、文字高度、旋转角度、宽度比例及倾斜角度等。

◆“特性”选项卡：用于修改属性文字所在的图层以及属性文字的线宽、线型和颜色。

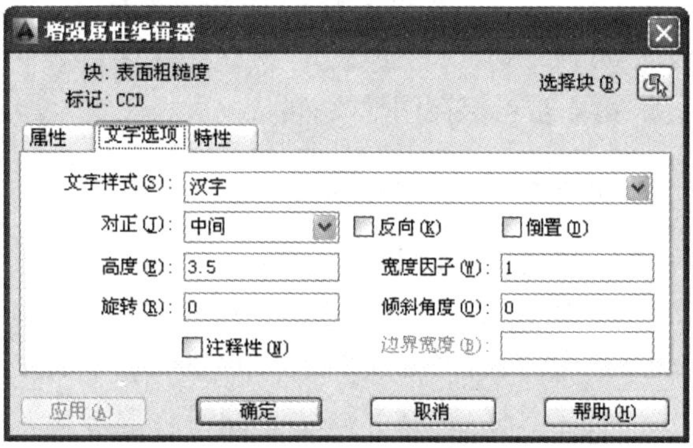

图 6-22　“增强属性编辑器”对话框“文字选项”选项卡

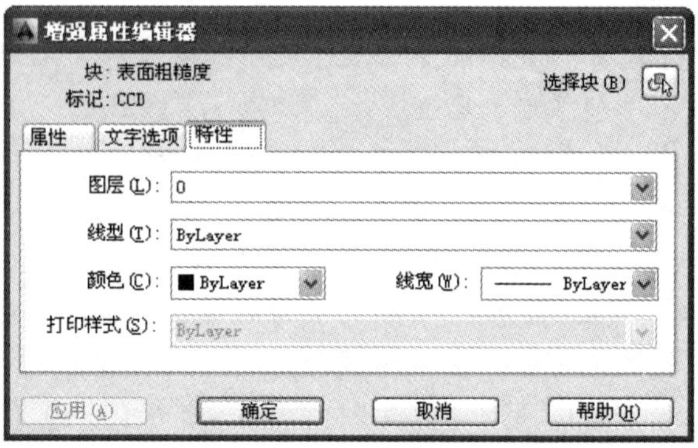

图 6-23　“增强属性编辑器”对话框“特性”选项卡

3. 块属性管理器

编辑图形文件中多个图块的属性定义，可以使用块属性管理器。调用命令的方式如下：

- 功能区：“插入”选项卡→“块定义”面板→“管理属性”按钮。
- 菜单栏：“修改”→“对象”→“属性”→“块属性管理器”。
- 工具栏：“修改Ⅱ”→“块属性管理器”。
- 键盘命令：BATTMAN。

执行上述命令后，弹出“块属性管理器”对话框，如图 6-24 所示，在该对话框中可以编辑图块属性，也可以更改图块的多个属性值提示次序。

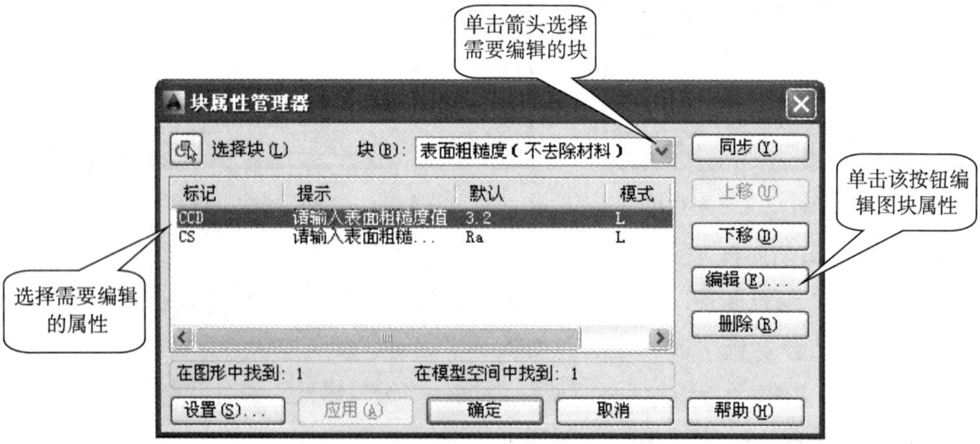

图 6-24　“块属性管理器”对话框

（1）编辑图块属性

在“块属性管理器”对话框的“块”列表中选择一个块，然后在属性列表中选择要编辑的属性，单击“编辑”按钮，弹出“编辑属性”对话框，如图6-25所示，可在该对话框对所选的属性进行修改。

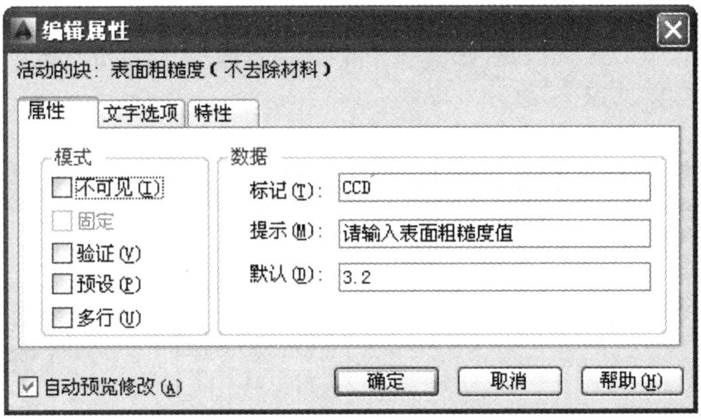

图6-25　“编辑属性”对话框

（2）更改图块属性值提示顺序

在“块属性管理器”对话框的“块”列表中选择一个块，然后在属性列表中选择要更改的属性，单击“上移(U)”或“下移(D)”按钮，可以更改选中图块属性值的提示顺序。

任务3　表格样式的创建与填写

操作实例（6-26）

本例介绍如图6-26所示明细表格样式的创建与填写，主要涉及“表格样式”“插入表格”“修改表格”等命令。

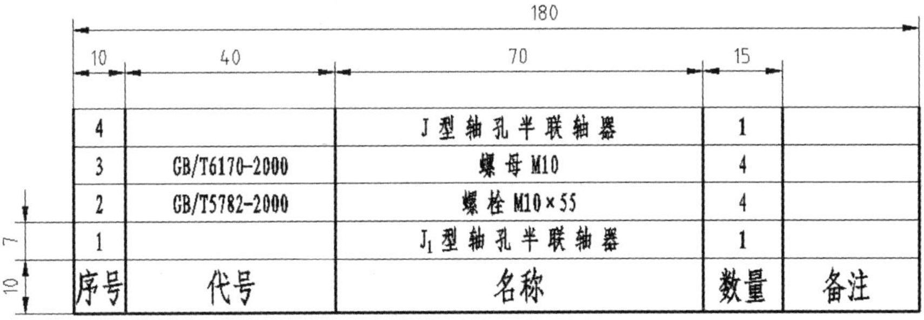

图6-26　装配图明细栏

从图6-26可以看出，明细栏中的垂直线均为粗实线，表格最下方的水平线也是粗实线。该明细栏是一个5行5列的表格，由一行表头和四行数据组成；表头行高为“10”，文字高度为“5”；数据行行高为“7”，文字高度为“3.5”。

操作过程

第 1 步：创建“明细栏”表格样式。

（1）在功能区单击“默认”选项卡→“注释”面板→“表格样式”，弹出“表格样式”对话框，如图 6-27 所示。

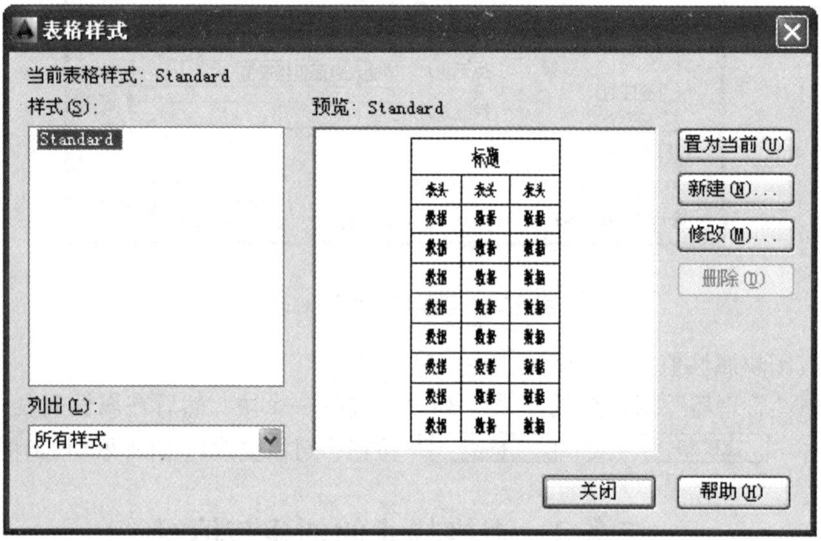

图 6-27　“表格样式”对话框

（2）单击“新建(N)...”按钮，弹出“创建新的表格样式”对话框，在“新样式名”文本框中输入“明细栏”，如图 6-28 所示。

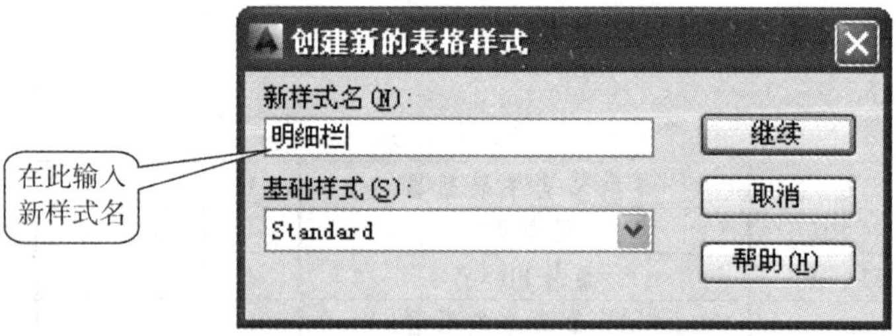

图 6-28　“创建新的表格样式”对话框

（3）单击“继续”按钮，弹出“新建表格样式：明细栏”对话框，如图 6-29 所示，在“单元样式”下拉列表中选择“数据”，设置明细栏数据的特性。

（4）在“表格方向”下拉列表中，选择“向上”，即明细栏的表头在下，数据行在上，如图 6-28 所示。

（5）在“常规”选项卡“对齐”下拉列表中选择对齐方式为“正中”，指定明细栏中的数据书写在表格的正中间；在“页边距”的“垂直”“水平”文本框中均输入“0. 1”，指定单元格中的文字与上下左右单元边距之间的距离，如图 6-29 所示。

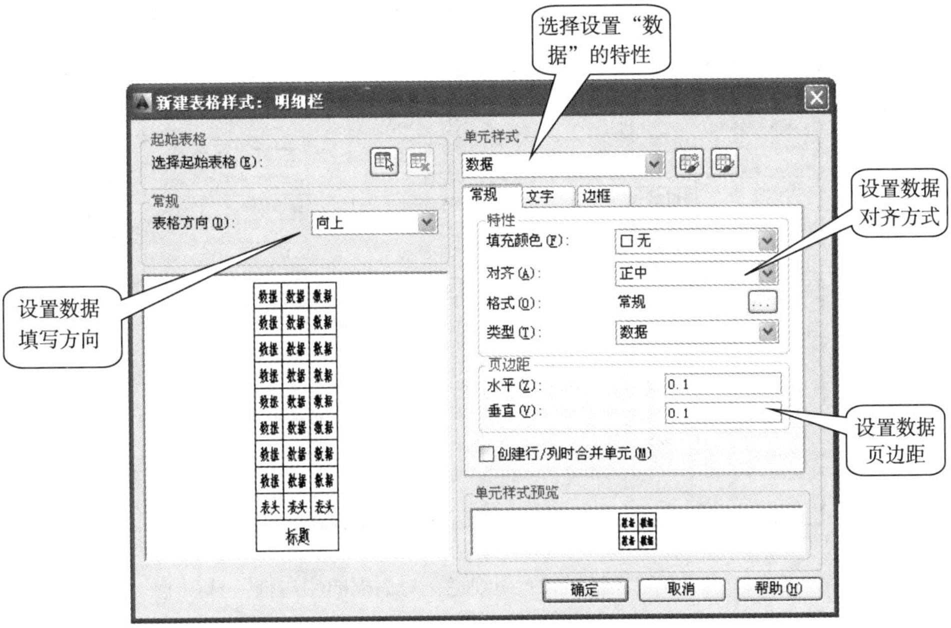

图6-29　“新建表格样式：明细栏”对话框

（6）单击“文字”选项卡，在“文字样式”下拉列表中选择“长仿宋字”“文字高度”文本框中输入“3.5”，确定数据行中文字的样式及高度，如图6-30所示。

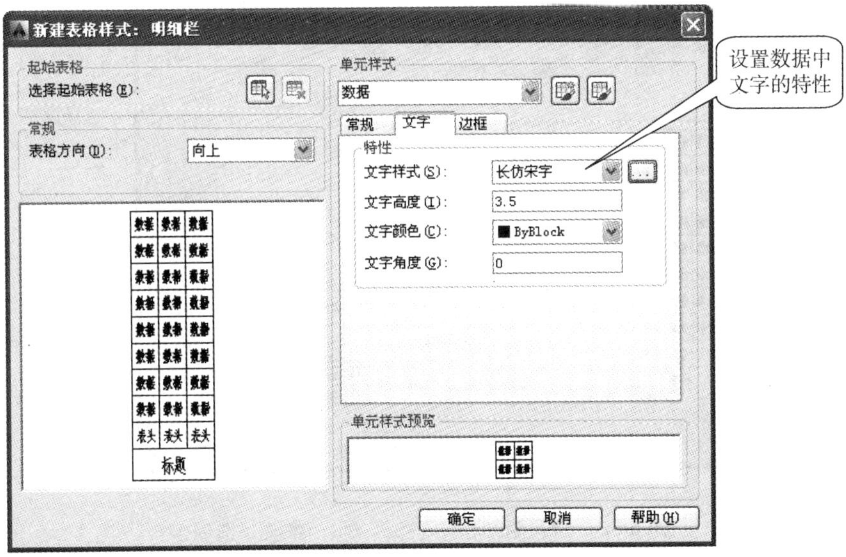

图6-30　“新建表格样式：明细栏”对话框的“文字”选项卡

（7）单击“边框”选项卡，在“线宽”下拉列表中选择“0.3mm”，再单击“左边框”按钮▢和“右边框”按钮▢，设置数据行中的垂直线为粗实线，如图6-31所示。

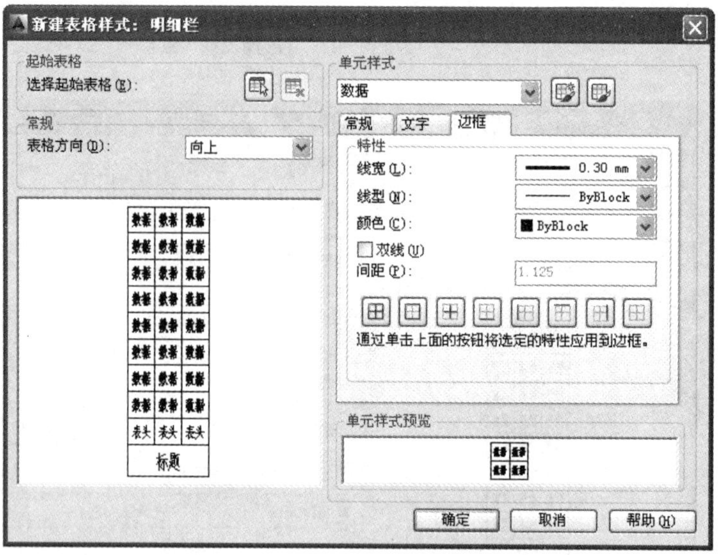

图 6-31　“新建表格样式：明细栏”对话框的“边框”选项卡

（8）在“单元样式”下拉列表中选择“表头”，设置明细栏表头的特性，如图 6-32 所示。

（9）在“常规”选项卡中，“对齐”下拉列表中选择对齐方式为“正中”；在“页边距”的“垂直”“水平”文本框中均输入“0. 1”，如图 6-32 所示。

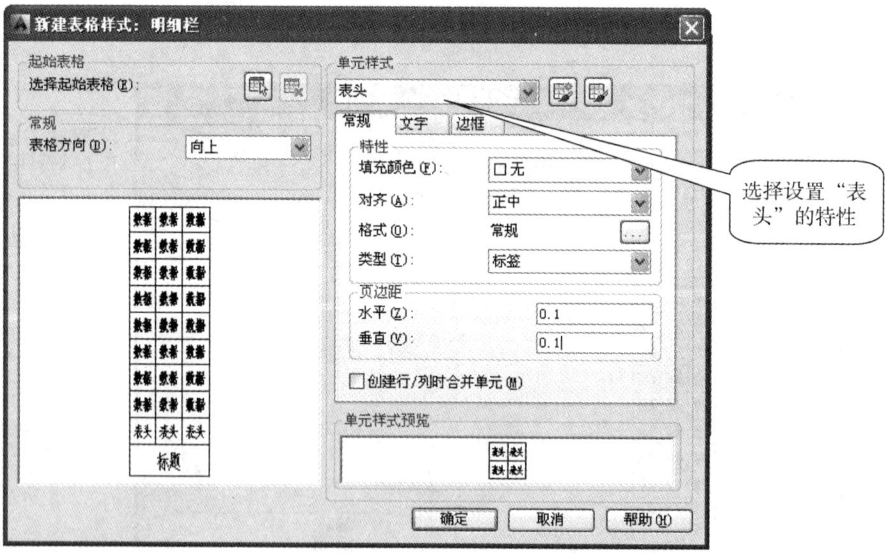

图 6-32　设置明细栏“表头”的“常规”选项卡

（10）单击“文字”选项卡，设置表头文字样式为“长仿宋字”，文字高度为“5”，如图 6-33 所示。

（11）单击“边框”选项卡，在“线宽”下拉列表中选择“0. 3mm”，再单击“左边框”按钮、“上边框”按钮和“右边框”按钮，设置表头最下的水平线和表头中的垂直线为粗实线，如图 6-34 所示。

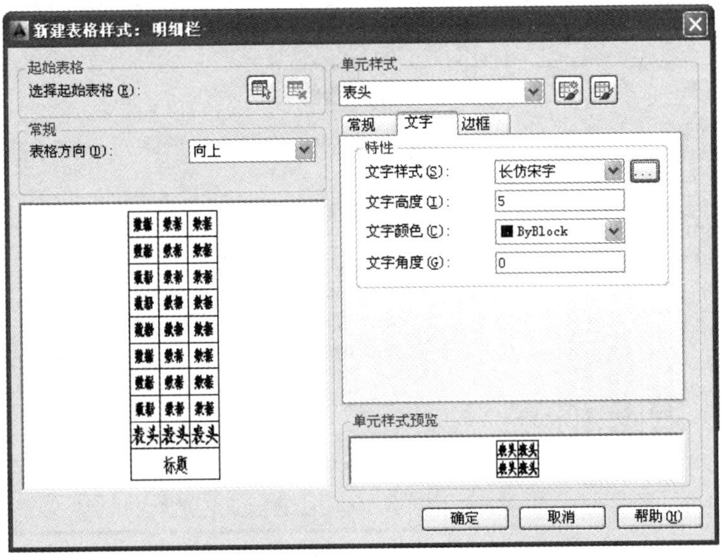

图6-33　设置明细栏“表头”的“文字”选项卡

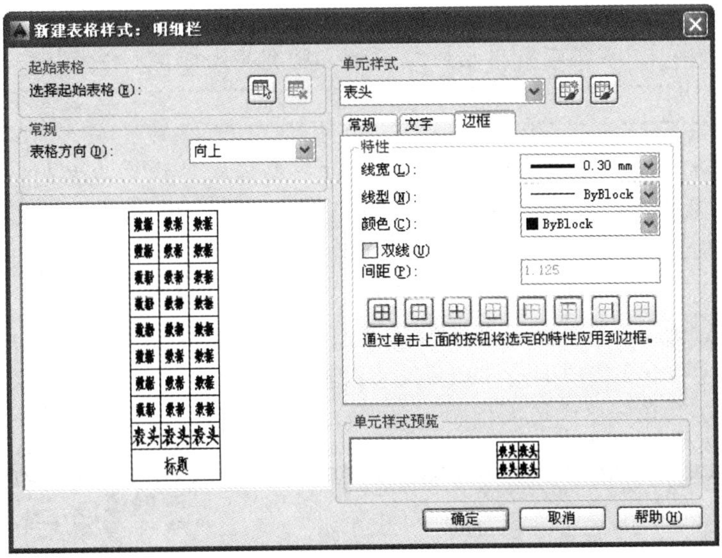

图6-34　设置明细栏“表头”的“边框”选项卡

（12）单击“确定”按钮，返回到“表格样式”对话框，单击“置为当前(U)”按钮，将“明细栏”表格样式置为当前表格样式。

（13）单击“关闭”按钮，完成表格样式的创建。

第2步：插入“明细栏”表格。

（1）单击“默认”选项卡→“注释”面板→“表格”按钮表格，弹出“插入表格”对话框，如图6-35所示。在“表格样式”列表下选择“明细栏”，在“插入方式”选项组选择“指定插入点”方式，其余各参数设置如图所示。

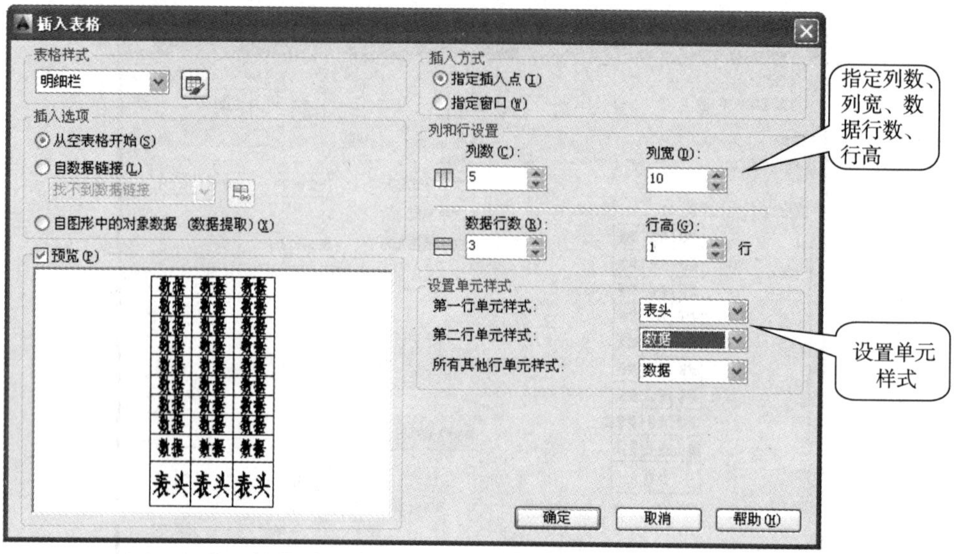

图 6-35　“插入表格”对话框

默认插入的表格由标题、表头和数据行组成，分别在“设置单元样式”选项组的“第一行单元样式”“第二行单元样式”和“所有其他行单元样式”中进行设置。

明细栏中没有标题，因此可将“第一行单元样式”设置为表头，“第二行单元样式”设置为数据行，再加上“数据行”中设置的3行，图6-35中所设明细栏共有5行，每一行的行距为1行；共有5列，每一列的宽度为10。

（2）单击“确定”按钮，在屏幕适当位置单击，指定表格的插入点，屏幕显示“文字编辑器”功能区上下文选项卡及“在位文字编辑器”。

（3）在“表头”单元格内填入相应文字，如图6-36所示。

图 6-36　填写表头内容

第3步：修改表格的列宽、行高。

（1）用窗口方式（或按“SHIFT”并在另一个单元格内单击）选择所有“表头”单元格，右击，选择“特性”，打开“特性”选项板，在“单元高度”文本框中输入“10”（即修改表头行高为“10”)，按回车键，如图6-37所示。

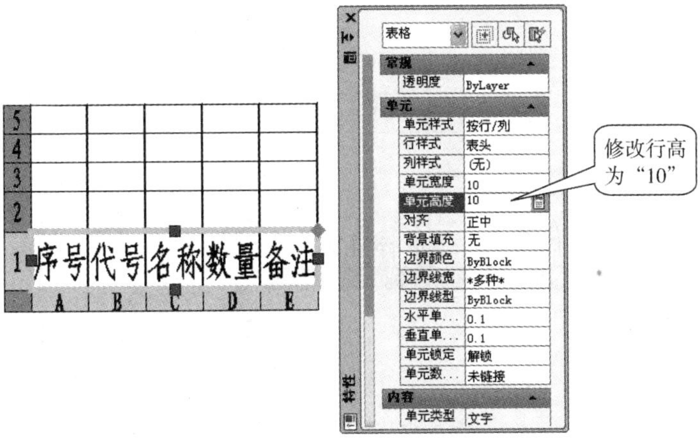

图6-37　修改“表头”单元格行高

(2) 选择所有“数据”单元格，右击，选择“特性”，打开“特性”选项板，在“单元高度”文本框中输入“7”(即修改数据行高为“7”)，按回车键，如图6-38所示。

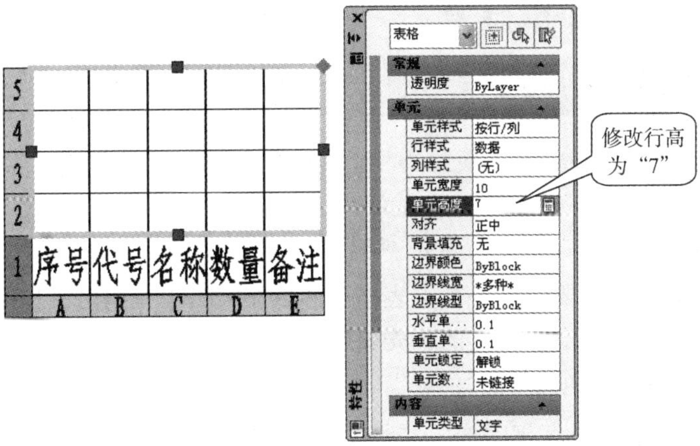

图6-38　修改“数据”单元格行高

(3) 依次在每一列单元格内单击，右击，选择“特性”，打开“特性”选项板，在“单元宽度”文本框中输入每一列的宽度值40，70，15，45(如图6-39所示为修改第二列的列宽为“40”)。

(4) 按“ESC”键，退出选择，完成行高列宽的修改。

第4步：填写明细栏。

在“数据”单元格中双击，自下而上填写明细栏内容，完成后如图6-26所示。

知识点1　创建表格样式

表格是一个在行和列中包含数据的对象。工程图中的标题栏、明细栏均属于的表格的应用。AutoCAD2014将有关“表格”操作的命令集中在“注释”选项卡→“表格”面板和“默认”选项卡→“注释”面板上，如图6-40所示。

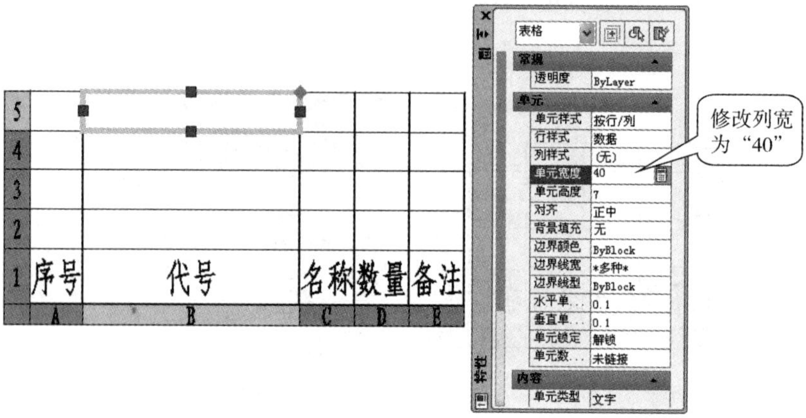

图 6-39 修改各列的宽度

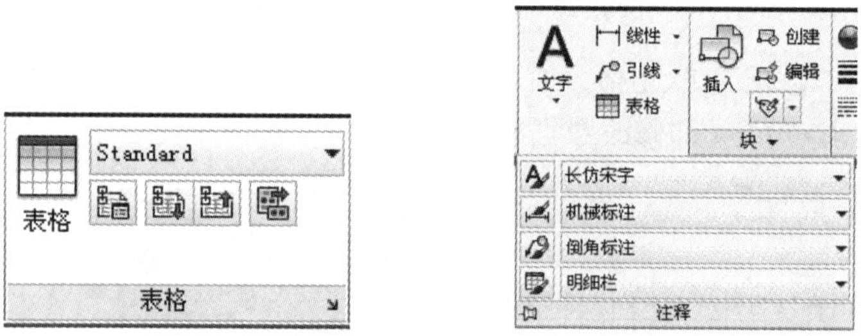

a) b)

图 6-40 有关“表格”操作的命令

a)“表格”面板 b)“注释”面板

创建表格对象时，首先要创建一个空表格，然后在表格单元格内添加内容。表格的外观由表格样式控制，用户在创建空表格之前，先要进行表格样式的设置。调用命令的方式如下：

- 功能区：“默认”选项卡→“注释”面板→“表格样式”。

  或“注释”选项卡→“表格”面板→“面板对话框启动器”按钮。
- 菜单栏：“格式”→“表格样式”。
- 键盘命令：TABLESTYLE。

执行上述命令后，弹出如图 6-27 所示的“表格样式”对话框，在该对话框中可以新建表格样式或者修改、删除已有的表格样式，默认表格样式为“Standard”。

在“表格样式”对话框单击“新建(N)...”按钮，弹出“创建新的表格样式”对话框，如图 6-28 所示。输入新的表格样式名后，单击“继续”按钮，将弹出“新建表格样式”对话框，如图 6-29 所示，从中可以设置表格的特性，对话框中各选项说明如下：

◆“起始表格”选项：使用“起始表格”图标可以在图形中指定一个表格用作样例来设置新表格样式的格式。选择表格后，可以指定要从该表格复制到表格样式的结构和内容。使用“删除表格”图标，可以将表格从当前指定的表格样式中删除。

◆“表格方向”选项：用于设置表格的方向。“向上”选项创建由下而上读取的表格，标题行和列标题行都在表格的底部。“向下”选项创建由上而下读取的表格，标题行和列标题行都在表格的顶部。

◆“单元样式”选项：用于确定新的单元样式或修改现有单元样式。系统默认有“标题”“表头”和“数据”3种样式。

◆“常规”选项卡（图6-29）：“特性”选项组用于指定单元格的填充颜色及单元格内容的对齐方式等。“页边距”选项组中的“水平”用于指定单元格中文字与左右单元边界之间的距离；“垂直”用于指定单元格中文字与上下单元边界之间的距离。

◆“文字”选项卡（图6-30）：用于设置当前单元样式的“文字样式”“文字高度”“文字颜色”和“文字角度”。

◆“边框”选项卡（图6-31）：用于设置表格边框的线宽、线型、颜色等。设置后需单击其下方的，将选定的特性应用到所选的边框。

创建表格样式的方法及步骤已在本任务操作实例中讲述，在此不再赘述。

知识点2　插入表格

利用“表格”命令可以将空白的表格插入到图形的指定位置，调用命令的方式如下：

- 功能区：“默认”选项卡→“注释”面板→“表格”按钮。
  或“注释”选项卡→“表格”面板→“表格”。
- 菜单栏：“绘图”→“表格”。
- 工具栏：“绘图”→“表格”。
- 键盘命令：TABLE。

执行上述命令后，弹出如图6-35所示的“插入表格”对话框，各选项说明如下：

◆“表格样式”选项组：用于指定要插入表格的样式。

◆“插入选项”选项组：用于指定插入表格的方式。“从空表格开始”表示插入一个空白表格，需手动填充表格数据（本任务操作实例中插入的就是此类表格）；“自数据链接”表示插入一个含有电子表格中的数据的表格。

◆“插入方式”选项组：用于指定插入表格的位置。“指定插入点”用于指定表格左上角或左下角的位置；“指定窗口”通过在绘图区指定两点来确定表格的大小和位置。

◆“列和行设置”选项组：用于指定插入表格行列的数目及大小。

◆“设置单元样式”选项组：用于指定新表格中行的单元格式。

（1）第一行单元样式：用于指定表格中第一行的单元样式。默认情况下使用“标题”单元样式，即将表格的第一行作为标题行。

（2）第二行单元样式：用于指定表格中第二行的单元样式。默认情况下使用“表头”单元样式，即将表格的第二行作为表头。

（3）所有其他行单元样式：用于指定表格中所有其他行的单元样式。默认情况下，使用“数据”单元样式，即从表格的第三行开始都是数据行。

插入空白表格的方法及步骤已在操作实例中讲述，在此不再赘述。

知识点3　修改表格

1. 修改表格的列宽与行高

（1）使用表格的夹点或表格单元的夹点进行修改。

在表格单元格中单击，将其激活，表格单元四周显示夹点，通过拖动夹点可以更改表格的列宽和行高，如图 6-41 所示。

选中表格，表格上显示各夹点，如图 6-42 所示，拖动夹点也可以更改表格的列宽和行高。

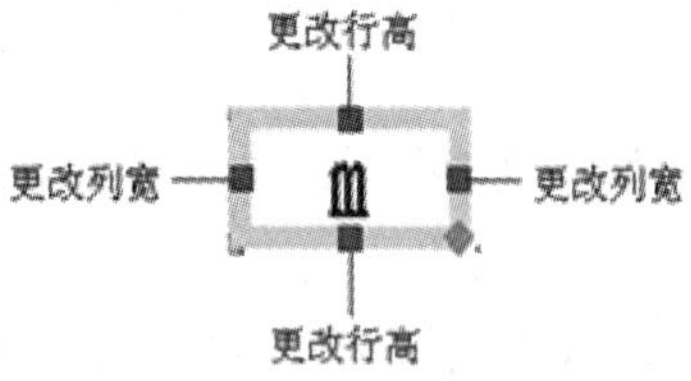

图 6-41　表格单元的夹点

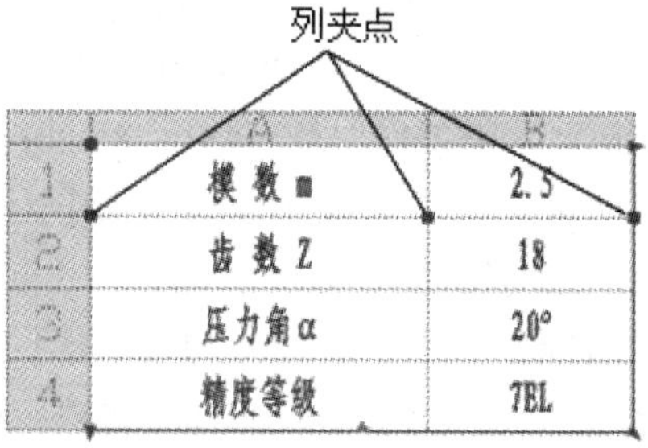

图 6-42　表格的夹点

◆ 左上夹点：移动表格。

◆ 右上夹点：均匀修改表格宽度。

◆ 左下夹点：均匀修改表格高度。

◆ 右下夹点：均匀修改表高和表宽。

◆ 列夹点：更改列宽而不拉伸表格。

◆ Ctrl + 列夹点：加宽或缩小相邻列，与此同时加宽或缩小表格以适应此修改。

（2）使用“特性”选项板进行修改。

该方式通过更改行高列宽值进行修改，其操作方法在操作实例中已述，在此不再赘述。

2. 修改列数、行数、合并单元格

在表格单元内单击，功能区显示“表格单元”功能区上下文选项卡，如图 6-43 所示。用户可通过单击“行”面板、“列”面板上相应按钮插入或删除行和列，单击“合并”面板上相应按钮合并或取消合并表格单元。

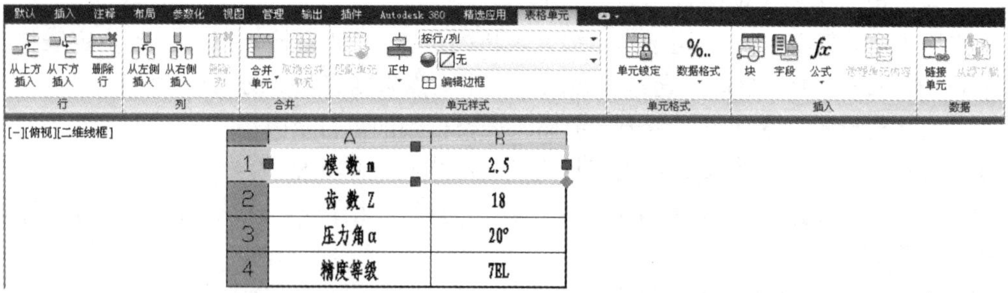

图 6-43　“表格单元”功能区上下文选项卡

在“表格单元”功能区上下文选项卡的“单元样式”面板能指定表格单元的边框特性、文字对齐方式等；在“单元格式”面板能指定数据格式类型及是否锁定单元内容或格式；在“插入”面板能指定插入块、字符、公式等；在“数据”面板能控制将电子表格中的数据链接至图形中的表格。

“表格单元”选项卡 7 个面板上各按钮的作用大多与 Word 中的相同，不再赘述。

例 6-2　新建名为“标题栏”的表格样式，以此样式使用“表格”命令创建一表格，修改编辑表格并进行填写使其如图 6-44 所示。要求采用“长仿宋字”，字高为“5”。

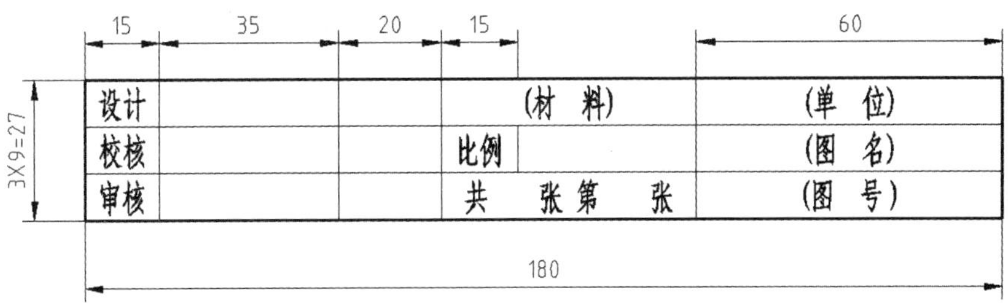

图6-44　简化标题栏

分析：该标题栏是一个3行6列的表格，无表头，3行均为数据行，行高均为“9”，字高均为“5”。

第1步：创建“标题栏”表格样式。

(1) 在功能区单击“默认”选项卡→“注释”面板→“表格样式”，弹出“表格样式”对话框；单击“新建(N)...”按钮，在“新样式名”文本框中输入“标题栏”。

(2) 单击“继续”按钮，弹出“新建表格样式：标题栏”对话框，按图6-45所示设置各选项。

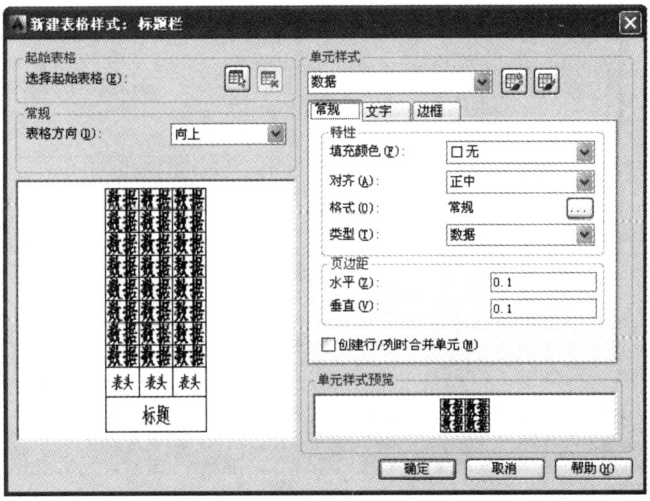

图6-45　设置“新建表格样式：标题栏”对话框“常规”选项

(3) 单击“文字”选项卡，按图6-46所示设置各选项。

(4) 单击“边框”选项卡，在“线宽”下拉列表中选择“0.3mm”，再单击“外边框”按钮，设置标题栏外边框为粗实线，如图6-47所示。

(5) 单击“确定”按钮，返回到“表格样式”对话框，单击“置为当前(U)”按钮，将“标题栏”表格样式置为当前表格样式。

(6) 单击“关闭”按钮，完成表格样式的创建。

第2步：插入“标题栏”表格。

(1) 单击“默认”选项卡→“注释”面板→“表格”按钮“表格”，弹出“插入表格”对话框，各参数设置如图6-48所示。

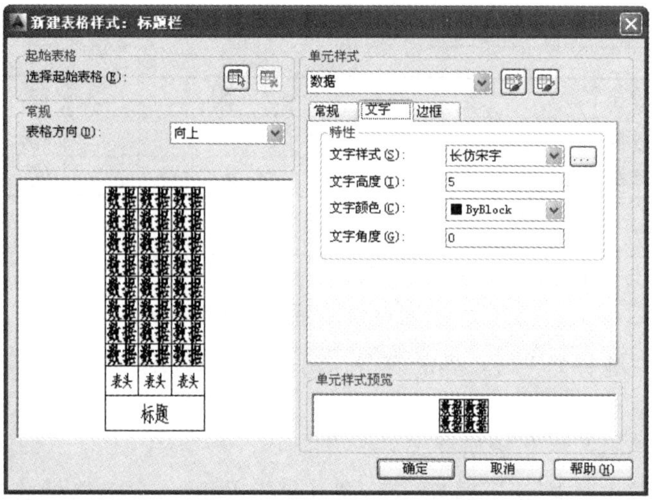

图 6-46　设置“新建表格样式：标题栏”对话框“文字”选项

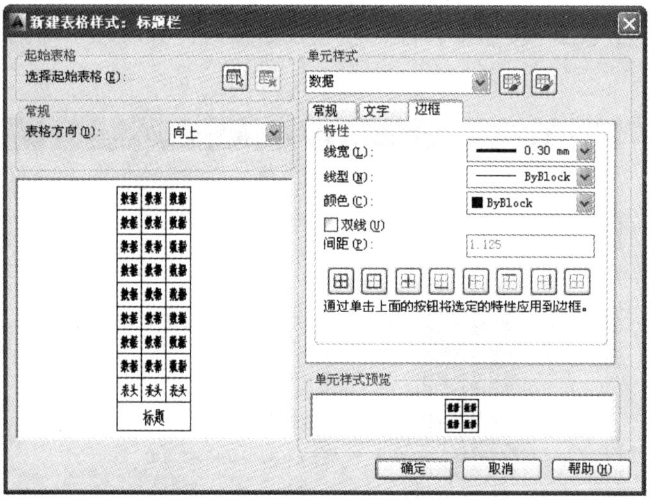

图 6-47　设置“新建表格样式：标题栏”对话框“边框”选项

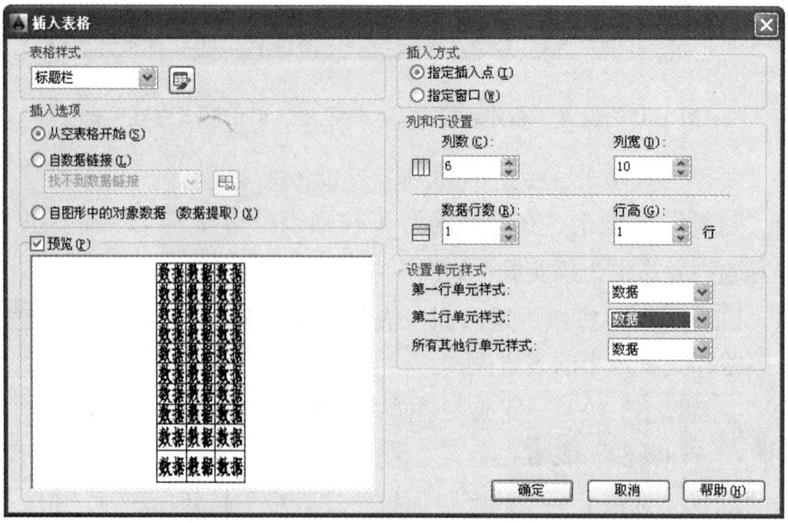

图 6-48　插入标题栏表格各参数设置

（2）单击“确定”按钮，在屏幕适当位置单击，指定表格的插入点，显示“文字编辑器”功能区上下文选项卡及“在位文字编辑器”，单击“关闭”按钮，关闭“文字编辑器”，暂时不填写文字。至此插入了一个3行6列的空表格，如图6-49所示。

第3步：修改表格行高、列宽、合并表格单元。

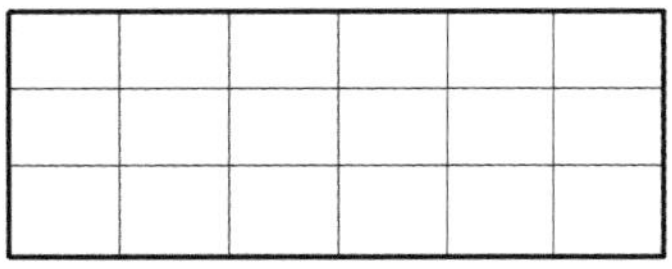

图6-49　插入的标题栏空表格

（1）选中所有表格单元，右击，选择“特性”，在“特性”选项板的“单元高度”文本框中输入“7”；依次在每一列单元格内单击，在“特性”选项板的“单元宽度”文本框中输入每一列的宽度值，完成行高、列宽的修改。

（2）选中需合并的表格单元，功能区显示“表格单元”选项卡，单击“合并”面板→“合并全部”按钮，完成表格单元合并，如图6-50所示。

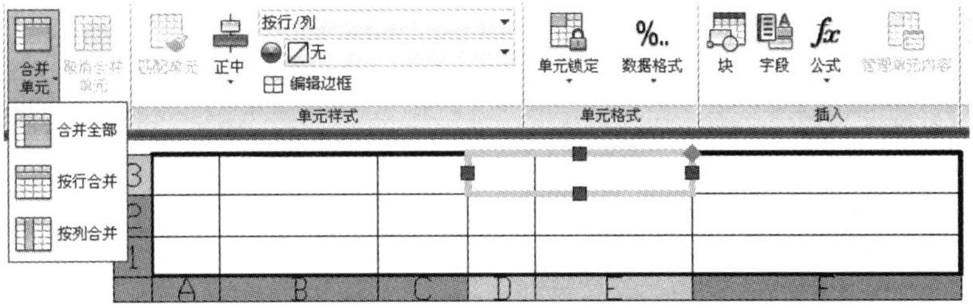

图6-50　合并表格单元

第4步：填写标题栏。

在表格单元格中双击，填写标题栏各项内容，完成后如图6-44所示。

任务4　机械样板文件的建立与调用

在实际工作中，为避免重复操作，提高绘图效率，可以在设置图层、文字样式、尺寸标注样式、图框和标题栏等内容后保存为样板文件，使用时直接调用即可。

AutoCAD2014提供了许多样板文件，但这些样板文件与我国的国标不完全符合。所以不同的专业在绘图前都应该建立符合各自专业国家标准的样板文件，以保证图样的规范性。下面以建立符合我国机械制图国家标准的样板文件为例，介绍创建机械样板文件的方法和步骤。

操作实例

本任务介绍符合我国国家标准的A3横装机械样板文件的建立与调用，主要涉及“设计中心”等命令。

本任务中所涉及的部分操作，在前面各模块中已经做过介绍，为保证内容的系统性，此处将按操作顺序逐项介绍，若读者已经做过相关设置，则可跳过对应的内容。

操作过程

1. 样板文件的建立

第1步：设置绘图环境。

（1）创建新图形文件。

单击“快速访问”工具栏→“新建”按钮，弹出如图 6-51 所示“选择样板”对话框，选择“acadiso. dwt”样板文件，单击“打开(O)”按钮，以此为基础建立样板文件。

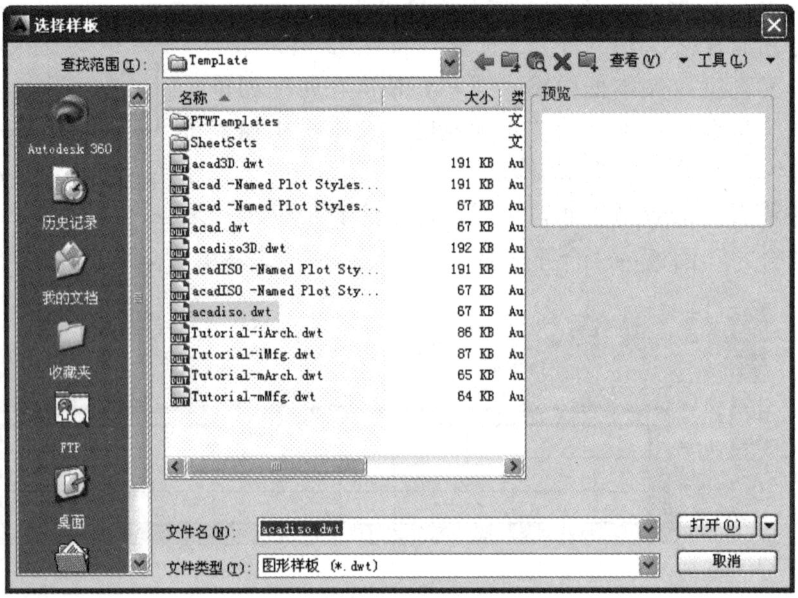

图 6-51 “选择样板”对话框

（2）设置绘图单位。

单击“格式”菜单→“单位”，弹出如图 6-52 所示“图形单位”对话框，设置长度“类型”为“小数”，“精度”为“0. 000”。设置角度“类型”为“十进制度数”，“精度”为“0”。

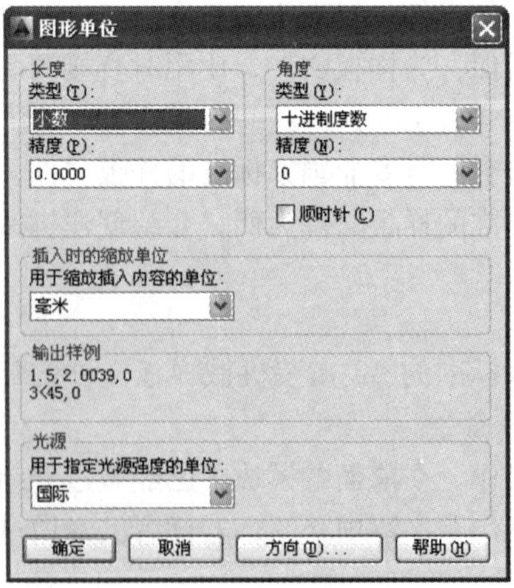

图 6-52 设置图形单位

通常绘图单位的设置可以省略，直接使用默认的设置。

（3）设置A3图形界限。

单击“格式”菜单→“图形界限”（或在命令行键入“LIMITS”，按回车键），根据命令行提示，指定左下角点为（0，0），右上角点为是（420，297）。

（4）使绘图界限充满显示区。键入“ZOOM”，按回车键，键入“A”，按回车键。

第2步：设置图层。

创建粗实线、细实线、点画线、尺寸线、文字等7个常用图层，其要求、各参数设置及创建方法已在模块1任务3讲述，在此不再赘述。

第3步：设置文字样式。

创建“工程字”“长仿宋字”两种文字样式。“工程字”样式选用“gbenor. shx”字体及“gbcbig. shx”大字体；“长仿宋字”样式选用“仿宋_ GB2312”字体，宽度比例为0.7。其创建方法见模块4任务1。

第4步：设置尺寸标注样式。

创建“机械标注”尺寸标注样式，该标注样式包含“角度”“半径”和“直径”3个子样式，其要求、各参数设置及创建方法见模块4任务3。

第5步：绘制图框。

本例绘制A3图框，横装，留装订边，其尺寸如图6-53所示。

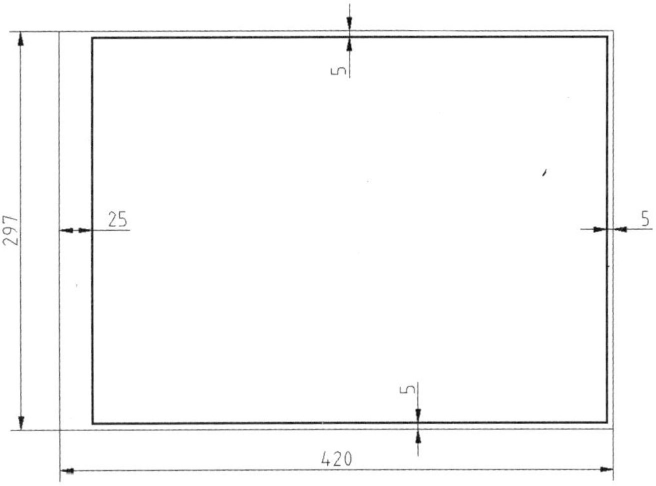

图6-53　A3横装留装订边图框尺寸

图纸的边界线应采用细实线，而图框线应采用粗实线。

第6步：绘制标题栏。

新建“标题栏”表格样式，采用“插入表格”方式插入如图6-44所示的简化标题栏，其操作方法见本模块例题6-2。

如图6-44所示标题栏为简化标题栏，如需绘制标准标题栏，可参见本模块同类练习图6-79，将标准标题栏定义为带属性的外部块。

第 7 步：定义常用符号图块。

用户可以通过创建属性块的方法，自定义粗糙度、基准符号等图块，也可以通过设计中心，将已有的图形符号添加进来。前一种方法本模块任务 2 中已述，在此不再赘述。本例介绍通过设计中心添加的方法。

（1）单击“视图”选项卡 →“选项板”面板→“设计中心”，弹出“设计中心”窗口。

（2）在“设计中心”树状视图窗口中，找到含有图形符号的文件（如本例中选择了名为“泵盖零件图”的文件），如图 6-54 所示。

图 6-54 “设计中心”窗口

（3）双击内容区的中的“块”，则显示该文件中所有的图块，如图 6-55 所示。

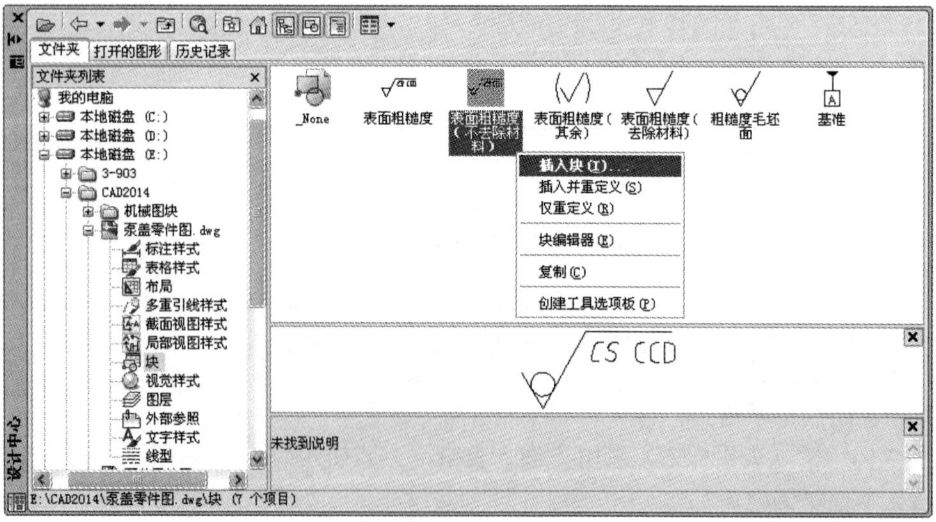

图 6-55 通过“设计中心”调用符号块

（4）直接拖动所需块到绘图区或右击后在弹出的菜单中选择“插入块”，以插入块的方式将所需图块添加到当前图形中。

通过“设计中心”还可以调用图形文件的图层、标注样式、文字样式、线型等（即图6-54内容区显示的部分），调用方法与调用块的方法相同。

第8步：保存为样板文件。

（1）单击“快速访问”工具栏→“另存为”按钮，弹出“图形另存为”对话框，如图6-56所示。在“文件类型”下拉列表框中选择“AutoCAD 图形样板（*.dwt)”，输入文件名为“机械样板文件（A3横装)”。

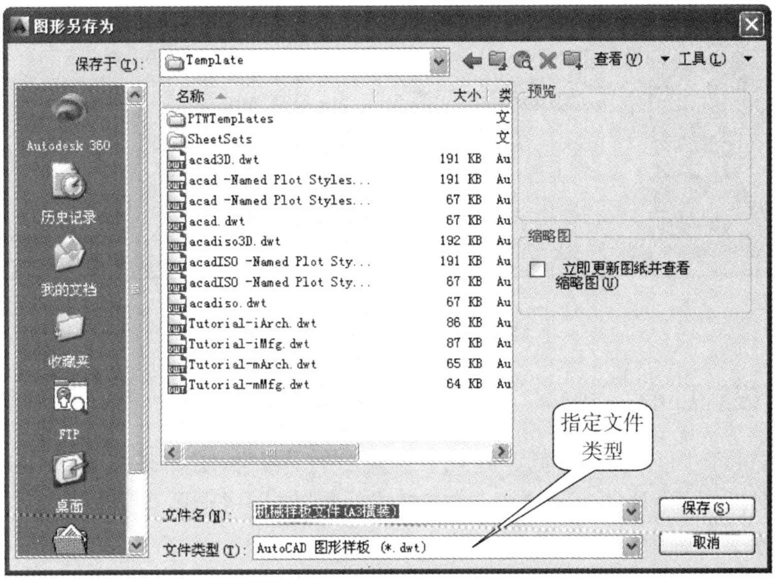

图6-56 “图形另存为”对话框

（2）单击“保存(S)”，弹出如图6-57所示“样板选项”对话框，在“说明”中输入“国标横装机械样板图”，单击“确定”，完成样板文件的建立。

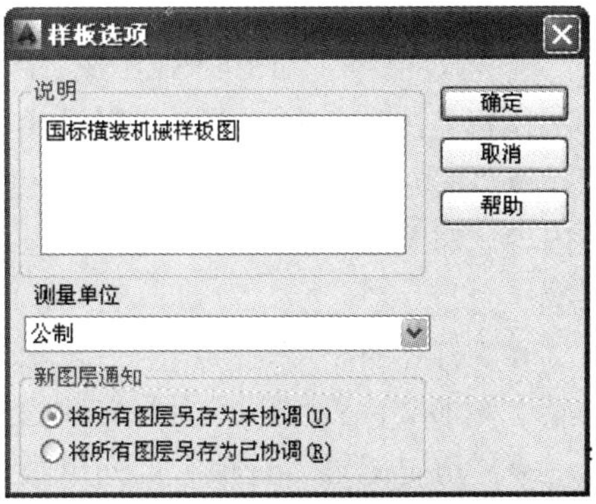

图6-57 “样板选项”对话框

2. 样板文件的调用

样板文件建好后，每次绘图都可以调用样板文件来绘制新图。

第1步：单击“快速访问”工具栏→“新建”按钮，弹出“选择样板”对话框，如图6-58所示。

第2步：在“名称”下拉列表中选择“机械样板文件（A3横装)”，双击即可打开。

用户也可以将各类图框和标题栏分别定义为外部块后再建一个不带图框和标题栏的样板文件，使用时先调用该样板文件，再根据需要插入图框和标题栏。

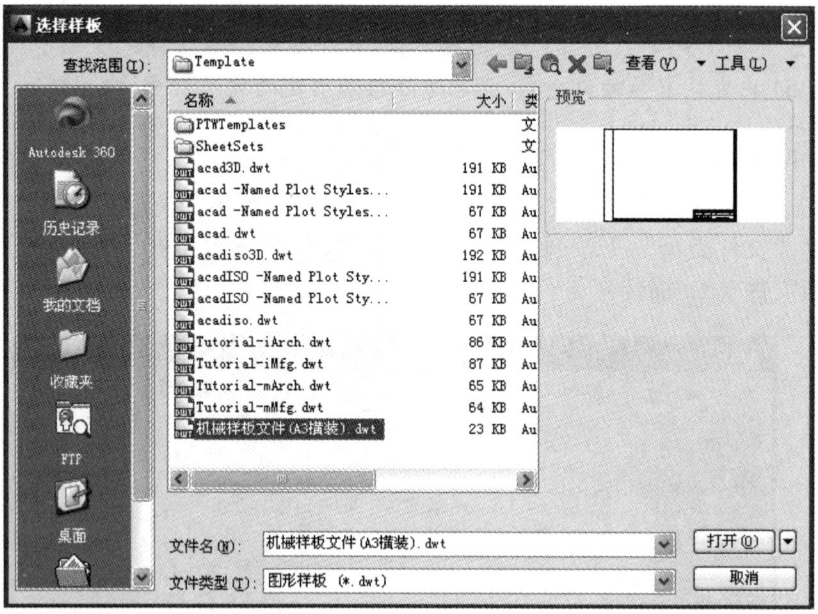

图 6-58 “选择样板”对话框

知识点 设计中心

通过设计中心，用户可以浏览、查找、预览、管理、利用和共享 AutoCAD 图形，还可以使用其他图形文件中的图层定义、块、文字样式、尺寸标注样式、布局等信息，提高图形管理和图形设计的效率。调用命令的方式如下：

- 功能区：“视图”选项卡 →“选项板”面板→“设计中心”。
- 菜单栏：“工具”→“选项板”→“设计中心”。
- 工具栏：“标准”→“设计中心”。
- 键盘命令：ADCENTER 或 ADC。

执行上述命令后，弹出“设计中心”窗口，如图 6-54 所示，其上有 3 个选项卡：

◆“文件夹”选项卡：显示设计中心的资源，如图 6-54 所示。单击树状视图中的项目，在内容区将显示其内容。单击加号（+）或减号（-）可以显示或隐藏层次结构中的其他层次。

◆“打开的图形”选项卡：显示当前已打开的所有图形文件的列表，如图 6-59 所示。单击某个图形文件，可以将图形文件的内容加载到内容区中。

◆“历史记录”选项卡：列出最近 2 个通过设计中心访问过的图形文件列表，如图 6-60 所示。双击列表中的某个图形文件，可以在“文件夹”选项卡中的树状视图中定位此图形文件并将其内容加载到内容区中。

例 6-3 利用“设计中心”的查找功能查找 AutoCAD 提供的有关“十字槽半圆头螺钉 -10×20 毫米（侧视）”图块，并将其插入至当前图形文件中。

操作步骤如下：

第 1 步：单击“视图”选项卡 →“选项板”面板→“设计中心”，弹出如图 6-54 所示“设计中心”窗口。

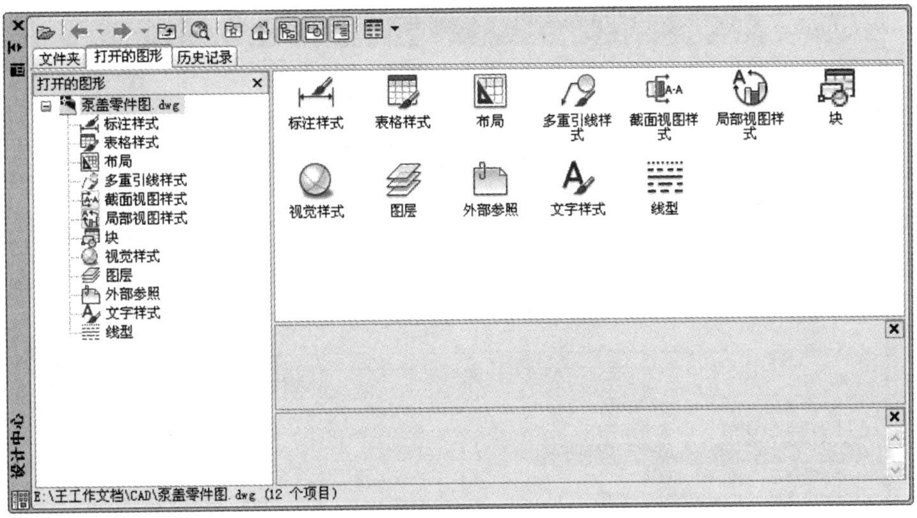

图6-59 “打开的图形”选项卡

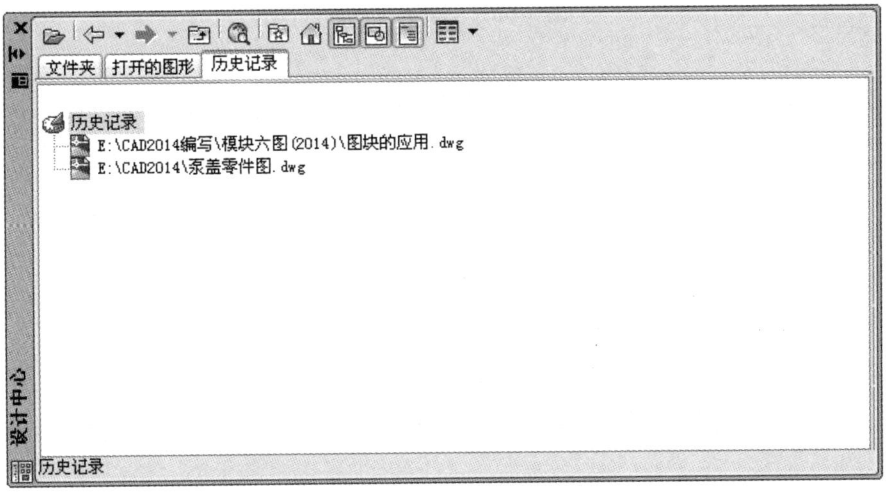

图6-60 “历史记录”选项卡

第2步：单击上方“搜索”按钮，弹出“搜索”对话框，如图6-61所示。

第3步：在对话框的“搜索”下拉列表中选中“图形和块”选项。

第4步：在“于”下拉列表框中选择查找的路径。

第5步：在“搜索名称”文本框中输入“＊螺钉＊”（＊表示通配符，即可代表一个或若干个字符）。

第6步：单击“立即搜索(N)”按钮开始搜索，搜索结果显示在对话框下部的列表框中，如图6-61所示。

第7步：将图块插入至当前图形中。选择“十字槽半圆头螺钉 - 10×20毫米（侧视）”直接拖动至绘图区或右击后在弹出的菜单中选择“插入块”，插入至当前图形中，如图6-62所示。

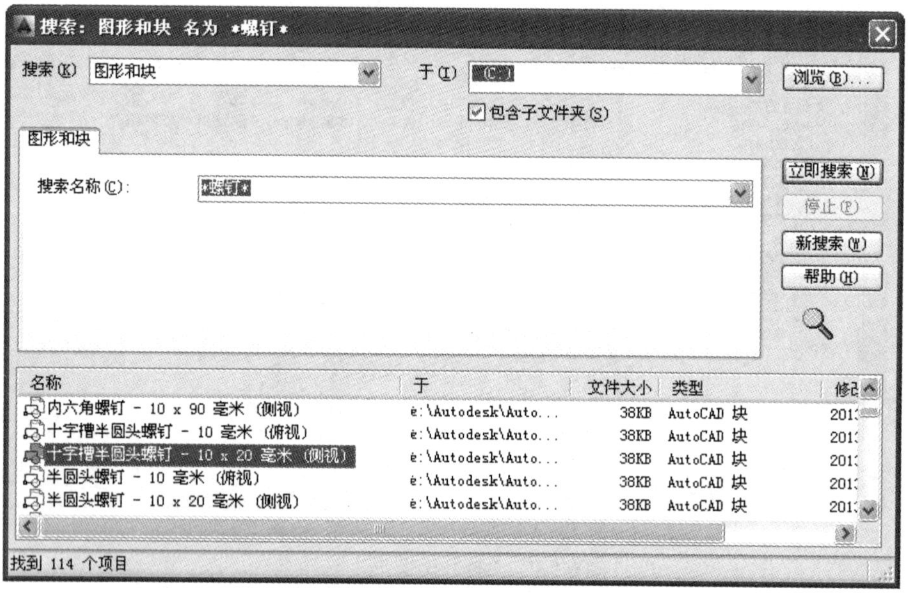

图 6-61 “搜索”对话框

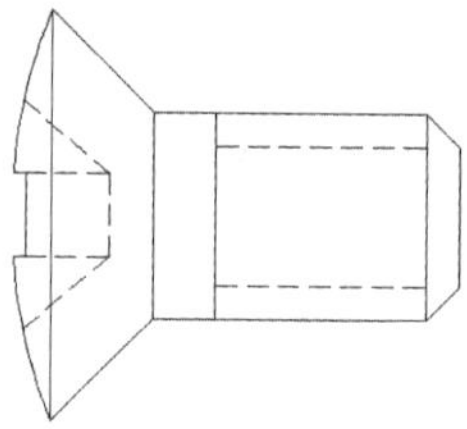

图 6-62 插入的螺钉

任务 5 零件图的绘制

操作实例（6-63）

本例介绍如图 6-63 所示的 J 型轴孔半联轴器的绘制，主要涉及绘制零件图的一般步骤及绘制零件图时需注意的问题等内容。

操作过程

第 1 步：根据零件的结构形状和大小确定表达方法、比例和图幅。本例采用 1:1 比例，A3 图纸，横装。

第 2 步：打开相应的样板文件。打开本模块任务 4 中创建的“机械样板文件（A3 横装）”。

第 3 步：设置作图环境。

在状态行设置“极轴追踪”增量角为 30°；设置“对象捕捉”为端点、中点、圆心、象限点及交点；依次单击激活状态行上的“极轴追踪”“对象捕捉”及“对象捕捉追踪”，关闭

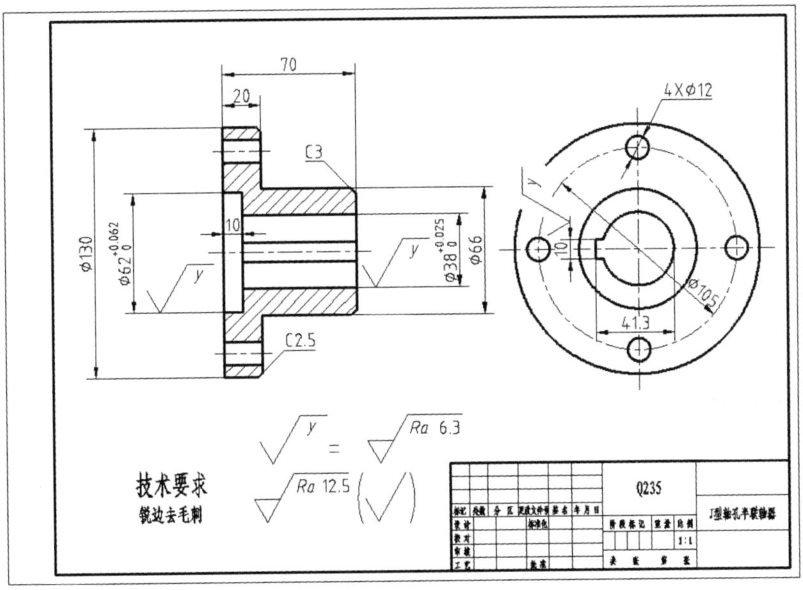

图6-63　J型轴孔半联轴器零件图

“捕捉”“栅格”及“正交”。

第4步：绘制视图。

(1) 绘制半联轴器的中心线及定位线，如图6-64所示。

(2) 绘制半联轴器基本部分的积聚性投影，再用对象追踪方法绘制其他投影，如图6-65所示。

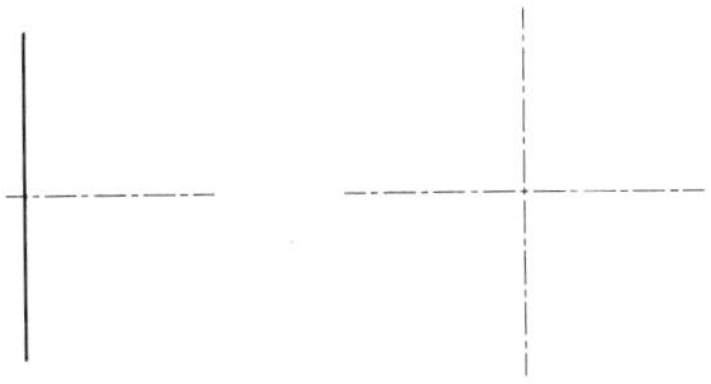

图6-64　绘制中心线及定位线

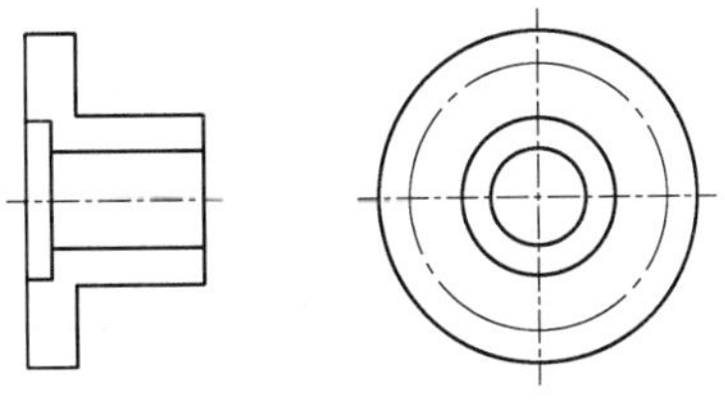

图6-65　绘制基本部分的投影

(3) 使用绘图命令及“镜像”“阵列”“倒角”等编辑命令补齐所有对象的投影，如图6-66所示。

(4) 对主视图进行剖视，绘制剖面符号，如图6-67所示。

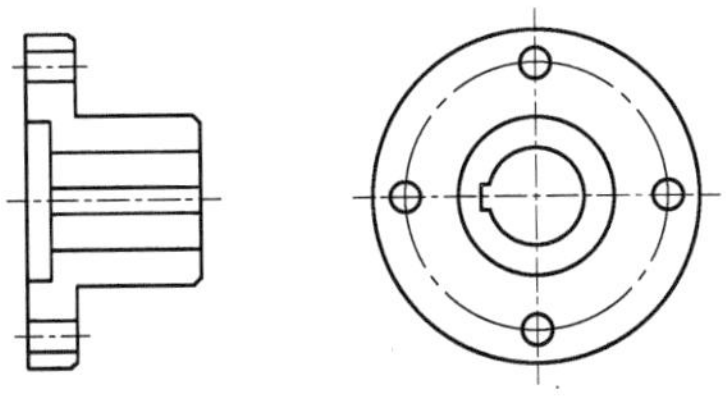

图6-66　补齐所有对象的投影

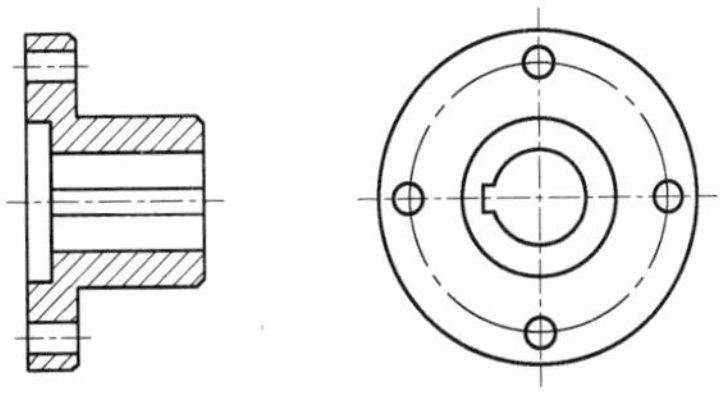

图6-67　绘剖面符号

第5步：标注尺寸，如图6-68所示。

第6步：标注表面粗糙度代号。表面粗糙度代号采用插入块（属性块）方式标注。

第 7 步：注写技术要求及填写标题栏。

（1）采用“多行文字”注写技术要求，“技术要求”的字高为“7”，各项具体要求字高为“5”。

（2）插入并填写标题栏（本例中采用的是标准标题栏，且为带属性的外部块，其尺寸见本模块同类练习），双击标题栏中需要更改属性的位置，在弹出的“增强属性编辑器”中填写属性值。

第 8 步：保存图形文件。

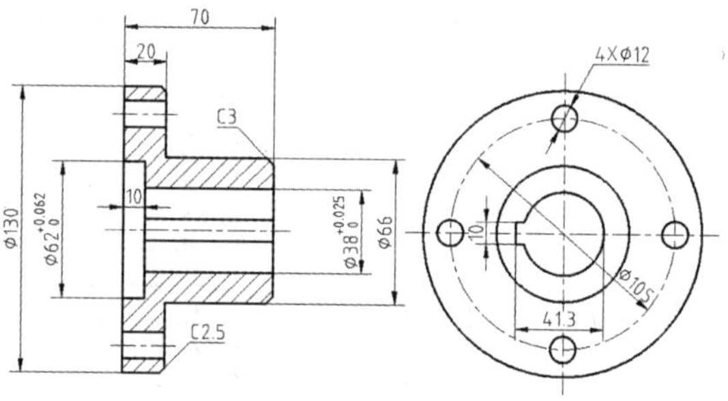

图 6-68　标注尺寸

任务 6　装配图的绘制

操作实例（6-69）

本例通过介绍由图 6-63 所示零件图和图 6-70 所示零件图拼画如图 6-69 所示凸缘联轴器装配图的过程，详细讲述采用剪贴板数据交换法绘制装配图的方法和步骤。

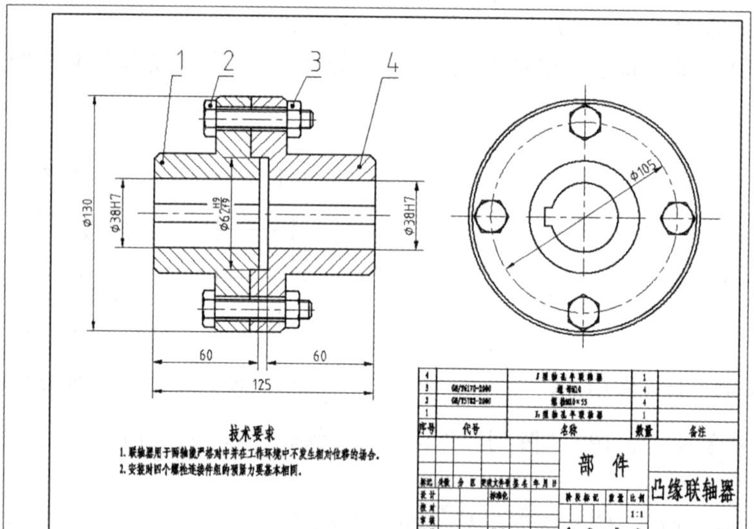

图 6-69　凸缘联轴器装配图

操作过程

第 1 步：确定表达方法、比例和图幅。凸缘联轴器是连接两轴的一种装置，此联轴器由 4 种零件组成，其中螺栓和螺母为标准件，在简化画法中其尺寸如图 6-71 所示。凸缘联轴器在表达方法上选择主、左两个视图，主视图采用全剖，主要表达联轴器的结构特征和各部分的装配关系；左视图主要表达 4 个螺栓的分布情况。采用 1∶1 比例，A3 图纸，横装。

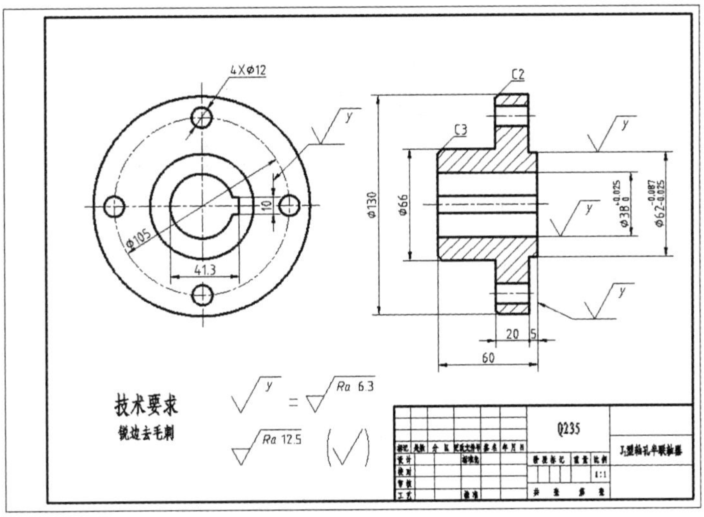

图 6-70 J_1型轴孔半联轴器零件图

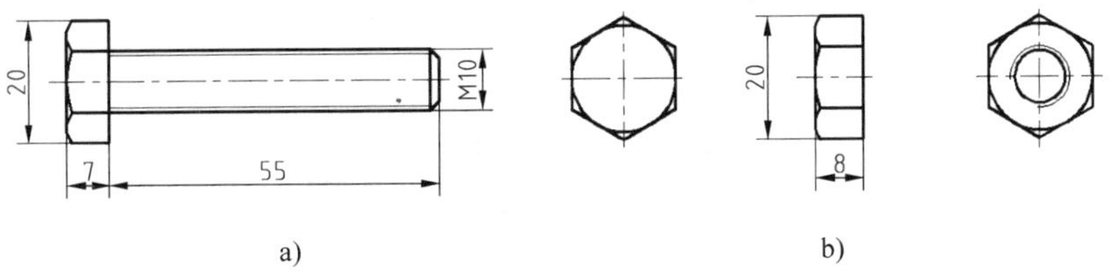

图 6-71 简化画法中螺栓螺母各部分尺寸

a）螺栓 M10×55 螺栓 b）螺母 M10

第 2 步：打开相应的样板文件。本例打开本模块任务 4 中创建的“机械样板文件（A3 横装）”。

第 3 步：设置作图环境。

在状态行设置极轴角为“30°”，依次单击激活状态行上“极轴追踪”“对象捕捉”及“对象捕捉追踪”。

第 4 步：绘制一组视图。

（1）依次打开相应的零件图。

（2）选中零件图中所需图形，右击，弹出快捷菜单，选择“剪贴板”→“带基点复制”，如图 6-72 所示，捕捉图形上的某个点作为复制的基准点。

（3）打开装配图，在绘图区右击，弹出快捷菜单，选择“剪贴板”→“粘贴”或“粘贴为块”，将剪贴板上的图形粘贴到装配图的图框之外以方便后续操作，如图 6-73 所示。

（4）按照装配关系，依次将图框右侧的图形移到图框内，位置不符合装配关系的图形先旋转再移动，删除和修剪被遮住的线条。

（5）使用“特性”选项板修改剖面符号方向，使相邻零件的剖面符号方向相反，完成图如图 6-74 所示。

第 5 步：标注必要的尺寸。

第 6 步：采用“多行文字”注写技术要求。

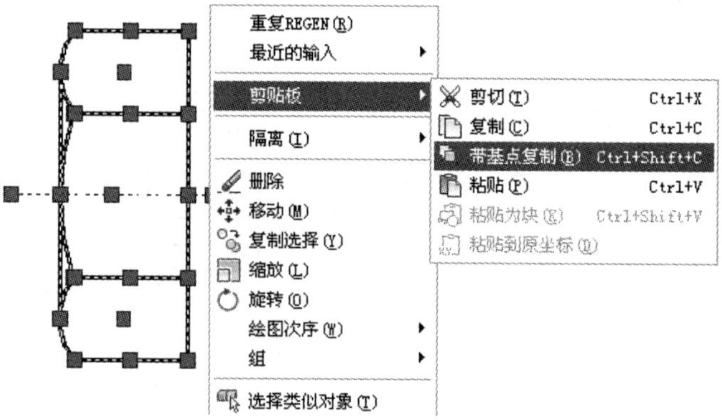

图 6-72　“带基点复制”快捷菜单

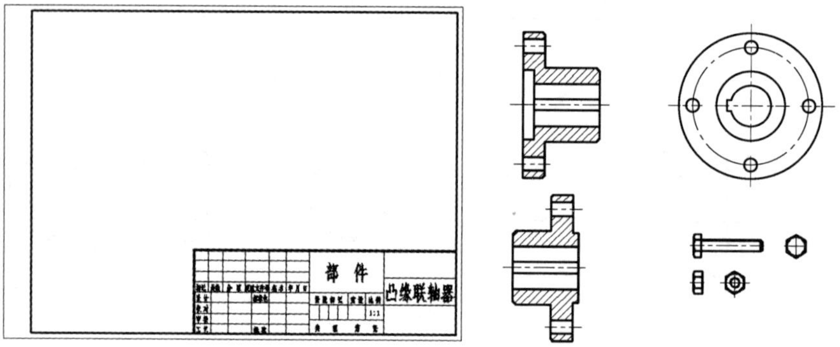

图 6-73　凸缘联轴器装配图视图的绘制过程

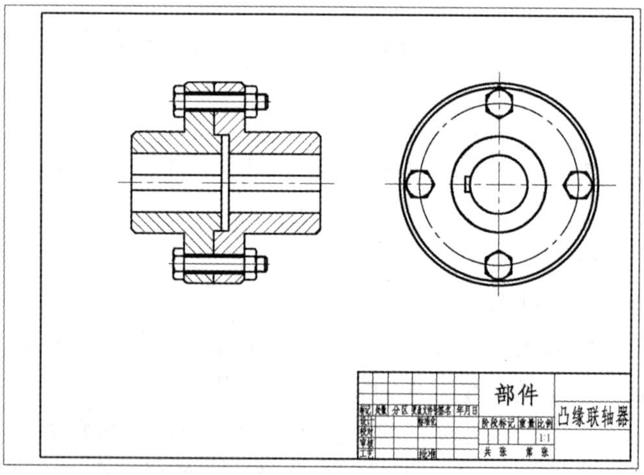

图 6-74　凸缘联轴器装配图视图

第 7 步：标注序号、填写标题栏。

（1）采用“多重引线”标注序号。

（2）使用“表格”命令完成明细栏的创建与填写，具体操作见本模块任务 3。

（3）双击标题栏中要更改属性的位置，在弹出的“增强属性编辑器”中填写属性值。全部完成后如图 6-69 所示。

第8步：保存图形文件。

知识点　装配图绘制方法

在AutoCAD中根据零件图拼画装配图主要采用的方法有3种：

1. 零件图块插入法

此种方法是将零件图上的各个图形创建为图块，然后在装配图中插入所需的图块。

2. 零件图形文件插入法

用户可使用“INSERT”命令将零件的整个图形文件作为块直接插入当前装配图中，也可通过“设计中心”将多个零件图形文件作为块插入当前装配图中。

3. 剪贴板交换数据法

利用AutoCAD的“复制”命令，将零件图中所需图形复制到剪贴板上，然后使用“粘贴”命令，将剪贴板上的图形粘贴到装配图所需的位置上。本任务操作实例中采用的就是此种方法。

任务7　查 询 对 象

操作实例（6-75）

本例介绍查询如图6-75所示图形面积的方法，主要涉及“查询”命令。

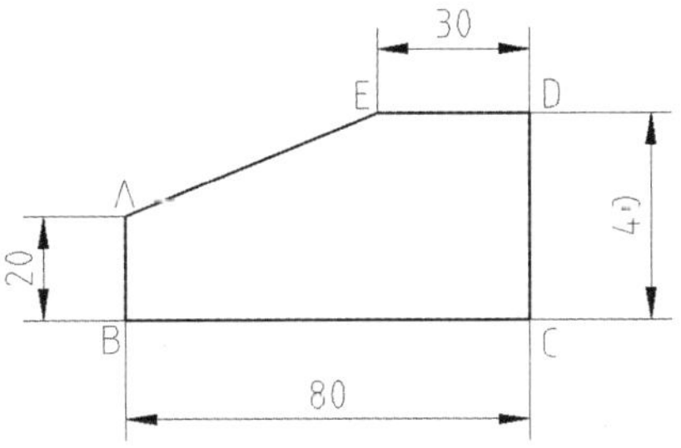

图6-75　查询五边形的面积

操作过程

在功能区单击“默认”选项卡→“实用工具”面板→“面积”按钮，操作步骤如下：

```
命令：_MEASUREGEOM                                                    //调用命令
输入选项［距离(D)/半径(R)/角度(A)/面积(AR)/体积(V)］<距离>：_area
指定第一个角点或［对象(O)/增加面积(A)/减少面积(S)/退出(X)］
<对象(O)>：                                                           //系统提示
指定下一个点或［圆弧(A)/长度(L)/放弃(U)］：                            //捕捉点A
指定下一个点或［圆弧(A)/长度(L)/放弃(U)］：                            //捕捉点B
指定下一个点或［圆弧(A)/长度(L)/放弃(U)/总计(T)］<总计>：              //捕捉点C
指定下一个点或［圆弧(A)/长度(L)/放弃(U)/总计(T)］<总计>：              //捕捉点D
指定下一个点或［圆弧(A)/长度(L)/放弃(U)/总计(T)］<总计>：              //捕捉点E
区域 = 2700.0000,周长 = 223.8516                                      //显示五边形的面积
                                                                        和周长
```

知识点　查询功能

利用 AutoCAD 中的查询功能，能查询所选对象的距离、面积、质量特性、点坐标及系统状态等。用户通过“默认”选项卡的“实用工具”面板或“工具”菜单下的“查询”子菜单可以方便的调用各查询命令。

“实用工具”面板如图 6-76 所示，“查询”子菜单如图 6-77 所示。

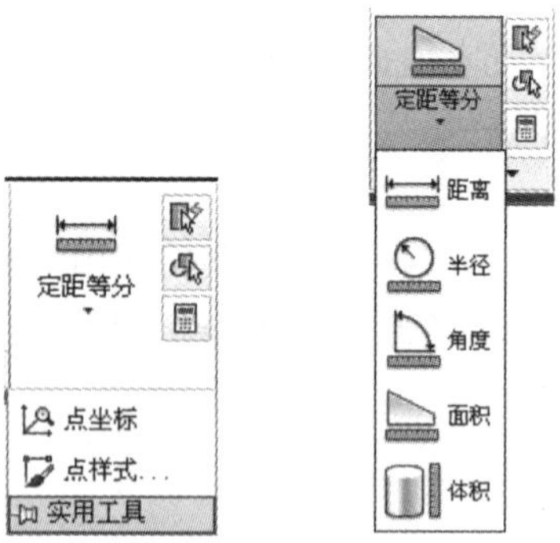

a)　　　　　b)

图 6-76　“实用工具”面板

a）面板展开后　b）“测量”下拉列表

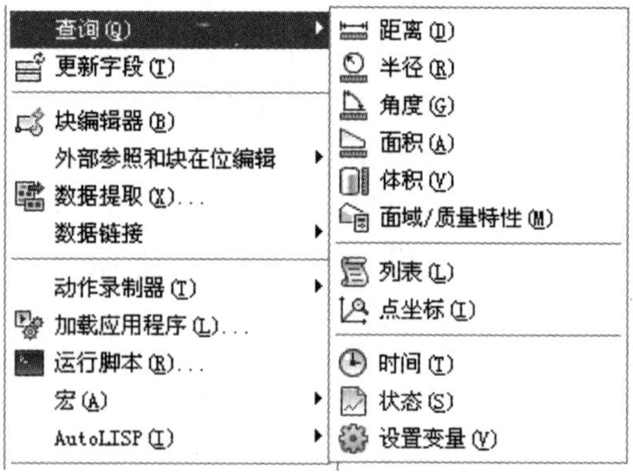

图 6-77　“查询”子菜单

1. 查询距离

利用“距离”命令可以测量指定两点之间距离和角度。调用命令的方式如下：

- 功能区：“默认”选项卡→“实用工具”面板→“距离”按钮。
- 菜单栏：“工具”→“查询”→“距离”。
- 工具栏：“查询”→“距离”。
- 键盘命令：DIST。

执行上述命令后，指定两点，即在命令行窗口中显示相应信息。

2. 查询半径

利用“查询半径”命令可以测量指定圆弧、圆或多段线圆弧的半径和直径。调用命令的方式如下：

- 功能区：“默认”选项卡→“实用工具”面板→“半径”按钮。
- 菜单栏：“工具”→“查询”→“半径”。
- 工具栏：“查询”→“半径”。

执行上述命令后，选择圆或圆弧，即在命令行窗口中显示相应信息。

3. 查询角度

利用“查询角度”命令可以测量与选定的圆弧、圆、多段线线段和线对象关联的角度。调用命令的方式如下：

- 功能区：“默认”选项卡→“实用工具”面板→“角度”按钮。
- 菜单栏：“工具”→“查询”→“角度”。
- 工具栏：“查询”→“角度”。

执行上述命令后，选择相应对象，即在命令行窗口中显示相应信息。

4. 查询面积

利用“面积”命令可以计算对象或指定封闭区域的面积和周长。调用命令的方式如下：

- 功能区：“默认”选项卡→“实用工具”面板→“面积”按钮。
- 菜单栏：“工具”→“查询”→“面积”。
- 工具栏：“查询”→“面积”。
- 键盘命令：AREA。

执行上述命令后，通过指定点或选择对象方式确定查询对象，即在命令行窗口中显示相应信息。

5. 查询体积

利用“查询体积”命令可以测量对象或定义区域的体积。调用命令的方式如下：

- 功能区：“默认”选项卡→“实用工具”面板→“体积”按钮。
- 菜单栏：“工具”→“查询”→“体积”。
- 工具栏：“查询”→“体积”。

执行上述命令后，选择相应对象，即在命令行窗口中显示相应信息。

6. 查询质量特性

利用“面域/质量特性”命令可以计算面域或实体的质量特性。调用命令的方式如下：

- 菜单栏：“工具”→“查询”→“面域/质量特性”。
- 图标：“查询”→“面域/质量特性”。
- 键盘命令：MASSPROP。

执行上述命令后，选择面域或实体，即在文本窗口中显示面积、周长、质心等信息。

7. 列表显示

利用“列表”命令可以列表形式显示选定对象的特性参数。调用命令的方式如下：

- 菜单栏：“工具”→“查询”→“列表”。
- 工具栏：“查询”→“列表”。
- 键盘命令：LIST。

执行上述命令后，选择一个或多个对象，即以列表形式在文本窗口显示选定对象的特性参数。

8. 查询点坐标

利用“点坐标”命令可以显示指定点的坐标。调用命令的方式如下：

- 功能区：“默认”选项卡→“实用工具”面板→“点坐标”。
- 菜单栏：“工具”→“查询”→“点坐标”。
- 工具栏：“查询”→“定位点”。
- 键盘命令：ID。

执行上述命令后，拾取要显示坐标的点，即在命令行窗口中显示相应信息。

9. 查询时间

利用“时间”命令可以查询当前图形有关日期和时间的信息。调用命令的方式如下：

- 菜单栏：“工具”→“查询”→“时间”。
- 键盘命令：TIME。

执行上述命令后 AutoCAD 切换到文本窗口显示有关时间信息。

10. 查询系统状态

利用“状态”命令可以查询当前图形中的对象数目、图形范围、可用图形磁盘空间和可用物理内存以及有关参数设置等信息。调用命令的方式如下：

- 菜单栏：“工具”→“查询”→“状态”。
- 键盘命令：STATUS。

执行上述命令后 AutoCAD 切换到文本窗口显示相应信息。

同 类 练 习

1. 将图 6-78 所示的表面粗糙度创建为带属性的内部块（表面粗糙度符号的尺寸如图 6-12a 所示）。

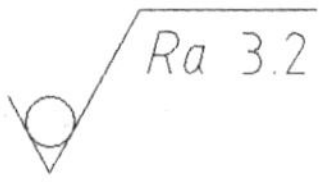

图 6-78　练习图 6-1

2. 将图 6-79 所示的标准标题栏创建为带属性的外部块（括号内的文字定义属性）。

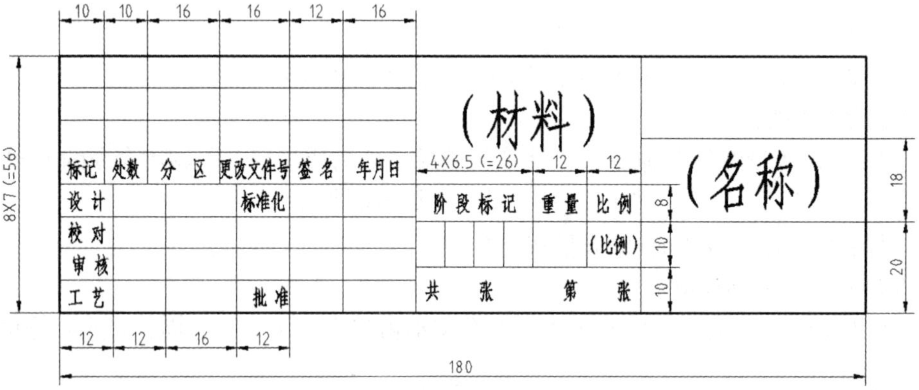

图 6-79　练习图 6-2

3. 利用例题 6-2 所创建的“标题栏”表格样式，绘制如图 4-8 所示参数表。
4. 绘制如图 6-80 至图 6-83 所示零件图。

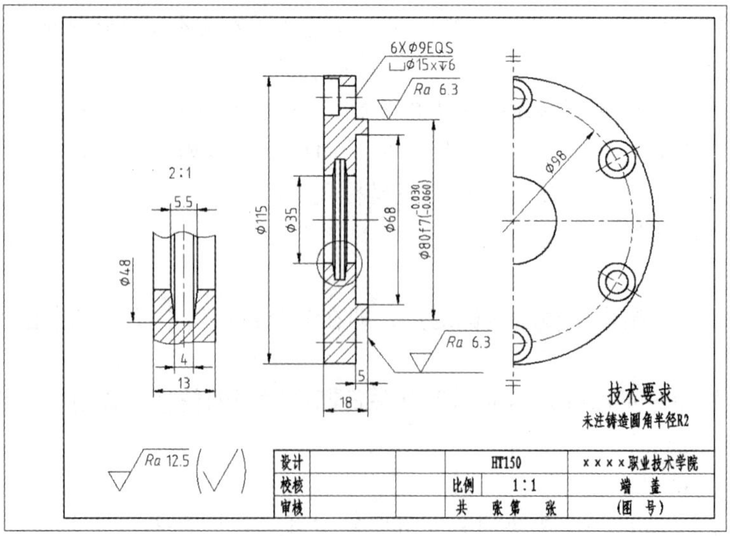

图 6-80　练习图 6-3

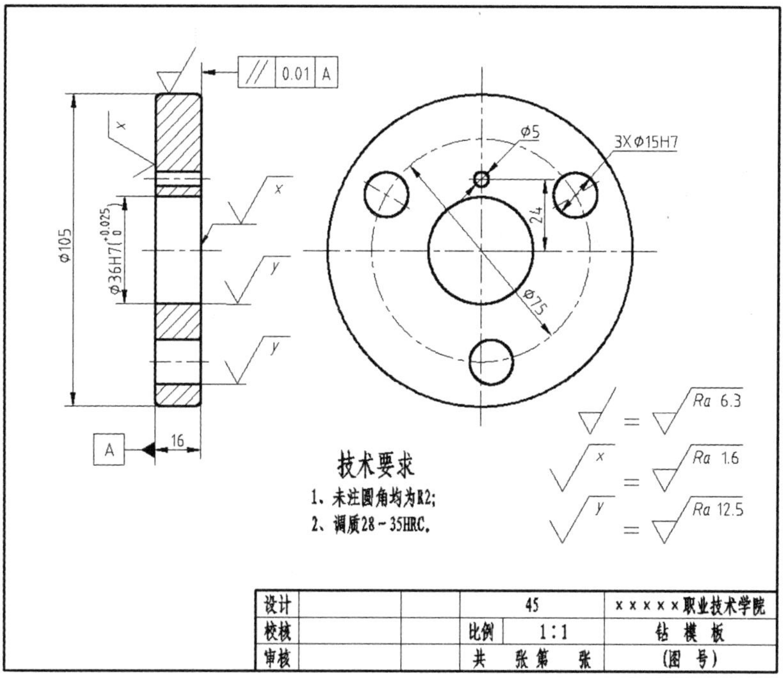

图 6-81　练习图 6-4

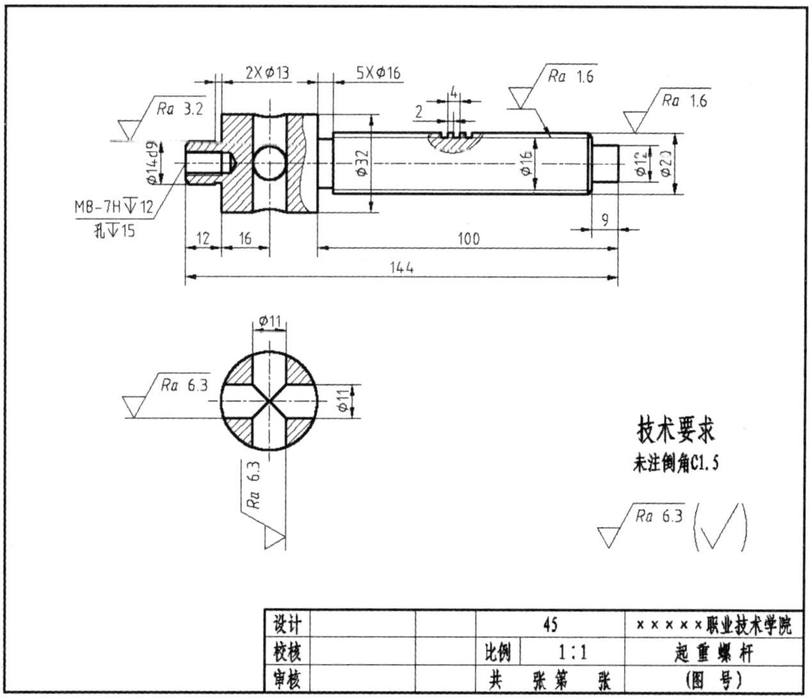

图 6-82　练习图 6-5

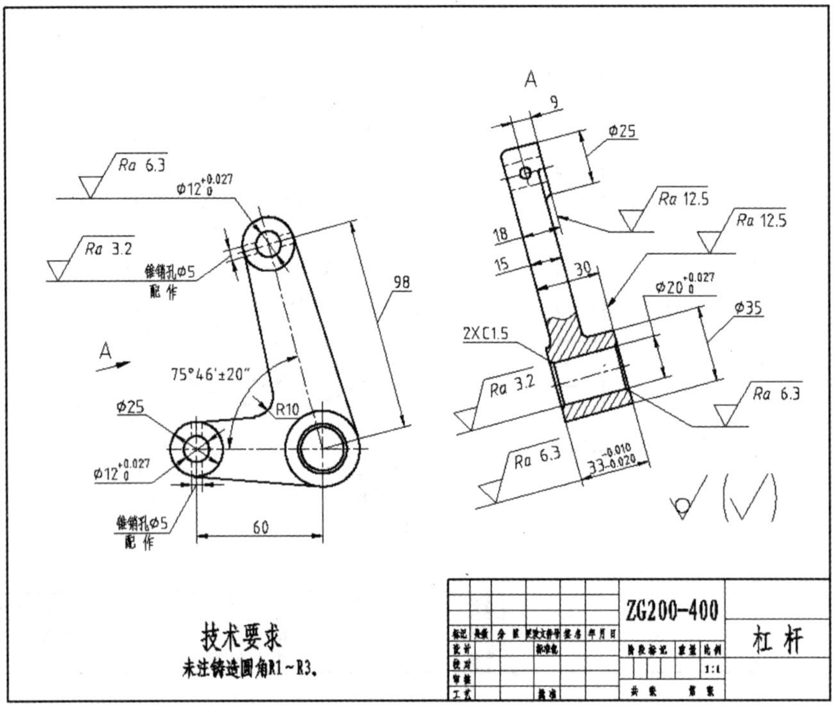

图 6-83　练习图 6-6

5. 根据如图 6-84 至图 6-87 所示的零件图拼画如图 6-88 所示的装配图。

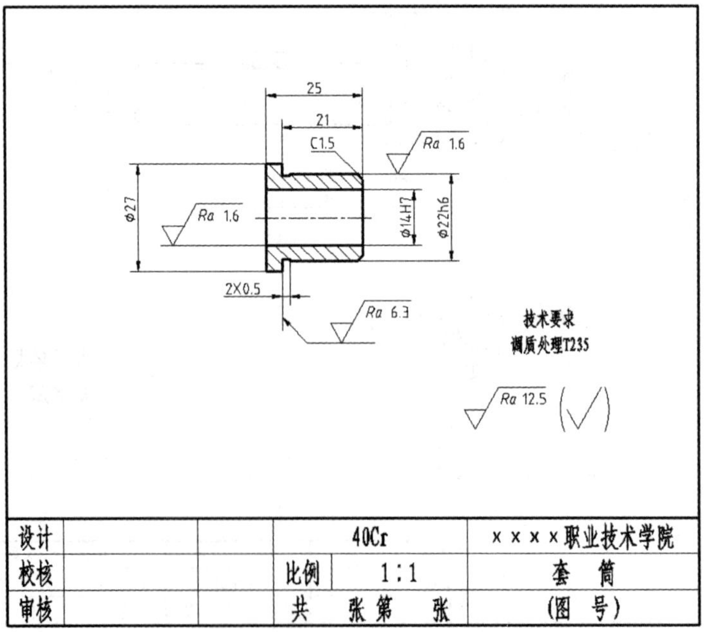

图 6-84　练习图 6-7

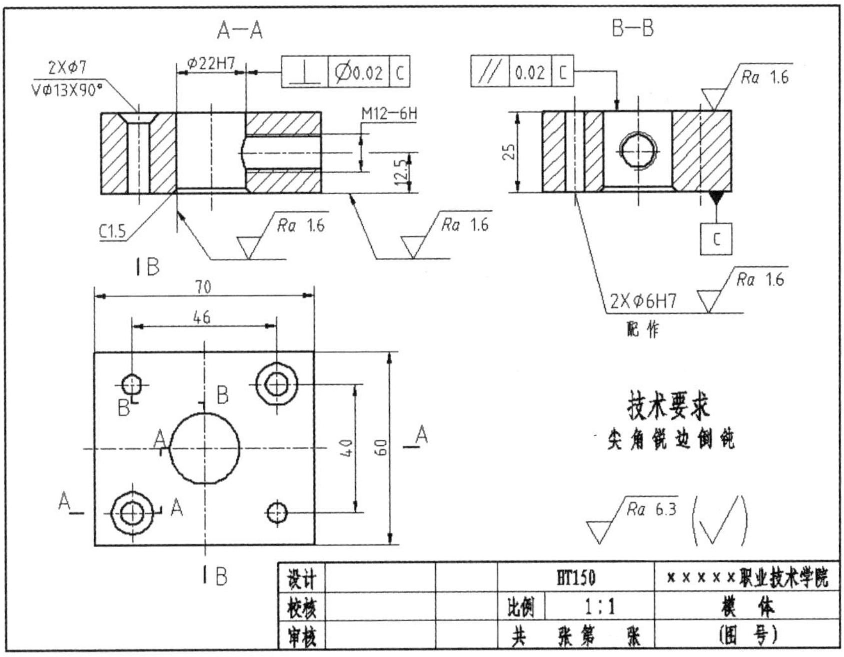

图 6-85　练习图 6-8

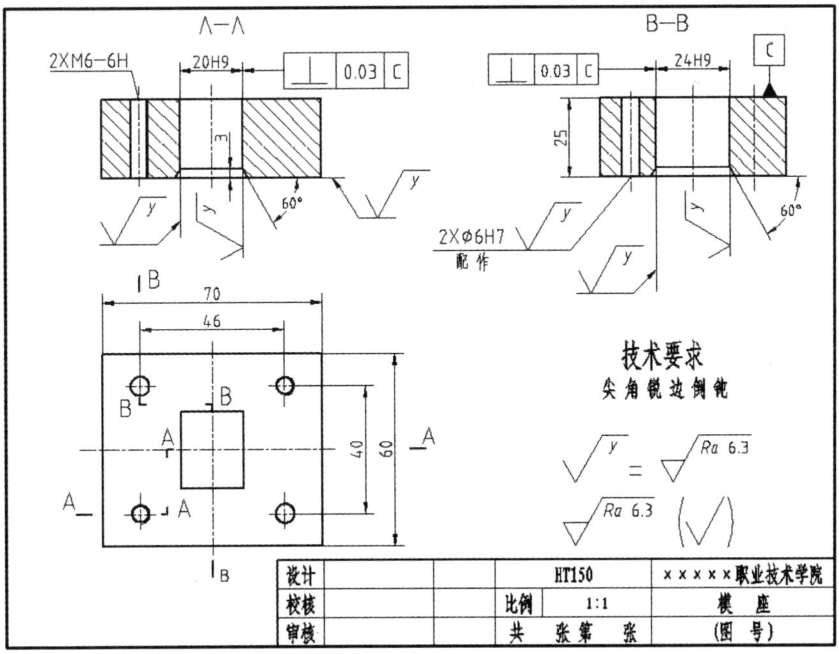

图 6-86　练习图 6-9

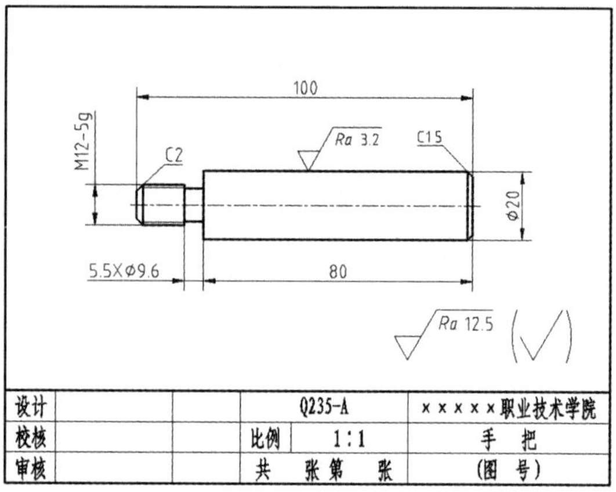

图 6-87 练习图 6-10

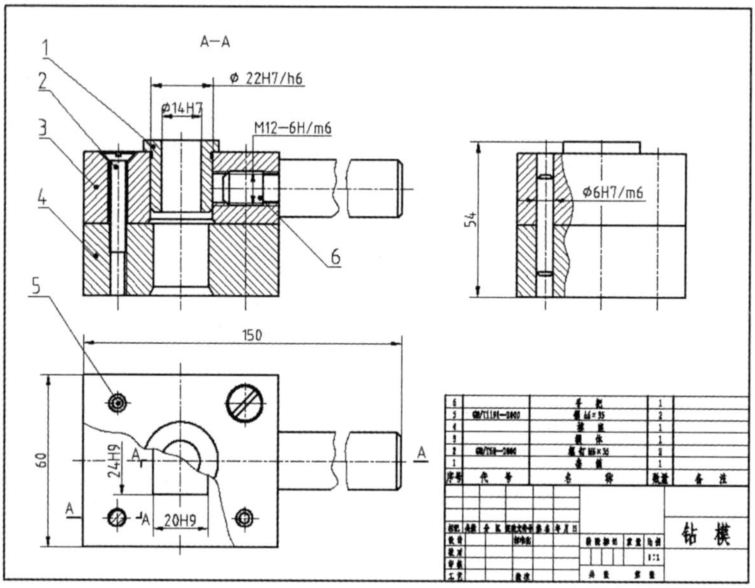

图 6-88 练习图 6-11

6. 查询图 6-89 所示图形的有效面积和质心。

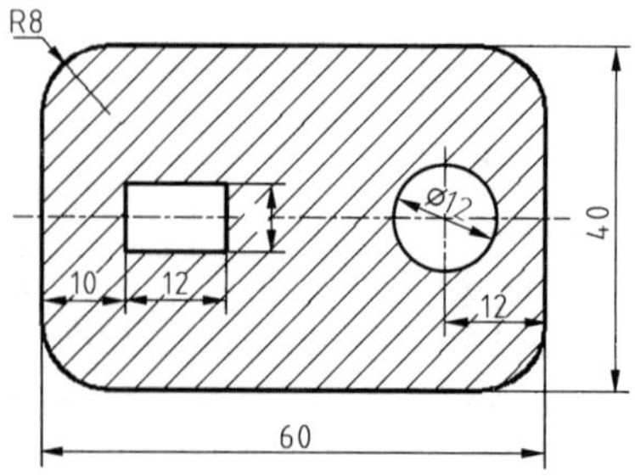

图 6-89 练习图 6-12

模块 7　三维实体的创建与编辑

【学习目标】

1. 掌握观察三维图形的基本方法。
2. 掌握用户坐标系的基本创建方法。
3. 掌握创建三维基本体的方法及基本参数设置。
4. 掌握通过二维图形创建三维实体的方法。
5. 掌握通过布尔运算创建复杂三维实体的方法。
6. 掌握三维图形的编辑。
7. 能配合三维实体观察方法灵活地进行 UCS 的创建。
8. 能绘制由基本体组合的三维实体。
9. 能将三维基本体、拉伸实体和旋转实体三种方法结合起来绘制较复杂的三维模型。
10. 能在实际三维制图中灵活运用布尔运算。
11. 能熟练运用三维编辑命令。

任务 1　三维观察及 UCS 的创建

操作实例（图 7-1、图 7-2）

本例介绍如图 7-1、图 7-2 所示三维实体的观察及绘制，主要涉及“三维观察”及“UCS”的创建。由于 AutoCAD 中视图生成的方法与机械制图中的投影法有所不同，故仰视图会存在差别，本书针对 AutoCAD 的方法讲解，但应用中仍以投影法为准。

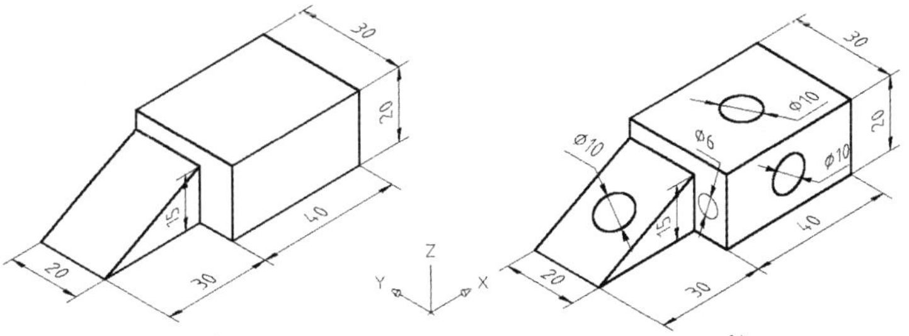

a)　　b)

图 7-1　简单实体

a）三维实体　b）在实体表面绘二维图形

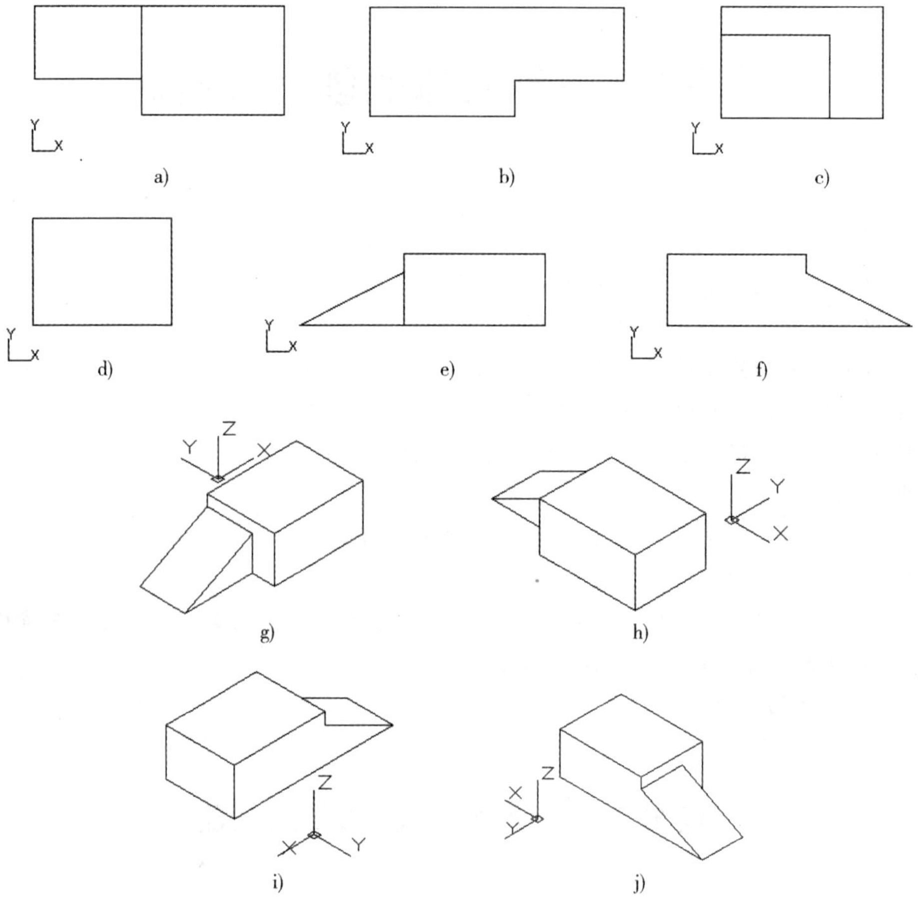

图 7-2 从十个方向观察三维实体

a）俯视图 b）仰视图 c）左视图 d）右视图 e）主视图 f）后视图

g）西南等轴测图 h）东南等轴测图 i）东北等轴测图 j）西北等轴测图

> AutoCAD 中默认采用第三视角投影，我国机械制图中采用第一视角投影，因此以上视图中个别视图会存在差别。

操作过程

第 1 步：设置三维建模环境。在状态栏中单击“切换工作空间”按钮，展开如图 7-3 所示的“工作空间”选项栏，勾选“三维建模”选项，打开“三维建模”工作空间，其中仅包含与三维相关的工具栏、菜单和选项卡。

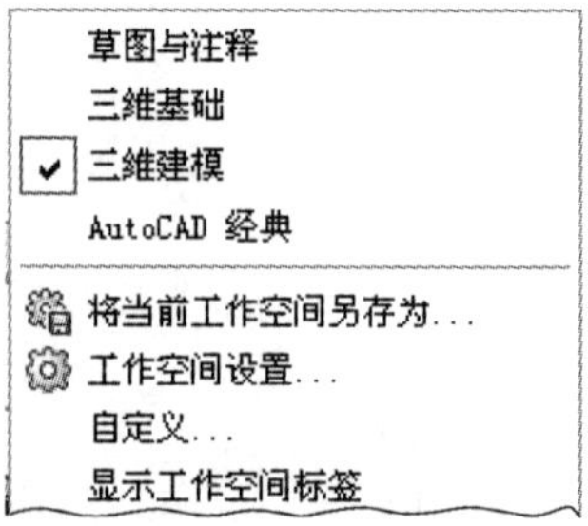

图 7-3 “工作空间”选项栏

第 2 步：创建长方体。

（1）在功能区单击“视图”选项卡→“视图”面板→“西南等轴测”按钮，将观察方向设置为轴测观察方向，坐标系发生变化，如图 7-4a 所示。

（2）创建 40×30×20 的长方体，如图 7-4b 所示。

在功能区单击“实体”选项卡→“图元”面板→“长方体”按钮，操作步骤如下：

命令：_ box　　//启动“长方体”命令
指定第一个角点或［中心（C）］：　< 正交 开 >　　//任意指定一点为长方体的角点
指定其他角点或［立方体（C）/长度（L）］：l↙　　//选择指定长、宽、高方式创建长方体
指定长度：40↙　　//输入长方体的长度
指定宽度：30↙　　//输入长方体的宽度
指定高度或［两点（2P）］：20↙　　//输入长方体的高度

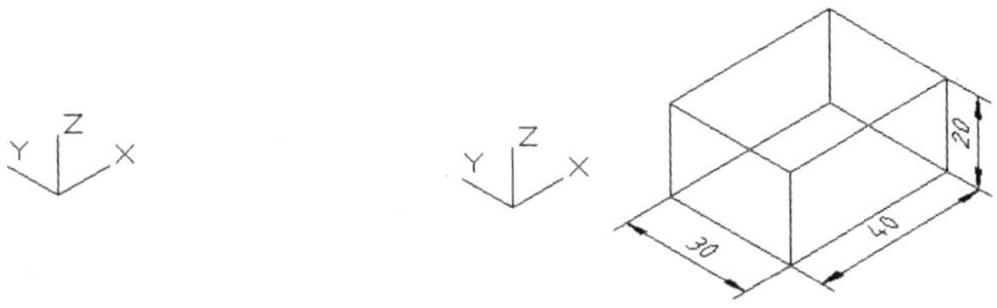

a)　　b)

图 7-4　设置轴测观察方向并创建长方体

a）轴测观察方向的坐标系　b）创建长方体

第 3 步：创建 30×20×15 的楔体，并做并集。

（1）转换坐标系。设置坐标系绕 Z 轴旋转 180°，旋转后的坐标系如图 7-5a 所示。

在功能区单击“常用”选项卡→“坐标”面板→“绕 Z 轴旋转用户坐标系”按钮，操作步骤如下：

命令：_ ucs　　//启动“UCS”命令
当前 UCS 名称：*没有名称*　　//系统提示
指定 UCS 的原点或［面（F）/命名（NA）/对象（OB）/上一个（P）/视图（V）/世界（W）/X/Y/Z/Z 轴（ZA）］< 世界 >：_ z　　//系统提示
指定绕 Z 轴的旋转角度 < 90 >：180↙　　//设置坐标系绕 Z 轴旋转 180°

（2）创建楔体，如图 7-5b 所示。

在功能区单击“实体”选项卡→“图元”面板→“楔体”按钮，操作步骤如下：

命令：_ wedge　　//启动“楔体”命令
指定第一个角点或［中心（C）］：　　//在长方体的左下后角点单击，如图 7-5a 所示
指定其他角点或［立方体（C）/长度（L）］：l↙　　//选择指定长、宽、高方式创建楔体
指定长度 < 40.000 >：30↙　　//输入楔体的长度
指定宽度 < 10.000 >：20↙　　//输入楔体的宽度
指定高度或［两点（2P）］< 20.0000 >：15↙　　//输入楔体的高度

（3）将长方体和楔体用并集合并，合并后如图 7-1a 所示。

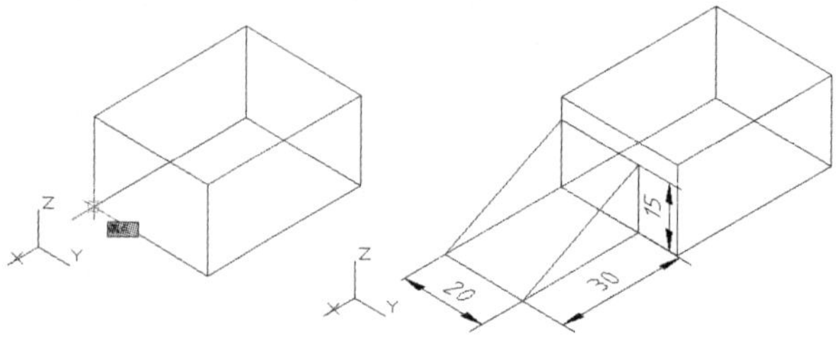

a)　　b)

图 7-5　转换坐标系并创建楔体

a）转换坐标系　b）创建楔体

在 AutoCAD 中实体的长、宽、高方向定义规则：与 X 轴平行的方向称为长，与 Y 轴平行的方向称为宽，与 Z 轴平行的方向称为高。

第 4 步：从十个方向观察三维实体。

在功能区单击“视图”选项卡→“视图”面板，如图 7-6 所示，依次选择俯视、仰视、左视、右视、主视、后视、西南等轴测、东南等轴测、东北等轴测、西北等轴测，可从如图 7-2 所示的 10 个方向观察实体。

也可单击如图 7-7 所示的“视图”工具栏中相应按钮，从 10 个方向观察三维实体。

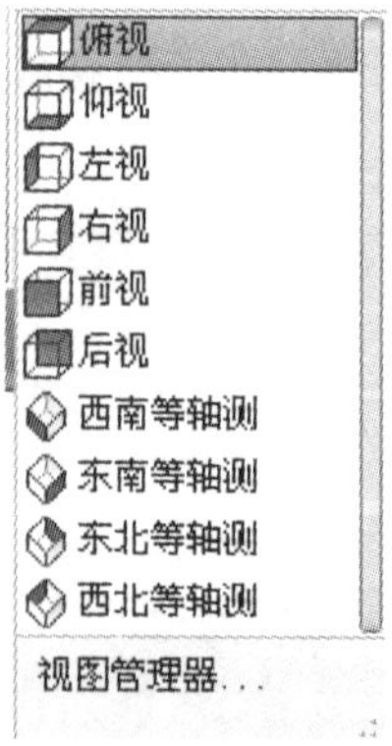

图 7-6　“视图”面板

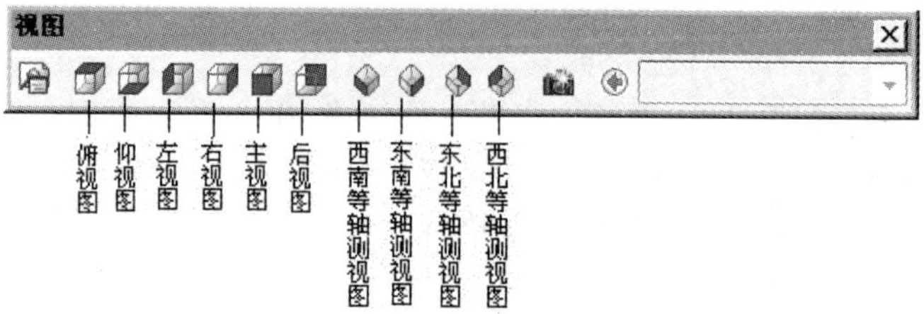

图 7-7　“视图”工具栏

观察实体时如要使看不见的线条不显示以增加立体感，可单击“视图”选项卡→“视图样式”面板→“隐藏”按钮或在命令行键入“HIDE”，则消隐显示实体，图 7-2g、图 7-2h、图 7-2i、图 7-2j 均采用了该方式显示。

实体创建完成后，就可以在实体的表面上绘制二维图形。

第 5 步：在长方体的上表面绘制 $\phi 10$ 的圆。

（1）通过指定新的原点平移坐标系，将 *XY* 平面设置到长方体的上表面。

AutoCAD中有两个坐标系：一个是被称为世界坐标系（WCS）的固定坐标系，另一个是被称为用户坐标系（UCS）的可移动坐标系。

在功能区单击“常用”选项卡（也可以是“视图”选项卡）→“坐标”面板→“原点”按钮，操作步骤如下：

```
命令：_ ucs                                                    //启动“UCS”命令
当前 UCS 名称：*没有名称*                                      //系统提示
指定 UCS 的原点或[面(F)/命名(NA)/对象(OB)/上一个(P)/
视图(V)/世界(W)/X/Y/Z/Z 轴(ZA)] <世界>：_ o                   //系统提示
指定新原点 <0,0,0>：                                           //在如图 7-8a 所示点 1 处单击
```

执行上述操作后 *XY* 平面与长方体上表面重合，如图 7-8a 所示。

（2）调用“圆”命令，捕捉长方体上表面的中心点，绘制 ϕ10 的圆，如图 7-8b 所示。

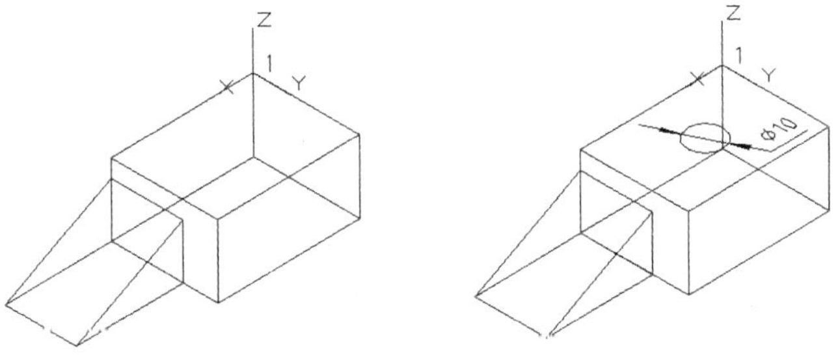

a)　　　b)

图 7-8　在长方体的上表面绘圆

a）设置 UCS 至长方体的上表面　b）捕捉上表面中心点后绘圆

第 6 步：在长方体的前表面绘制 ϕ10 的圆。

（1）通过选择已有的实体表面，将 *XY* 平面设置到长方体的前表面。

在功能区单击“常用”选项卡→“坐标”面板→“面”按钮，操作步骤如下：

```
命令：_ ucs                                                    //启动“UCS”命令
当前 UCS 名称：*没有名称*                                      //系统提示
指定 UCS 的原点或[面(F)/命名(NA)/对象(OB)/上一个(P)/
视图(V)/世界(W)/X/Y/Z/Z 轴(ZA)] <世界>：_ fa                  //系统提示
选择实体面、曲面或网格：                                       //在长方体的前表面左下角附近单击
输入选项[下一个(N)/X 轴反向(X)/Y 轴反向(Y)] <接受>：↙          //按回车键确定，接受所选表面为 XY
                                                                 平面
```

执行上述操作后 *XY* 平面与长方体前表面重合，如图 7-9a 所示。

（2）调用“圆”命令，捕捉长方体前表面的中心点，绘制 ϕ10 的圆，如图 7-9b 所示。

第 7 步：在长方体的左侧表面绘制 ϕ6 的圆。

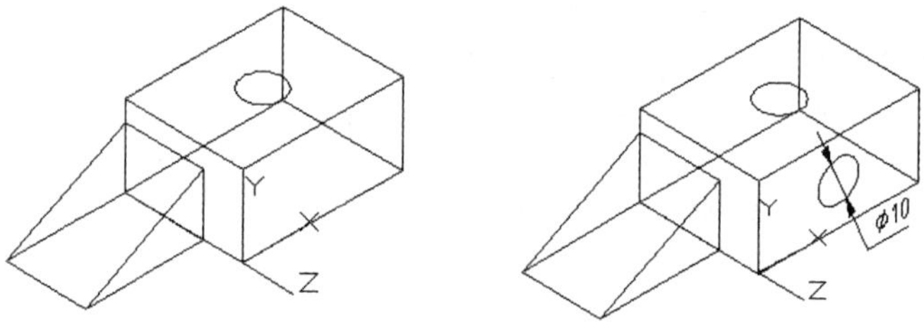

a)　　b)

图 7-9　在长方体的前表面绘圆

a）设置 UCS 至长方体的前表面　b）捕捉前表面中心点后绘圆

（1）把如图 7-9 所示的坐标系绕 Y 轴旋转 -90°，将 *XY* 平面设置到长方体的左侧面。

在功能区单击“常用”选项卡→“坐标”面板→“绕 Y 轴旋转用户坐标系”按钮，操作步骤如下：

```
命令:_ ucs                                                        //启动“UCS”命令
当前 UCS 名称: *没有名称*                                           //系统提示
指定 UCS 的原点或[面(F)/命名(NA)/对象(OB)/上一个(P)/
视图(V)/世界(W)/X/Y/Z/Z 轴(ZA)] <世界>: _y                          //系统提示
指定绕 Y 轴的旋转角度 <90>: -90↙                                    //将 Y 轴旋转 -90°
```

执行上述操作后 *XY* 平面与长方体左侧面重合，如图 7-10a 所示。

（2）调用“圆”命令，捕捉长方体左侧面适当位置绘制 ϕ6 的圆，如图 7-10b 所示。

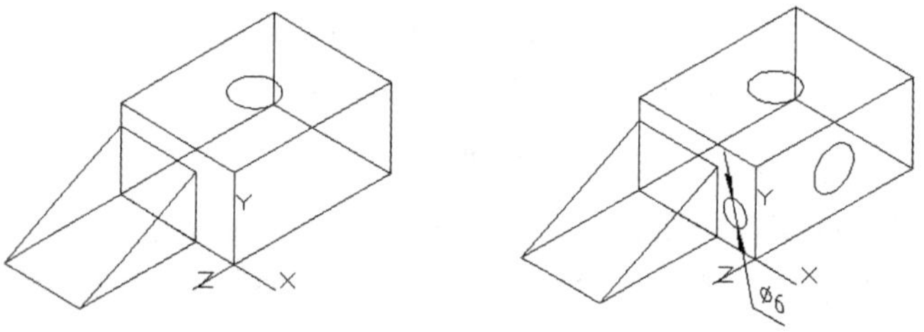

a)　　b)

图 7-10　在长方体的左侧面绘圆

a）设置 UCS 至长方体的左侧面　b）在左侧面适当位置绘圆

AutoCAD 中旋转角度的正负由右手螺旋法则判断：右手大拇指指向旋转轴的正向，若旋转方向与弯曲的四指的方向相同，旋转角度为正，反之为负。

第 8 步：在楔体的斜面上绘制 ϕ10 的圆。

（1）采用指定 3 点的方式将 *XY* 平面设置到楔体的斜面。

在功能区单击“常用”选项卡→“坐标”面板→“三点”按钮，操作步骤如下：

命令:_ ucs	//启动"UCS"命令
当前 UCS 名称: * 没有名称 *	//系统提示
指定 UCS 的原点或［面(F)/命名(NA)/对象(OB)/上一个(P)/视图(V)/世界(W)/X/Y/Z/Z 轴(ZA)］<世界>: _3	//系统提示
指定新原点 <0,0,0>:	//捕捉点 2 为坐标原点
在正 X 轴范围上指定点 <9.0000,0.0000,0.2564>:	//捕捉点 3,指定直线 23 方向为 X 轴方向
在 UCS XY 平面的正 Y 轴范围上指定点 <-3.0000,1.0000,3.000>:	//捕捉点 4,指定直线 24 方向为 Y 轴方向

执行上述操作后 *XY* 平面与楔体斜面重合，如图 7-11a 所示。

（2）调用"圆"命令，捕捉楔体斜面的中心点绘制 $\phi10$ 的圆，如图 7-11b 所示。

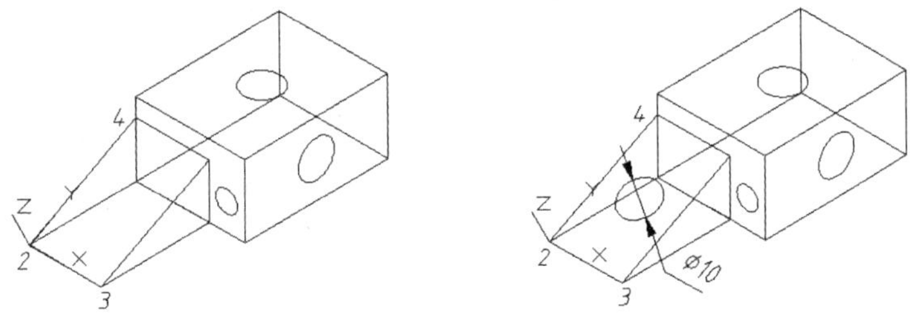

a)　　　　b)

图 7-11　在楔体的斜面上绘圆

a）设置 UCS 至楔体斜面　b）捕捉斜面中心点后绘圆

知识点 1　三维观察

要对三维对象进行三维观察可以采用三维动态观察器和标准视点定义的常用标准视图。

1. 动态观察

动态观察就是视点围绕目标移动，而目标保持静止的观察方式。使用这一功能，用户可以从不同的角度查看对象，还可以让模型自动连续地旋转。

动态观察分为：受约束的动态观察、自由动态观察和连续动态观察三种。调用命令的方式如下：

- 功能区："视图"选项卡→"导航"面板→"动态观察"、"自由动态观察"、"连续动态观察"。
- 菜单栏："视图"→"动态观察"→"受约束的动态观察"、"自由动态观察"、"连续动态观察"。
- 工具栏："三维导航"或"动态观察"→"受约束的动态观察"、"自由动态观察"、"连续动态观察"。
- 键盘命令：3DORBIT、3DFORBIT、3DCORBIT。

调用命令后使用以下方式之一来进行动态观察：

◆ 受约束的动态观察：可在三维空间中旋转视图，但仅限于在水平和垂直方向上进行动态观察。

◆ 自由动态观察：可在三维空间中不受滚动约束地旋转视图。

◆ 连续动态观察：可在三维空间以连续运动方式旋转视图。

2. 常用标准视图

快速设置观察方向的方法是选择预定义的标准正交视图和等轴测视图。这些视图为：俯视、仰视、主视、左视、右视、后视、SW（西南）等轴测、SE（东南）等轴测、NE（东北）等轴测和 NW（西北）等轴测。调用命令的方式如下：

- 功能区：“视图”选项卡→“视图”面板。
- 菜单栏：“视图”→“三维视图”→在 10 个标准视点所定义的视图中切换。
- 工具栏：“视图”→在 10 个标准视点所定义的视图中切换，如图 7-7 所示。

知识点 2 用户坐标系

用户坐标系（UCS）是用于坐标输入、平面操作和查看对象的一种可移动坐标系。移动后的坐标系相对于世界坐标系（WCS）而言，就是创建的用户坐标系（UCS）。大多数编辑命令取决于当前 UCS 的位置和方向，二维对象将绘制在当前 UCS 的 *XY* 平面上。调用命令的方式如下：

- 功能区：“常用”选项卡→“坐标”面板或“视图”选项卡→“坐标”面板，如图 7-12 所示。
- 菜单栏：“工具”→“新建 UCS”。
- 工具栏：“UCS”→按不同方式建立用户坐标系，如图 7-13 所示。
- 键盘命令：UCS。

图 7-12 “坐标”面板

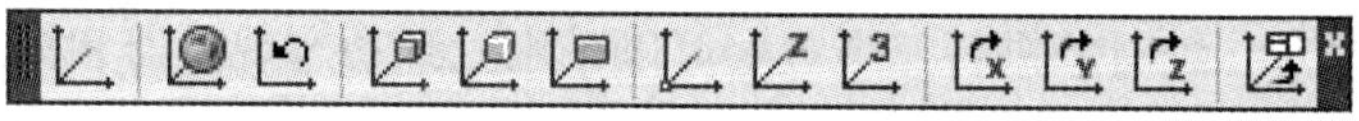

图 7-13 “UCS”工具栏

UCS 命令重新定位用户坐标系有以下几种方法：

1. 通过定义新原点移动 UCS

在功能区单击“坐标”面板→“”按钮，指定一点作为新坐标原点，系统则将 UCS 平移到该点。

2. 通过三点方式定义新的 UCS

在功能区单击“坐标”面板→“”按钮，指定 3 个点创建新的 UCS。用户所指定的第 1 点为坐标原点，所指定的 1 点与第 2 点方向即为 X 轴正方向，所指定的 1 点与第 3 点方向即为 Y 轴正方向。

3. 通过指定 Z 轴矢量方向定义新的 UCS

在功能区单击“坐标”面板→“”按钮，指定 2 个点，系统将以所指定的两点方向作为 Z 轴正方向创建新的 UCS。

4. 绕 *X*、*Y*、*Z* 轴旋转 UCS

在功能区单击“坐标”面板→“ ”或“ ”或“ ”按钮，输入旋转角度，按回车键，系统将通过绕指定旋转轴转过指定的角度创建新的 UCS。

5. 恢复到上一个 UCS

在功能区单击“坐标”面板→“ ”按钮，系统将恢复上一个 UCS，在当前任务中最多可返回 10 个。

6. 恢复 UCS 以与 WCS 重合

在功能区单击“坐标”面板→“ ”按钮，系统将 UCS 与 WCS（世界坐标系）重合。

7. 将 UCS 与选定对象对齐

在功能区单击“坐标”面板→“ ”按钮，选择对象（如实体的边），系统将 UCS 与选定对象对齐（一般情况下，以选定对象作为新 UCS 的 X 轴）。选择对象时，系统将显示临时 UCS 以供用户预览。

8. 将 UCS 与三维实体的面对齐

在功能区单击“坐标”面板→“ ”按钮，选择三维实体表面，系统将以选定表面作为 XY 平面创建新的 UCS。选择三维实体表面时，系统将显示临时 UCS 以供用户预览。

9. 将 UCS 与视图屏幕对齐

在功能区单击“坐标”面板→“ ”按钮，系统将 UCS 与视图屏幕对齐。

10. 动态 UCS

动态 UCS 功能处于启用状态时，可以在创建对象时使 UCS 的 *XY* 平面自动与三维实体上的平面临时对齐。在命令执行期间，用户可以通过在三维实体的平整面上移动光标，而不是使用 UCS 命令来动态对齐 UCS。结束该命令后，UCS 将恢复到其上一个位置和方向。

> 动态 UCS 的启动或关闭可以通过单击状态栏上的“允许/禁止动态 UCS”按钮 或按 F6 键来转换。

例 7-1　运用动态 UCS 在模型的斜面中心上绘制一圆，如图 7-14 所示。

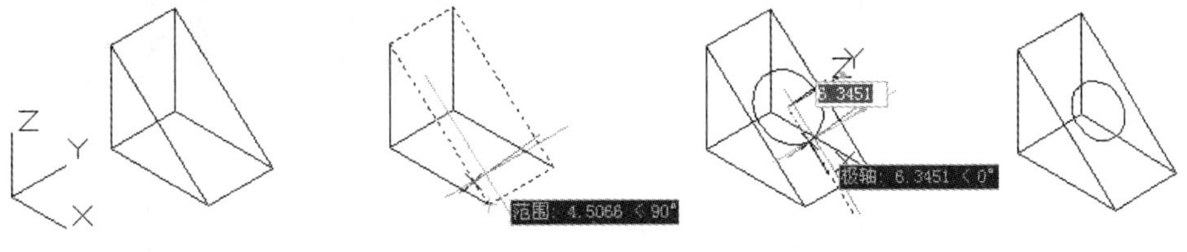

a)　b)　c)　d)

图 7-14　动态 UCS 的运用

a）原有 UCS　b）斜面高亮显示　c）在斜面上建立临时 UCS　d）斜面上绘圆

操作步骤如下：

第 1 步：单击状态栏上的“允许/禁止动态 UCS”按钮 或 F6 键，启动动态 UCS；此时为世界坐标系，如图 7-14a 所示。

第 2 步：启动“圆”命令，在系统提示“指定圆的圆心”时将光标移至斜面上，此时斜面高亮显示，如图 7-14b 所示。

第 3 步：捕捉斜面的中点为圆心后，此时 UCS 的 *XY* 平面自动与斜面临时对齐如图 7-14c 所示。

第 4 步：输入圆的半径，在斜面上绘制出如图 7-14d 所示的圆结束绘制后。UCS 将恢复到如图 7-14a 所示世界坐标系。

知识点 3　视觉样式

视觉样式控制边、光源和着色的显示。用户可通过更改视觉样式的特性控制其显示效果。应用视觉样式或更改其设置时，关联的视口会自动更新以反映这些更改。调用命令的方式如下：

- 功能区：“视图” 选项卡→“视觉样式” 面板→选择各预定义的视觉样式。
- 菜单栏：“视图” →“视觉样式”→选择各预定义的视觉样式。
- 工具栏：“视觉样式”→选择各预定义的视觉样式。
- 键盘命令：SHADEMODE。

AutoCAD 中预定义的视觉样式以下几种：

◆ 二维线框：通过使用直线和曲线表示边界的方式显示对象，如图 7-15a 所示。

◆ 概念：使用平滑着色和古氏面样式显示对象。效果缺乏真实感，但是可以更方便地查看模型的细节，如图 7-15b 所示。

◆ 消隐：使用线框表示法显示对象，而隐藏表示背面的线，如图 7-15c 所示。

◆ 真实：使用平滑着色和材质显示对象，如图 7-15d 所示。

◆ 着色：使用平滑着色显示对象，如图 7-15e 所示。

◆ 带边缘着色：使用平滑着色和可见边显示对象，如图 7-15f 所示。

◆ 灰度：使用平滑着色和单色灰度显示对象，如图 7-15g 所示。

◆ 勾画：使用线延伸和抖动边修改器显示手绘效果的对象，如图 7-15h 所示。

◆ 线框：通过使用直线和曲线表示边界的方式显示对象，如图 7-15i 所示。

◆ X 射线：以局部透明度显示对象如图 7-15j 所示。

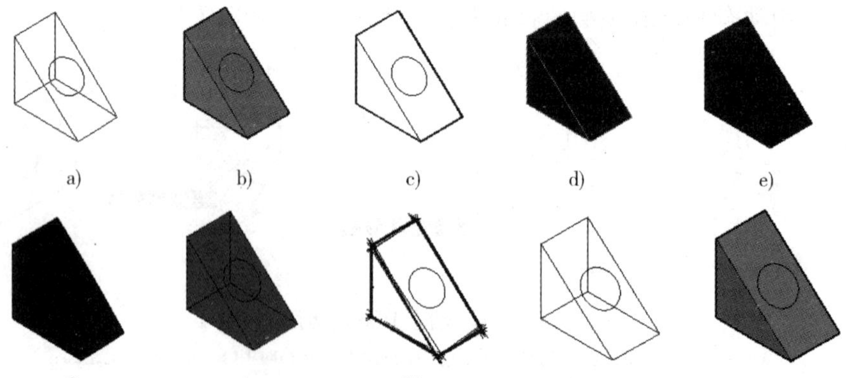

a)　b)　c)　d)　e)

f)　g)　h)　i)　j)

图 7-15　视觉样式

a）二维线框　b）概念　c）消隐　d）真实　e）着色

f）带边缘着色　g）灰度　h）勾画　i）线框　j）X 射线

任务2　创建基本几何体

操作实例（图7-16）

本例介绍如图7-16所示三维组合体的绘制方法和步骤，新增命令主要有“长方体”“圆柱体”和“多段体”。另外本任务中还将介绍楔体、圆锥体、螺旋的创建。

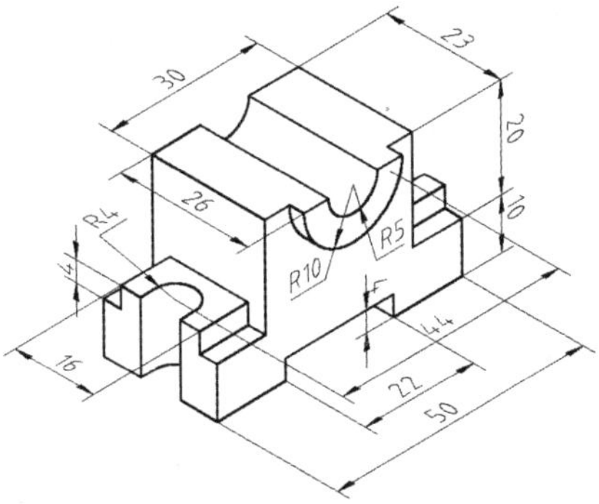

图7-16　三维组合体

操作过程

第1步：在功能区单击“常用”选项卡→“视图”面板→“西南等轴测”按钮，将观察方向设置为轴测观察方向。

第2步：创建如图7-17所示的底板长方体。

在功能区单击“实体”选项卡→“图元”面板→“长方体”按钮，操作步骤如下：

```
命令：_box                                               //启动“长方体”命令
指定第一个角点或［中心(C)］：                             //任意指定一点为下底板的角点
指定其他角点或［立方体(C)/长度(L)］:@50,23 ↙              //输入长方形对角点
指定高度或［两点(2P)］ < -3.0000 > :10 ↙                  //输入长方体高度
```

第3步：创建如图7-18所示的上方长方体。

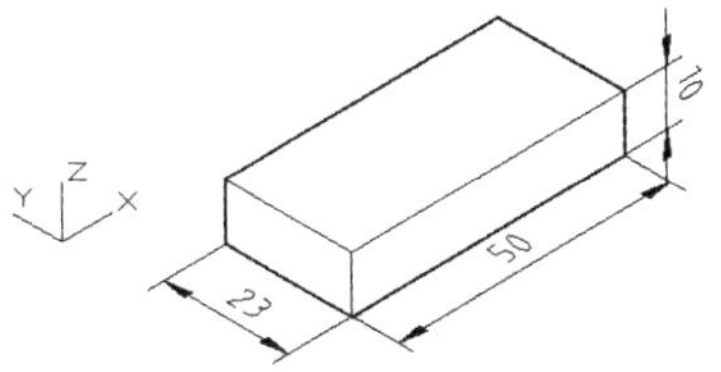

图7-17　创建底板长方体

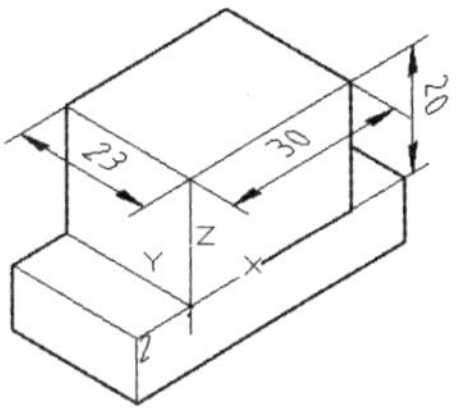

图7-18　创建上长方体

（1）移动坐标原点。

在功能区单击“常用”选项卡→“坐标”面板→“原点”按钮，操作步骤如下：

命令：_ ucs	//启动“原点”命令
当前 UCS 名称：* 没有名称 *	//系统提示
指定 UCS 的原点或［面(F)/命名(NA)/ 对象(OB)/ 上一个(P)/视图(V)/世界(W)/ X/Y/Z/Z 轴(ZA)］＜世界＞：_ o	//系统提示
指定新原点 ＜0,0,0＞：	//使用“对象捕捉”指定距顶点 2 距离为 10 的点 1 为新原点位置

（2）创建 30 ×23 ×20 的长方体。

在功能区单击“实体”选项卡→“图元”面板→“长方体”按钮，操作步骤如下：

命令：_ box	//启动“长方体”命令
指定第一个角点或［中心(C)］:0,0 ↙	//指定长方体的第一个角点
指定其他角点或［立方体(C)/长度(L)］:@ 30,23 ↙	//输入长方形对角点
指定高度或［两点(2P)］＜10.0000＞:20 ↙	//输入长方体高度

第 4 步：创建如图 7-19a 所示的中间长方体。

在功能区单击“实体”选项卡→“图元”面板→“长方体”按钮，操作步骤如下：

命令:_ box	//启动“长方体”命令
指定第一个角点或［中心(C)］：	//任意指定一点为长方体的角点
指定其他角点或［立方体(C)/长度(L)］：l	//选择指定长、宽、高方式创建长方体
指定长度： ＜正交 开＞ 50 ↙	//输入长方体长度
指定宽度：16 ↙	//输入长方体宽度
指定高度或［两点(2P)］＜ -3.0000＞:4 ↙	//输入长方体高度

第 5 步：将上长方体及中间的长方体移动到底板的正上方，用“并集”命令将上诉 3 个基本体合并，合并后如图 7-19b 所示。

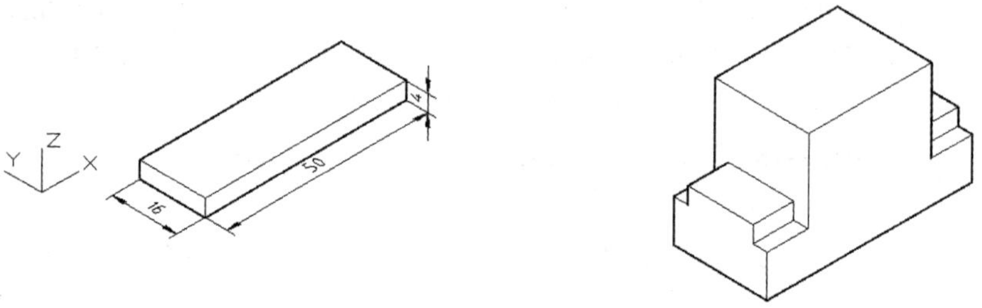

a)　　　　b)

图 7-19　创建中间的长方体并合并

a）创建中间的长方体　b）合并 3 个长方体

第 6 步：创建一个半径为 4，高为 14 的圆柱体及一个 3 ×8 ×14 的长方体。

在功能区单击“实体”选项卡→“图元”面板→“圆柱体”按钮，操作步骤如下：

命令：_ cylinder　　//启动“圆柱体”命令
指定底面的中心点或［三点(3P)/两点(2P)/相切、
相切、半径(T)/椭圆(E)］：　　//任意指定一点为圆柱底面中心点
指定底面半径或［直径(D)］<4.0000>:4↙　　//输入圆柱半径值
指定高度或［两点(2P)/轴端点(A)］<14.0000>:14↙　　//输入圆柱高度值

采用前面的方法创建 3×8×14 的长方体，并将圆柱及长方体移动到相应的位置，如图7-20所示。

第 7 步：采用同样的方法创建另一侧圆柱体及长方体，如图 7-21 所示。

第 8 步：使用“差集”命令从如图 7-19b 所示的三维实体中减去小圆柱体及长方体，如图 7-22 所示。

第 9 步：创建半径为 5 的圆柱，如图 7-23a 所示，使用“差集”命令将其从如图 7-22 所示的几何体中减去，如图 7-23b 所示。

第 10 步：创建多段体。

(1) 绘制半径为 10 的平面半圆弧，如图 7-24 所示。

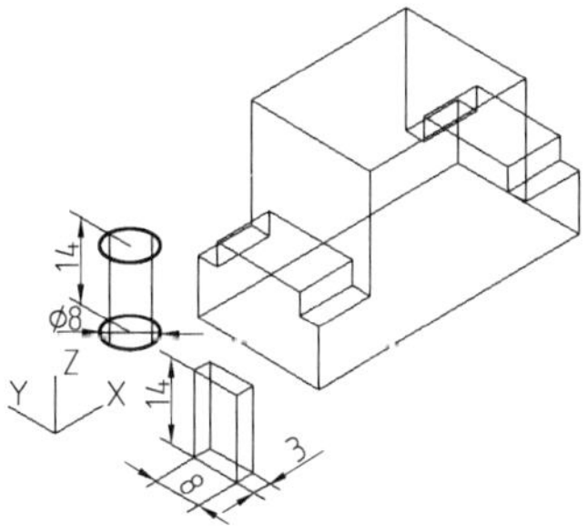

图 7-20　创建圆柱体

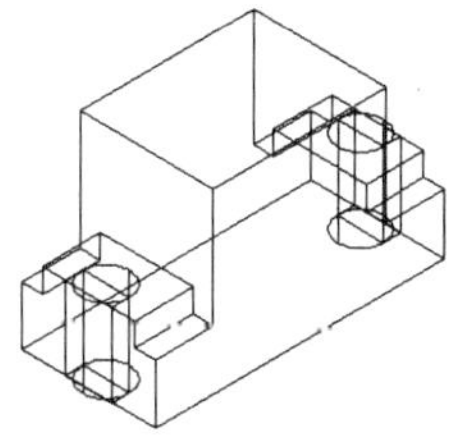
图 7-21　创建另一侧圆柱体

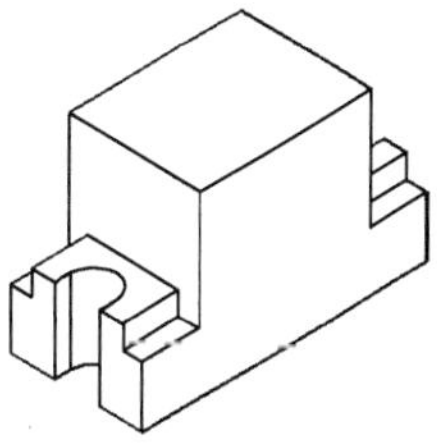
图 7-22　差集后

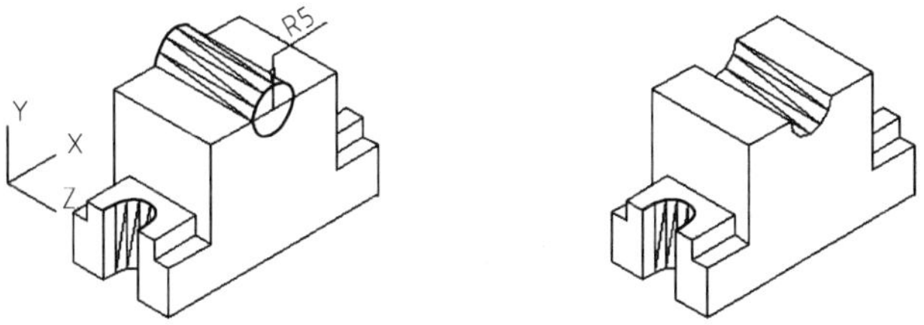

a)　　b)

图 7-23　创建上部圆柱并作差集
a) 创建 R5 的圆柱　b) 差集后

(2) 创建半圆筒。

在功能区单击“实体”选项卡→“图元”面板→“多段体”按钮，操作步骤如下：

命令：_ Polysolid　　//启动“多段体”命令
高度 =26.0000，宽度 = 5.0000，对正 = 居中　　//系统提示
指定起点或［对象(O)/高度(H)/宽度(W)/对正(J)］<对象>:h↙　　//设置多段体高度
指定高度 <26.0000>:3↙　　//输入高度值

高度 = 3.0000，宽度 = 5.0000，对正 = 居中　　//系统提示
指定起点或[对象(O)/高度(H)/宽度(W)/对正(J)] <对象>：o↙　　//选择对象设置多段体
选择对象：　　//选择半圆弧

第 11 步：将半圆多段体移至如图 7-23 所示的立体前，使用“并集”命令合并实体。

第 12 步：在立体底部创建一个 22×23×4 的长方体，作差集，完成三实体的创建，如图 7-25 所示。

第 13 步：保存图形文件。

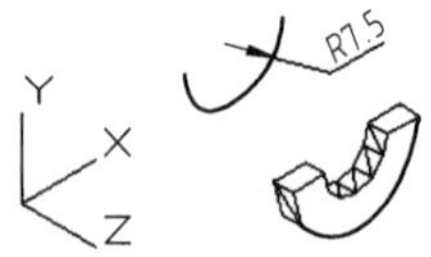

图 7-24　创建多段体

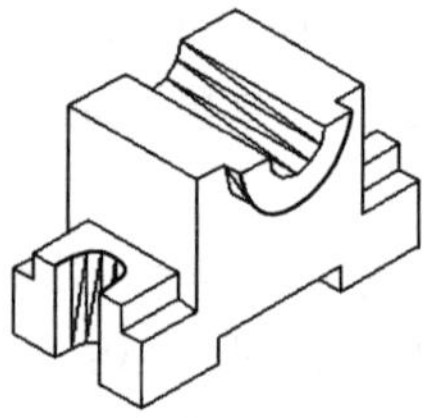

图 7-25　完成后的三维实体

在创建各种基本几何体时，应注意根据需要经常变换 UCS，本例中各图均显示了 UCS 的位置供用户参考。

知识点 1　长方体

“长方体”命令可以创建实体长方体，且所创建的长方体的底面始终与当前 UCS 的 XY 平面（工作平面）平行。调用命令的方式如下：

- 功能区：“实体”选项卡→“图元”面板→“长方体”。
- 菜单栏：“绘图”→“建模”→“长方体”。
- 工具栏：“建模”→“长方体”。
- 键盘命令：BOX。

执行上述命令后，根据命令行提示，选择不同选项可有 4 种方式创建长方体。

1. 指定角点方式创建长方体

该方式通过先指定的两个角点，确定一矩形作为长方体的长和宽，再指定高度的方法创建长方体。本任务操作实例中前两个长方体的绘制采用的就是这种方法。

2. 指定长度方式创建长方体

该方式通过指定长方体的长、宽、高来创建长方体，如图 7-26a 所示。本任务操作实例中第三个长方体的绘制采用的就是这种方法。

3. 指定中心点方式创建长方体

该方式通过先指定长方体的中心，再指定角点和高度（或再指定长、宽、高）的方法创建长方体，如图 7-26b 所示。

4. 创建立方体

创建长方体时选择“立方体”选项，可创建一个长、宽、高相同的立方体，如图 7-26c 所示。

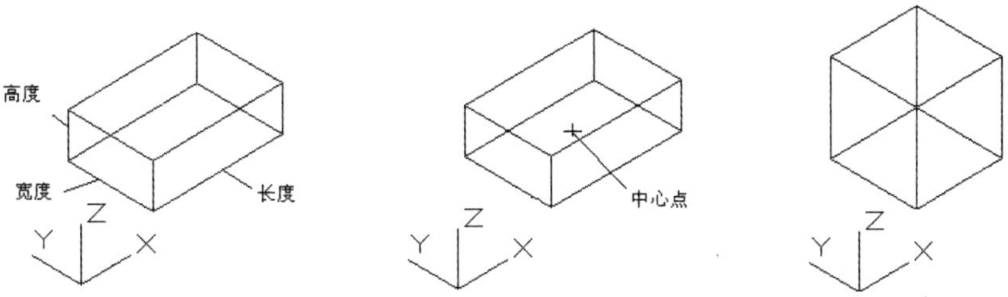

a)　　b)　　c)

图7-26　创建长方体

a）长度方式　b）中心点方式　c）创建立方

知识点2　圆柱体

“圆柱体”命令可以创建以圆或椭圆为底面的实体圆柱体。调用命令的方式如下：

- 功能区：“实体”选项卡→“图元”面板→“圆柱体”。
- 菜单栏：“绘图”→“建模”→“圆柱体”。
- 工具栏：“建模”→“圆柱体”。
- 键盘命令：CYLINDER。

1. 以圆为底面创建圆柱体

该方式通过指定圆柱直径及高度创建圆柱体。本任务操作实例中圆柱体的绘制采用的就是这种方法。

2. 以椭圆为底面创建椭圆柱体

该方式通过先创建一椭圆，再指定高度的方法创建椭圆柱体，如图7-27所示。

例7-2　创建如图7-27所示的椭圆柱体。

单击“实体”选项卡→“图元”面板→“圆柱体”，操作步骤如下：

```
命令：_ cylinder                                          //启动“圆柱体”命令
指定底面的中心点或［三点(3P)/两点(2P)/
相切、相切、半径(T)/椭圆(E)］：e↙                          //画椭圆柱
指定第一个轴的端点或［中心(C)］：                            //指定一点作为第一条轴的起点
指定第一个轴的其他端点：                                     //指定一点作为第一条轴的终点
指定第二个轴的端点：                                         //指定一点作为另一轴的端点
指定高度或[两点(2P)/轴端点(A)] <－100.3908>:50↙             //指定圆柱体的高度
```

3. 由轴端点指定高度和方向创建圆柱体

该方式通过先指定圆柱直径，再指定轴端点的方法创建圆柱体，如图7-28所示，此时圆柱的高度与方向由轴端点2所处位置决定。

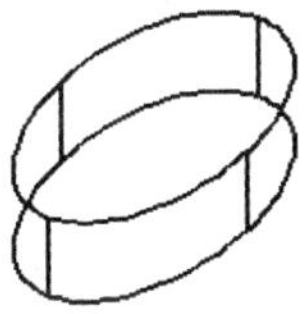

图7-27　椭圆为底面创建椭圆柱

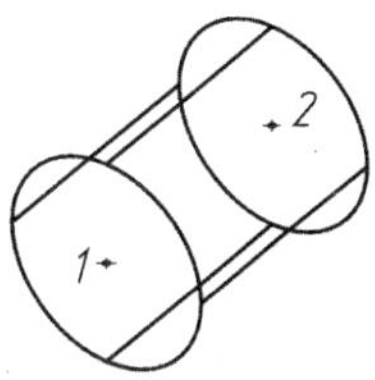

图7-28　指定轴端点创建圆柱

例 7-3 创建如图 7-28 所示的圆柱体。

单击“实体”选项卡→“图元”面板→“圆柱体”，操作步骤如下：

```
命令:_ cylinder                                          //启动“圆柱体”命令
指定底面的中心点或［三点(3P)/两点(2P)/
相切、相切、半径(T)/椭圆(E)］:                              //指定底面的中心点 1
指定底面半径或［直径(D)］<34.9590>：70↙                      //输入底面半径值
指定高度或［两点(2P)/轴端点(A)］<-50.0000>：a↙               //指定轴端点创建实体圆柱
指定轴端点:                                                //此端点可以位于三维空间的任
                                                            意位置,如点 2
```

知识点 3　圆锥体

“圆锥体”命令可以以圆或椭圆为底面，创建实体圆锥体或圆台，如图 7-29 所示。默认情况下，圆锥体的底面位于当前 UCS 的 *XY* 平面上，圆锥体的高度与 Z 轴平行，如图 7-30 所示。调用命令的方式如下：

- 功能区：“实体”选项卡→“图元”面板→“圆锥体”。
- 菜单栏：“绘图”→“建模”→“圆锥体”。
- 工具栏：“建模”→“圆锥体”。
- 键盘命令：CONE。

图 7-29　创建圆锥体

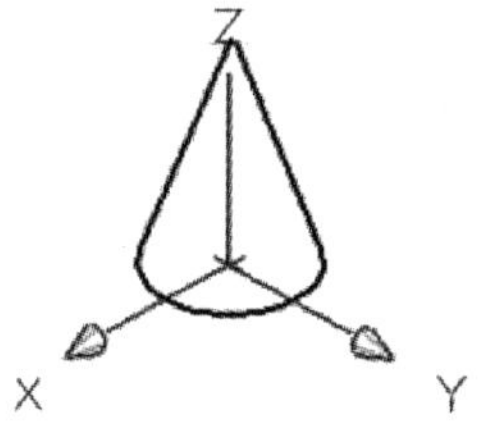

图 7-30　圆锥体底面与 XY 平面平行、高与 Z 轴平行

例 7-4 创建如图 7-29 所示的圆锥体。

在功能区单击“实体”选项卡→“图元”面板→“圆锥体”，操作步骤如下：

```
命令:_ cone                                              //启动“圆锥体”命令
指定底面的中心点或［三点(3P)/两点(2P)/
相切、相切、半径(T)/椭圆(E)］:                              //单击一点作为圆锥底面的中心点
指定底面半径或［直径(D)］:10↙                               //输入半径值
指定高度或［两点(2P)/轴端点(A)/顶面
半径(T)］<40.0000>:30↙                                     //输入高度值
```

知识点 4　楔体

利用“楔体”命令可创建五面的三维实体，楔体的底面与当前 UCS 的 XY 平面平行，斜面正对第一个角点，楔体的高度与 Z 轴平行，如图 7-31 所示。调用命令的方式如下：

- 功能区：“实体”选项卡→“图元”面板→“楔体”。
- 菜单栏：“绘图”→“建模”→“楔体”。
- 工具栏：“建模”→“楔体”。
- 键盘命令：WEDGE。

例 7-5　创建如图 7-32 所示的楔体。

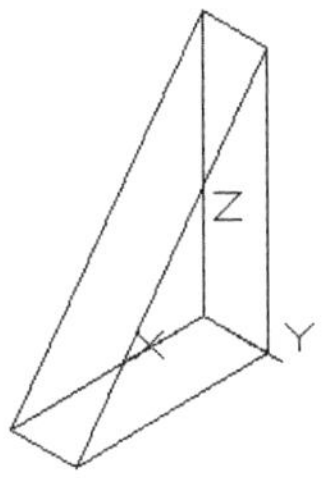

图 7-31　楔体底面与 *XY* 平面平行、高与 Z 轴平行

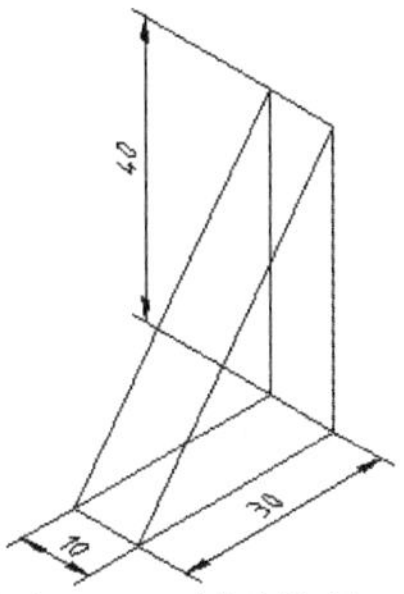

图 7-32　创建楔体

在功能区单击“实体”选项卡→“图元”面板→“楔体”，操作步骤如下：

```
命令:_ wedge                                              //启动"楔体"命令
指定第一个角点或[中心(C)]:0,0(或任意指定一点)              //指定底面第一点
指定其他角点或[立方体(C)/长度(L)]:@30,10 ↙                 //指定底面另一点
指定高度或[两点(2P)] <90.0000>:40 ↙                        //输入高度值
```

知识点 5　多段体

利用“多段体”命令可以创建具有固定高度和宽度的直线段和曲线段的三维墙状实体（如图 7-33 所示），也可将现有直线、二维多线段、圆弧或圆转换为具有矩形轮廓的实体（如本任务操作实例中半圆柱）。调用命令的方式如下：

- 功能区：“实体”选项卡→“图元”面板→“多段体”。
- 菜单栏：“绘图”→“建模”→“多段体”。
- 工具栏：“建模”→“多段体”。
- 键盘命令：POLYSOLID。

图 7-33　多段体

执行上述命令后，命令行提示：

```
命令：_ Polysolid 高度 = 3.0000，宽度 = 5.0000，对正 = 居中        //系统提示
指定起点或[对象（O）/高度（H）/宽度（W）/对正（J）]<对象>：      //指定实体轮廓的起点，按回
                                                                    车键指定要转换为实体的
                                                                    对象，或输入选项
指定下一点或[圆弧（A）/放弃（U）]：                                //指定实体轮廓的下一点，或
                                                                    输入选项
```

各选项说明如下：

◆ 对象（O）：指定要转换为实体的对象，可以转换：直线、圆弧、二维多段线、圆。

◆ 高度（H）：指定实体的高度。

◆ 宽度（W）：指定实体的宽度。

知识点 6　螺旋

利用“螺旋”命令可以创建二维螺旋或三维螺旋线。该螺旋线可作为扫掠的路径，用于创建弹簧。调用命令的方式如下：

- 功能区：“常用”选项卡→“绘图”面板→“螺旋” 。
- 菜单栏：“绘图”→“螺旋”。
- 工具栏：“建模”→“螺旋” 。
- 键盘命令：HELIX。

例 7-6　绘制如图 7-34 所示的螺旋。

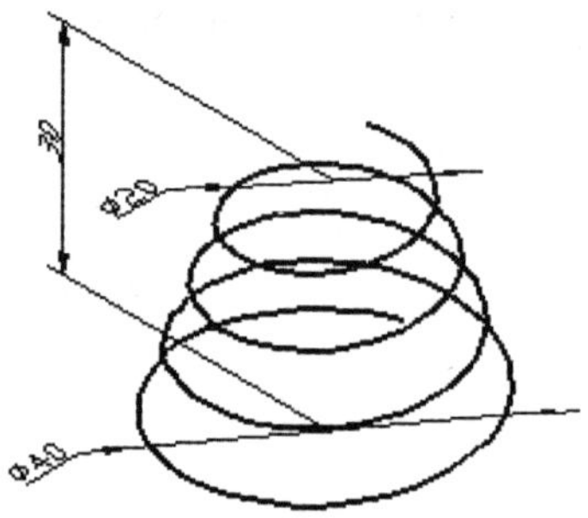

图 7-34　创建螺旋

在功能区单击“常用”选项卡→“绘图”面板→“螺旋” ，操作步骤如下：

```
命令:_ Helix                                                              //启动“螺旋”命令
圈数 =5.0000      扭曲 = CCW                                              //系统提示
指定底面的中心点:0,0 ↙                                                    //指定底面中心
指定底面半径或[直径(D)] <15.0000 >:20 ↙                                   //输入底面半径
指定顶面半径或[直径(D)] <20.0000 >:10 ↙                                   //输入顶面半径
指定螺旋高度或[轴端点(A)/圈数(T)/圈高(H)/扭曲(W)] <30.0000 >:t ↙          //设置圈数
输入圈数 <5.0000 >:4 ↙                                                    //输入圈数值
指定螺旋高度或[轴端点(A)/圈数(T)/圈高(H)/扭曲(W)] <30.0000 >:30 ↙         //输入螺旋高度
```

任务 3　创建三维实体

操作实例（图 7-35）

本例介绍如图 7-35 所示三维实体的创建方法和步骤，新增命令主要有“拉伸”和“旋转”。另外本任务中还将介绍“扫掠”和“放样”命令。

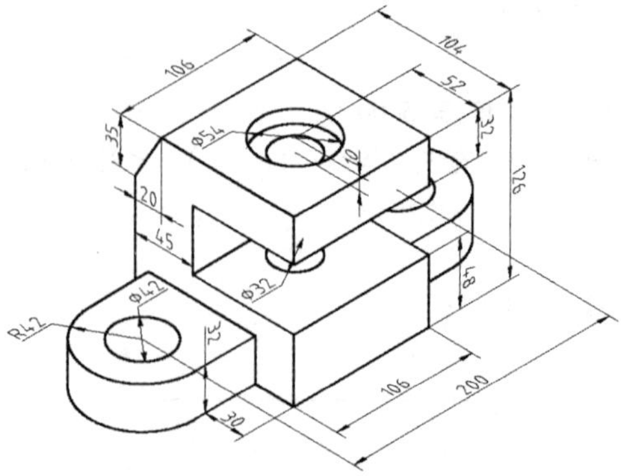

图 7-35　三维实体

操作过程

第 1 步：按尺寸作出图 7-36 所示的平面图形，并创建成面域。

第 2 步：将图 7-36 所示的平面图形拉伸为三维实体，如图 7-37 所示。

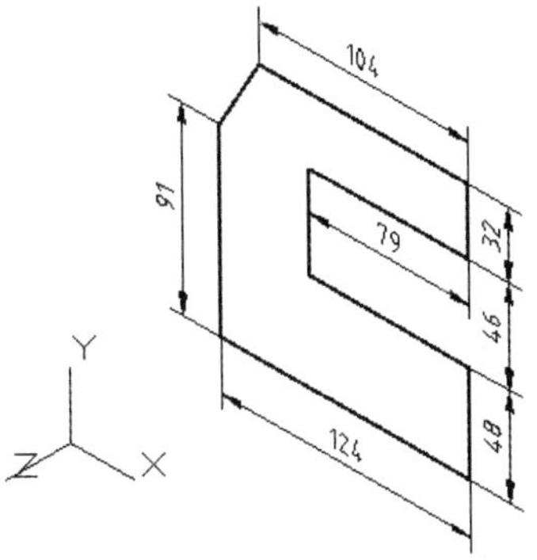

图 7-36　用于拉伸的平面图

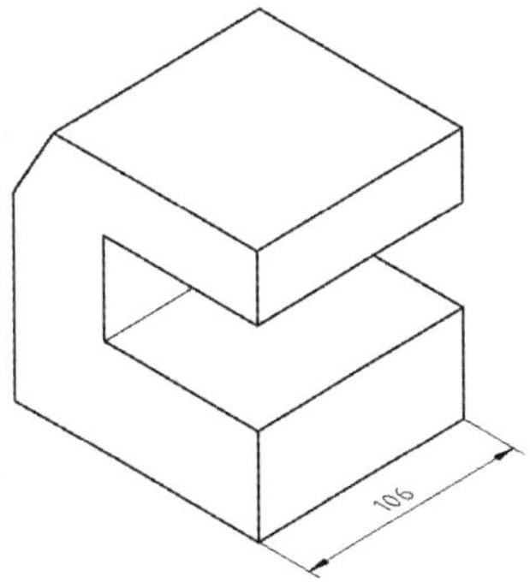

图 7-37　将平面图拉伸为三维实体

在功能区单击“实体”选项卡→“实体”面板→“拉伸”，操作步骤如下：

```
命令：_ extrude                                              //启动“拉伸”命令
当前线框密度:ISOLINES =4,闭合轮廓创建模式 = 实体                //系统提示
选择要拉伸的对象或[模式(MO)]：_ MO 闭合轮廓创建模式
[实体(SO)/曲面(SU)] <实体>：_ SO                              //系统提示
选择要拉伸的对象或[模式(MO)]：                                 //选择上步创建的平面线框
找到 1 个                                                    //系统提示
选择要拉伸的对象或[模式(MO)]：↙                               //结束选择
指定拉伸的高度或[方向(D)/路径(P)/倾斜角(T)]:106 ↙              //输入拉伸的高度
```

第 3 步：按尺寸作出图 7-38 所示的平面图形，并创建成面域。

第 4 步：将图 7-38 所示的平面图形旋转，创建阶梯圆柱，如图 7-39 所示。

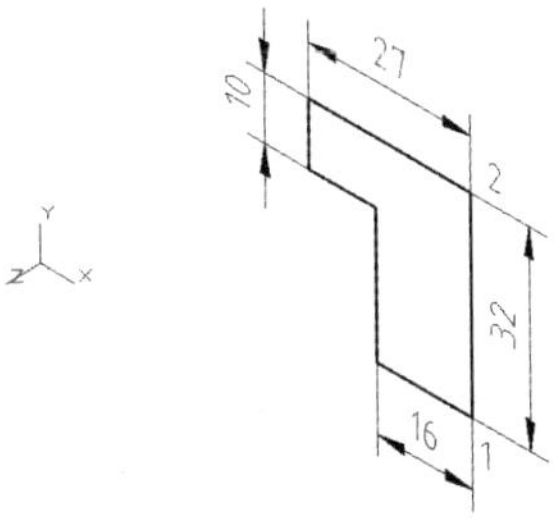

图 7-38　用于旋转的平面图形

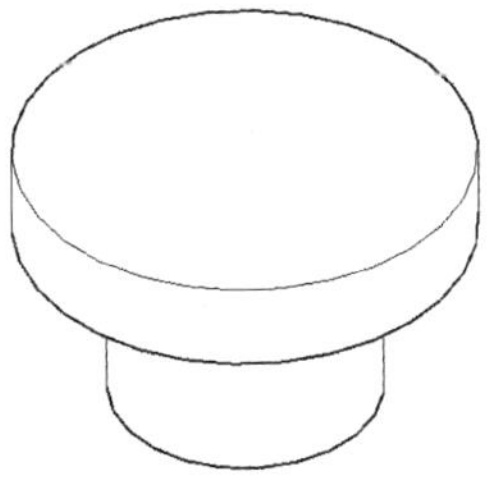

图 7-39　将平面图旋转为三维实体

在功能区单击“实体”选项卡→“实体”面板→“旋转”，操作步骤如下：

```
命令:_ revolve                                               //启动“旋转”命令
当前线框密度: ISOLINES =4,闭合轮廓创建模式 = 实体               //系统提示
选择要旋转的对象或[模式(MO)]：_ MO 闭合轮廓创建模式
```

[实体(SO)/曲面(SU)] <实体>: _SO	//系统提示
选择要旋转的对象或[模式(MO)]:	//选择上步创建的平面线框
找到 1 个	//系统提示
选择要旋转的对象: ↙	//结束选择
指定轴起点或根据以下选项之一定义轴	
[对象(O)/X/Y/Z] <对象>:	//拾取图 7-38 所示的点 1
指定轴端点:	//拾取图 7-38 所示的点 2
指定旋转角度或[起点角度(ST)] <360>: ↙	//按回车键确认,旋转 360°

第 5 步：按尺寸作出图 7-40 所示的平面图形，并创建成面域。

第 6 步：将如图 7-40 所示的平面图形拉伸为三维实体，如图 7-41 所示。

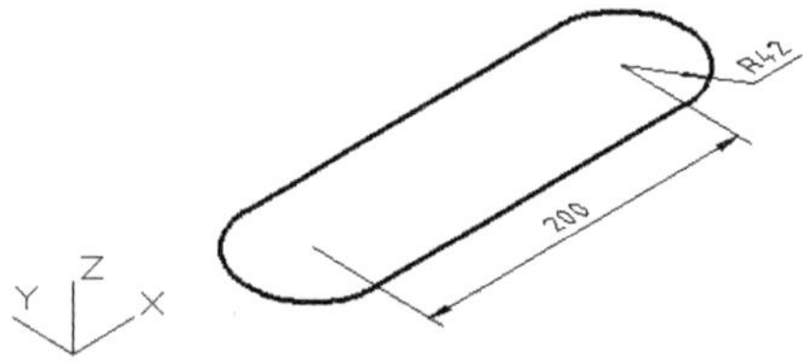

图 7-40　用于拉伸的平面图形

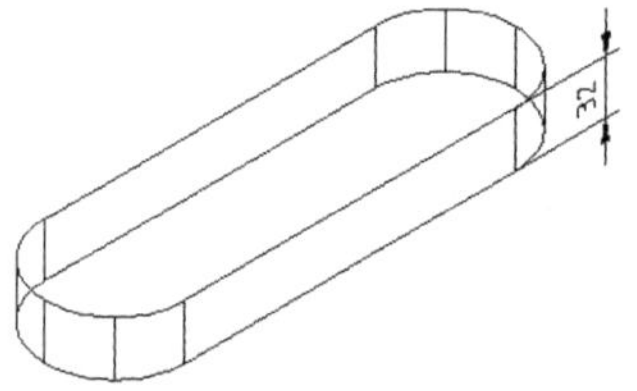

图 7-41　将平面图拉伸为三维实体

第 7 步：将如图 7-37、图 7-39、图 7-41 所示的三个部分组合。图 7-37 所示对象和图 7-39 所示对象作差集、图 7-37 所示对象和图 7-41 所示对象作并集，结果如图 7-42 所示。

第 8 步：在两侧及底板上作出三个圆柱体，作差集完成三维立体图，如图 7-43 所示。

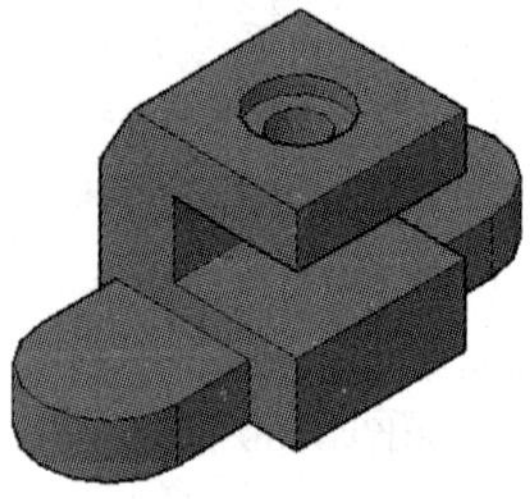

图 7-42　将三个基本体组合

图 7-43　完成三维实体图

第 9 步：保存图形文件。

知识点 1　拉伸

拉伸是通过沿指定的方向将对象或平面拉伸出指定距离来创建三维实体或曲面的方法。调用命令的方式如下：

- 功能区：“实体”选项卡→“实体”面板→“拉伸” 。
- 菜单栏：“绘图”→“建模”→“拉伸”。
- 工具栏：“建模”→“拉伸” 。
- 键盘命令：EXTRUDE。

如果拉伸闭合对象，则生成的对象为实体。如果拉伸开放对象，则生成的对象为曲面。

例 7-7　沿路径拉伸封闭对象，生成如图 7-44b 所示实体。

a)　　　　b)

图7-44　沿路径拉伸对象
a）选择拉伸对象及路径　b）拉伸结果

在功能区单击“实体”选项卡→“实体”面板→“拉伸”，操作步骤如下：

命令：_ extrude	//启动“拉伸”命令
当前线框密度:ISOLINES =4,闭合轮廓创建模式 = 实体	//系统提示
选择要拉伸的对象或［模式(MO)］：_MO 闭合轮廓创建模式	
［实体(SO)/曲面(SU)］ <实体>：_SO	//选择图7-44a 所示的小圆1
找到 1 个	//系统提示
选择要拉伸的对象或［模式(MO)］：↙	//结束选择
指定拉伸的高度或［方向(D)/路径(P)/倾斜角(T) /表达式(E)］:p↙	//选择按路径方式拉伸实体
选择拉伸路径或［倾斜角(T)］:	//选择图7-44a 所示的曲线2

沿路径拉伸对象时，路径不能与拉伸对象处于同一平面，而应与拉伸对象垂直。

例7-8　按方向拉伸开放对象，生成如图7-45b 所示曲面。

a)　　　　b)

图7-45　沿方向拉伸开放对象
a）选择拉伸对象及方向　b）拉伸结果

在功能区单击“实体”选项卡→“实体”面板→“拉伸”，操作步骤如下：

命令：_ extrude	//启动“拉伸”命令
当前线框密度：ISOLINES =4,闭合轮廓创建模式 = 实体	//系统提示
选择要拉伸的对象或［模式(MO)］：_MO 闭合轮廓创建模式	
［实体(SO)/曲面(SU)］ <实体>：_SO	//选择图7-45a 所示的线框 A
找到 1 个	//系统提示

选择要拉伸的对象[模式(MO)]：↙	//结束选择
指定拉伸的高度或 [方向(D)/路径(P)/倾斜角(T) /表达式(E)]:d ↙	//按方向方式拉伸实体
指定方向的起点：	//指定线条的端点 1
指定方向的端点：	//指定线条的端点 2

例 7-9 按倾斜角拉伸对象，生成如图 7-46b 所示实体。

图 7-46 按倾斜角拉伸对象

a）选择拉伸对象 b）拉伸结果

在功能区单击“实体”选项卡→“实体”面板→“拉伸”，操作步骤如下：

命令：_ extrude	//启动“拉伸”命令
当前线框密度： ISOLINES =4,闭合轮廓创建模式 = 实体	//系统提示
选择要拉伸的对象[模式(MO)]：	//选择如图 7-46a 所示方形线框
找到 1 个	//系统提示
选择要拉伸的对象[模式(MO)]：↙	//结束选择
指定拉伸的高度或 [方向(D)/路径(P)/倾斜角(T) /表达式(E)]:t ↙	//按倾斜角方式拉伸实体
指定拉伸的倾斜角度[表达式(E)] <15 >：20 ↙	//输入倾斜角度
指定拉伸的高度或 [方向(D)/路径(P)/倾斜角(T) /表达式(E)]:10 ↙	//输入拉伸高度值

知识点 2 旋转

旋转是通过绕轴旋转二维对象来创建三维实体或曲面的方法。调用命令的方式如下：

- 功能区：“实体” 选项卡→ “实体” 面板→ “旋转”。
- 菜单栏：“绘图” → “建模” → “旋转”。
- 工具栏：“建模” → “旋转”。
- 键盘命令：REVOLVE。

如果旋转闭合对象，则生成实体；如果旋转开放对象，则生成曲面，一次可以旋转多个对象。本任务操作实例中采用了此方法创建阶梯圆柱。

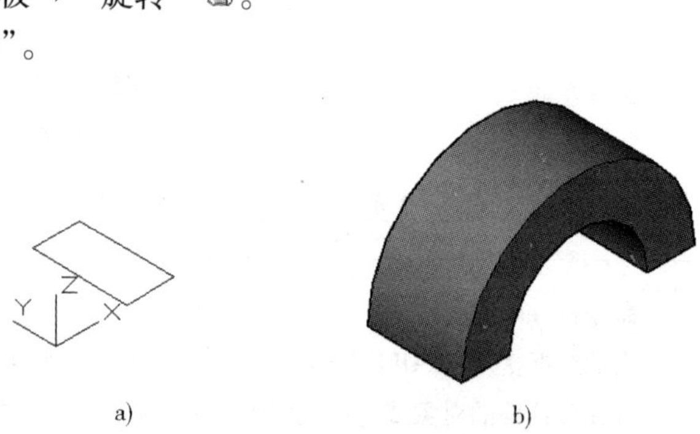

图 7-47 空心半圆柱

a）旋转对象 b）旋转结果

例 7-10 用旋转方式创建半个空心圆柱，如图 7-47b 所示。

在功能区单击“实体”选项卡→“实体”

面板→“旋转”，操作步骤如下：

```
命令：_ revolve                                                     //启动“旋转”命令
当前线框密度:ISOLINES =4,闭合轮廓创建模式 = 实体                     //系统提示
选择要旋转的对象或[模式(MO)]：_ MO 闭合轮廓创建模式
[实体(SO)/曲面(SU)] <实体>：_ SO                                    //选择图7-47a所示矩形线框
选择要旋转的对象或[模式(MO)]：找到1个                                 //系统提示
选择要旋转的对象或[模式(MO)]：↙                                      //结束选择
指定轴起点或根据以下选项之一定义轴[对象(O)/X/Y/Z] <对象>：y↙          //设置Y轴为旋转轴
指定旋转角度或[起点角度(ST)/反转(R)/表达式(EX)] <360>：-180↙         //输入旋转角度值
```

知识点3　扫掠

“扫掠”是通过沿路径扫掠二维曲线来创建三维实体或曲面的方法。调用命令的方式如下：

- 功能区：“实体”选项卡→“实体”面板→“扫掠”。
- 菜单栏：“绘图”→“建模”→“扫掠”。
- 工具栏：“建模”→“扫掠”。
- 键盘命令：SWEEP。

例7-11　创建如图7-48b所示蜗卷弹簧。

a)　　b)

图7-48　蜗卷弹簧

a）扫掠的对象及路径　b）扫掠结果

在功能区单击“实体”选项卡→“实体”面板→“扫掠”，操作步骤如下：

```
命令：_ sweep                                                       //启动“扫掠”命令
当前线框密度:ISOLINES =4,闭合轮廓创建模式 = 实体                     //系统提示
选择要扫掠的对象或[模式(MO)]：_ MO 闭合轮廓创建模式
[实体(SO)/曲面(SU)] <实体>：_ SO                                    //选择如图7-48a所示的小圆1
选择要扫掠的对象或[模式(MO)]：找到1个                                 //系统提示
选择要扫掠的对象:↙                                                   //结束选择
选择扫掠路径或[对齐(A)/基点(B)/比例(S)/扭曲(T)]：                     //选择如图7-48a所示的螺旋2
```

知识点4　放样

放样是通过对包含两条或两条以上横截面曲线的一组曲线进行放样（绘制实体或曲面）

来创建三维实体或曲面的方法。调用命令的方式如下：

- 功能区："实体"选项卡→"实体"面板→"放样"。
- 菜单栏："绘图"→"建模"→"放样"。
- 工具栏："建模"→"放样"。
- 键盘命令：LOFT。

例 7-12 创建如图 7-49b 所示天圆地方实体。

a)　　　　b)

图 7-49 天圆地方

a）放样横截面 b）放样结果

在功能区单击"实体"选项卡→"实体"面板→"放样"，操作步骤如下：

命令：_ loft	//启动"扫掠"命令
当前线框密度：ISOLINES = 4，闭合轮廓创建模式 = 实体	
按放样次序选择横截面或[点(PO)/合并多条边(J)/模式(MO)]：	//选择如图 7-49a 所示的上方小圆
找到 1 个	//系统提示
按放样次序选择横截面或[点(PO)/合并多条边(J)/模式(MO)]：	//选择如图 7-49a 所示的中间圆
找到 1 个，总计 2 个	//系统提示
按放样次序选择横截面或[点(PO)/合并多条边(J)/模式(MO)]：	//选择如图 7-49a 所示正方形
找到 1 个，总计 3 个	//系统提示
按放样次序选择横截面或[点(PO)/合并多条边(J)/模式(MO)]：↙	//结束选择
选中了 3 个横截面	//系统提示
输入选项[导向(G)/路径(P)/仅横截面(C)] <仅横截面>：↙	//按回车键确认

任务 4 三维实体编辑

操作实例（图 7-50）

本例介绍如图 7-50 所示三维实体的绘制及编辑方法和步骤，新增命令主要有"圆角边""倒角边"和"三维镜像"。另外本任务中还将介绍"剖切""三维旋转""三维对齐""抽壳"等操作。

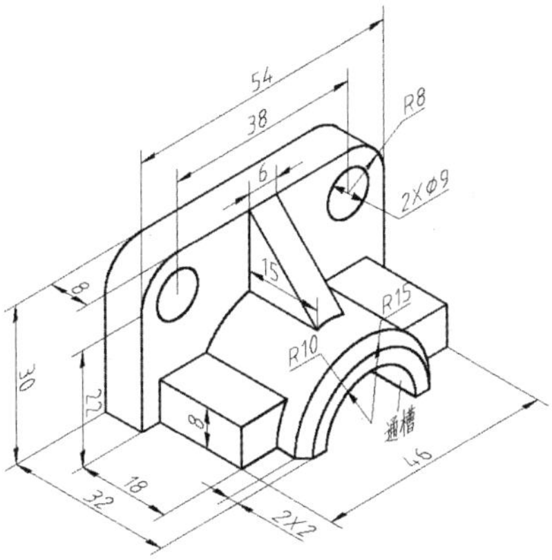

图 7-50　三维实体的创建与编辑

操作过程

第 1 步：调用“长方体”命令，创建长方体，如图 7-51 所示。

第 2 步：倒圆角。

在功能区单击“实体”选项卡→“实体编辑”面板→“圆角边”，操作步骤如下：

命令：_ FILLETEDGE	//启动“圆角边”命令
半径 = 1.0000	//系统提示
选择边或［链(C)/环(L)/半径(R)］：r↙	//设置圆角的半径
输入圆角半径或［表达式(E)］ <1.0000>：8↙	//输入圆角的半径值
选择边或［链(C)/环(L)/半径(R)］：	//拾取图 7-51 所示的边 *A*
选择边或［链(C)/环(L)/半径(R)］：	//拾取图 7-51 所示的边 *B*
选择边或［链(C)/环(L)/半径(R)］：↙	//结束选择
已选定 2 个边用于圆角。	//系统提示
按 Enter 键接受圆角或［半径(R)］：↙	//按回车键确认

圆角后得到如图 7-52 所示的图形。

第 3 步：调用“圆柱体”命令，创建左侧圆柱体，调用“三维镜像”命令，镜像得到右侧圆柱体，与图 7-52 的长方体作差集。

在功能区单击“常用”选项卡→“修改”面板→“三维镜像”，操作步骤如下：

命令：_ mirror3d	//启动“三维镜像”命令
选择对象：找到 1 个	//选择左侧圆柱体
选择对象：↙	//结束选择
指定镜像平面（三点）的第一个点或 ［对象(O)/最近的(L)/Z 轴(Z)/视图(V)/XY 平面(XY)/ YZ 平面(YZ)/ZX 平面(ZX)/三点(3)］ <三点>：	//选择长方体对称面上的点 1
在镜像平面上指定第二点：	//选择长方体对称面上的点 2
在镜像平面上指定第三点：	//选择长方体对称面上的点 3
是否删除源对象？［是(Y)/否(N)］ <否>：↙	//按回车键确认

通过以上操作，得到如图 7-53 所示图形。

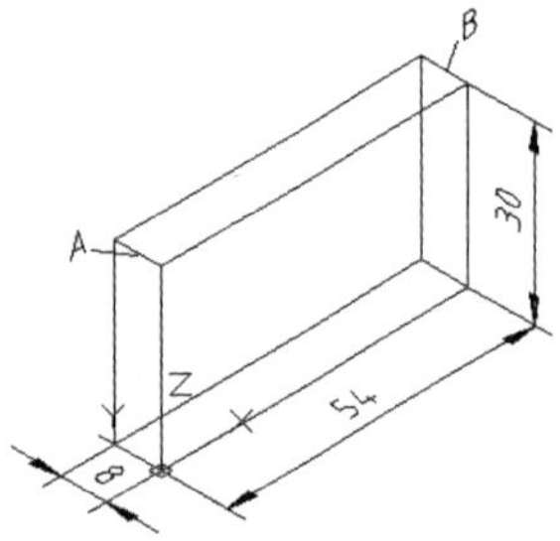

图 7-51　创建长方体

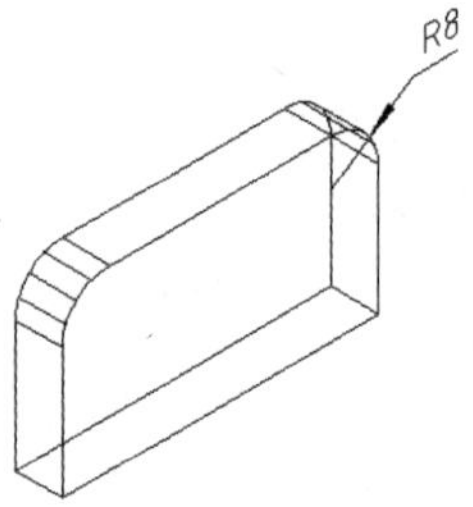

图 7-52　倒圆角

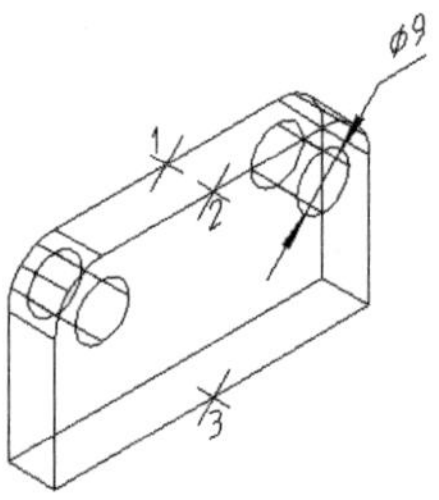

图 7-53　创建圆柱孔

第 4 步：绘制 R15 的半圆并创建为面域，调用“拉伸”命令，创建半圆柱，如图 7-54 所示。

第 5 步：调用“长方体”命令，创建长方体，如图 7-55 所示。

第 6 步：调用“并集”命令，合并以上创建的三个形体，如图 7-56 所示。

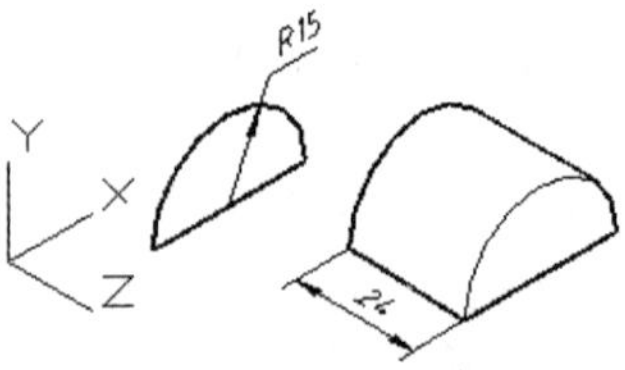

图 7-54　创建半圆柱

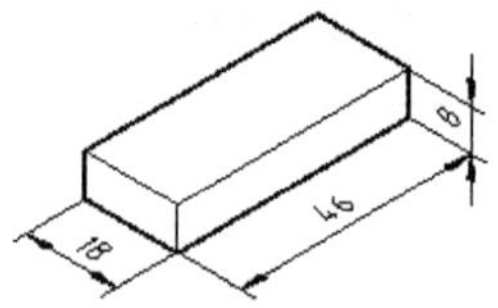

图 7-55　创建长方体

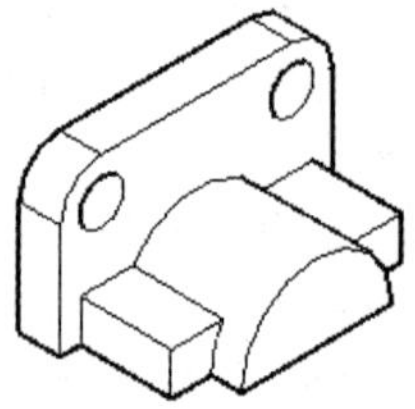

图 7-56　合并三个实体

第 7 步：调用“圆柱体”命令，创建圆柱体，如图 7-57 所示。

第 8 步：调用“差集”命令，挖出半圆柱孔，如图 7-58 所示。

第 9 步：倒角。

在功能区单击“实体”选项卡→“实体编辑”面板→“倒角边”，操作步骤如下：

```
命令：CHAMFEREDGE                                      //启动“倒角边”命令
距离 1 = 1.0000,距离 2 = 1.0000                         //系统提示
选择一条边或[环(L)/距离(D)]：                           //选择如图 7-58 所示的边 4
选择同一个面上的其他边或[环(L)/距离(D)]：d↙             //选择“距离”方式
指定距离 1 或[表达式(E)] <1.0000>：2↙                   //输入倒角的距离 1
指定距离 2 或[表达式(E)] <1.0000>：2↙                   //输入倒角的距离 2
选择同一个面上的其他边或[环(L)/距离(D)]：↙              //结束选择
按 Enter 键接受倒角或[距离(D)]：↙                       //按回车键确认
```

通过以上操作，得到如图 7-59 所示图形。

第 10 步：创建肋板。

(1) 复制面。

在功能区单击“常用”选项卡→“实体编辑”面板→“复制面”，操作步骤如下：

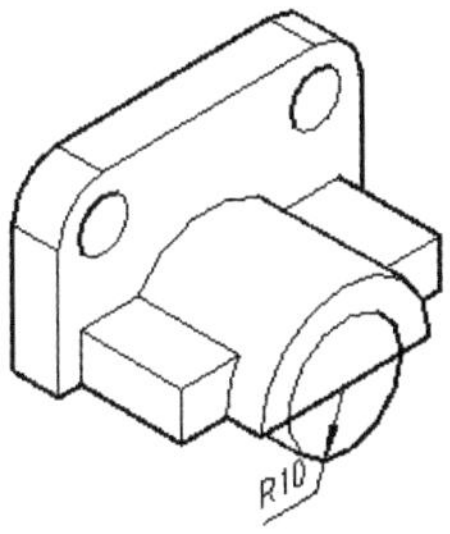

图7-57　创建圆柱体

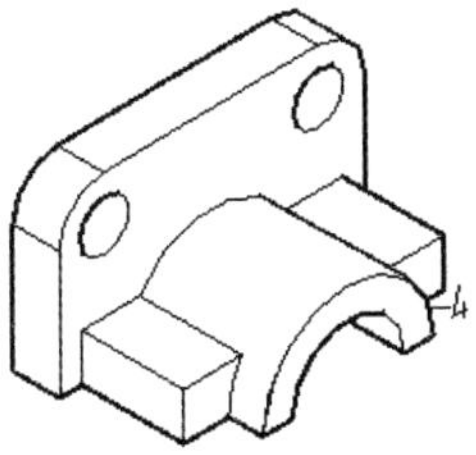

图7-58　差集运算

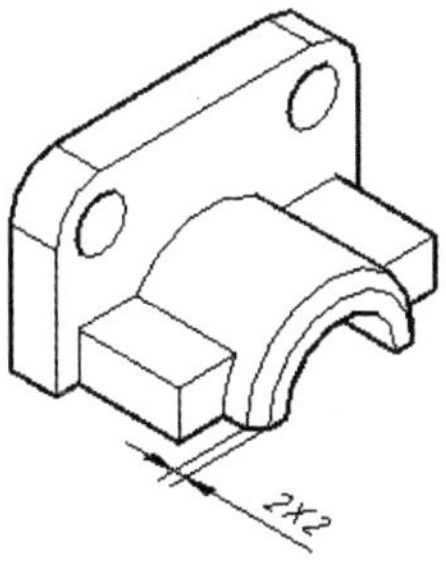

图7-59　倒角后

命令：_ solidedit	//启动“复制面”命令
实体编辑自动检查：SOLIDCHECK = 1	
输入实体编辑选项［面(F)/边(E)/体(B)/放弃(U)/退出(X)］ <退出>：_ face	
输入面编辑选项	
［拉伸(E)/移动(M)/旋转(R)/偏移(O)/倾斜(T)/删除(D)/复 制(C)/颜色(L)/材质(A)/放弃(U)/退出(X)］<退出>：_ copy	//系统提示
选择面或［放弃(U)/删除(R)］：	//选择如图7-60所示的面5
找到一个面。	//系统提示
选择面或［放弃(U)/删除(R)/全部(ALL)］：↙	//结束选择
指定基点或位移：	//在如图7-60所示的面5上任选一点
指定位移的第二点：	//在实体外面任意点取一点
输入面编辑选项	
［拉伸(E)/移动(M)/旋转(R)/偏移(O)/倾斜(T)/删除(D) /复制(C)/颜色(L)/材质(A)/放弃(U)/退出(X)］<退出>：↙	//按回车键确认
实体编辑自动检查：SOLIDCHECK = 1	
输入实体编辑选项［面(F)/边(E)/体(B)/放弃(U)/退出(X)］<退出>：↙	//结束命令

通过以上操作，得到如图7-61所示图形。

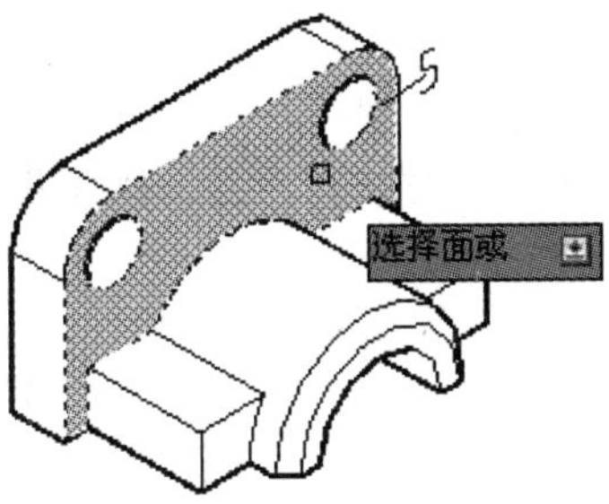

图7-60　选择复制面

图7-61　复制结果

（2）在偏离图7-61所示图形的上边中点3处画一封闭的三角形A，并创建面域，如图7-62所示。

（3）调用“拉伸”命令，将创建的面域拉伸为宽度为6的实体，如图7-63所示。

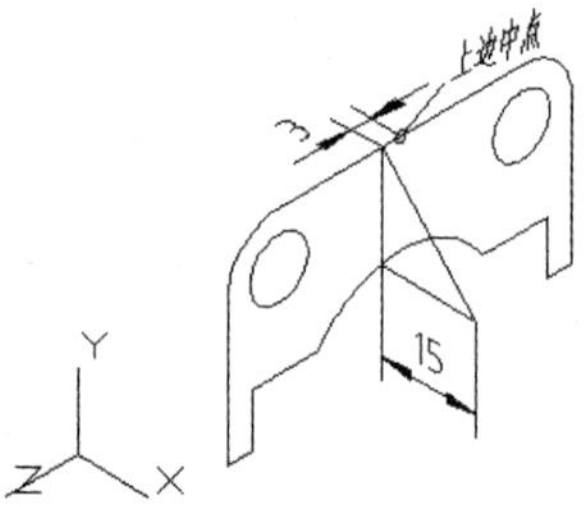

图 7-62　创建封闭三角形

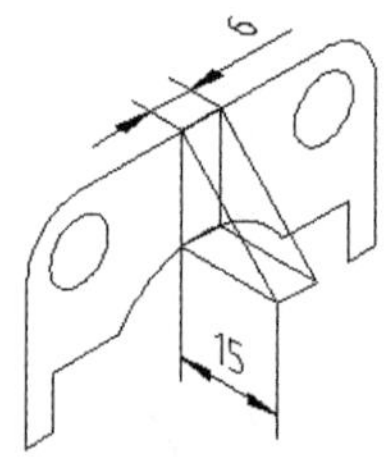

图 7-63　拉伸后的实体

第 11 步：调用“并集”命令，将肋板与如图 7-59 所示对象合并，完成三维实体图，如图 7-50 所示。

第 12 步：保存图形文件。

知识点 1　圆角边

圆角边是为实体对象边建立圆角的操作。调用命令的方式如下：

- 功能区：“实体”选项卡→“实体编辑”面板→“圆角边”。
- 菜单栏：“修改”→“实体编辑”→“圆角边”。
- 工具栏：“实体编辑”→“圆角边”。
- 键盘命令：FILLETEDGE。

执行上述命令后，命令行提示：

```
半径 =8.0000                                      //系统提示当前圆角半径
选择边或[链(C)/环(L)/半径(R)]:                    //系统提示
```

各选项介绍如下：

◆“选择边”选项：指定实体上要进行圆角的一个或多个边。按 Enter 键后，可以拖动圆角夹点来指定半径，也可以使用“半径（R）”选项来指定半径。

◆“链（C）”选项：指定相互连接的相切边进行圆角边操作。

◆“环（L）”选项：在实体的面上指定边的环。对于任何边，有两种可能的循环。选择循环边后，系统将提示接受当前选择，或选择下一个循环。

◆“半径（R）”选项：指定圆角半径值。

例 7-13　将图 7-64a 所示的长方体圆角，圆角后如图 7-64c 所示。

在功能区单击“实体”选项卡→“实体编辑”面板→“圆角边”，操作步骤如下：

```
命令：_FILLETEDGE                                 //启动“圆角边”命令
半径 = 2.0000                                     //系统提示当前圆角半径
选择边或[链(C)/环(L)/半径(R)]：c↙                //选择按“链”方式圆角
选择边链或[边(E)/半径(R)]：                       //选择图 7-64a 所示的 A 边
选择边链或[边(E)/半径(R)]：↙                     //结束选择
已选定 8 个边用于圆角。                           //系统提示
按 Enter 键接受圆角或[半径(R)]：↙                //按回车键确认
```

通过以上操作（圆角过程如图7-64b所示），得到如图7-64c所示图形。

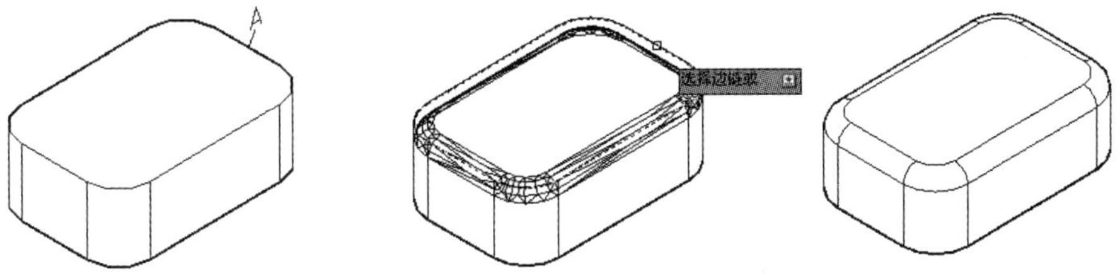

a)　　b)　　c)

图7-64　长方体倒圆角

a）圆角前　b）圆角中　c）圆角后

知识点2　倒角边

倒角边是为三维实体边和曲面边建立倒角的操作。调用命令的方式如下：

- 功能区："实体"选项卡→"实体编辑"面板→"倒角边"。
- 菜单栏："修改"→"实体编辑"→"倒角边"。
- 工具栏："实体编辑"→"倒角边"。
- 键盘命令：CHAMFEREDGE。

执行倒角边命令后可同时选择属于相同面的多条边。输入倒角距离值，或单击并拖动倒角夹点。

知识点3　三维镜像

利用"三维镜像"命令可以将选定三维对象沿某一指定平面进行对称复制，源对象可删除也可以不删除。调用命令的方式如下：

- 功能区："常用"选项卡→"修改"面板→"三维镜像"。
- 菜单栏："修改"→"三维操作"→"三维镜像"。
- 键盘命令：MIRROR3D。

执行上述命令后，选择要镜像的对象，再指定镜像平面，即可对称复制选定对象，其具体操作过程在本任务操作实例中已述，不再赘述。

知识点4　三维旋转

利用"三维旋转"命令可将选定三维对象绕指定的轴旋转给定角度。调用命令的方式如下：

- 功能区："常用"选项卡→"修改"面板→"三维旋转"。
- 菜单栏："修改"→"三维操作"→"三维旋转"。
- 工具栏："建模"→"三维旋转"。
- 键盘命令：3DROTATE或3R。

例7-14　将如图7-65a所示的三维实体进行旋转，旋转后如图7-65c所示。

在功能区单击"常用"选项卡→"修改"面板→"三维旋转"，操作步骤如下：

命令：3DROTATE	//启动"三维旋转"命令
UCS 当前的正角方向： ANGDIR = 逆时针 ANGBASE = 0	//系统提示
选择对象：	//选择图 7-65a 的楔体
找到 1 个	//系统提示
选择对象：↙	//按回车键，结束选择
指定基点：	//指定楔体左下后角
拾取旋转轴：	//拾取 Z 轴，如图 7-65b 所示
指定角的起点或键入角度：-90 ↙	//键入角度旋转角度

通过以上操作，得到如图 7-65c 所示图形。

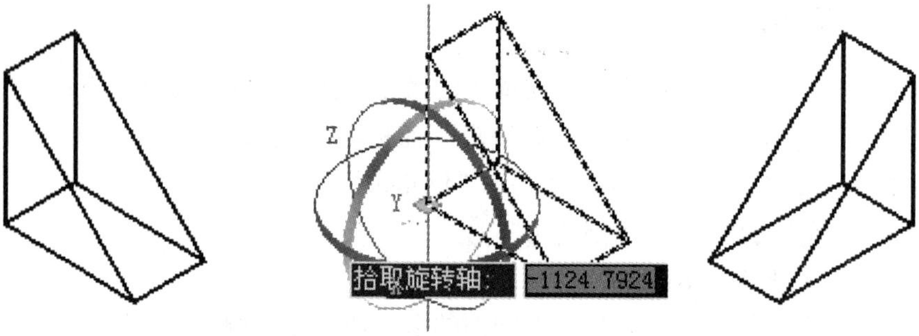

a)　　b)　　c)

图 7-65　旋转三维实体

a）旋转前　b）旋转中　c）旋转后

知识点 5　三维对齐

利用"三维对齐"命令可以指定至多三个点以定义源平面，然后指定至多三个点以定义目标平面，并将源平面对齐到目标平面上。调用命令的方式如下：

- 功能区："常用"选项卡→"修改"面板→"三维对齐"。
- 菜单栏："修改"→"三维操作"→"三维对齐"。
- 工具栏："建模"→"三维对齐"。
- 键盘命令：3DALIGN 或 3A。

例 7-15　将如图 7-66a 所示的楔体与三维底座对齐，对齐后如图 7-66b 所示。

在功能区单击"常用"选项卡→"修改"面板→"三维对齐"，操作步骤如下：

命令：_3dalign	//启动命令
选择对象：	//选择图 7-66a 所示的楔体
找到 1 个	//系统提示
选择对象：↙	//结束选择
指定源平面和方向 ...	//系统提示
指定基点或［复制(C)］：	//选择楔体上的 1 点

指定第二个点或［继续(C)］<C>:	//选择楔体上的2点
指定第三个点或［继续(C)］<C>:	//选择楔体上的3点
指定目标平面和方向...	//系统提示
指定第一个目标点:	//选择底座上的1′点
指定第二个目标点或［退出(X)］<X>:	//选择底座上的2′点
指定第三个目标点或［退出(X)］<X>:	//选择底座上的3′点

通过以上操作，得到如图7-66b所示图形。

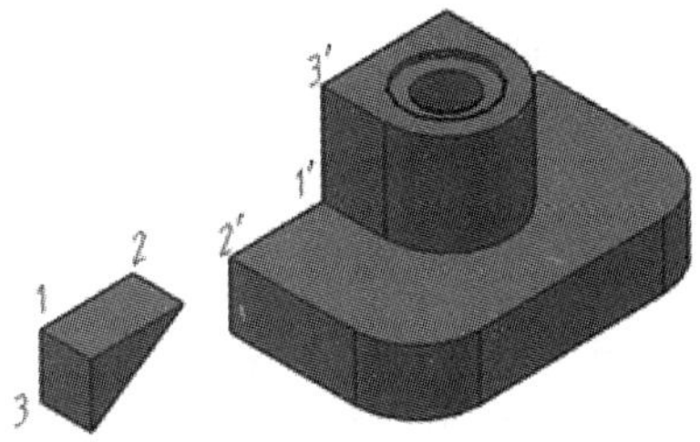

a)

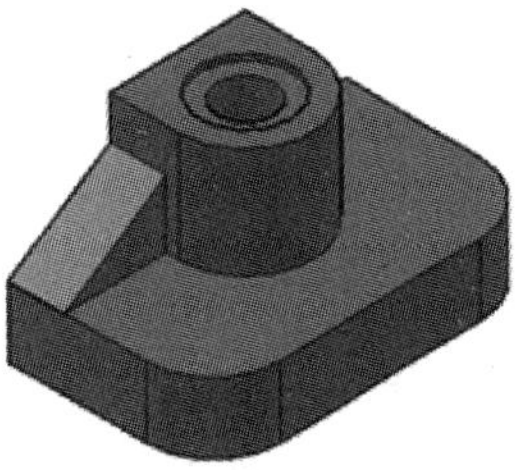

b)

图7-66　三维对齐操作

a）对齐前　b）对齐后

知识点6　剖切

利用“剖切”命令可以通过指定的剖切平面对三维实体进行剖切操作。调用命令的方式如下：

- 功能区：“常用”选项卡→“实体编辑”面板→“剖切”。
- 菜单栏：“修改”→“三维操作”→“剖切”。
- 键盘命令：SLICE。

例7-16　对如图7-67a所示的三维实体进行剖切，剖切后如图7-67b所示。

在功能区单击“常用”选项卡→“实体编辑”面板→“剖切”，操作步骤如下：

命令:_ slice	//启动“剖切”命令
选择要剖切的对象:	//选中图7-67a中的实体
找到1个	//系统提示
选择要剖切的对象:↙	//按回车键,结束选择
指定 切面 的起点或［平面对象(O)/曲面(S)/Z轴(Z)/视图(V)/XY(XY)/YZ(YZ)/ZX(ZX)/三点(3)］<三点>:3	//用三点方式确定剖切平面
指定平面上的第一个点:	//拾取剖切平面上点1
指定平面上的第二个点:	//拾取剖切平面上点2
指定平面上的第三个点:	//拾取剖切平面上点3
在所需的侧面上指定点或［保留两个侧面(B)］<保留两个侧面>:	//拾取要保留的一侧上的点4

在剖切面上进行图案填充，结果如图7-67b所示。

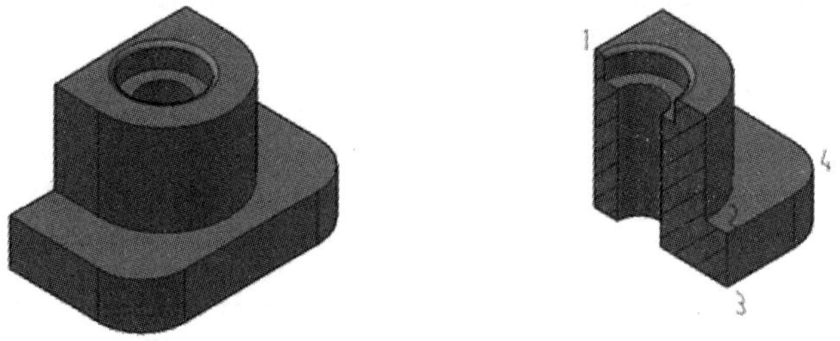

a)　　　　b)

图 7-67　剖切三维实体
a）剖切前　b）剖切后

知识点 7　编辑三维实体对象的面和边

利用“三维实体编辑（SOLIDEDIT）”命令可以对三维实体的面或边或实体进行编辑。

对于三维实体的面可进行拉伸、移动、旋转、偏移、倾斜、复制、删除面、为面指定颜色以及添加材质等操作；对于三维实体的边可进行复制边以及为其指定颜色的操作；对于整个三维实体对象（体）可进行压印、分割、抽壳、清除，以及检查其有效性等操作。

下面介绍几种常用的命令。

1. 拉伸面

利用“拉伸面”命令可在 X、Y 或 Z 方向上延伸三维实体面。用户可以通过移动面来更改对象的形状。调用命令的方式如下：

- 功能区：“常用”选项卡→“实体编辑”面板→“拉伸面”。
- 菜单栏：“修改”→“实体编辑”→“拉伸面”。
- 工具栏：“实体编辑”→“拉伸面”。
- 键盘命令：SOLIDEDIT。

例 7-17　将如图 7-68a 所示实体表面按倾斜角拉伸，使其如图 7-68b 所示。

在功能区单击“常用”选项卡→“实体编辑”面板→“拉伸面”，操作步骤如下：

```
命令：solidedit                                              //启动“实体编辑”命令
实体编辑自动检查：SOLIDCHECK = 1
输入实体编辑选项［面(F)/边(E)/体(B)/放弃(U)/退出(X)］
<退出>：_face                                                 //系统提示编辑实体的面
输入面编辑选项
［拉伸(E)/移动(M)/旋转(R)/偏移(O)/倾斜(T)/删除(D)/复
制(C)/颜色(L)/材质(A)/放弃(U)/退出(X)］<退出>：_extrude  //系统提示用拉伸方式编辑实体面
选择面或［放弃(U)/删除(R)］：                                  //选择如图 7-68a 中长方体的上表面
找到一个面。                                                  //系统提示
选择面或［放弃(U)/删除(R)/全部(ALL)］：↙                     //按回车键结束选择
指定拉伸高度或［路径(P)］：10↙                               //输入拉伸的高度
指定拉伸的倾斜角度 <0>：10↙                                  //输入拉伸的倾斜角度
已开始实体校验。                                              //系统提示
已完成实体校验。                                              //系统提示
```

输入面编辑选项
[拉伸(E)/移动(M)/旋转(R)/偏移(O)/倾斜(T)/删除(D)/
复制(C)/颜色(L)/材质(A)/放弃(U)/退出(X)] <退出>:↙　　//按回车键,结束选择
实体编辑自动检查:SOLIDCHECK = 1
输入实体编辑选项[面(F)/边(E)/体(B)/放弃(U)/
退出(X)] <退出>:↙　　//按回车键,结束命令

通过以上操作，得到如图7-68b所示图形。

a)　　b)

图7-68　拉伸面
a）选择实体面　b）拉伸结果

2. 复制面

利用“复制面”命令可将实体面复制为面域或体。调用命令的方式如下:

- 功能区:“常用”选项卡→“实体编辑”面板→“复制面”。
- 菜单栏:“修改”→“实体编辑”→“复制面”。
- 工具栏:“实体编辑”→“复制面”。
- 键盘命令:SOLIDEDIT。

如果指定两个点，SOLIDEDIT将使用第一个点作为基点，并相对于基点放置一个副本。如果指定一个点（通常输入为坐标），然后按回车键，SOLIDEDIT将使用此坐标作为新位置。本任务操作实例中采用了复制面命令复制挖孔后的长方体的前面，如图7-61所示。

3. 抽壳

利用“抽壳”命令可将三维实体转换为中空薄壁或壳体。调用命令的方式如下:

- 功能区:“常用”选项卡→“实体编辑”面板→“抽壳”。
- 菜单栏:“修改”→“实体编辑”→“抽壳”。
- 工具栏:“实体编辑”→“抽壳”。
- 键盘命令:SOLIDEDIT。

例7-18　创建抽壳花盆实体，如图7-69所示。

在功能区单击“常用”选项卡→“实体编辑”面板→“抽壳”，操作步骤如下:

命令:solidedit　　//启动“实体编辑”命令
实体编辑自动检查:SOLIDCHECK = 1
输入实体编辑选项[面(F)/边(E)/体(B)/放弃(U)/
退出(X)] <退出>: _body　　//系统提示编辑实体

```
输入体编辑选项
[压印(I)/分割实体(P)/抽壳(S)/清除(L)/检查(C)/
放弃(U)/退出(X)] <退出>: _shell                    //系统提示用抽壳方式编辑实体
选择三维实体:                                        //选择如图 7-69a 中的实体
删除面或[放弃(U)/添加(A)/全部(ALL)]:                //选择如图 7-69a 中实体的上表面
找到一个面,已删除 1 个。                            //系统提示
删除面或[放弃(U)/添加(A)/全部(ALL)]: ↙              //结束选择
输入抽壳偏移距离: 2 ↙                               //输入抽壳距离
已开始实体校验。                                    //系统提示
已完成实体校验。                                    //系统提示
输入体编辑选项
[压印(I)/分割实体(P)/抽壳(S)/清除(L)/检查(C)/
放弃(U)/退出(X)] <退出>:↙                           //按回车键,结束选择
实体编辑自动检查:  SOLIDCHECK = 1
输入实体编辑选项[面(F)/边(E)/体(B)/放弃(U)/
退出(X)] <退出>:↙                                   //按回车键,结束命令
```

通过以上操作，得到如图 7-69b 所示花盆实体。

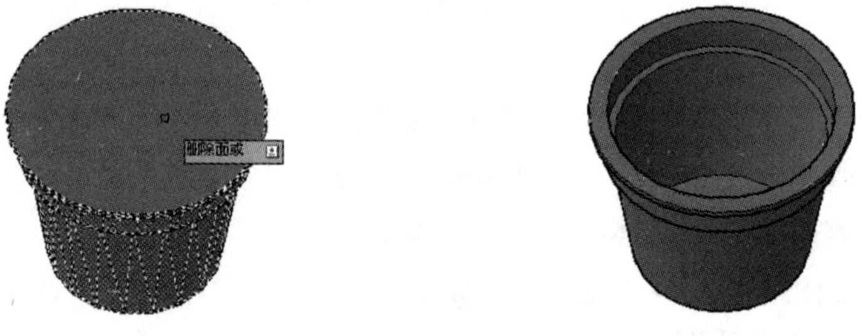

a)　　　　b)

图 7-69　抽壳操作

a）选择实体及上表面　b）抽壳后

同 类 练 习

1. 灵活运用各种方法创建如图 7-70 至图 7-81 所示实体。

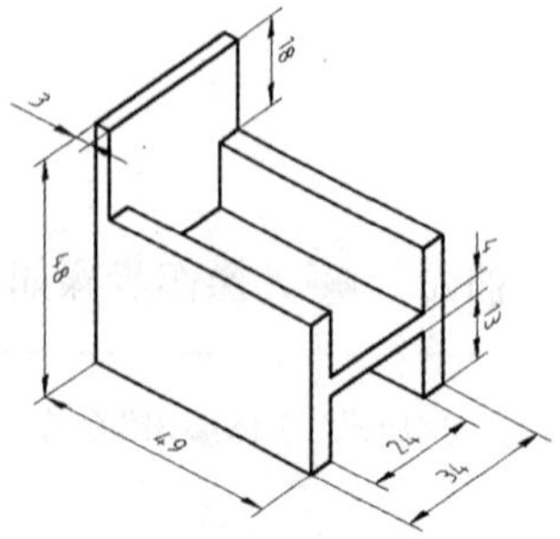

图 7-70　练习图 7-1

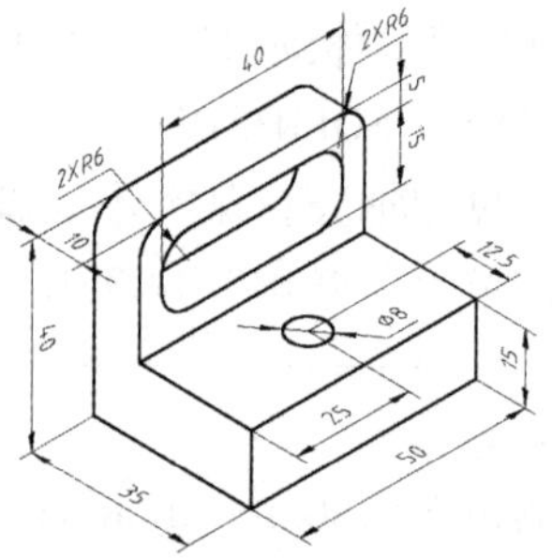

图 7-71　练习图 7-2

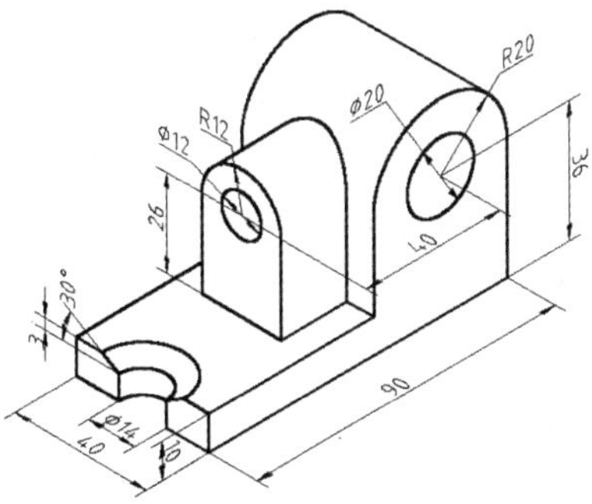

图 7-72　练习图 7-3

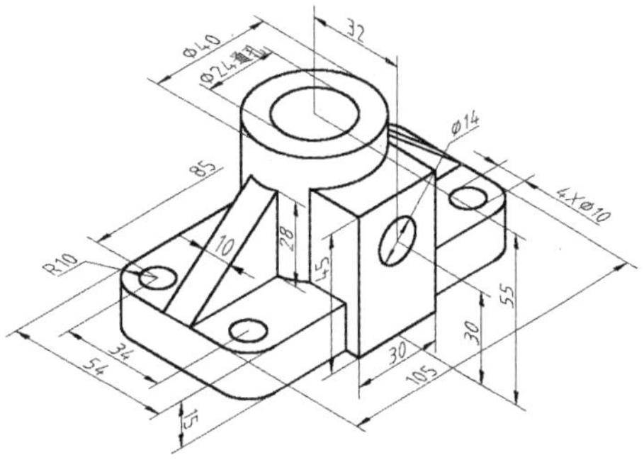

图 7-73　练习图 7-4

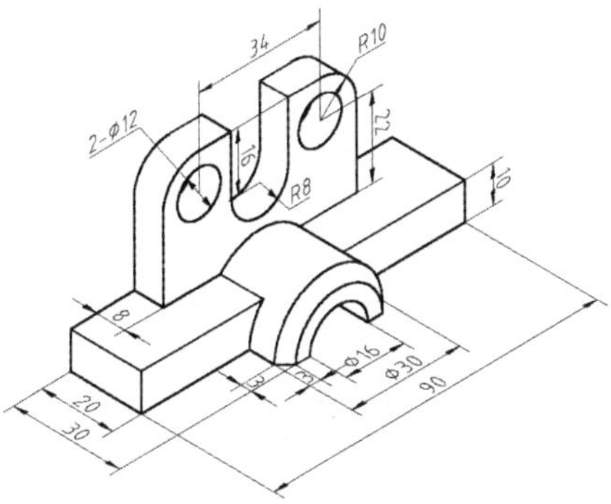

图 7-74　练习图 7-5

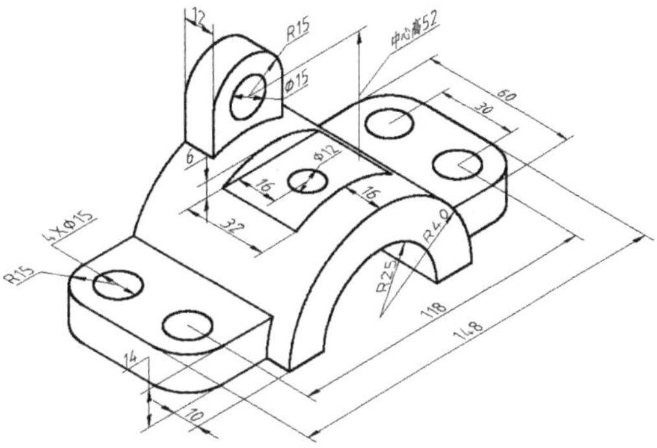

图 7-75　练习图 7-6

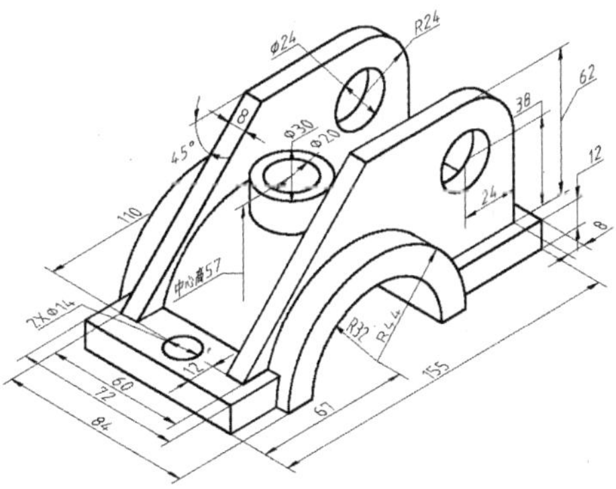

图 7-76　练习图 7-7

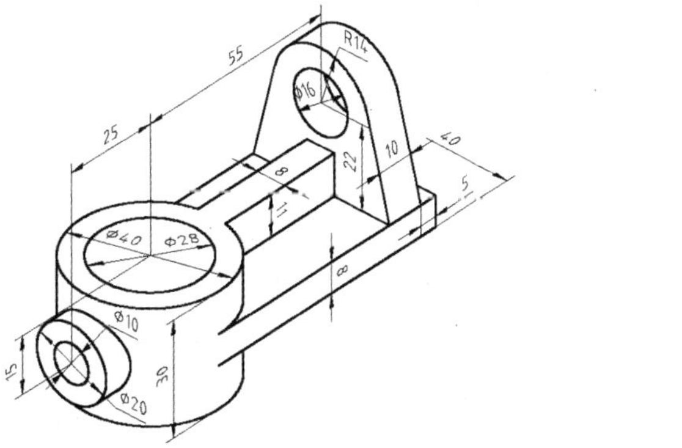

图 7-77　练习图 7-8

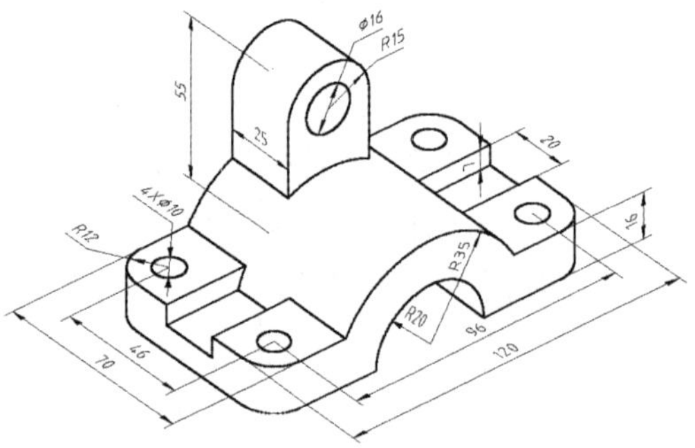

图 7-78　练习图 7-9

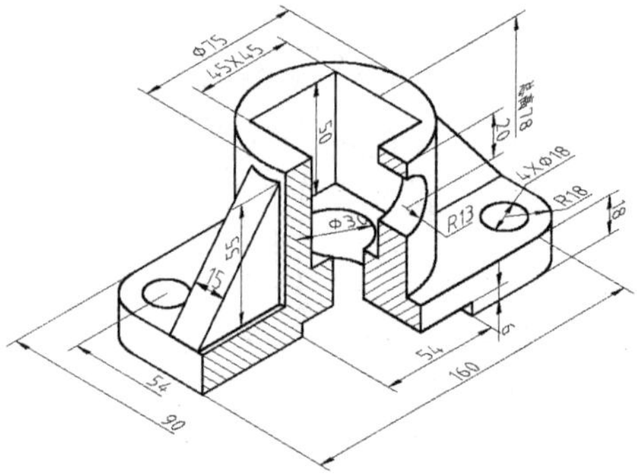

图 7-79　练习图 7-10

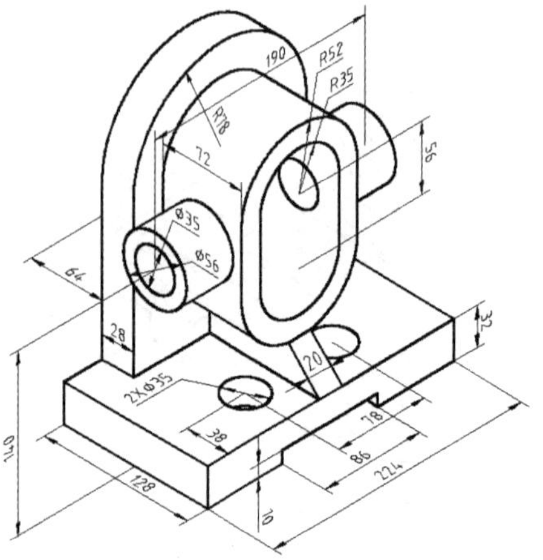

图 7-80　练习图 7-11

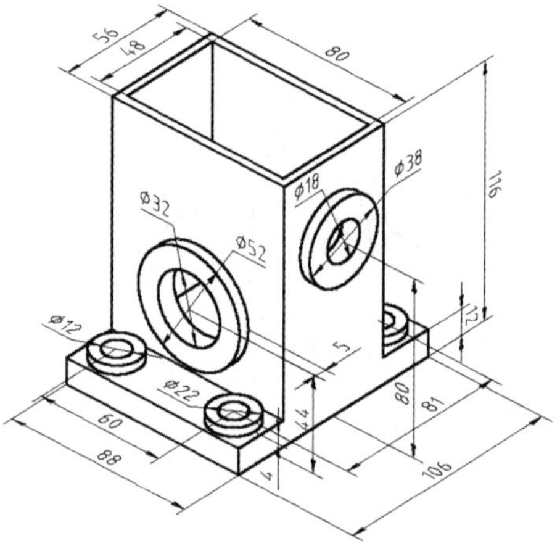

图 7-81　练习图 7-12

2. 根据图 7-82 所示的尺寸，完成斜板零件的实体造型。

3. 根据图 7-83 所示的尺寸，完成锤子的实体造型。

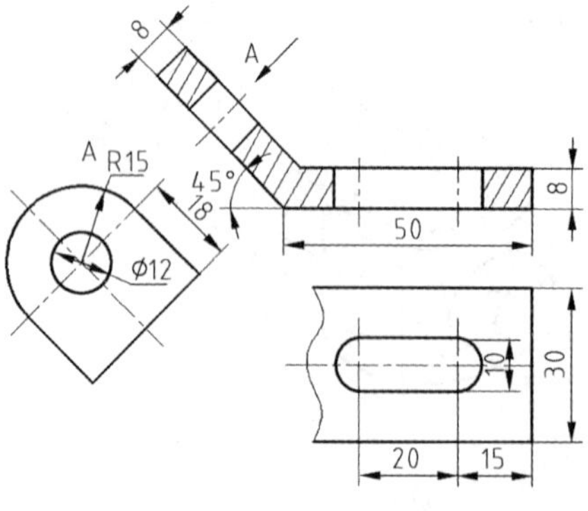

图 7-82　练习图 7-13

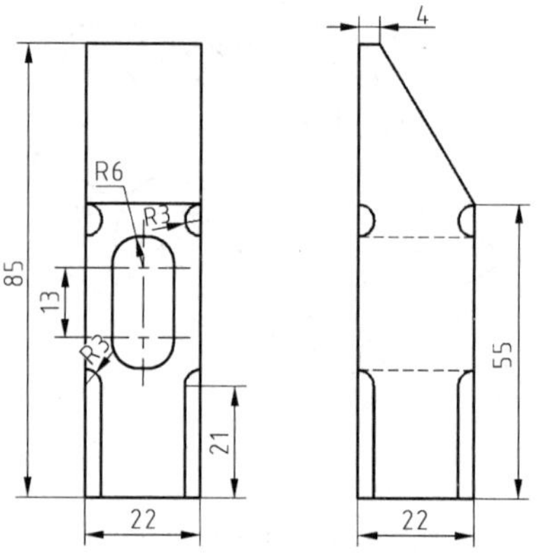

图 7-83　练习 7-14 图

模块 8　图纸布局、打印输出与工程图

【学习目标】

1. 了解模型空间与图纸空间的作用。
2. 掌握在模型空间中打印图纸的设置。
3. 掌握在图纸空间通过布局进行打印设置。
4. 掌握创建工程图的方法。
5. 能在模型空间中打印出图。
6. 能在图纸空间中布局打印出图。
7. 能将图形发布为 PDF 文档。
8. 能由三维实体生成对应的二维工程图。

任务 1　在模型空间中打印出图

操作实例（图 8-1）

本例介绍输出如图 8-1 所示轴承座三视图的方法，主要涉及“模型空间”及在“模型空间打印出图”的操作。

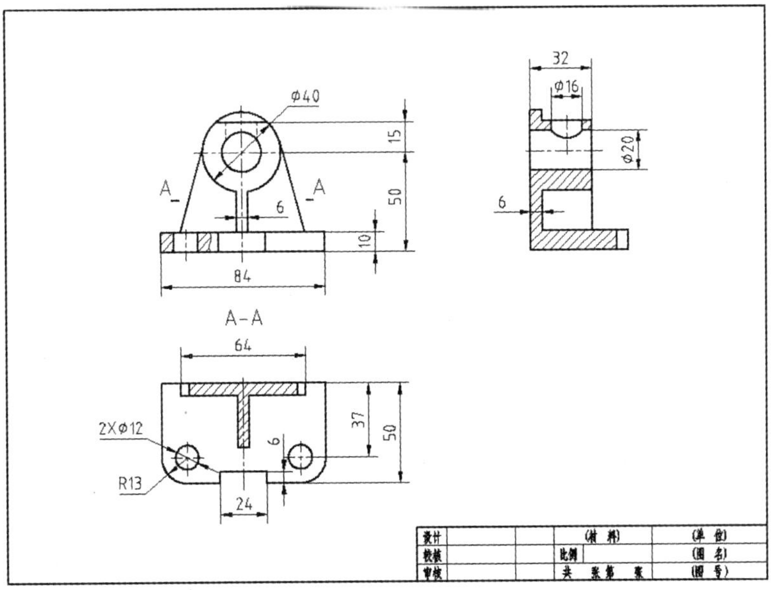

图 8-1　轴承座

操作过程

第 1 步：在模型空间绘制轴承座的三视图，如图 8-1 所示。

第 2 步：在模型空间中进行打印设置。

（1）在功能区单击“输出”选项卡→“打印”面板→“打印”按钮，启动打印命令，弹出“打印—模型”对话框，如图 8-2 所示。

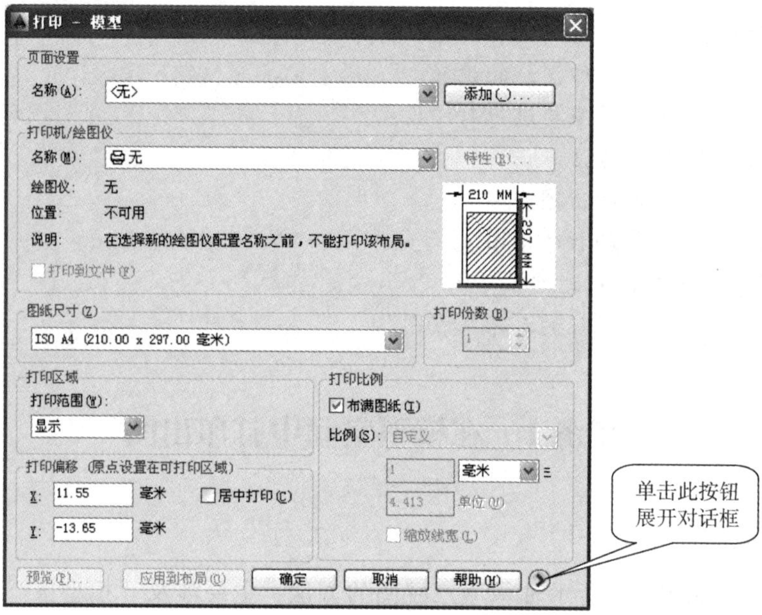

图 8-2　“打印—模型”对话框

（2）单击该对话框右下角的“更多选项”按钮，展开该对话框如图 8-3 所示。

（3）在“打印机/绘图仪”选项区域的“名称”下拉列表中选择打印机，如果计算机上已经安装了打印机，可以选择已安装的打印机；否则可选择由系统提供的一个虚拟的电子打印机“DWF6 ePlot. pc3”。

（4）在“图纸尺寸”选项区域中选择图纸，本例选择“ISO A3（420.00 × 297.00 毫米）”，这些图纸都是根据打印机的硬件信息列出的。

（5）在“打印区域”选项区域的“打印范围”下拉列表中选择“窗口”，单击右侧“窗口”按钮，系统切换到绘图窗口，选择图形的左上角点和右下角点以确定要打印的图纸范围。

（6）去掉“打印比例”选项区域的“布满图纸”的选择，在“比例”选项中选择 1:1，以保证打印出来的图纸是 1:1 的工程图。

（7）在“打印偏移”选项区域中选择“居中打印”。

（8）在“图形方向”选项区域中选择“横向”。

第 3 步：在模型空间打印出图。

在图 8-3 所示对话框中单击“预览(P)...”按钮，显示即将要打印的图样，如图 8-4 所示，如符合要求，单击“”按钮开始打印；若不满意，单击“”按钮，返回到对话框，再重新调整设置。

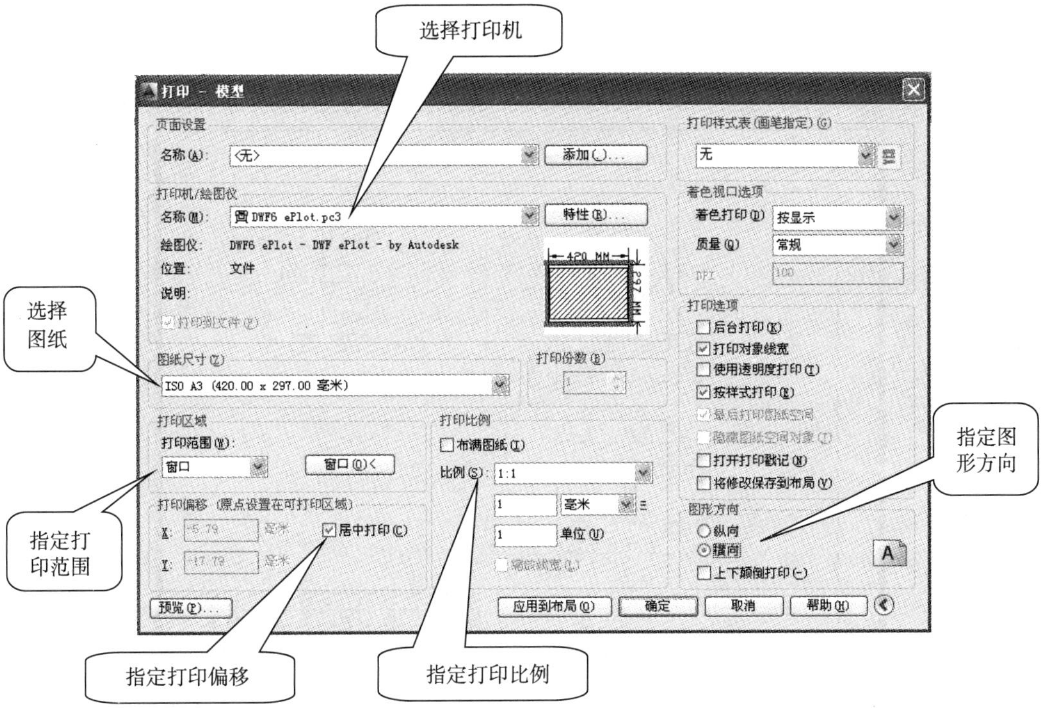

图 8-3　设置打印机、图纸、打印比例、图纸方向等

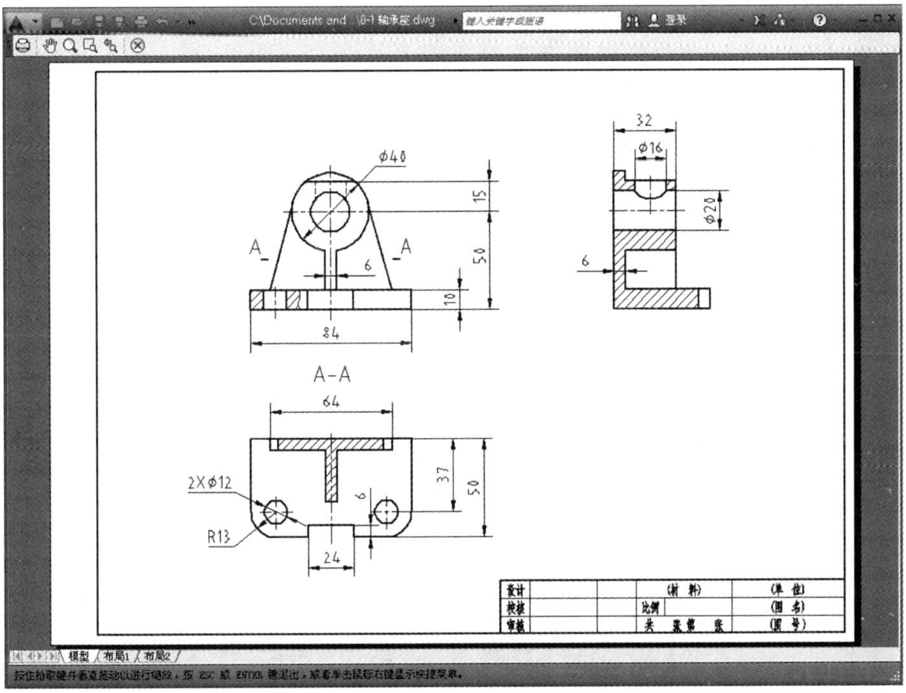

图 8-4　预览结果

> 预览时如出现图形不能完全显示，如图 8-5 所示的情况，则需要更改所选图纸的有效打印区域。

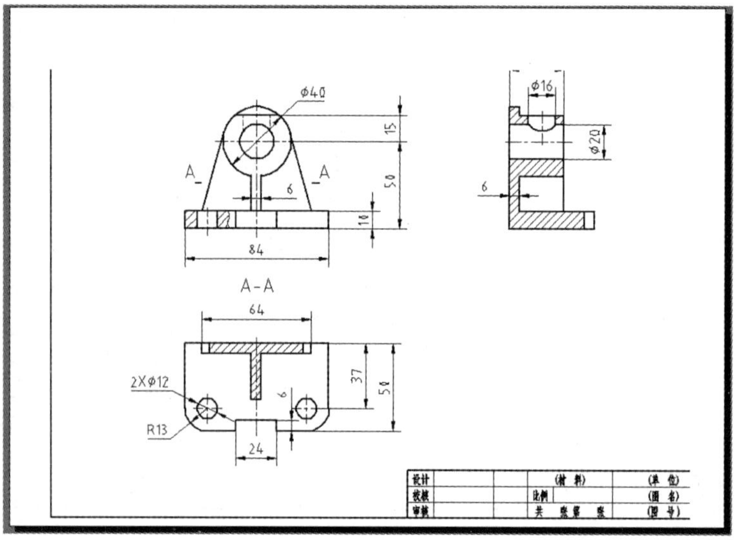

图 8-5　打印预览时出现的图形不能完全显示的情况

当出现预览时图形不能完全显示的情况，可按以下步骤更改所选图纸的有效打印区域，以增大打印的有效区域。

（1）在如图 8-3 所示“打印—模型”对话框中单击“打印机/绘图仪”选项区域右侧的“特性(R)...”按钮，打开“绘图仪配置编辑器”对话框，如图 8-6 所示。

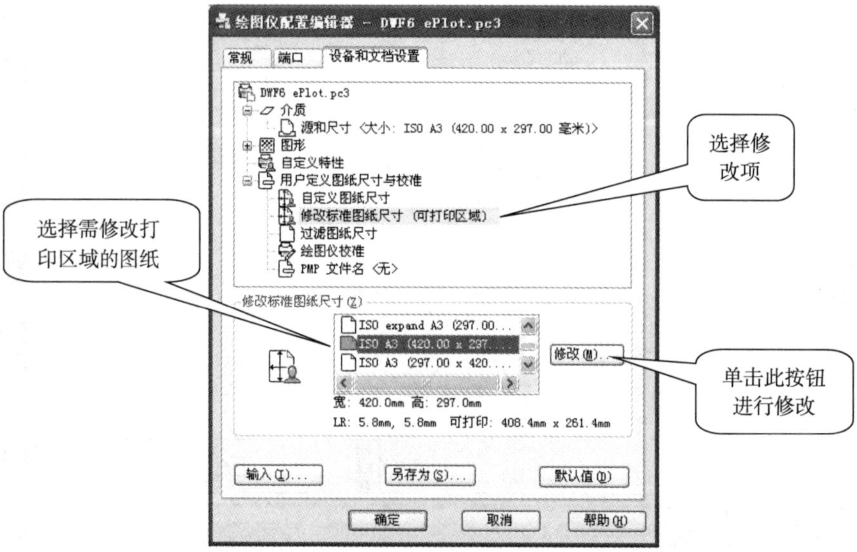

图 8-6　“绘图仪配置编辑器”对话框

（2）在“设备和文档设置”选项卡选择“用户定义图纸尺寸与校准”下的“修改标准图

纸尺寸（可打印区域）”；在“修改标准图纸尺寸”下拉列表中找到要修改的图纸，本例为“ISO A3（420.00×297.00 毫米）”，单击“修改(M)...”按钮，打开“自定义图纸尺寸—可打印区域”对话框，如图8-7所示。

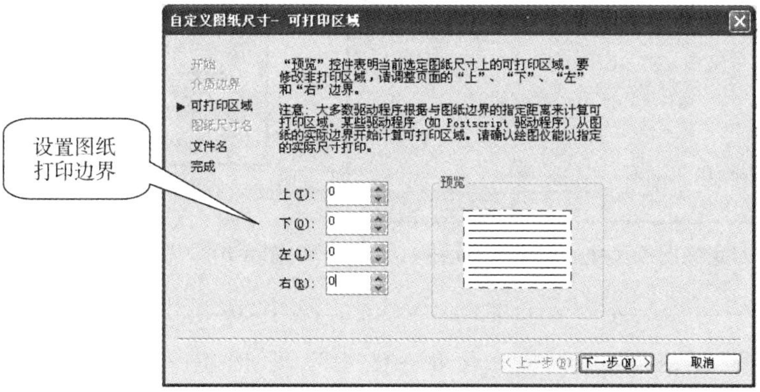

图8-7　“自定义图纸尺寸—可打印区域”对话框

（3）将图纸打印边界均设为0，单击“下一步(N) >”按钮，弹出“自定义图纸尺寸—文件名”对话框，如图8-8所示。

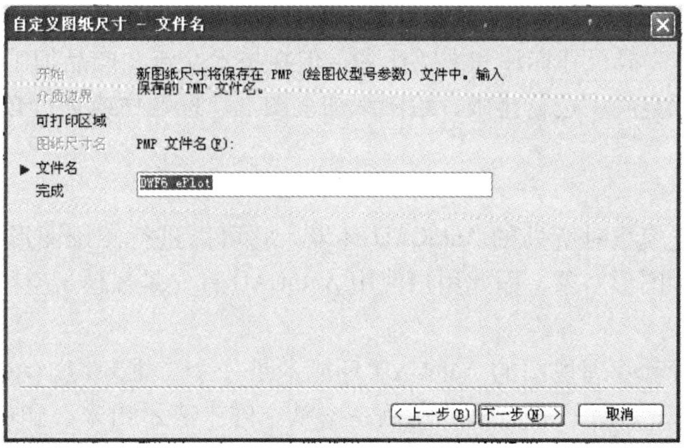

图8-8　“自定义图纸尺寸—文件名”对话框

（4）采用系统默认的文件名或自定义一个文件名，单击“下一步(N) >”按钮，弹出“自定义图纸尺寸—完成”对话框，如图8-9所示。

（5）单击“完成(F)”按钮，返回到如图8-6所示“绘图仪配置编辑器”对话框。

（6）单击“确定”按钮，弹出“修改打印机配置文件”对话框，如图8-10所示。

（7）选择对打印机配置文件的处理方式，单击“确定”按钮，返回到如图8-3所示“打印—模型”对话框，至此完成图纸有效打印区域的设置。

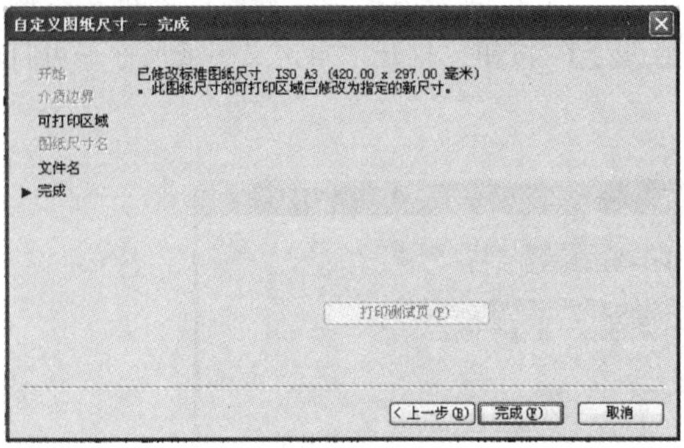

图 8-9 “自定义图纸尺寸—完成”对话框

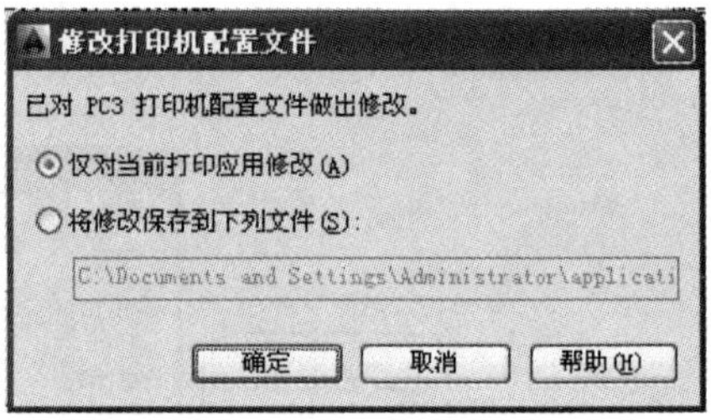

图 8-10 “修改打印机配置文件”对话框

如果单击图 8-3 所示“打印—模型”对话框“页面设置”选项区域的“添加(.)...”按钮，将弹出“添加页面设置”对话框，输入一个名字，就可以将这些设置保存到一个页面设置文件中，以后打印时只要在“页面设置”的“名称”下拉列表中选择该文件，就不必再逐一设置了。

知识点 1 模型空间与图纸空间

在 AutoCAD 中有两个工作环境，分别是模型空间和图纸空间。用户通常是在模型空间进行 1:1 的设计绘图，完成尺寸标注和文字注释；但在技术交流、产品加工中都需要图纸作为媒介，这就需要在图纸空间中进行排版，给图纸加上图框、标题栏或进行必要的文字、尺寸标注等，然后打印出图。

1. 模型空间

模型空间是建立模型时所处的 AutoCAD 环境，它可以进行二维图形的绘制、三维实体的造型，全方位地显示图形对象，因此用户使用 AutoCAD 首先是在模型空间中工作。

2. 图纸空间

图纸空间是设置和管理视图的 AutoCAD 环境，是一个二维环境。在图纸空间可以按模型对象不同方位显示多个视图，按合适的比例在图纸空间中表示出来，还可以定义图纸的大小，生成图框和标题栏。

3. 布局

一个布局实际上就是一个出图方案、一张图纸，利用布局可以在图纸空间中方便快捷地创建多张不同方案的图纸。因此，在一个图形文件中模型空间只有一个，而布局可以设置多个。

4. 模型空间与图纸空间的转换

在实际工作中，常需要在图纸空间与模型空间之间进行相互切换，切换方法很简单，单击绘图区域下方的“模型”或“布局1”选项卡即可，如图 8-11 所示。

图 8-11 模型空间与图纸空间的转换

知识点 2 打印

利用“打印”命令可以将图形输出到纸张或其他介质上，调用命令的方式如下：

- 功能区：“输出”选项卡→“打印”面板→“打印”按钮。
- 菜单：“应用程序”按钮→“打印”→“打印”。
- 菜单栏：“文件”→“打印”。
- 工具栏：“标准”→“打印”。
- 键盘命令：PLOT。

执行上述命令后，系统将弹出如图 8-2 所示“打印—模型”对话框，其展开后如图 8-3 所示，在该对话框中可以设置打印机、图纸大小、打印比例、图纸方向等，按本任务操作实例中所述进行操作，即可进行打印，在此不再赘述。

在模型空间中打印图纸比较简单，但存在不支持多视口、多比例视图打印的问题。如需进行非 1:1 的比例出图及缩放标注、文字等，在模型空间中操作起来较繁琐，如大型的装配图或建筑图在模型空间中以 1:1 绘图，但要以 1:20 的比例出图，在标注尺寸和文字时就必须放大 20 倍。

在图纸空间中解决上述的问题是很容易的。

任务 2　在图纸空间用布局打印出图

操作实例（图 8-12）

本例介绍输出如图 8-12 所示的泵盖工程图的方法，主要涉及在“图纸空间打印出图”的操作。

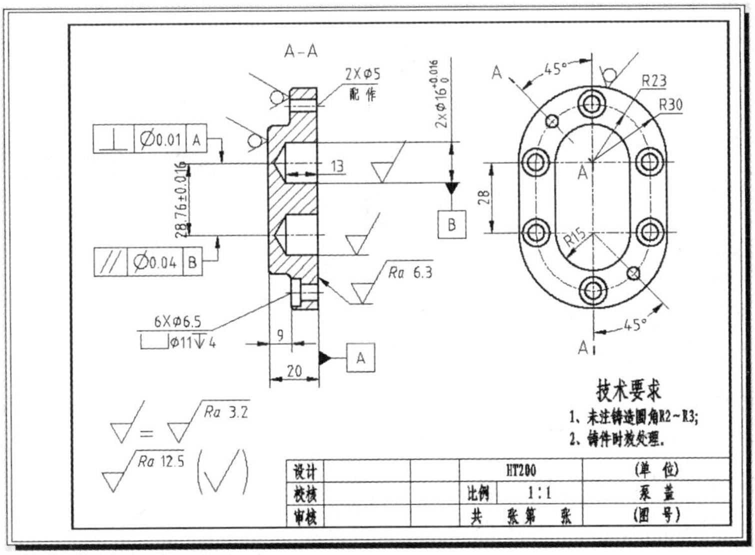

图 8-12　泵盖

操作过程

在图纸空间出图，实际上就是先布局再打印出图。有两种方法：第一种是直接在布局中打印图形；另一种是利用布局向导来创建布局并打印出图。分别介绍如下：

1. 直接在布局中打印图形

第 1 步：新建“视口”图层并置为当前层。

第 2 步：创建一个布局。

（1）单击绘图区域下方的“布局1”或“布局2”选项卡，弹出如图 8-13 所示的视口，虚线框内为图形打印的有效区域，打印时虚线框不会被打印。

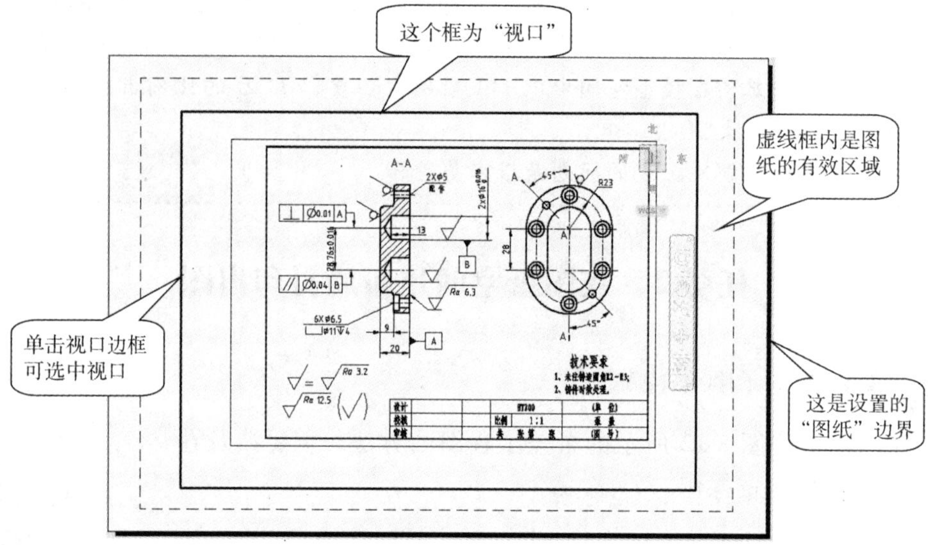

图 8-13　视口

（2）在功能区单击“输出”选项卡→“打印”面板→“页面设置管理器”按钮（或右击“布局1”选项卡，选择“页面设置管理器”选项），弹出“页面设置管理器”对话框，如图 8-14 所示。

（3）单击“修改(M)...”按钮，弹出“页面设置—布局 1”对话框，如图 8-15 所示（该对话框各选项与图 8-3“打印—模型”对话框相似），在该对话框中选择打印机及图纸，本例选择“ISO A4（297×210 毫米）”图纸。

（4）将虚线框边距设为 0，增大打印有效区域，其方法与任务 1 中方法相同，在此不再赘述。

第 3 步：新建一个视口。

（1）调用删除命令，单击视口边框，删除已有的视口。

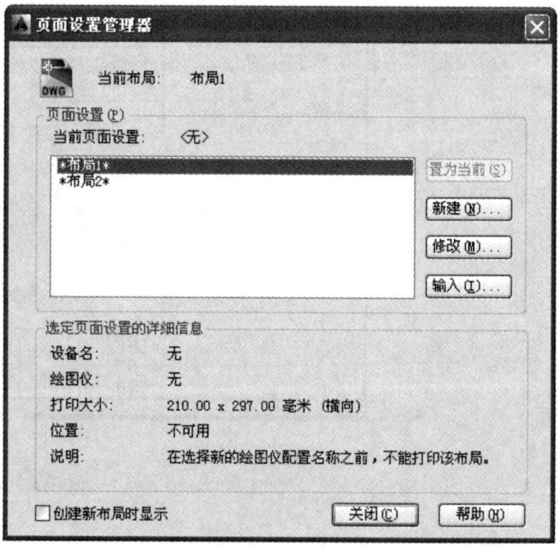

图 8-14　“页面设置管理器”对话框

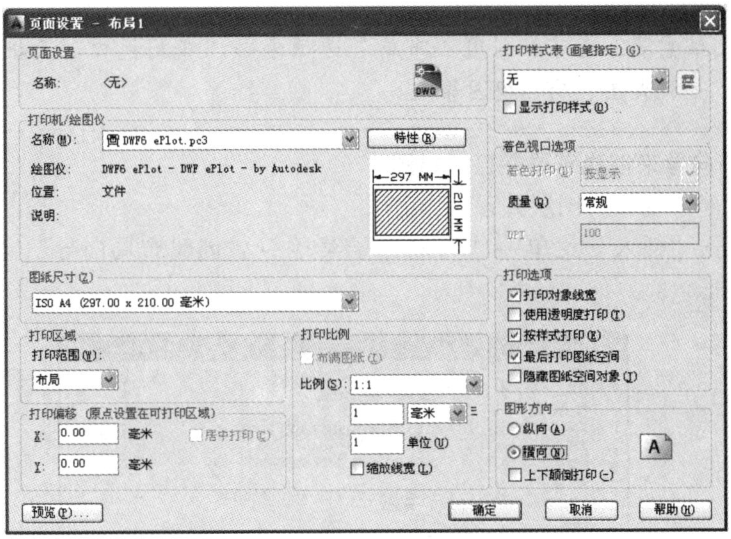

图8-15　“页面设置—布局1”对话框

（2）在功能区单击“布局”选项卡→“布局视口”面板→“矩形视口”按钮（或单击“视图”菜单→“视口”子菜单→“一个视口”菜单项），按回车键，选择默认的“布满”方式（即将视口布满整个图纸），新建一个视口。新建视口后效果如图8-12所示。

第4步：打印出图。

（1）关闭“视口”图层，并将其设为不打印状态（设置后打印时便不会出现视口边框）。

（2）在功能区单击“输出”选项卡→“打印”面板→“打印”按钮，弹出“打印—布局1”对话框，如图8-16所示，根据需要设置各参数。

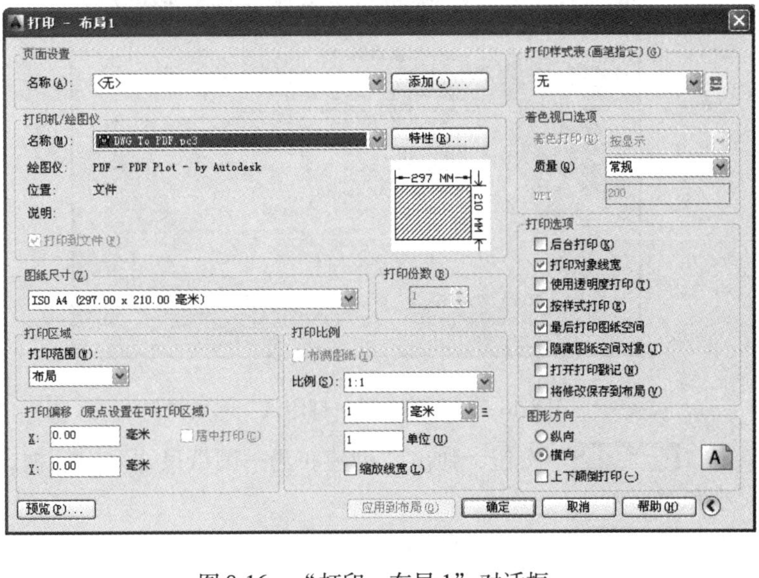

图8-16　“打印—布局1”对话框

（3）单击“预览(P)...”按钮，显示即将要打印的图样，如符合要求，单击“”按钮开始打印；若不满意，单击“”按钮，返回到对话框，再重新调整设置。

根据图纸需要，还可以利用“布局”选项卡→“布局视口”面板，向图形中增加所需视图，如放大图、局部视图等。

2. 利用布局向导来创建布局并打印出图

第 1 步：新建“视口”图层并置为当前层。

第 2 步：单击“插入”菜单→“布局”子菜单→“创建布局向导”菜单项，弹出如图 8-17所示的对话框。

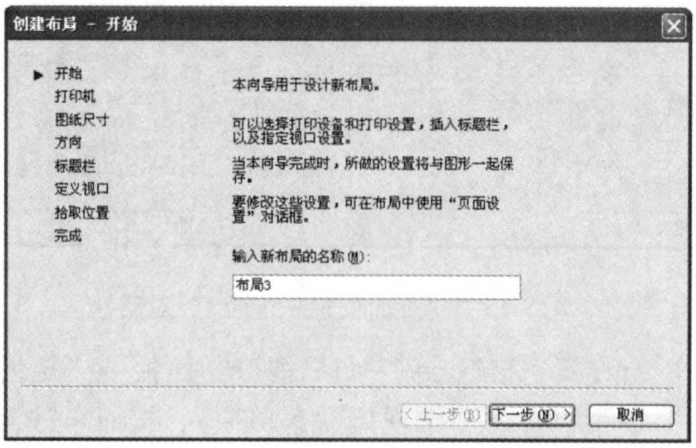

图 8-17 “创建布局—开始”对话框

第 3 步：输入新布局名称，单击“下一步(N) >”按钮，弹出“创建布局—打印机”对话框，如图 8-18 所示，进行打印机的设置。在创建布局前，必须确认已安装了打印机，否则选择电子打印机“DWF6 ePlot. pc3”。

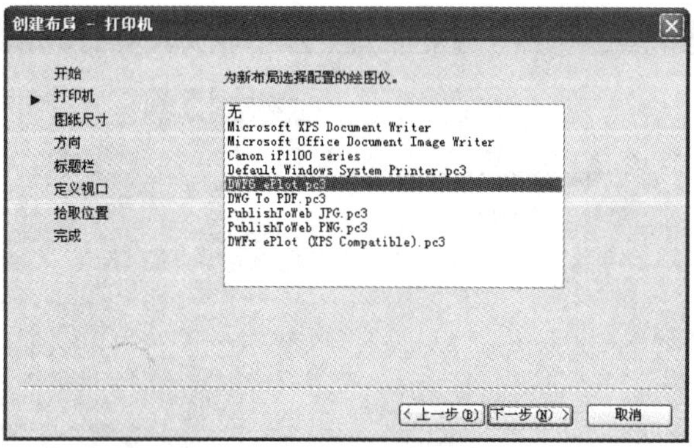

图 8-18 “创建布局—打印机”对话框

第 4 步：单击“下一步(N) >”按钮，弹出“创建布局—图纸尺寸”对话框，如图 8-19 所示，设置图纸尺寸大小和图形单位。

第 5 步：单击“下一步(N) >”按钮，弹出“创建布局—方向”对话框，如图 8-20 所示，设置图纸方向。

第 6 步：单击“下一步(N) >”按钮，弹出“创建布局—标题栏”对话框，如图 8-21 所示，指定所选择的标题栏文件是作为块插入的。

用户也可以自己创建块，用 wblock 命令写入到：“X：\ Documents and Settings \ windows

登录用户名 \ Local Settings \ Application Data \ Autodesk \ AutoCAD2014 \ R19.1 \ chs \ Template”中（其中“X”代表 AutoCAD 的安装驱动器名）。

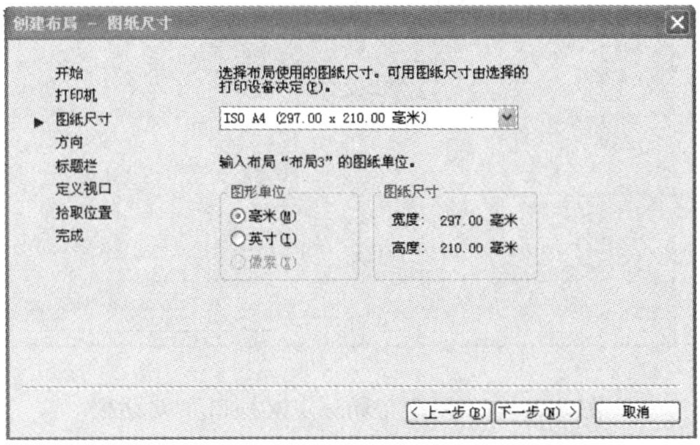

图 8-19　“创建布局—图纸尺寸”对话框

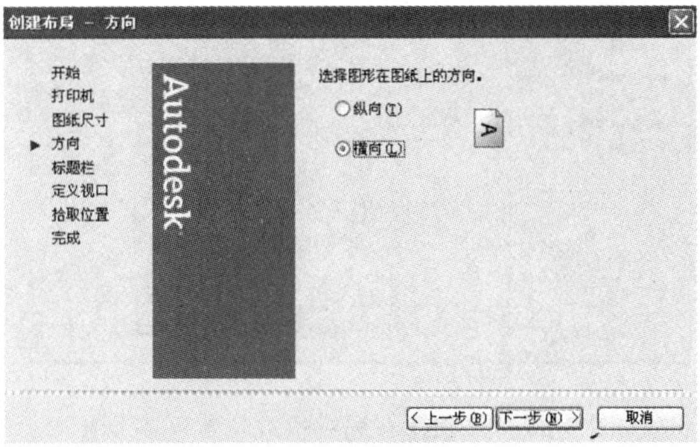

图 8-20　“创建布局—方向”对话框

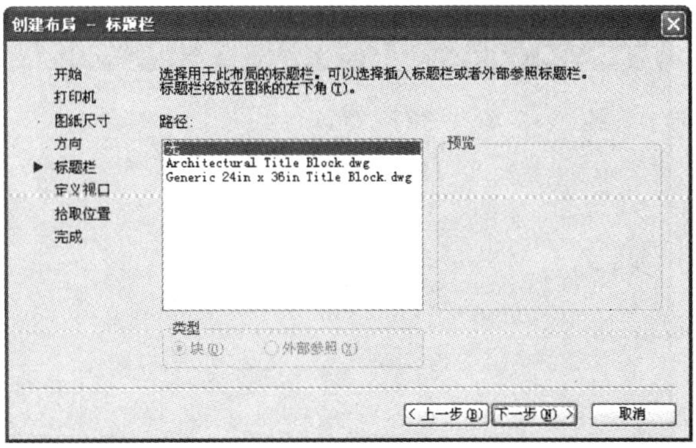

图 8-21　“创建布局—标题栏”对话框

第 7 步：单击“下一步(N) >”按钮，弹出“创建布局—定义视口”对话框，如图 8-22 所示，确定布局中视口的个数和方式以及视口中的视图与模型中图的比例关系。

第 8 步：单击“下一步(N) >”按钮，弹出“创建布局—拾取位置”对话框，如图 8-23 所示，单击“选择位置(L) <”按钮，系统切换到绘图窗口，通过指定两对角点确定合适的视口大小和位置。

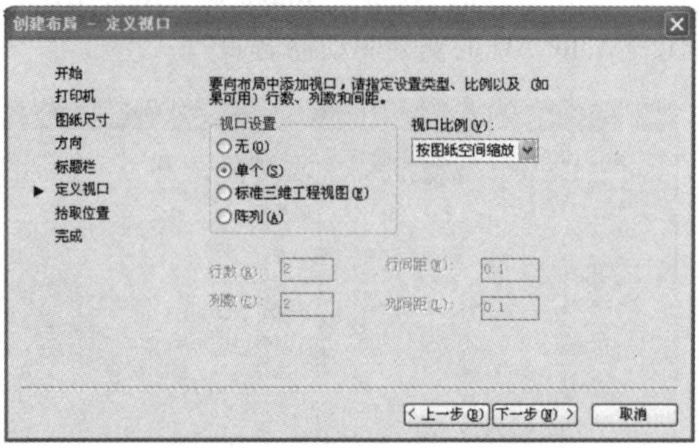

图 8-22　“创建布局—定义视口”对话框

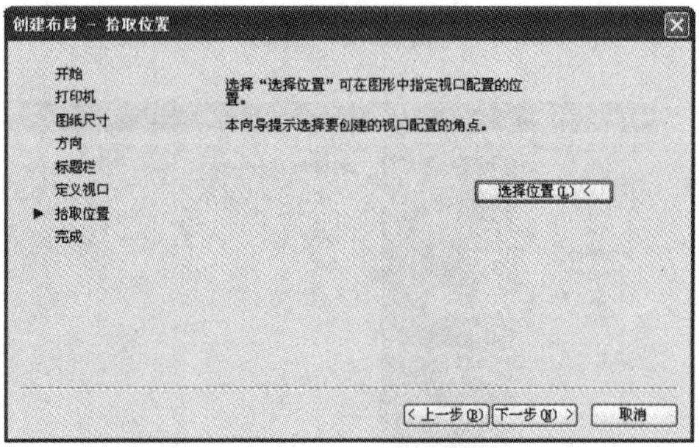

图 8-23　“创建布局—拾取位置”对话框

第 9 步：在指定视口大小和位置后，弹出“创建布局—完成”对话框，如图 8-24 所示，单击“完成”按钮，完成布局的创建。

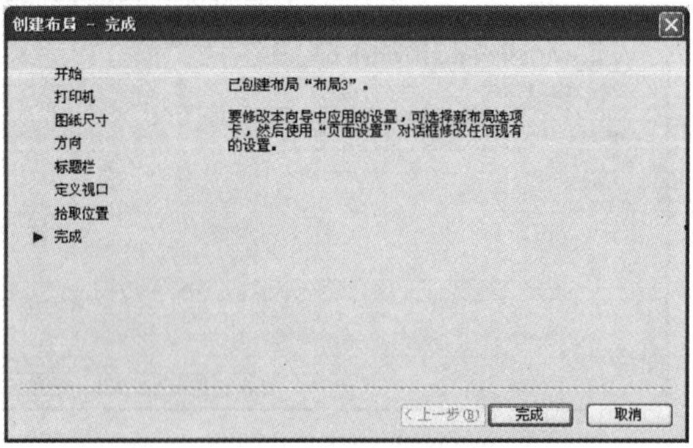

图 8-24　“创建布局—完成”对话框

第 10 步：调整视口的显示比例及显示方位。

第 11 步：在功能区单击“输出”选项卡→“打印”面板→“打印”按钮，弹出如图 8-16 所示“打印—布局 X”对话框（X 为数字），根据需要设置各参数，单击“确定”按钮，打印图形。

在同一个布局中可以有多个视口，以显示图形的不同方位及比例大小，利用“布局”选项卡→“布局视口”面板，可以向布局中添加单个视口、多边形视口或将对象转换为视口。

知识点　页面设置管理器

页面设置是打印设备和其他用于确定最终输出的外观和格式的设置的集合。利用“页面设置管理器”对话框可以创建命名页面设置、修改现有页面设置，或从其他图纸中输入页面设置。调用命令的方式如下：

- 功能区：“输出”选项卡→“打印”面板→“页面设置管理器”按钮。
- 键盘命令：PAGESETUP。

如在模型空间调用上述命令，打开的“页面设置管理器”对话框如图 8-25 所示；如在图纸空间调用上述命令，打开的“页面设置管理器”对话框如图 8-14 所示。

在如图 8-14、图 8-25 所示的“页面设置管理器”对话框中，单击“新建(N)...”按钮能创建新的页面设置，单击“修改(M)...”按钮能修改现有页面设置。

在“页面设置管理器”对话框中修改页面设置的操作在本任务操作实例中已述，新建页面设置与修改页面设置操作相似，在此不再赘述。

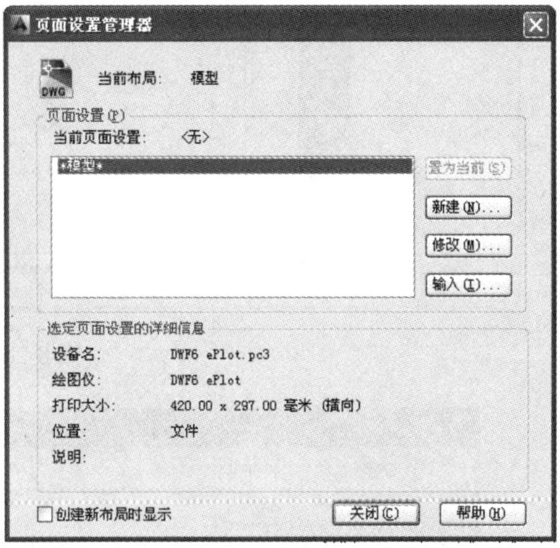

图 8-25　模型空间的“页面设置管理器”对话框

任务 3　输出 PDF 文档

操作实例（图 8-26）

本例介绍将如图 8-1 所示轴承座输出为如图 8-26 所示 PDF 文档的方法，主要涉及“输出 PDF 文档”的操作。

操作过程

输出 PDF 文档可在模型空间进行也可在图纸空间进行，分别介绍如下：

1. 在模型空间输出 PDF 文档

第 1 步：在模型空间中进行打印设置。

在模型空间输出 PDF 文档前需先进行打印设置，在模型空间中进行打印设置，其具体步骤在本模块任务 1 中已述，不再赘述。

第 2 步：输出 PDF 文档。

（1）在功能区单击“输出”选项卡→“输出为 DWF/PDF”面板→“输出 PDF”按钮，

弹出“另存为 PDF”对话框，如图 8-27 所示。

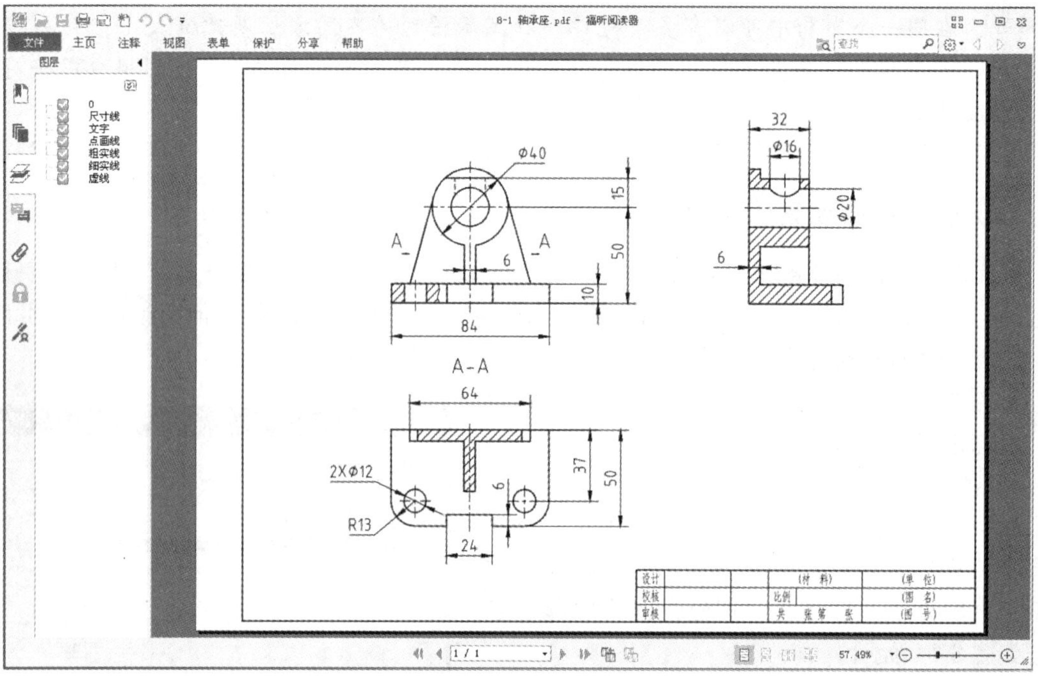

图 8-26　输出的 PDF 文档

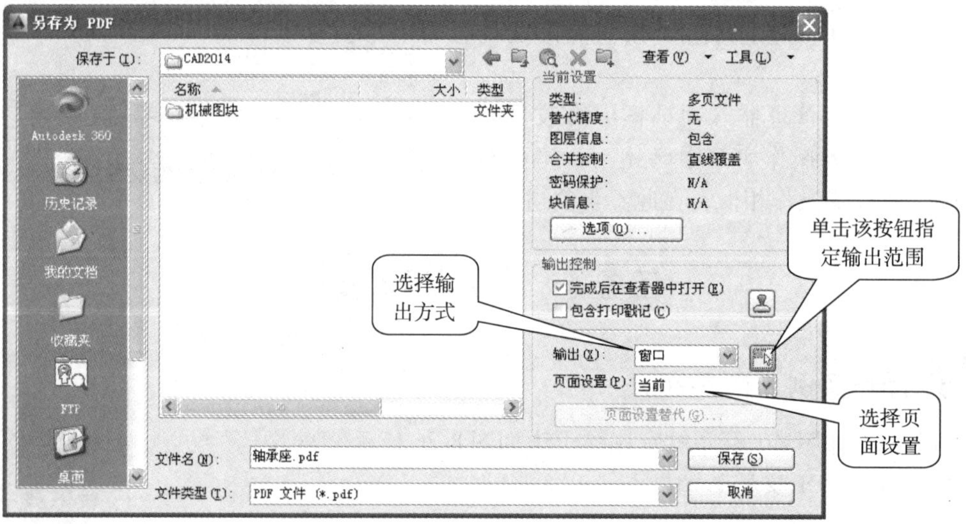

图 8-27　在模型空间输出 PDF 文档时的“另存为 PDF”对话框

（2）在“输出控制”选项组下选中“☑完成后在查看器中打开(E)”，如图 8-27 所示。

（3）在“输出”选项列表中选择输出方式为“窗口”，单击“选择窗口”按钮，系统切换到绘图窗口（模型空间中）；选择图形的左上角点和右下角点以确定要输出的图纸范围。

（4）在“页面设置”选项列表中选择“当前”设置，如图 8-27 所示。

（5）指定保存路径、文件名，单击“保存(S)”按钮，输出轴承座的 PDF 文档，并自动在查看器中打开，其结果如图 8-26 所示。

> 要查看输出的 PDF 文档，需先在计算机上安装 PDF 阅读器。

2. 在图纸空间输出 PDF 文档

第 1 步：创建一个布局，新建一个视口。

在图纸空间输出 PDF 文档前需先进行布局并创建视口，其具体步骤在本模块任务 2 第一种方法的第 2 步、第 3 步中已述，不再赘述。

第 2 步：输出 PDF 文档。

（1）在功能区单击“输出”选项卡→“输出为 DWF/PDF”面板→“输出 PDF”按钮，弹出“另存为 PDF”对话框，如图 8-28 所示。

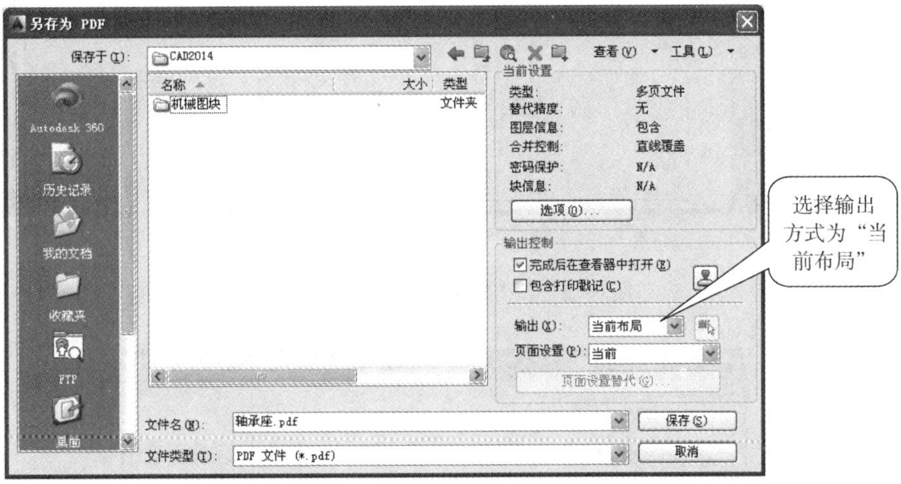

图 8-28　在图纸空间输出 PDF 文档时的“另存为 PDF”对话框

（2）在“输出控制”选项组下选中“☑完成后在查看器中打开(E)”。

（3）在“输出”选项列表中选择输出方式为“当前布局”，如图 8-28 所示。

（4）在“页面设置”选项列表中选择“当前”设置，如图 8-28 所示。

（5）指定保存路径、文件名，单击“保存(S)”按钮，输出轴承座的 PDF 文档，并自动在查看器中打开，其结果如图 8-29 所示。

知识点 1　输出 PDF 文档

利用“输出 PDF”命令可以创建 PDF 文件，调用命令的方式如下：

- 功能区：“输出”选项卡→“输出为 DWF/PDF”面板→“输出 PDF”按钮。
- 菜单：“应用程序”按钮→“输出”→“PDF”。
- 键盘命令：EXPORTPDF。

若在模型空间执行上述命令，系统将弹出如图 8-27 所示“另存为 PDF”对话框；若在图纸空间执行上述命令，系统将弹出如图 8-28 所示“另存为 PDF”对话框。在上述对话框中，用户均可以快速替代设备驱动程序的页面设置选项、添加打印戳记等。

单击“另存为 PDF”对话框中的“选项(O)...”按钮，将弹出“输出为 DWF/PDF 选项”对话框，如图 8-30 所示。在该对话框用户可以控制输出 PDF 文档时是否包含图层信息、更改文件位置、添加密码保护以及其他文件选项。

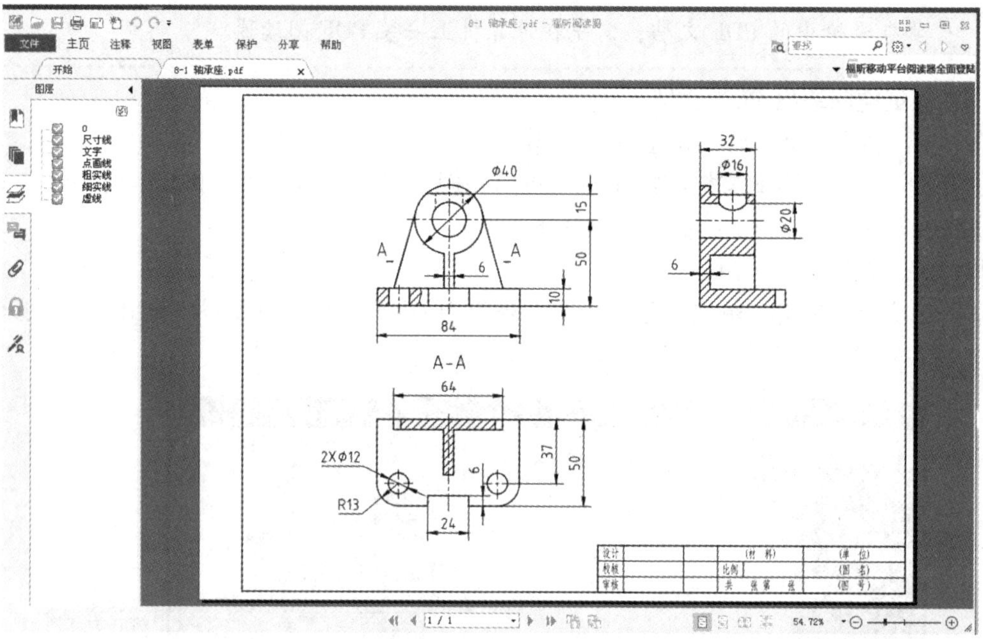

图 8-29　在图纸空间输出的 PDF 文档

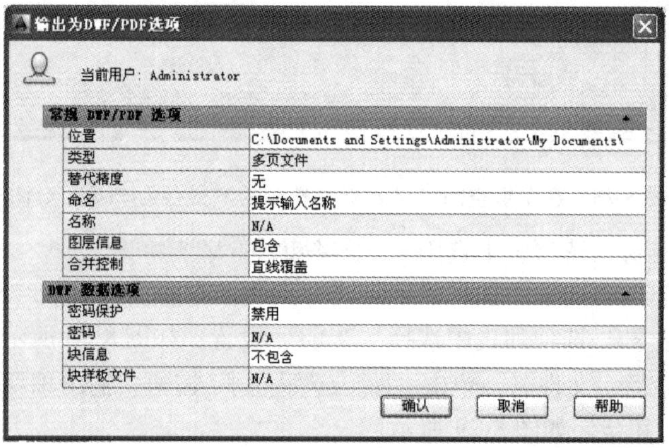

图 8-30　“输出为 DWF/PDF 选项”对话框

知识点 2　批处理打印

利用“批处理打印”命令用户可以合并图形集、创建图纸或电子图形集，并将图形发布为 DWF、DWFx 和 PDF 文件，或发布到打印机或绘图仪。调用命令的方式如下：

- 功能区：“输出”选项卡→“打印”面板→“批处理打印”按钮。
- 菜单：：“应用程序”按钮→“打印”→“批处理打印”。
- 工具栏：“标准”→“发布”。
- 键盘命令：PUBLISH。

用户发布文件后，可以使用 Autodesk Design Review 查看或打印 DWF 和 DWFx 文件；使用

PDF 查看器查看 PDF 文件。

例 8-1　要求采用“批处理打印”方式，将如图 8-1 所示轴承座（模型）与如图 8-12 所示泵盖（布局 1），发布为 PDF 文档，并使用 PDF 查看器查看 PDF 文件，其结果如图 8-31 所示。

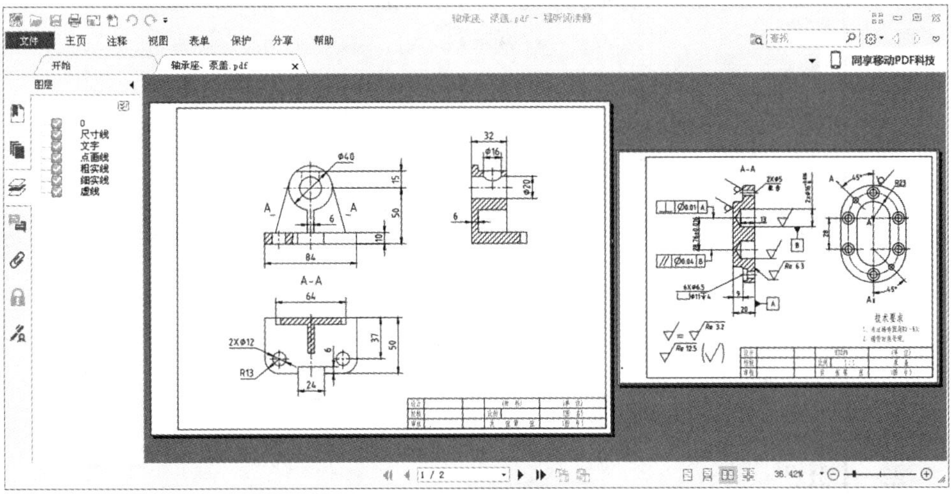

图 8-31　采用“批处理打印”方式发布为 PDF 文档

第 1 步：将如图 8-1 所示轴承座采用本模块任务 1 中所述方法进行打印设置，设置完成后不关闭文件。

第 2 步：将如图 8-12 所示泵盖采用本模块任务 2 中第 1 种方法进行布局，布局完成后不关闭文件。

第 3 步：批处理打印轴承座（模型）与泵盖（布局 1）。

(1) 在功能区单击“输出”选项卡→“打印”面板→“批处理打印”按钮，弹出“发布”对话框，如图 8-32 所示。在该对话框中列出了系统中打开图形的所有图纸列表。

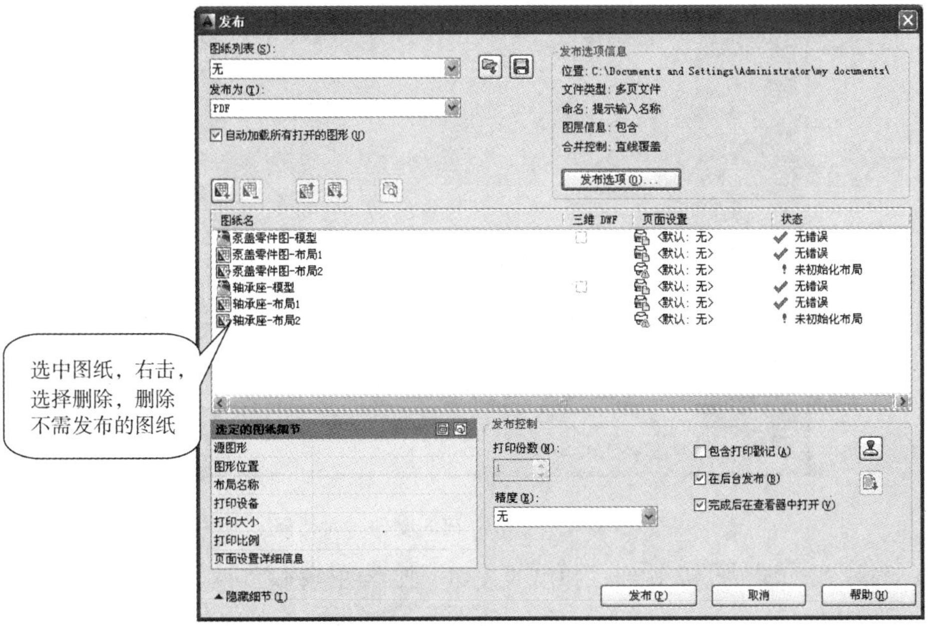

图 8-32　“发布”对话框

（2）删除不需发布的图纸。在“图纸名”列表中，选中不需发布的图纸，右击，选择“删除”，将图纸删除，只留下“轴承座—模型”和“泵盖—布局 1”，如图 8-33 所示。

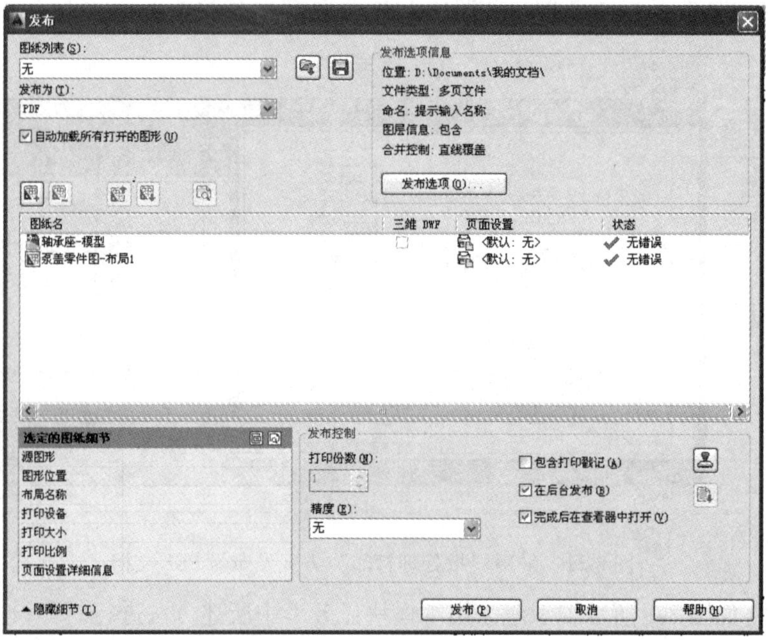

图 8-33　删除不需发布的图纸后

（3）单击“发布(P)”按钮，弹出“指定 PDF 文件”对话框，在该对话框中指定保存路径、文件名（如本例中文件名为“轴承座，泵盖 . pdf”），如图 8-34 所示。

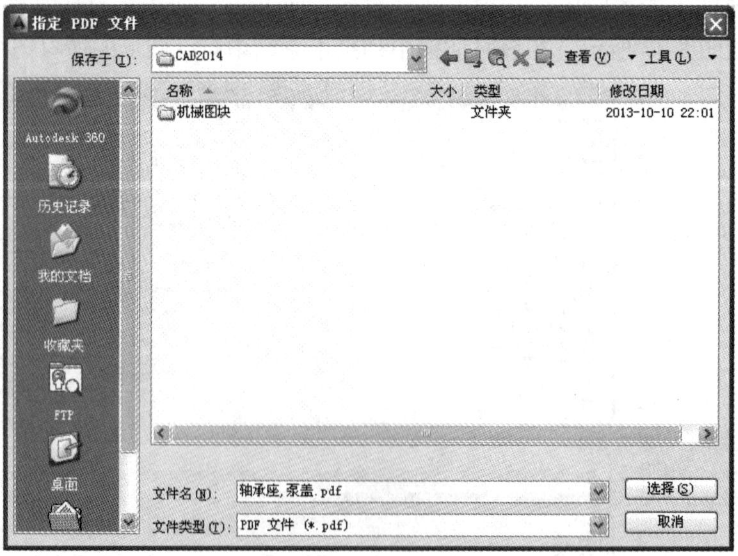

图 8-34　“指定 PDF 文件”对话框

（4）单击“选择(S)”按钮，弹出“发布—保存图纸列表”对话框，如图 8-35 所示。

（5）如需保存当前的图纸列表，单击“是(Y)”按钮，否则单击“否(N)”按钮，系

图 8-35　“发布-保存图纸列表”对话框

统弹出“打印—正在处理后台作业”对话框，如图 8-36 所示，单击“关闭(C)”按钮，关闭该对话框。

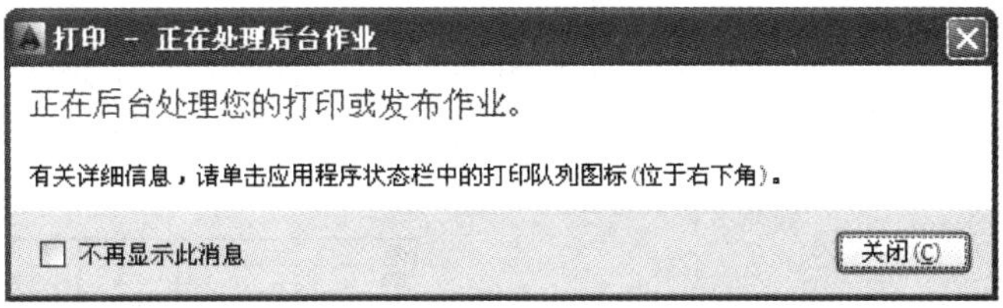

图 8-36　“打印-正在处理后台作业”对话框

第 4 步：查看发布的 PDF 文档。在指定的保存路径下打开指定的文件（如本例中的“轴承座，泵盖 . pdf”），查看发布的 PDF 文档，其结果如图 8-31 所示。

任务 4　生成轴承盖的工程图

操作实例（图 8-37、图 8-38）

本例介绍由轴承盖的实体（如图 8-37 所示）生成其工程图（如图 8-38 所示）的方法，主要涉及“基本视图”“投影视图”“全剖视图”的创建及“编辑视图”“修改截面视图样式”等操作。

操作过程

第 1 步：创建实体。在 0 层（当然也可在其他图层）创建轴承盖的实体，如图 8-37 所示。

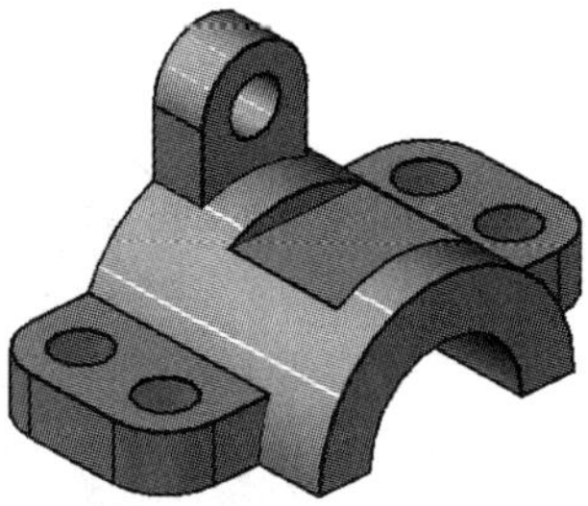

图 8-37　轴承盖实体

第 2 步：创建一个图纸布局。

（1）单击绘图区域下方的“布局1”或“布局2”选项卡（本例选择“布局1”），弹出如图 8-39 所示的视口。

（2）右击“布局1”选项卡，选择“页面设置管理器”选项，弹出如图 8-14 所示“页面设置管理器”对话框。

（3）单击“修改(M)...”按钮，弹出如图 8-15 所示“页面设置—布局 1”对话框，在该对话框中选择打印机为“DWF6 ePlot. pc3”，图纸为“ISO A3（420 × 297 毫米）”。

（4）采用本模块任务 1 中所述方法将图纸边界均设为 0，以增大打印有效区域，设置完成后如图 8-40 所示。

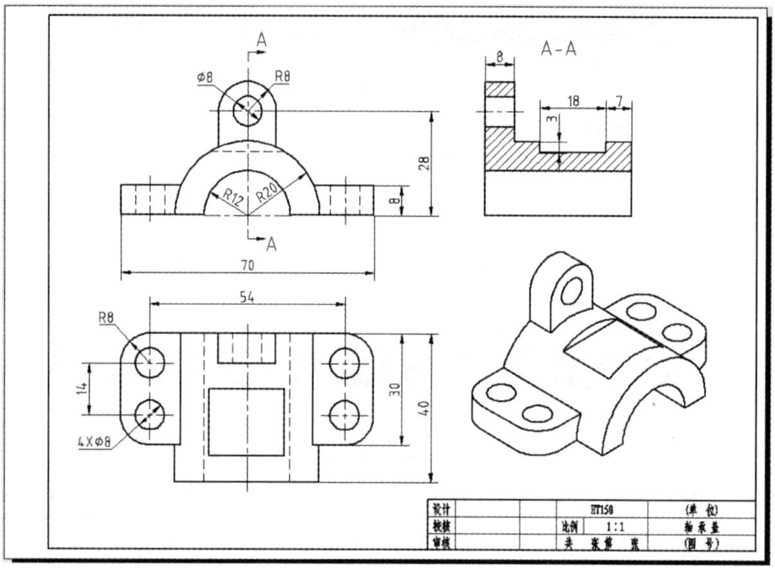

图 8-38　由轴承盖实体生成的工程图

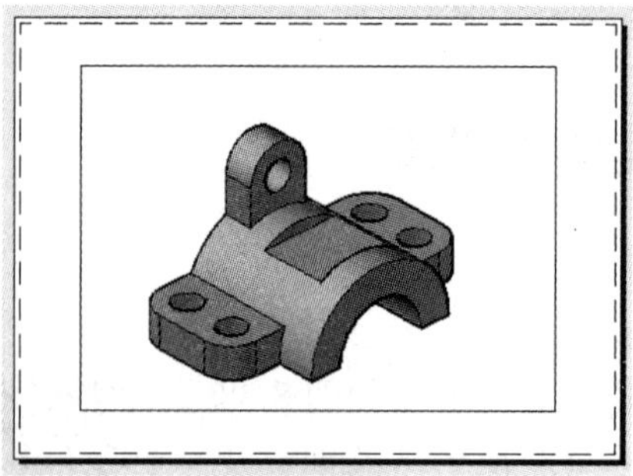

图 8-39　轴承盖实体视口

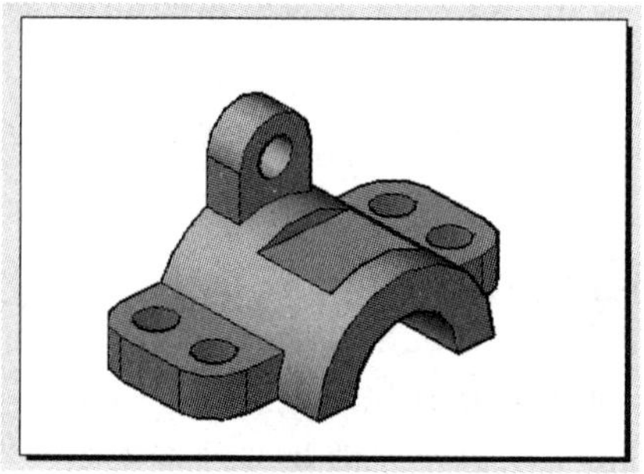

图 8-40　设置图纸大小、打印区域后的图纸

（5）删除已有视口。单击视口边框，如图 8-41 所示，单击“删除”键，删除已有的视口，删除后如图 8-42 所示。

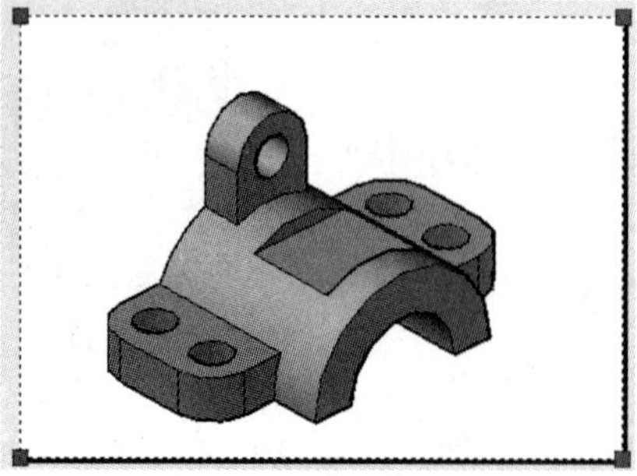

图 8-41　选择视口

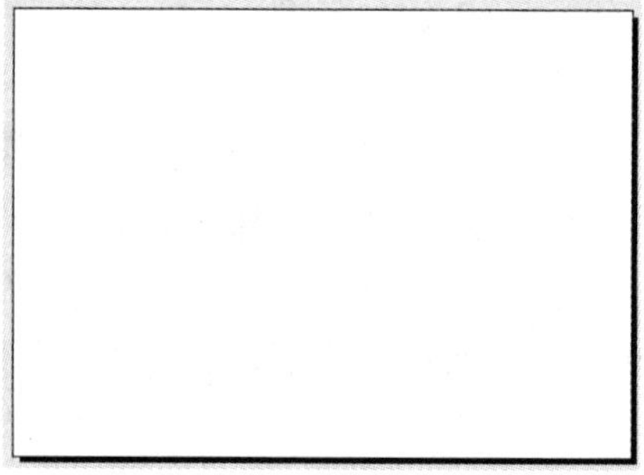

图 8-42　删除视口后的图纸

第 3 步：创建主视图。

（1）在功能区单击“布局”选项卡→“创建视图”面板→“基础”按钮下拉列表→

“从模型空间”按钮 （即从模型空间创建基础视图），功能区弹出“工程视图创建”上下文选项卡，如图 8-43 所示。

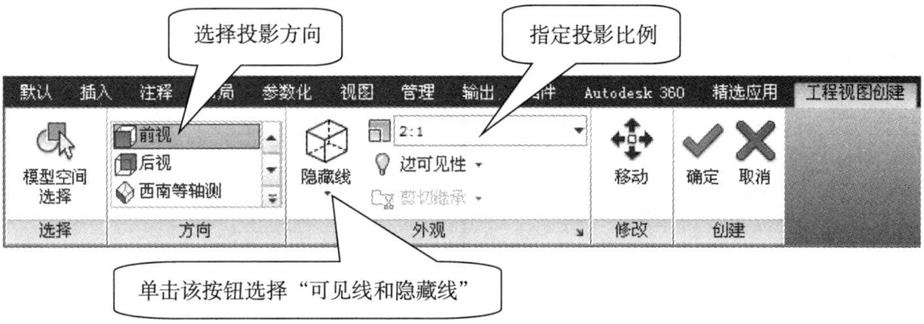

图 8-43　“工程视图创建”功能区上下文选项卡

（2）在“工程视图创建”上下文选项卡的“方向”面板中，选择投影方向为“前视”（即所创建的基础视图为主视方向），如图 8-43 所示。

（3）在“外观”面板中单击“隐藏线”按钮，选择“可见线和隐藏线”（即指定在视图中显示可见轮廓线和不可见轮廓线）；在比例列表框中选择投影比例为“2:1”，如图 8-43 所示。

（4）在图纸适当位置单击，如图 8-44 所示（如需调整视图位置，可单击“修改”面板上“”按钮，移动视图），单击“创建”面板上“”按钮，确定主视图的位置。

第 4 步：投影生成俯视图、轴测图。

（1）确定主视图的位置后，系统自动进入投影视图方式，竖直向下移动光标至适当位置，单击，确定俯视图位置，如图 8-45 所示。

（2）移动光标至主视图右下方适当位置，如图 8-45 所示，单击，确定轴测图位置。

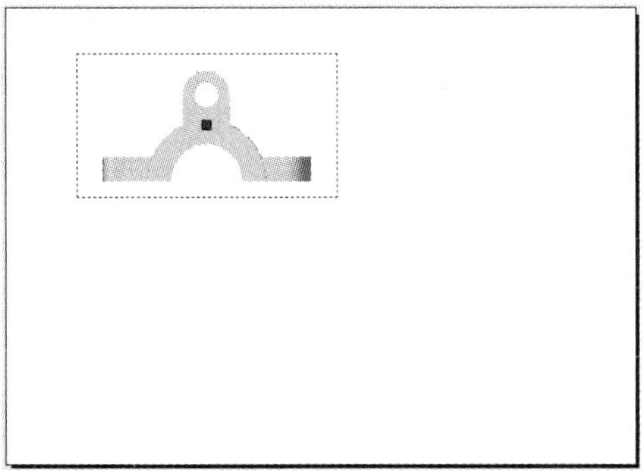

图 8-44　确定主视图的位置（基础视图）

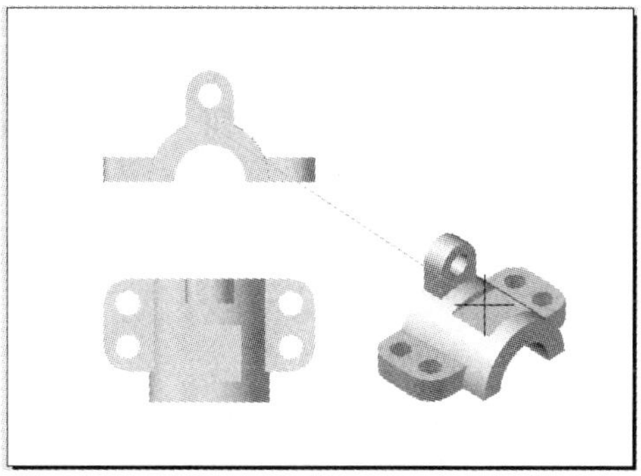

图 8-45　确定另两个视图的位置（投影视图）

（3）按回车键，确定在指定位置创建基础视图和 2 个投影视图。创建后的视图如图 8-46a 所示。

由图 8-46a 所示可以看出，轴测图中显示了不可见轮廓线和相切边，这与机械制图国家标准规定不符，需进行编辑修改。

（4）编辑轴测图。

① 在功能区单击“布局”选项卡→“修改视图”面板→“编辑视图”按钮，单击轴测图，功能区显示“工程图编辑器”上下文选项卡，如图 8-47 所示。

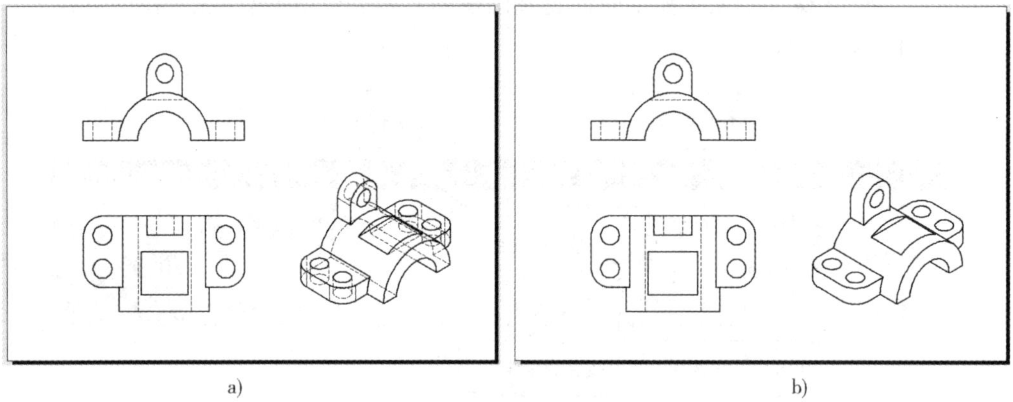

图 8-46　由轴承盖实体生成的三个视图

a）编辑轴测图前　b）编辑轴测图后

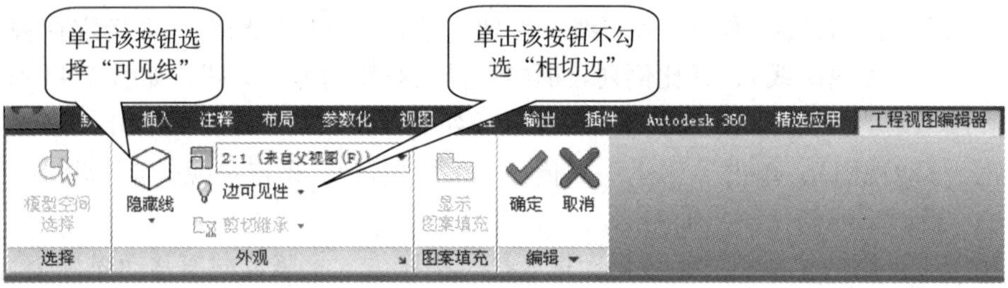

图 8-47　“工程图编辑器”上下文选项卡

② 在“外观”面板中单击“隐藏线”按钮，选择“可见线”，即指定在视图中只显示可见轮廓线。

③ 单击“边可见性”按钮，不勾选“相切边”，即设置在轴测图中不显示由曲面相切相交而形成的平滑边。

④ 单击“编辑”面板上“✔”按钮，确定视图的编辑。编辑后的视图如图 8-46b 所示。

第 5 步：创建全剖左视图。

（1）修改截面视图样式。

① 在功能区单击“布局”选项卡→“样式和标准”面板→“截面视图样式”按钮，弹出“截面视图样式管理器”对话框，如图 8-48 所示。

② 单击“修改(M)...”按钮，修改已有样式“Metric50”，弹出“修改截面视图样式：Metric50”对话框，如图 8-49 所示。

③ 在“标识符和箭头”选项卡，“标识符”选项组下选择“文字样式”为“工程字”，“文字高度”为“10”；“排列”选项

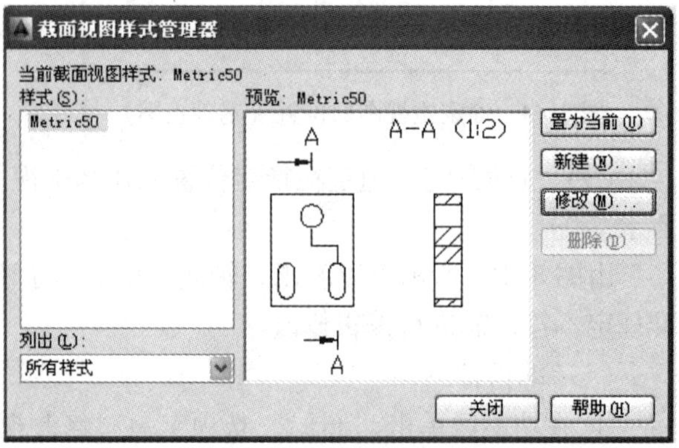

图 8-48　“截面视图样式管理器”对话框

组下“标识符位置”选择“向外方向箭头符号”，“标识符偏移”为“3”，“箭头方向”为“远离剪切平面”；其余采用默认设置，如图 8-49 所示。

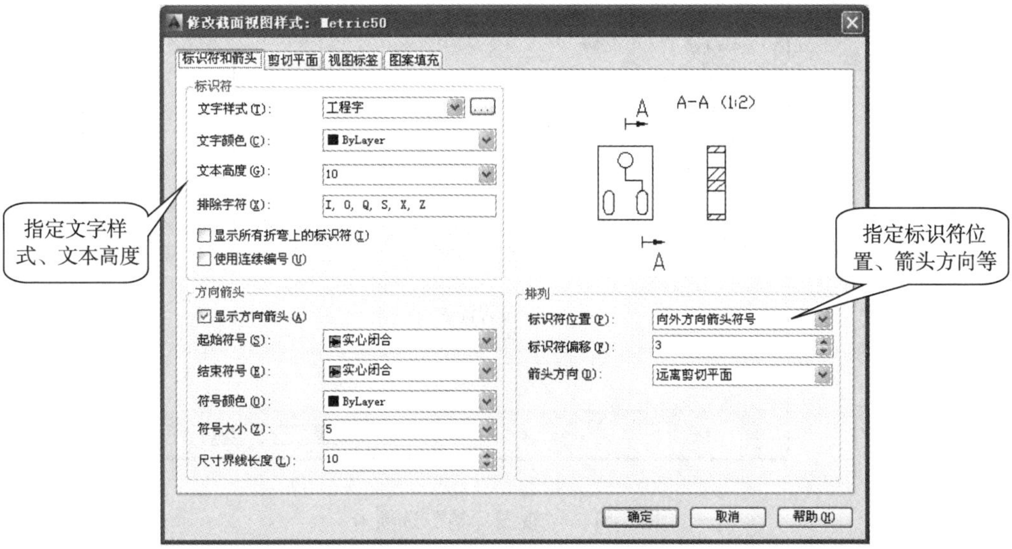

图 8-49　“修改截面视图样式：Metric50”对话框“标识符和箭头”选项卡

④ 在“剪切平面”选项卡，“端线和折弯线”选项组下设置“端线偏移量”为“0”，“折弯线长度”为“3”，其余采用默认设置，如图 8-50 所示。

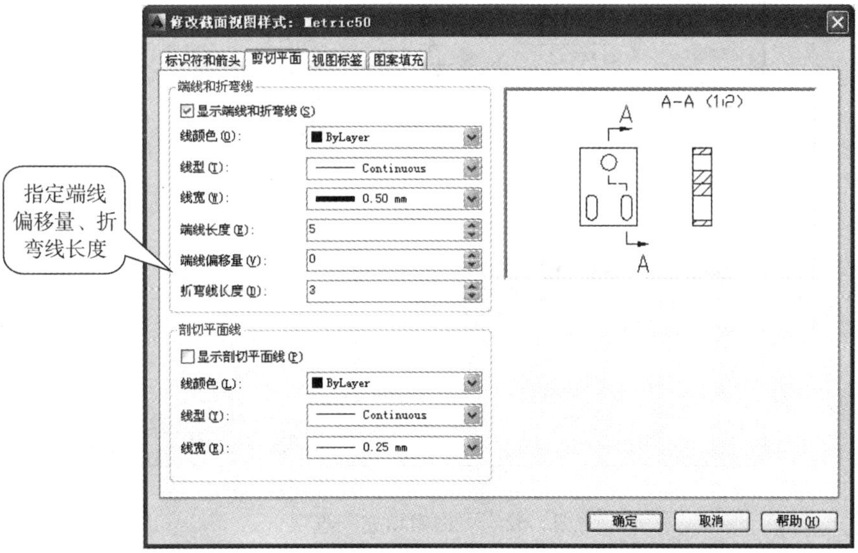

图 8-50　“剪切平面”选项卡

⑤ 在“视图标签”选项卡，“标签”选项组下设置“文字样式”为“工程字”，“文本高度”为“10”，“相对于视图的距离”为“10”；设置“标签内容”选项组下“默认值”为“A—A”，其余采用默认设置，如图 8-51 所示。

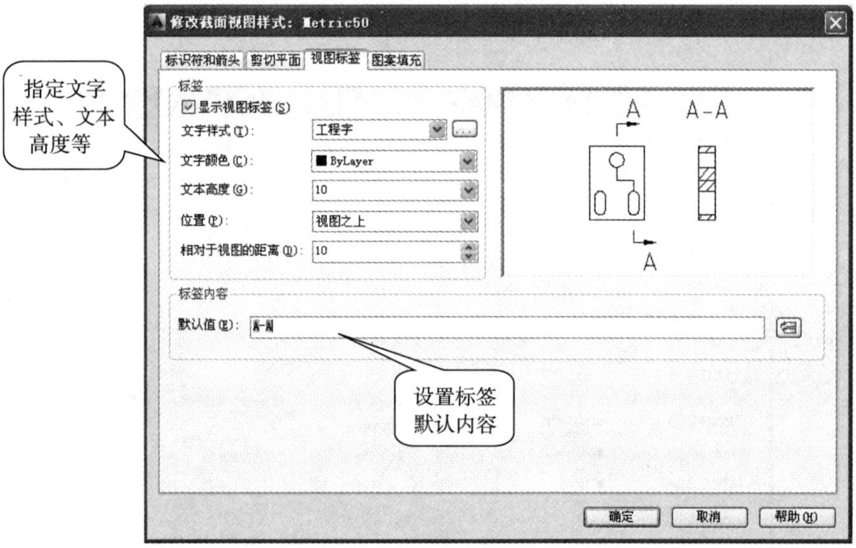

图 8-51 “视图标签”选项卡

⑥ 在“图案填充”选项卡，“图案填充”选项组下选择“图案”为“ANSI31”，其余采用默认设置，如图 8-52 所示。

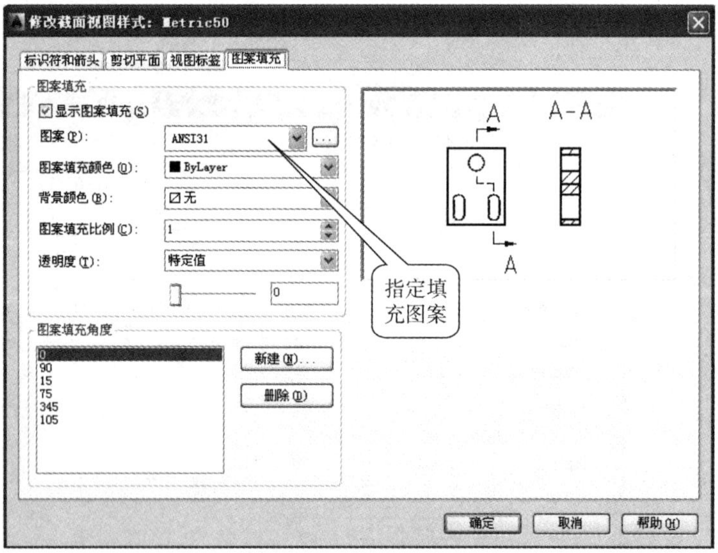

图 8-52 “图案填充”选项卡

⑦ 单击“确定”按钮，返回图 8-48 所示“截面视图样式管理器”对话框；单击“关闭”按钮，完成截面视图样式的修改。

(2) 创建剖视图。

① 在功能区单击“布局”选项卡→“创建视图”面板→“截面”下拉列表→“全剖”按钮，操作步骤如下：

命令：_ viewsection　　//启动“全剖视图”命令
选择父视图：找到 1 个　　//单击主视图，功能区显示“截面视图创建”上下文选项卡
隐藏线 = 可见线(V) 比例 = 2:1 (来自父视图(F)　　//系统提示
指定起点或 [类型(T)/隐藏线(H)/比例(S)/可见性(V)/注释(A)/图案填充(C)] <类型>：　　//单击主视图最上方圆弧的中点，确定截面位置的第 1 点，如图 8-53 所示
指定下一个点或 [放弃(U)]：　　//单击主视图最下方圆弧的圆心，确定截面位置的第 2 点，如图 8-53 所示
指定下一个点或 [放弃(U)/完成(D)] <完成>：↙　　//按回车键，结束截面位置的指定
指定截面视图的位置或：　　//水平向右移动光标至适当位置，单击，确定剖视图的放置位置
选择选项 [隐藏线(H)/比例(S)/可见性(V)/投影(P)/深度(D)/注释(A)/图案填充(C)/移动(M)/退出(X)] <退出>：　　//在功能区单击“✔”按钮，完成剖视图创建
已成功创建截面视图　　//系统提示

② 调整剖切线位置。单击主视图上的剖切线，将其选中，竖直向外侧拉伸至适当位置单击。调整后图形如图 8-54 所示。

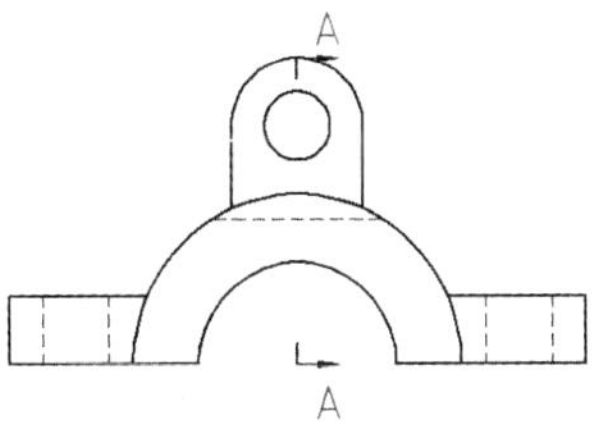

图 8-53　指定剖切平面的位置

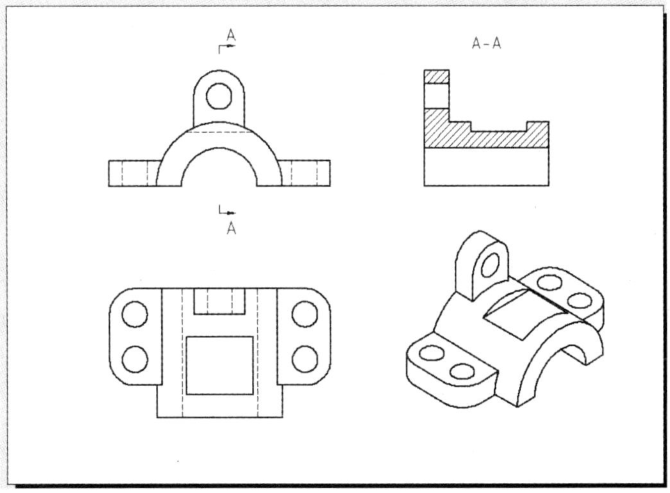

图 8-54　创建轴承盖的全剖左视图

第 6 步：新建“点画线”“尺寸线”图层，绘制中心线及进行尺寸标注，操作过程略。

第 7 步：以“带基点复制”的方式（或者以插入块的方式）复制 A3 图框及标题栏，完成全图，如图 8-38 所示。

第 8 步：保存图形文件。

知识点 1　创建基础视图

“布局”选项卡如图 8-55 所示，利用该选项卡的“创建视图”面板、“修改视图”面板、

“更新”面板及“样式和标准”面板可以创建或编辑工程图，并能新建或修改截面视图样式和局部视图样式。

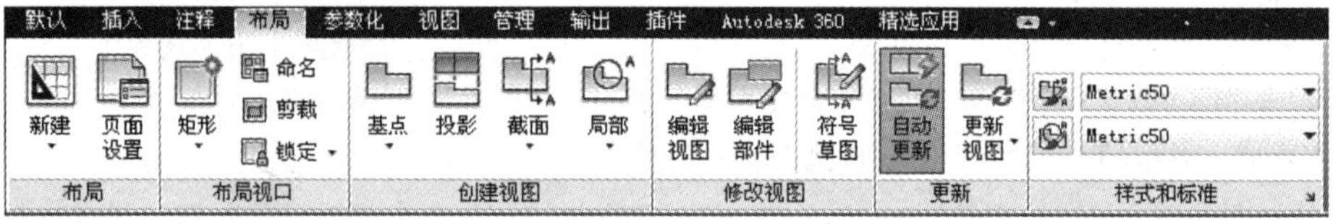

图 8-55 “布局”选项卡

放置在图形中的第一个工程视图是基础视图。如在本任务操作实例中，轴承盖的主视图是最先放置的，是基础视图。

用户可以创建来自模型空间或者来自文件的基础视图，调用命令的方式如下：

• 功能区：“布局”选项卡→“创建视图”面板→“基础”按钮下拉列表→“从模型空间”按钮或者“从 Inventor”按钮。

若单击“从 Inventor”按钮，则弹出“选择文件”对话框，要求用户选择“*.ipt”或“*.iam”文件，系统将*.ipt 和*.iam 文件作为三维实体输入到模型空间，以用于基础视图的创建。

若单击“从模型空间”按钮，功能区将显示“工程视图创建”上下文选项卡，如图 8-43所示。在该选项卡各面板上指定基础视图的方向、显示外观后，在图纸空间适当位置单击确定基础视图的位置，即可创建基础视图，其具体步骤在本任务操作实例中已述，不再赘述。

“工程视图创建”功能区上下文选项卡各面板介绍如下：

◆“选择”面板：单击“”按钮，系统将切换到模型空间，以添加或删除工程图中所使用的实体和曲面。

◆“方向”面板：指定要用于创建的基础视图的方向。有“俯视”“仰视”“左视”“右视”“前视”“后视”“西南等轴测”“东南等轴测”“东北等轴测”和“西北等轴测”10 个标准方向，如图 8-56 所示。

◆“外观”面板：用于指定基础视图的显示外观。“隐藏线”下拉列表用于指定视图的显示样式，有“可见线”“可见线和隐藏线”“带可见线着色”和“带可见线和隐藏线着色”4种样式，如图 8-57 所示；“比例”下拉列表用于指定视图的显示比例；“边可见性”下拉列表用于控制工程图中的边和其他几何图形的可见性。

◆“修改”面板：用于移动所创建的基础视图。

◆“创建”面板：用于指定完成或取消基础视图的创建过程。

知识点 2 创建投影视图

投影视图是从现有工程视图（源视图）经过正交投影或轴测投影生成的视图。如本任务操作实例中的俯视图、左视图、等轴测图三个视图都是投影视图。调用命令的方式如下：

• 功能区：“布局”选项卡→“创建视图”面板→“投影视图”按钮。

执行上述命令后，系统提示用户选择父视图，在用户选择后移动光标至适当位置单击，即可创建投影视图。所创建的等轴测投影视图可以在布局的任意位置上移动，所创建的正交投影视图则被约束为与其父视图对齐。如果移动父视图，所有正交子视图也将随之移动，以保持对

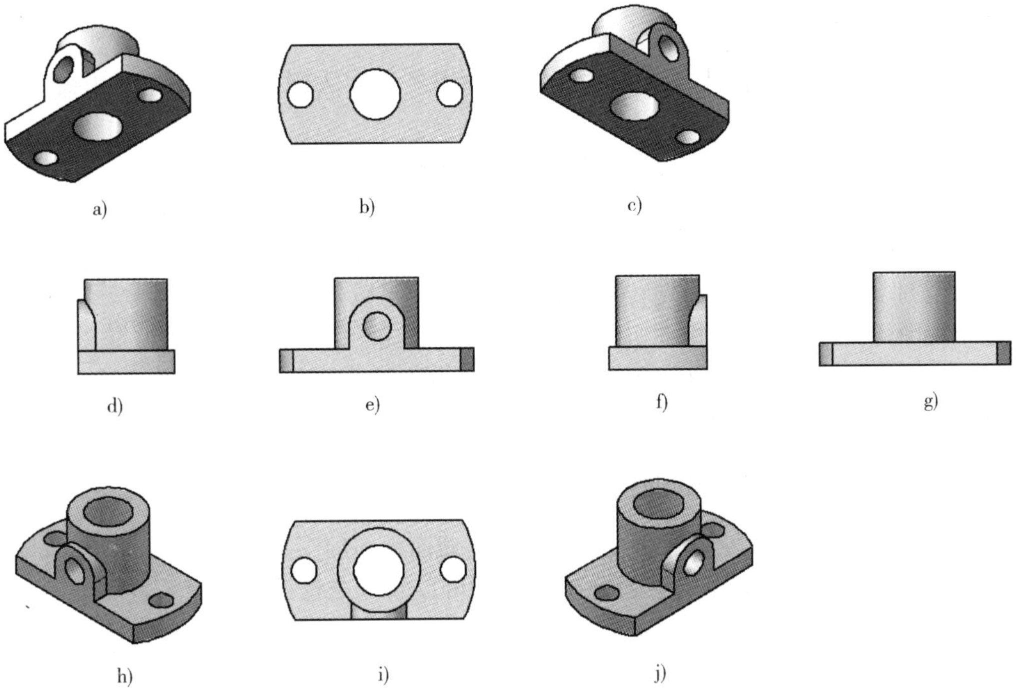

图 8-56　视图的 10 个标准方向

a）东南等轴侧　b）仰视　c）西南等轴侧　d）右视　e）前视
f）左视　g）后视　h）东北等轴侧　i）俯视　j）西北等轴侧

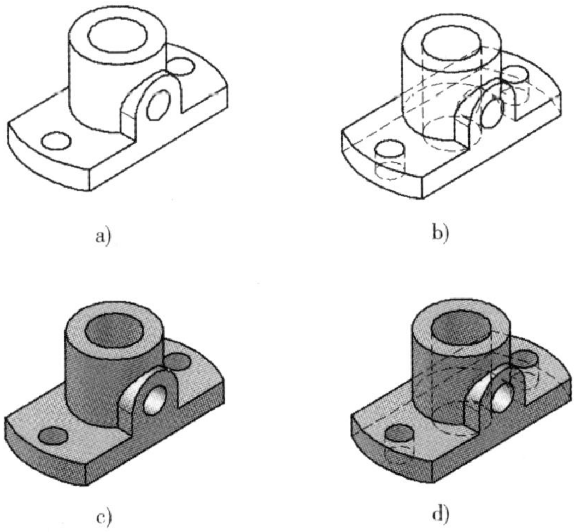

图 8-57　视图的 4 种显示样式

a）可见线　b）可见线和隐藏线　c）带可见线着色　d）带可见线和隐藏线着色

齐。如果移动子视图（正交），它将被约束为与父视图保持对齐。

投影视图与其源视图保持父子关系。默认情况下，当父视图的特性更改时，投影视图上的相应特性也会更改。

知识点 3　创建剖视图

利用“截面”命令可以从现有工程视图中使用各类方法创建剖视图，调用命令的方式如下：

- 功能区：“布局”选项卡→“创建视图”面板→“截面”按钮下拉列表。

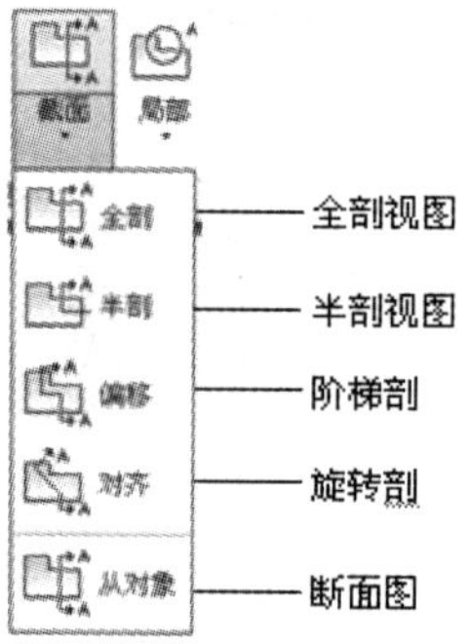

图 8-58　“截面”下拉列表

“截面”下拉列表如图 8-58 所示，在该下拉列表中选择相应按钮可以采取全剖、半剖、阶梯剖、旋转剖创建剖视图，也可以创建断面图。全剖视图的创建在本任务操作实例中已述，不再赘述。

半剖、阶梯剖、旋转剖及断面图的创建方法与创建全剖视图的方法大同小异，读者可自行创建，不再一一描述。

知识点 4　新建或修改截面视图样式

“截面视图样式”可以控制剖切线的外观以及截面视图的图案填充和标签。利用“截面视图样式管理器”对话框可以新建或修改截面视图样式，调用命令的方式如下：

- 功能区：“布局”选项卡→“样式和标准”面板→“截面视图样式”按钮

执行上述命令后，弹出“截面视图样式管理器”对话框，如图 8-48 所示。在该对话框可新建或修改截面视图样式，其具体操作步骤在本任务操作实例中已述，不再赘述。

同 类 练 习

1. 将模块 6 同类练习中第 4 题端盖的零件图（图 6-80）在模型空间进行打印，并输出为 PDF 文档。

2. 将模块 6 同类练习中第 4 题杠杆的零件图（图 6-83）在图纸空间进行打印，并输出为 PDF 文档。

3. 创建如图 8-59、图 8-60 所示的实体，并生成其工程图。

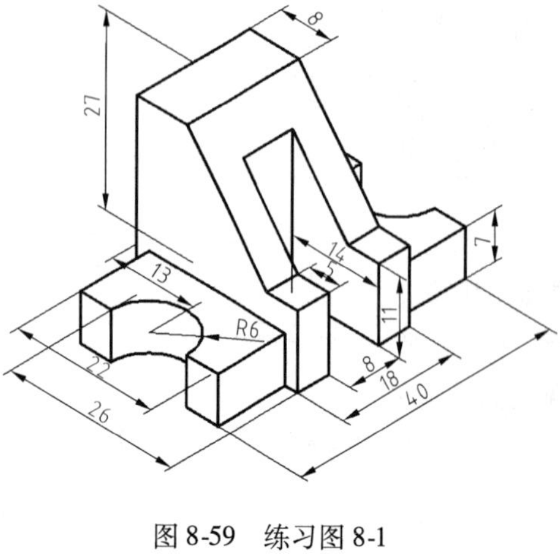

图 8-59　练习图 8-1

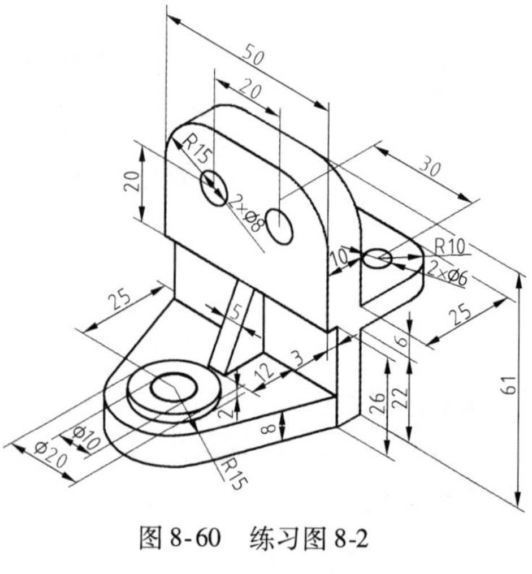

图 8-60　练习图 8-2

附录　常见问题解答

1. 光标为什么是跳动的?

用户可能打开了光标捕捉（状态栏上的“捕捉”按钮呈下凹状态），关掉光标捕捉即可。

2. 为什么光标有时不能在绘图区正常操作，而在绘图区外又是正常的?

用户可能打开了光标捕捉，而且捕捉间距设置得太大（绘图范围又设置得相对较小），关掉光标捕捉或减小其间距值即可。

3. 为什么设置了线宽，但画出的线条宽度没有变化?

设置了线宽后，还需按下状态栏中的“线宽”按钮才能看到线宽的变化。

4. 设置了的中心线、虚线等非连续线的线型，为什么画出来的线看起来还是像连续的实线一样?

这是因为线型比例设置不当，在命令行键入“LTSCALE”（缩写名为“LTS”），修改比例因子即可。不一定一次就能达到满意的程度，可能需要多次尝试。

5. 输入的汉字怎么全是竖写或横放的?

用户在设置字形时，选中了带“@”的字体，如“@仿宋-GB2312”。如用户不需要此方向的文字，可选择不带“@”的字体，如“仿宋-GB2312”。

6. 图形放大后，图中的圆或圆弧怎么变得不光滑甚至变成了多边形?

在AutoCAD中图形中的圆或圆弧都是用极短的直线来表示的，当图形放大后这些直线也被放大，致使曲线不光滑。这时可以选择“视图”菜单→“重生成”（命令名“REGEN”）或“全部重生成”（命令名“REGENALL”），系统会重新进行计算，圆或圆弧又会变得光滑了。

也可以单击“应用程序”按钮→“选项”按钮，弹出“选项”对话框，选择“显示”选项卡（如附图1所示），在“显示精度”选项组下增大“圆弧和圆的平滑度”值（取值范围1~20000），单击“确定”按钮。

7. 为什么不能删除图层?

有4种图层不能删除：①0层和Defpoints层（自动出现，称标注层）；②当前层；③被外部引用的层；④包含有对象的层（即已在该层上绘制了对象，或者做了块等的定义。）

当遇到图层不能删除时，可按上述四种情况逐个进行判断。第四种情况有时比较隐蔽，如在该层上定义了块，但又没有使用它（插入到图中），因而图上看不到任何东西。这时可单击“应用程序”按钮→“图形实用工具”→“清理”按钮，弹出如附图2所示的“清理”对话框，选择“块”后，单击“清理(P)”按钮，将块清理掉后就可删除该图层了。

8. 刚绘制的图形为什么一下子就不见了？或是正常操作却看不到绘制的图形?

可能是以下几种情况造成的：

① 单击“撤消”按钮（快捷键为CTRL+Z）或键入“U”后按回车键，查看是不是无意做了“删除”操作。

② 查看图层的状态，是否有图层被关掉或冻结了。

③ 键入“ZOOM”命令，选择其中的“All”选项，以显示全图，查看是不是绘到屏幕显示区之外了。

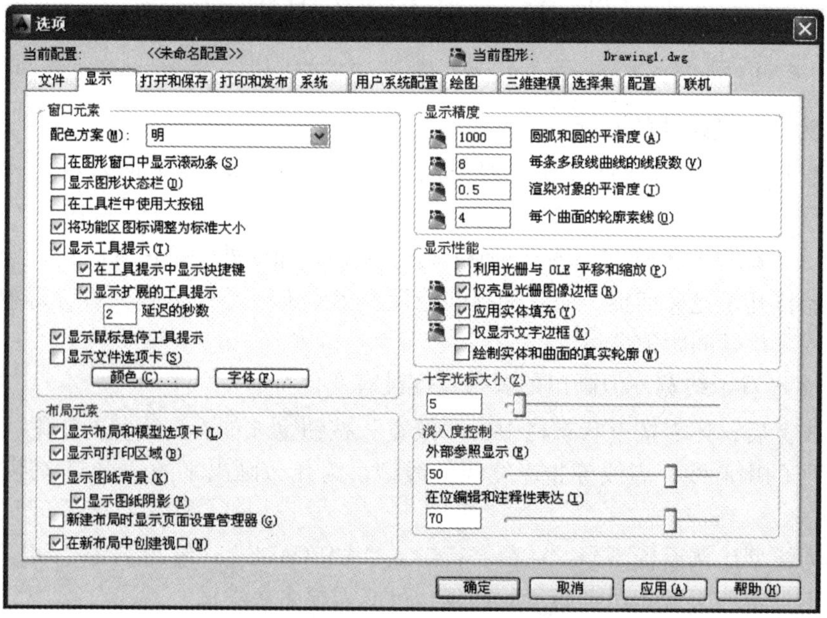

附图 1　“选项”对话框

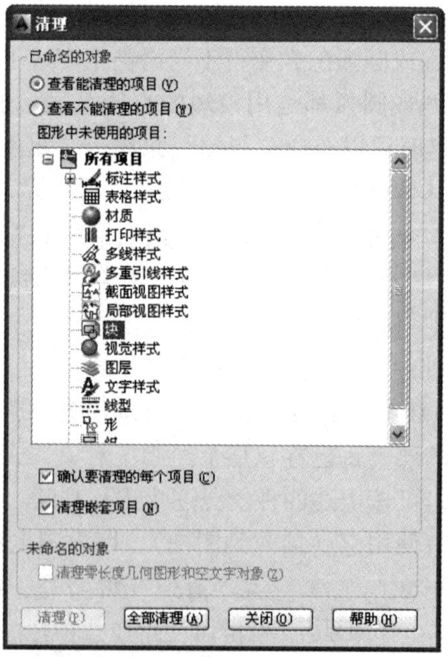

附图 2　“清理”对话框

9. 两个圆（或圆弧）之间怎样用已知半径的圆弧相切连接?

两个圆（或圆弧）之间用已知半径的圆弧相切连接，可能有 3 种情况：外连接、内连接和混合连接，如附图 3 所示。

① 外连接一般可用“倒圆角”命令直接绘出。

② 内连接与混合连接常需用“圆”命令中的“相切、相切、半径”方式进行绘制，然后用修剪命令剪去多余的线条。

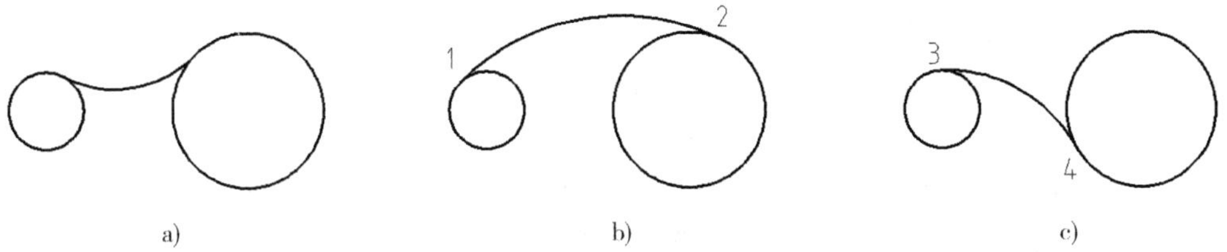

附图 3　圆弧相切连接

a）外连接　b）内连接　c）混合连接

10. 在两圆（或圆弧）间采用“圆”命令中的“相切、相切、半径”方式作圆弧相切连接时为什么不能达到预期效果？

这是因为采用该方式作圆弧连接，系统会根据所指定切点的位置来判断作哪种连接。因此当系统要求指定切点时应尽量靠近所要绘制切弧的切点位置进行拾取。如要作附图 3b 所示的内连接，在系统提示指定第一切点、第二切点时，应尽量靠近切点 1 和切点 2 进行拾取。要作附图 3c 所示的混合连接，在系统提示指定第一切点、第二切点时，应尽量靠近切点 3 和切点 4 进行拾取。

11. 三维绘图中坐标轴随着所设原点位置的不同在屏幕上频繁移动，怎样让其只显示在屏幕左下角？

默认情况下坐标轴是显示在坐标原点的。如想要其不在坐标原点显示，键入“UCSICON”命令，选择其中的“N”选项，坐标轴就只显示在屏幕左下角。

参考文献

[1] 李波 . AutoCAD 2013 机械设计绘图笔记 [M]. 北京：机械工业出版社，2013.
[2] 丁金滨 . AutoCAD 2012 完全学习手册 [M]. 北京：清华大学出版社，2012.
[3] 田续东 . AutoCAD 2011 实例教程 [M]. 北京：机械工业出版社，2012.
[4] 钟日铭 . AutoCAD 2012 中文版入门进阶精通 [M]. 2 版 . 北京：机械工业出版社，2011.
[5] 蒋晓 . AutoCAD2008 中文版机械设计标准实例教程 [M]. 北京：清华大学出版社，2008.
[6] 张国权，胡海芝，郭慧玲 . AutoCAD2008 中文版应用教程 [M]. 北京：电子工业出版社，2007.
[7] 管巧娟 . AutoCAD 实际操作与提示 [M]. 北京：机械工业出版社，2007.
[8] 张忠蓉 . AutoCAD 2006 机械图绘制实用教程 [M]. 北京：机械工业出版社，2007.
[9] 张玉琴，张绍忠，张丽荣 . AutoCAD 上机实验指导与实训 [M]. 北京：机械工业出版社，2007.
[10] 张秀玲 . CAD/CAM 技能训练 [M]. 北京：中国农业出版社，2005.
[11] 管文华，梁旭坤 . 计算机绘图——AutoCAD2004 中文版教程 [M]. 长沙：中南大学出版社，2005.
[12] 胡述印，许小荣，郜珍，等 . AutoCAD 2005 中文版实训教程 [M]. 北京：电子工业出版社，2005.
[13] 伊启中，殷铖 . 模具 CAD/CAM [M]. 北京：机械工业出版社，2007.
[14] 东方人华 . AutoCAD2004 中文版入门与提高 [M]. 北京：清华大学出版社，2006.
[15] 国家职业技能鉴定专家委员会计算机专业委员会 . 计算机辅助设计（AutoCAD 平台）AutoCAD2002. 试题汇编（绘图员级）[M]. 北京：北京希望电子出版社，1999.
[16] 国家职业技能鉴定专家委员会计算机专业委员会 . 计算机辅助设计（AutoCAD 平台）AutoCAD2002/2004 试题汇编（高级绘图员级）[M]. 北京：北京希望电子出版社，2004.
[17] 龙马工作室 . 新编 AutoCAD2004 中文版入门与提高 [M]. 北京：人民邮电出版社，2004.
[18] 北京洪恩电脑有限公司 . AutoCAD2004 机械设计 [M]. 天津：天津电子出版社，2004.
[19] 张忠蓉 . AutoCAD2005 绘图技能实用教程 [M]. 北京：机械工业出版社，2006.
[20] 任晓耕 . AutoCAD 上机操作指导与练习 [M]. 北京：化学工业出版社，2006.
[21] 李国琴 . AutoCAD2006 绘制机械图训练指导 [M]. 北京：中国电力出版社，2006.
[22] 曾令宜 . AutoCAD2004 工程绘图技能训练教程 [M]. 北京：高等教育出版社，2004.
[23] 潘苏蓉，黄晓光 . AutoCAD2006 应用教程与实例详解 [M]. 北京：机械工业出版社，2006.
[24] 姜勇 . AutoCAD 机械制图习题精解 [M]. 北京：人民邮电出版社，2006.
[25] 赵红，马慧 . 机械制图习题册 [M]. 2 版 . 北京：机械工业出版社，2004.
[26] 吴长德 . 计算机绘图实例导航 AutoCAD 2000 [M]. 北京：机械工业出版社，2002.